计算机基础教育研究会

“计算机系统能力培养教学研究与改革课题”立项项目

计算机网络应用技术

徐劲松◎主编

- 从实际工程的应用出发，将实际的工程经验与教学的理论紧密结合。
- 以工程案例为出发点，详细解释并阐明每个工程环节所需要的基础技术。
- 提供大量的工程项目，实现学校的教学与企业的实际需求的无缝对接。

北京邮电大学出版社
www.buptpress.com

内 容 简 介

本书以一种清晰并易于接受的方式将互联网技术问题表达给具有各种背景的读者，作为计算机网络的入门应用教程，讲授计算机网络的基本思想、方法和解决问题的技巧。在结构安排上，从计算机网络的体系结构过渡到网络各层的应用，尽可能将概念、知识点和实例结合。本书注重基础，突出应用，更好地体现高等学校应用型人才培养的诉求。

全书共分8章，主要内容包括：计算机网络体系结构、网络技术应用、联网技术以及网络安全和网络管理。

本书可作为高等学校非计算机专业计算机网络及网络应用课程的教材，也可以作为网络技术爱好者自学用书和工程技术人员的参考书。

图书在版编目(CIP)数据

计算机网络应用技术 / 徐劲松主编．-- 北京 ：北京邮电大学出版社，2015.1（2019.1 重印）
ISBN 978-7-5635-4282-6

Ⅰ．①计…　Ⅱ．①徐…　Ⅲ．①计算机网络－教材　Ⅳ．①TP393

中国版本图书馆 CIP 数据核字（2015）第 016009 号

书　　名：计算机网络应用技术
主　　编：徐劲松
责任编辑：王丹丹
出版发行：北京邮电大学出版社
社　　址：北京市海淀区西土城路 10 号（邮编：100876）
发 行 部：电话：010-62282185　传真：010-62283578
E-mail：publish@bupt.edu.cn
经　　销：各地新华书店
印　　刷：保定市中画美凯印刷有限公司
开　　本：787 mm×1 092 mm　1/16
印　　张：18.75
字　　数：465 千字
版　　次：2015 年 1 月第 1 版　2019 年 1 月第 3 次印刷

ISBN 978-7-5635-4282-6　　定　价：44.00 元

前　　言

计算机网络特别是以 TCP/IP 协议簇为基础的互联网正在成为新经济发展的引擎，其创造的全新经济发展模式产生了巨大的经济及社会效益，同时对传统的经济模式也起到革新甚至颠覆性的影响。这些也对计算机以及网络科学与工程的教育产生深刻的影响。随着网络技术的不断发展，已有的技术不断推陈出新，同时计算机教育也被其应用的专业、文化和社会范围的改变而影响，计算机科学适用在更广泛的范围，内容也越加丰富。在教育工作者看来，其课程体系、教学内容、教学方法、教学手段上都需要根据计算机及网络科学技术的发展不断深化改革，与时俱进。在以解决实际问题为目标的工程教育中应紧密有机地结合学生的培养目标，注重知识、能力、素质教育三个方面的综合，加强学生分析、解决问题的实际能力。

作为面向工程技术人员培养的教材，本书力求在教材内容、编排和教学方法上有所创新和突破，让学生能够快速理解计算机网络的基本概念，掌握计算机网络及其应用的基本知识，培养解决具体网络应用、设计的真实能力。

由于计算机网络的系统庞大，本书将知识点的教学穿插为三个过程，首先以一个具体的应用问题引入，然后介绍需要的知识点，并在其中讲解可能解决问题的方法供学生参考，最后对每一章提出的问题进行总结。通过知识点和应用实践的教学，培养学生解决网络技术问题的思维和解决实际问题的方法及具体技术。

本教材经过精心策划，定位准确、概念清晰、实例丰富、深入浅出、内容翔实、体系合理、重点突出，是一本面向高等学校非计算机专业学生学习计算机网络及其应用的教材，也可供从事计算机应用和开发的各类人员学习使用。本教材源于高等学校应用型人才培养的教学改革与实践，凝聚了工作在教学第一线的任课教师的教学经验与研究成果。

本教材每章的后面附有若干练习题，供学生进一步掌握计算机网络的基础知识以及对应用解决方案进行进一步探索。

在本教材的编写过程中，得到了南京吾曰思程有限公司的诸位工程师的无私帮助，程明权老师在教材内容的组织、案例的选择方面提供了很多宝贵的意见，黄钱斌老师提供了很多教学素材和贴合学生当前需要了解的网络问题的具体实例，作者在此对他们表示诚挚的谢意。

由于作者水平有限，我们真诚希望使用本教材的教师、学生和读者朋友提出宝贵意见或建议，使之更加成熟。

编者　徐劲松

Email：xujs@njupt.edu.cn

目　　录

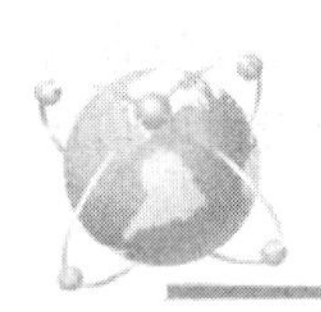

第1章　计算机网络概述

问题的提出

某公司为了实现OA系统的互联和电子商务的发展，拟投资建设公司网络并实现外部网络的接入。作为公司的IT部门，需要向公司提供什么样的建议？应该采购什么样的设备？需要向什么样的公司选择咨询服务？

从上述要求看，公司的目标是实现公司内部的资源共享以及向公司外部的信息发布。因此，在目的明确的情况下，首先需要了解公司需要什么样的网络，并实现什么样的功能。

计算机网络是现在通行的解决方案。

1.1　计算机网络及其特征

计算机网络就是把分布在不同地理区域的计算机以及专门的外部设备通过通信线路互联成规模大、功能强的网络系统，从而使众多的计算机可以方便地互相传递信息，共享信息资源。**相互传递信息和资源信息共享的需求是计算机网络产生的主要原因。**从发展的角度来看，在计算机网络出现的前期，计算机都是独立的设备，每台计算机独立工作，互不联系，以至于信息不能共享、消息不能互通、一切都是独立的。而当计算机与通信技术相结合后，对计算机系统的组织方式产生了深远的影响，使计算机之间的相互访问成为可能。不同种类的计算机通过同种类型的通信协议(protocol)相互通信，产生了计算机网络(computer network)。

计算机网络近年来获得了飞速的发展。计算机通信网络及Internet(互联网)已成为社会结构的一个基本组成部分。网络被应用于工商业的各个方面，包括电子银行、电子商务、现代化的企业管理、信息服务业等都以计算机网络系统为基础。从学校远程教育到政府日常办公乃至现在的电子社区，很多方面都离不开网络技术。毫不夸张地说，网络在当今世界无处不在。

1.1.1　计算机网络的起源和发展

计算机网络起始于20世纪60年代，当时网络的概念主要是基于主机(host)架构的低速串行(serial)连接，提供应用程序执行、远程打印和数据服务功能。IBM的SNA(System Network Architecture，系统网络架构)与非IBM公司的X.25公用数据网络是这种网络的典型例子。20世纪70年代，由美国国防部资助，建立了一个名为ARPANET(即为阿帕网)的基于分组交换(packet switching)的网络，这个阿帕网就是今天的Internet最早的雏形。70年代，出现了以个人计算机为主的商业计算模式。最初，个人计算机是独立的设备，由于认识到商业计算的复杂性，要求大量终端设备的协同操作，局域网(LAN，Local Area Network)产生了。局域网的出现，大大降低了商业用户打印机和磁盘昂贵的费用。80年代至90年代，网络互联的需求不断地增加，迫使计算机界开发出多种标准化网络协议(包括TCP/IP协议、IPX/SPX协议)，满足不同计算方式下远程连接的需求，互联网快速发展起来，TCP/IP 协议得到了广泛应用，成为互联网的事实协议。

近年来，计算机网络在中国得到了长足的发展。初期国内的计算机网络主要是教育与科研机构在使用，从 1993 年开始，由于计算机通信的不断发展，计算机网络的建设由电信运营商开始投入并商业化运营。

中国 Internet 的发展历史分为 3 个阶段：

第一阶段从 1986—1994 年，这个阶段主要是通过中国科学院高能所网络线路，实现了与欧洲及北美地区的 E-mail 通信。中国科技界最早使用 Internet 是从 1986 年开始的。国内一些科研单位，通过长途电话拨号到欧洲的一些国家，进行联机数据库检索。不久，利用这些国家与Internet 的连接，进行 E-mail 通信。1989 年，中国的 ChinaPAC(X. 25)公用数据网基本开通。ChinaPAC 虽然规模不大，但与法国、德国等的公用数据网络(X. 25)有国际连接(X. 75)。1990 年开始，国内的北京市计算机应用研究所、中国科学院高能物理研究所、工业和信息化部华北计算所、工业和信息化部石家庄第 54 研究所等科研单位，先后将自己的计算机以 X. 28 或 X. 25 与 ChinaPAC 相连接。同时，利用欧洲国家的计算机作为网关，在 X. 25 网与 Internet 之间进行转接，使得中国的 ChinaPAC 科技用户可以与 Internet 用户进行 E-mail 通信。1993 年 3 月，中国科学院(CAS)高能物理研究所(IHEP)为了支持国外科学家使用北京正负电子对撞机做高能物理实验，开通了一条 64 kbit/s 国际数据信道，连接北京西郊的中科院高能所和美国斯坦福线性加速器中心(SLAC)，运行 DECNET 协议，虽然还不能提供完全的 Internet 功能，但经 SLAC 机器的转接，可以实现与 Internet 通信。用户利用局域网或拨号线路登录到中科院高能物理所的 VAXll/780(BEPC2)上使用国际网络。有了 64 kbit/s 的专线信道，通信能力比国际拨号线路和 X. 25 信道高出数十倍，通信费用降低数十倍，极大地促进了 Internet 在中国的应用。

第二阶段从 1994—1995 年，这一阶段是教育科研网发展阶段。北京中关村地区及清华大学、北京大学组成 NCFC 网，于 1994 年 4 月开通了国际 Internet 的 64 kbit/s 专线连接，同时还设中国最高域名(. CN)服务器，这时中国才算真正加入了国际 Internet 行列。此后又建成了中国教育和科研网(Cernet)。中国科学院计算机网络信息中心(CNIC,CAS)于 1994 年 4 月完成。该中心自 1990 年开始，主持了一项“中国国家计算与网络设施”(NCFC)，是世界银行贷款和国家计委共同投资的项目。项目内容为在中关村地区建设一个超级计算中心，供这一地区的科研用户进行科学计算。为了便于使用超级计算机，将中国科学院中关村地区的三十多个研究所及北大、清华两所高校，全部用光缆互联在一起。其中网络部分于 1993 年全部完成，并于 1994 年 3 月开通了一条 64 kbit/s 的国际线路，连到美国，4 月份路由器开通，正式接入了 Internet。NCFC 后来发展成中国科技网(CSTNet)。Cernet 是中国国家计委批准立项、国家教委主持建设和管理的全国性教育和科研网络，目的是要把全国大部分高等学校连接起来，推动这些学校校园网的建设和信息资源的交流，并与现有的国际学术计算机网互联。

第三阶段是 1995 年以后，该阶段开始了商业应用阶段。1995 年 5 月邮电部开通了中国公用 Internet 网即 ChinaNET。1996 年 9 月工业和信息化部 ChinaGBN 开通，各地 ISP 也纷纷开办，到 1996 年年底仅北京就有了 30 多家。目前，经国家批准的可直接与 Internet 互联的网络(称为互联网络)有四个：CSTnet、ChinaNET、Cernet 及 GBNet。

中国 Internet 网络上计算机的发展很快，虽然与发达国家的网络还存在一定的差距，但是在发展速度上已经是全世界领先。提及互联网的增长速率，对中国来说，在 2000—2010 年的增长速率是 1767%，这个速度的确是令人难以想象的。在此期间，美国只在原基础上增长了一倍。当然,很明显的一点,就是美国在10年前的互联网水平相比其他国家来说已经算是比较高的了。然而,中国当时还是比较落后的国家,所以增长的空间比较大也是可以接受的。

1.1.2 计算机网络的特点

计算机可以利用网络访问外设,例如我们经常会看见小公司或者工作组的计算机访问联入该网络的打印机。但需要注意的是,计算机网络的最初动机并不是为了共享外设,也不是为了提供人们可以直接使用的通信手段,相反地,人们设计计算机网络的最初目的是为了共享大规模的计算能力。

早期的计算机十分昂贵且珍稀,在没有使用计算机网络将计算机互联起来的时候,计算机由各种不同机构拥有并且具有独占性,ARPA的许多研究项目都需要使用最新的计算机设备,且每个研究小组都希望得到每种新的机型。到60年代末的时候,ARPA的预算已经不能满足需求,数据联网作为一种替代方案被提出,使研究者可以利用网络上最合适的计算机完成给定的任务。这种架构下,每个研究场所通常只设置一台计算机和数据网络相连,并且通过相应的软件实现网络资源的共享。因此,**计算机网络建立的主要目的是为了实现计算机资源的共享**。

随着计算机技术的进步,逐渐出现了更大计算能力和存储空间的计算机,这些计算机的计算能力可以通过多个不同的终端进行操作,以实现计算资源的共享,这是第一代的计算机网络。但是这种网络结构具有核心节点的单点安全脆弱性。于是对于军事领域提出了希望能够将计算资源分布到不同的节点的需求,因此,第二代的计算机网络要求联网计算机是分布在不同地理位置的**多台独立的计算机系统**,它们之间可以没有明确的主从关系,每台计算机可以联网工作,也可以脱网独立工作;联网计算机可以为本地用户服务,也可以为远程网络用户服务。

ARPANET的出现鼓舞了不同的厂商对计算机网络的研究与商业化,他们发现,在同一计算机网络内部需要通过统一的控制软件来实现计算机网络的同步、通信、资源查找等工作,研究者将某些通用的功能用软件实现出来,形成了计算机网络的协议。因此,计算机网络要求**联网的计算机遵循统一的网络协议**。

在此过程中,计算机网络发展出一些专有的计算机与设备处理网络通信的协议,计算机网络形成了**资源子网**、**通信子网**与**协议**这样的组成方式。

1.1.3 计算机网络的性能及指标

衡量一个计算机网络好坏有五个技术标准:带宽、吞吐量、延迟、抖动、丢包。

网络带宽是指在一个固定的时间内(1秒)能通过的最大位数据。就好像高速公路的车道一样,带宽越大,好比车道越多。网络带宽作为衡量网络使用情况的一个重要指标,日益受到人们的普遍关注。它不仅是政府或单位制定网络通信发展策略的重要依据,也是互联网用户和单位选择互联网接入服务商的主要因素之一。

数字信息流的基本单位是bit(比特),时间的基本单位是s(秒),因此bit/s(比特/秒)是描述带宽的单位,1 bit/s是带宽的基本单位。不难想象,以1 bit/s的速率进行通信是如何的缓慢。幸好我们可以使用通信速率很快的设备,56 k的调制解调器利用电话线拨号上网,其带宽是56 000 bit/s(1 k=1 000 bit/s),电信ADSL宽带上网在512 kbit/s~10 Mbit/s,而以太网则达10 Mbit/s以上(1 Mbit/s=1 000×1 000 bit/s=10^6 bit/s)。

吞吐量和带宽是很容易搞混的一个词,两者的单位都是Mbit/s。先来看两者对应的英语,吞吐量:throughput;带宽:Max net bitrate。当讨论通信链路的带宽时,一般是指链路上每秒所能传送的比特数,它取决于链路时钟速率和信道编码在计算机网络中又称为线速。可以说以太网的带宽是 10 Mbit/s。但是需要区分链路上的可用带宽(带宽)与实际链路中每秒所能传送的比特数(吞吐量)。通常更倾向于用“吞吐量”一词来表示一个系统的测试性能。这样,因为实现受各种低效率因素的影响,所以由一段带宽为 10 Mbit/s 的链路连接的一对节点可能只达到 2 Mbit/s 的吞吐量。这样就意味着,一个主机上的应用能够以2 Mbit/s的速度向另外的一个主机发送数据。网络吞吐量测试是网络维护和故障查找中最重要的手段之一,尤其是在分析与网络性能相关的问题时吞吐网络吞吐量。网络吞吐量的测试是必备的测试手段。认证和测试网络带宽最常用的技术就是吞吐量测试。一个典型的吞吐量测试方法是从网络的一个设备向另一个设备发送流量并且确定一个速率和发送时间间隔,而接收端的设备计算接收到的测试帧,测试结束时系统计算接收率——即吞吐速率。这种测试也被称作端到端网络性能测试,它被广泛地应用在局域网内、局域网间和通过广域网互联的网络测试环境中。

一般来讲,网络带宽是网络设计的最高性能,是一个理论值,而吞吐量则反映了网络的现实情况。当网络的吞吐量出现异常时,可以从以下手段来检验并修复网络:

(1) 测试端对端广域网或局域网间的吞吐量;

(2) 测试跨越广域网连接的 IP 性能,并用于对照服务等级协议(SLA),将目前使用的广域网链路的能力和承诺的信息速率(CIR)进行比较;

(3) 在安装 VPN 时进行基准测试和拥塞测试;

(4) 测试网络设备不同配置下的性能,从而优化和评估相关设置;

(5) 在网络故障诊断过程中,帮助判断网络的问题是局域网的问题还是广域网的问题,从而快速定位故障;

(6) 如果是广域网链路的问题,那么广域网链路的具体性能具体如何;

(7) 在日常维护中,定期检测广域网的带宽;

(8) 在增加网络的设备、站点、应用时检测其对广域网链路的影响。

延迟指的是从数据包发出和数据包到达目的地中间所经历的时间。整个中间的延迟如果进行细分可以分为以下几种:串行化延迟、传播延迟、队列延迟、转发处理延迟、整形延迟、编码延迟、压缩延迟等。

什么是串行化延迟呢?想象一下你需要将澡盆的水通过澡盆预留的排水孔排出,这个排水的过程会经历一段时间。随着澡盆中水越多,排水的时间也越长,同时,预留的排水孔的大小也会影响排水的时间。因此,决定串行化延迟的因素有两个:一个是链路的传输速度(孔的大小);另一个是发送的数据包的大小(水量)。串行化延迟的计算公式=**发送数据包大小/链路速度**。串行化延迟也被称为**发送时延**。

什么是传播延迟呢?想象一下刚才的澡盆离下水道比较远,为了不至于弄湿地面,你在澡盆的排水孔和下水道用一个水管连接,水在水管中流过的时间相当于传播延迟,也就是说水管越短,传播延迟越小。传播延迟的计算方式=传输的距离/光速,考虑到有可能达不到理想的光速,很多情况下会考虑把光速打个 7 折,那么计算公式=传输的距离÷光速÷0.7,例如两个路由器之间相距 1 000 km,那么计算得到的结果是 4.8 ms。

什么是队列延迟呢?这个相当于我们去银行排队取钱,排队的时间取决于队伍的长度,还有你是属于金卡还是普卡用户。数据包到达路由器后,当硬件的出队列满的时候,那么会把数据包按照软件队列的形式进行排队,采用不同的队列方式,以及数据包的重要性直接影响了数据包的转发延迟时间,这个延迟时间是需要我们去研究和关注的,为了改变这个队列延迟，可以选择不同的队列的方式。

什么是转发处理延迟呢？这个相当于我们今天中午吃饭纠结吃什么，那么你在大脑中思考的时间。当路由器收到一个完整的数据包的时候，路由器需要通过路由表的查找，判断数据包应该从哪个接口转发出去，是否要执行额外的策略。这个转发处理延迟取决于路由器的 CPU 的性能、路由表的大小、策略是否复杂。

什么是整形延迟呢？有时候路由器需要对用户发送数据包的速度进行限速，当客户发送流量的速度超过承诺的信息速率的时候，路由器会把流量进行缓冲下来，然后再进行流量的转发，那么再缓冲会造成数据包转发产生延迟，这个就是整形延迟。在学习网络中的 QoS 的时候，会有详细的介绍整形技术。

变化的时延被称作抖动(Jitter)，抖动大多起源于网络中的队列或缓冲，尤其是在低速链路时，而且抖动的产生是随机的，一般由传输延迟及处理延迟组成；而抖动是指最大延迟与最小延迟的时间差，如最大延迟是 20 ms，最小延迟为 5 ms，那么网络抖动就是 15 ms，它主要标识一个网络的稳定性。语音和视频数据包对于抖动的要求是比较高的。

网络丢包指的是数据包由于各种原因在信道中丢失的现象。引起网络丢包的常见原因有以下几种。

(1) 物理线路故障。如果是物理线路故障所造成网络丢包现象，则说明故障是由线路供应商提供的线路引起的，需要与线路供应商联系尽快解决问题。联系服务商来解决网络丢包很严重的情况。

(2) 设备故障。设备故障主要包括软件设置不当、网络设备接口及光纤收发器故障造成的。这种情况会导致交换机端口处于死机状态。可以将光纤模块更换掉，换一条新的模块替换。

(3) 网络被堵塞、拥堵。当网络不给力的时候，再通过网络传输数据，就会将网络丢包更多，一般是路由器被占用大量资源造成的。解决方法就是这时应该 show process cpu 和 show process mem，一般情况下发现 IP input process 占用过多的资源。接下来可以检查 fast switching 在大流量外出端口是否被禁用，如果是，则需要重新使用。用 show interfaces 和 show interfaces switching 命令识别大量包进出的端口。一旦确认进入端口后，打开 IP accounting on the outgoing interface 看其特征，如果是攻击，源地址会不断变化但是目的地址不变，可以用命令“access list”暂时解决此类问题。

(4) 路由错误。网络中的路由器的路径错误也是会导致数据包不能正常传输到主机数据库上，这种情况属于正常状况，它所丢失的数据也是很小的。因此用户可以忽略这些数据丢包，而且这也是避免不了的。

1.2　计算机网络的分类

由于着眼点不同，计算机网络有不同的分类方法。

1.2.1　按拓扑结构分类

计算机网络的拓扑结构是理解计算机网络设计意图的基础。通常不同的拓扑结构也意味着需要使用不同的网络技术及设备，一般情况下计算机网络的拓扑结构可以分为总线型、环形、星形、树形和分布型的结构。

用一条称为总线的主电缆，将工作站连接起来的布局方式，称为总线型网络拓扑结构，如图 1.1 所示。

图 1.1　总线型网络拓扑结构

在总线型结构网络上的计算机通过相应的硬件接口直接连接在总线上，任何一个节点的信息沿着总线的两个方向传输扩散，并且能被总线中任何一个节点接收。在此结构中，信息是广播性质的向四周传输，总线上通常以基带形式串行传递信息，每个节点的网络接口硬件需要具有收、发功能。总线结构布局的特点是：结构简单灵活，便于扩充；可靠性高，网络响应快；设备少、价格低、安装使用方便；共享资源能力强。总线型网络在总线的两端需要使用端结器，以避免信号反射回总线产生不必要的干扰。由于总线型网络的广播特性，这种网络结构还大量存在于对下行速度要求高的有线电视领域，使用双绞线连接的计算机网络即使在逻辑上是总线结构，在物理连接上更像是一个星形网络。

环形网络各节点通过环路接口连在一条首尾相连的闭合环形通信线路中，环路上任何节点均可以请求发送信息。请求一旦被批准，便可以向环路发送信息。环形网中的数据按照设计主要是单向，同时也可是双向传输。由于环线公用，一个节点发出的信息必须穿越环中所有的环路接口，信息流中目的地址与环上某节点地址相符时，信息被该节点的环路接口所接收，而后信息继续流向下一环路接口，一直流回到发送该信息的环路接口节点为止，如图 1.2 所示。

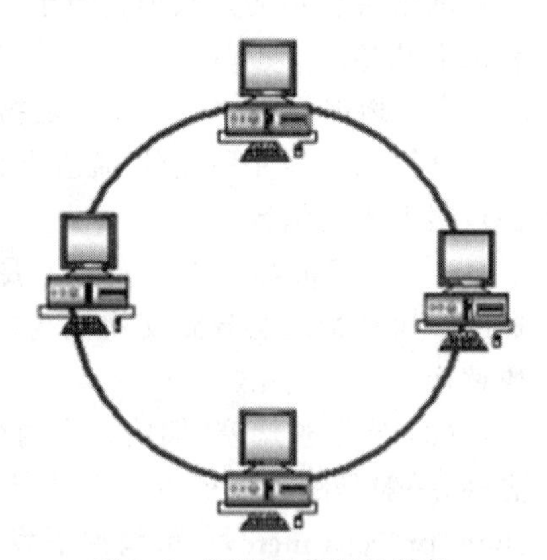
图 1.2　环形网络拓扑结构

环形网络的特点是：信息在网络中沿固定方向流动，两个节点间仅有唯一的通路，大大简化了路径选择的控制；某个节点发生故障时，可以自动旁路，可靠性较高；由于信息是串行穿过多个节点环路接口，当节点过多时，影响传输效率，使网络响应时间变长，但当网络确定时，其延时固定，实时性强；由于环路封闭故扩充不方便。1985 年 IBM 公司推出的令牌环形网(IBM Token-Ring)是其典范。现在这种结构广泛应用于以光纤为链路的 FDDI 网络中。

星形拓扑是以中央节点为中心与各节点通过点到点的方式连接组成。中央节点执行集中式通信控制策略，如图 1.3 所示。现有的数据处理和语音通信网络大多采用星形拓扑。在星形网中，中央节点控制着任意两个节点进行通信的链路建立、维持、拆除。

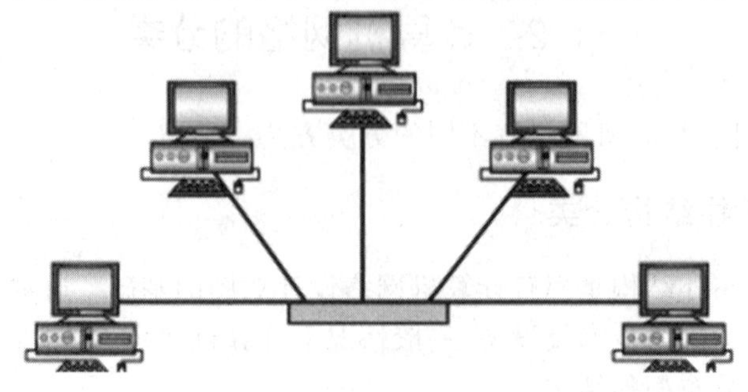
图 1.3　星形网络拓扑结构

星形网络的特点是:网络结构简单,便于管理;控制简单,建网容易;网络延迟时间较短,误码率较低。缺点是:网络共享能力较差;通信线路利用率不高;中央节点负荷太重等。需要注意的是,在中心节点使用集线器(Hub)连接的网络,其物理结构是星形的,但在逻辑上是总线型网络。

树形网络是星形网络和总线型网络加上分支的变形扩展,其传输介质可以有多条分支,但不形成闭合回路,如图 1.4 所示。树形网是一种分层网,其结构可以对称,联系固定,具有一定的容错能力。

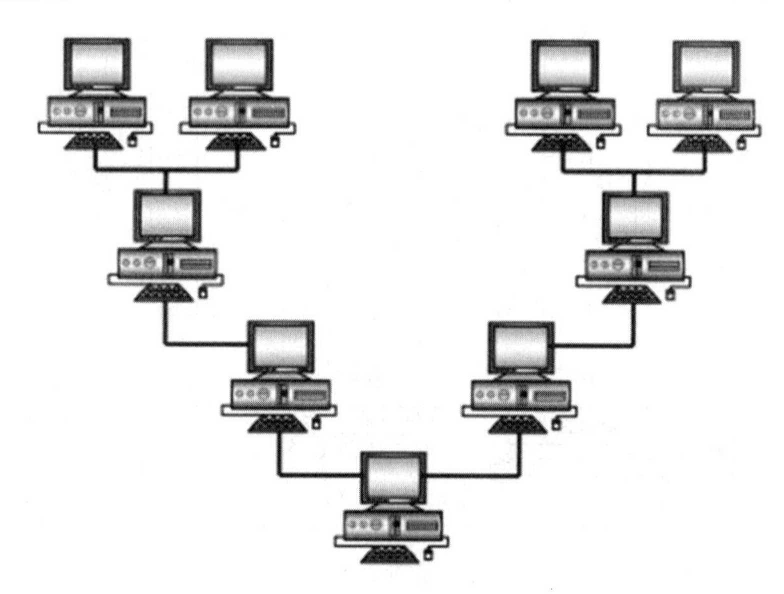

图 1.4 树形网络拓扑结构

分布式网络也称为**网状网络**,一般是由分布在不同地点的计算机系统互联而成,网内无中心节点,通信子网是封闭式结构,通信控制功能分布于各个节点上。分布式网络的特点是:可靠性高;网内节点共享资源容易;可改善线路的信息流量分配;可选择最佳路径,传输延时小。分布式网络的缺点是:控制复杂;软件复杂;线路费用高;不易扩充。

1.2.2 按网络工作模式分类

网络的工作模式取决于交换方式的不同。在通信网中,即使是现存的分布式网络也摒弃了直接提供通信信道的方式,而采用交换方式对线路进行转接。转接功能通常由交换设备提供,以在需要的时候为用户提供数据传输的通道。主要的交换方式有电路交换、报文交换和分组交换。

电路交换是以电路连接为目的的交换方式。传统的电话网络采用电路交换方式,其交换的意义体现在链路的建立、拆除和维持,与双方传送的信息内容无关。

报文交换是以站点一次性要发送的数据块为目的的交换方式,其中报文的长度不限且可变。当一个站需要发送报文时,它将目的地址附加到报文上,网络节点根据目的地址信息将报文转发到下一个节点,一直逐个转送到目的节点。因此,中间节点会对报文做一次检查且暂存报文,并查找路由信息找出下一站,再对报文进行转发,两个节点间无须通过呼叫建立连接。报文在中间节点有接收时的处理延迟和转发时的排队延迟。电报系统是典型的报文交换模式。

分组交换是报文交换的一种改进，其将报文分成若干个分组，每个分组有一定的上限。由于每个分组都需要携带地址信息也分别对报文进行检查，两个节点间的数据交换会带来开销的增长，但是在整个网络上看，有限长度的分组使节点存储需要的能力降低，同时不同分组在每个独立的点到点链路中可以并行地进行信息的传送，因此在总体上使整个链路的利用率提高了。分组交换又根据其链路维持的方式不同又分为虚电路和数据报两种。

这三种交换的比较和区别如图 1.5 所示。

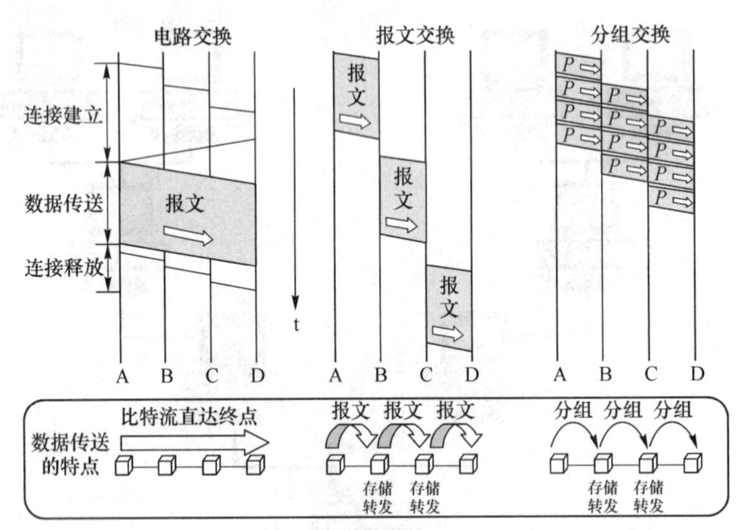

图 1.5　三种交换的比较图

1.2.3　按网络的传输介质分类

计算机网络按网络的传输介质主要分为有线网络和无线网络两种。

有线网络是通过预先埋设的有线线路来进行连接的网络，一般的介质有同轴电缆、双绞线以及光纤。同轴电缆又分为基带同轴电缆和宽带同轴电缆。同轴电缆以硬铜线为芯，外包一层绝缘材料。这层绝缘材料用密织的网状导体环绕，网外覆盖一层保护性材料。同轴电缆比双绞线的屏蔽性好，在更高的速度上传输得更远。同轴电缆比较经济，安装较为便利，传输率和抗干扰能力一般。双绞线一般是用八条互相绝缘的铜线组成，两两拧在一起，分为四股，有的双绞线还会在外层加上一层屏蔽层。双绞线网是目前最常见的联网方式。它价格便宜，安装方便，但易受干扰，传输率较低。光纤网采用光导纤维作传输介质。光纤与同轴电缆相似，只是没有网状的屏蔽层。光纤的中心是光传播的玻璃芯。光纤传输距离长，传输率高，可达数千兆 bit/s，抗干扰性强，不会受到电子监听设备的监听，是高安全性网络的最佳选择。光纤的价格较高，同时需要高水平的安装技术。

无线网络就是采用空气作为传输介质，用电磁波作为载体来传输数据的网络。现在随处可以使用的 Wi-Fi 就是无线计算机网络的典型。无线网络相对来说安装简单，网络建设的费用低廉，但其安全性相对有线网络存在先天的缺陷。

1.2.4 按网络覆盖范围分类

互联网是由大大小小的网络、设备连接起来的大网络。对其网络类型可以根据覆盖的地理范围，划分成局域网(LAN，Local Area Network)和广域网(WAN，Wide Area Network)，介于局域网和广域网之间的城域网(MAN，Metropolitan Area Network)以及将终端接入网络的接入网(AN，Access Network)。

局域网是将小区域内的各种通信设备互联在一起所形成的网络，覆盖范围一般局限在房间、大楼或园区内。局域网一般指分布于几千米范围内的网络，几千米以内的，通过某种介质互联的计算机、打印机、modem 或其他设备的集合。广域网连接地理范围较大，常常是一个国家或是一个洲。在大范围区域内提供数据通信服务，主要用于互联局域网。在我国"中国公用分组交换网(ChinaPAC)、中国公用数字数据网(ChinaDDN)、国家教育和科研网(Cernet)，ChinaNET 以及在建的 CNGI(China Next Generation Internet)"都属于广域网。广域网的目的是为了让分布较远的各局域网互联。城域网顾名思义是指一个城市的网络，在技术实现上可以使用广域网技术也可以使用局域网技术。而接入网主要是负责终端设备的接入所使用的网络，在网络不复杂的情况下，通常使用局域网技术来完成。

局域网的特点是：距离短、延迟小、传输速率高、传输可靠。目前常见的局域网类型包括：以太网(Ethernet)、异步传输模式(ATM，Asynchronous Transfer Mode)等，它们在拓扑结构、传输介质、传输速度、数据格式等方面都有许多的不同，其中应用最广泛的当属以太网。

广域网的目的是为了让分布较远的各局域网互联，所以它的结构又分为末端系统(end system，两端的用户集合)和通信系统(中间链路)两部分。通信系统是广域网的关键，它主要有以下几种。

(1) 综合业务数字网：即 ISDN(Integrated Service Digital Network)，是一种拨号连接方式。ISDN BRI(Basic Rate ISDN，ISDN 基本速率接口)提供的是 2B+D 的数据通道，每个 B 通道速率为 64 kbit/s，其速率最高可达到 128 kbit/s。ISDN PRI(Primary Rate Interface，群速率接口)有两种标准：欧洲标准(30B+D)和北美标准(23B+D)。ISDN 除了可以用来打电话，还可以提供诸如可视电话、数据通信、会议电视等多种业务，从而将电话、传真、数据、图像等多种业务综合在一个统一的数字网络中进行传输和处理，这也就是"综合业务数字网"名字的来历。由于 ISDN 的开通范围比 ADSL 和 LAN 接入都要广泛得多，所以对于那些没有宽带接入的用户，ISDN 似乎成了唯一可以选择的高速上网的解决办法，毕竟 128 kbit/s 的速度比拨号快多了；ISDN 和电话一样按时间收费，所以对于某些上网时间比较少的用户(比如每月 20 小时以下的用户)还是要比使用 ADSL 便宜很多的。另外，由于 ISDN 线路属于数字线路，所以用它来打电话(包括网络电话)效果都比普通电话要好得多。它通过普通的铜缆以更高的速率和质量传输语音和数据。ISDN 是欧洲普及的电话网络形式。GSM 移动电话标准也可以基于 ISDN 传输数据。因为 ISDN 是全部数字化的电路，所以它能够提供稳定的数据服务和连接速度，不像模拟线路那样对干扰比较明显。在数字线路上更容易开展更多的模拟线路无法或者比较困难以保证质量的数字信息业务。例如除了基本的打电话功能之外，还能提供视频、图像与数据服务。ISDN 需要一条全数字化的网络用来承载数字信号(只有 0 和 1 这两种状态)，与普通模拟电话最大的区别就在这里。ISDN

为数字传输方式，具有连接迅速、传输可靠等特点，并支持对方号码识别。ISDN 话费较普通电话略高，但它的双通道使其能同时支持两路独立的应用，是一项对个人或小型办公室较适合的网络接入方式。

（2）专线：即 Leased Line，在中国称为 DDN，是一种点到点的连接方式，速度一般选择 64 kbit/s～2.048 Mbit/s。专线的好处是数据传递有较好的保障，带宽恒定；但价格昂贵，而且点到点的结构不够灵活。这是一种利用数字信道传输数据信号的数据传输网（数字数据网是一种利用光纤、数字微波或卫星等数字传输通道和数字交叉复用设备组成的数字数据传输网，它可以为用户提供各种速率的高质量数字专用电路和其他新业务，以满足用户多媒体通信和组建中高速计算机通信网的需要。主要由六个部分组成：光纤或数字微波通信系统；智能节点或集线器设备；网络管理系统；数据电路终端设备；用户环路；用户端计算机或终端设备）。它的主要作用是向用户提供永久性和半永久性连接的数字数据传输信道，既可用于计算机之间的通信，也可用于传送数字化传真、数字话音、数字图像信号或其他数字化信号。永久性连接的数字数据传输信道是指用户间建立固定连接，传输速率不变的独占带宽电路。半永久性连接的数字数据传输信道对用户来说是非交换性的。但用户可提出申请，由网络管理人员对其提出的传输速率、传输数据的目的地和传输路由进行修改。网络经营者向广大用户提供了灵活方便的数字电路出租业务，供各行业构成自己的专用网。DDN 提供半固定连接的专用电路，是面向所有专线用户或专网用户的基础电信网，可为专线用户提供高速、点到点的数字传输。DDN 本身是一种数据传输网，支持任何通信协议，使用何种协议由用户决定（如 X.25 或帧中继）。所谓半固定是指根据用户需要临时建立的一种固定连接。对用户来说，专线申请之后，连接就已完成，且连接信道的数据传输速率、路由及所用的网络协议等随时可根据需要申请改变。

（3）X.25 网：是一种出现较早且依然应用广泛的广域网方式，速度为 9 600 bit/s～2 Mbit/s；有冗余纠错功能，可靠性高，但由此带来的负效应是速度慢、延迟大。X.25 是一个使用电话或者 ISDN 设备作为网络硬件设备来架构广域网的 ITU-T 网络协议。它的物理层、数据链路层和网络层（1～3 层）都是按照 OSI 体系模型来架构的。在国际上 X.25 的提供者通常称 X.25 为分组交换网（Packet switched network），尤其是那些国营的电话公司。它们的复合网络从 80 年代到 90 年代覆盖全球，现仍然应用于交易系统中。X.25 协议是 CCITT（ITU）建议的一种协议，它定义终端和计算机到分组交换网络的连接。分组交换网络在一个网络上为数据分组选择到达目的地的路由。X.25 是一种很好实现的分组交换服务，传统上它是用于将远程终端连接到主机系统。来自一个网络的多个用户的信号，可以通过多路选择X.25接口而进入分组交换网络，并且被分发到不同的远程地点。X.25 接口可支持高达 64 kbit/s 的线路，CCITT 在 1992 年重新制定了这个标准，并将速率提高到 2.048 Mbit/s。X.25 的分组交换体系结构具有一些优点和缺陷。信息分组通过散列网络的路由是根据这个分组头中的目的地址信息进行选择的。用户可以与多个不同的地点进行连接，而不像面向电路的网络那样在任何两点之间仅仅存在一条专用线路。由于分组可以通过路由器的共享端口进行传输的，所以就存在一定的分发延迟。虽然许多网络能够通过选择回避拥挤区域的路由来支持过载的通信量，但是随着访问网络人数的增多，用户还是可以感觉到性能变慢了。与此相反，面向电路的网络在两个地点之间提供一个固定的带宽，但它不能适应超过这个带宽的传输要求。X.25 的开销比帧中继要高许多。例如，在X.25 中，在一个分组的传输路径上的每个节点都必须完整地接收一个分组，并且在发送之前还必须完成错误检查。帧中继节点只是简单地查看分组头中的目的地址信息，并立即转发该分组，在一些情况下，甚至在它完整地接收一个分组之前就开始转发。帧中继不需要X.25中必须在每个中间节点中存在的用于处理管理、流控和错误检查的状态表。端点节点必须对丢失的帧进行检查，并请求重发。X.25受到了低性能的影响，它不能适应许多实时LAN对LAN应用的要求。然而，X.25很容易建立，很容易理解，并且已被远程终端或计算机访问，以及传输量较低的许多情况所接收。X.25可能是电话系统网络不可靠的国家建立可靠网络链路的唯一途径。许多国家使用X.25服务。与此不同，在一些国家获得可靠的专用线路并不是不可能的。在美国，大多数电信公司和增值电信局（VAC）提供X.25服务，这些公司包括AT&T、US Sprint、Compuserve、Ameritech、Pacific Bell和其他公司。还可以通过在用户所在地安装X.25交换设备，并用租用线路将这些地点连接起来，来建立专用的X.25分组交换网络。X.25是在开放式系统互联（OSI）协议模型之前提出的，所以一些用来解释X.25的专用术语是不同的。这种标准在三个层定义协议，它和OSI协议栈的底下三层是紧密相关的。

(4) 帧中继：即Frame Relay，是在X.25基础上发展起来的较新技术，速度一般为64 kbit/s～2.048 Mbit/s。帧中继的特点是灵活、弹性，可实现一点对多点的连接，并且在数据量大时可超越约定速率（CIR，Committed Information Rate）传送数据，允许用户在传输数据时有一定的突发量，是一种较好的商业用户连接选择，是从综合业务数字网中发展起来的，并在1984年推荐为国际电话电报咨询委员会（CCITT）的一项标准。另外，由美国国家标准协会授权的美国TIS标准委员会也对帧中继做了一些初步工作。由于光纤网的误码率（小于10^{-9}）比早期的电话网误码率（10^{-4}～10^{-5}）低得多，因此可以减少X.25的某些差错控制过程，从而可以减少节点的处理时间，提高网络的吞吐量。帧中继就是在这种环境下产生的。帧中继提供的是数据链路层和物理层的协议规范，任何高层协议都独立于帧中继协议，因此大大地简化了帧中继的实现。帧中继的主要应用之一是局域网互联，特别是在局域网通过广域网进行互联时，使用帧中继更能体现它的低网络时延、低设备费用、高带宽利用率等优点。帧中继是一种先进的广域网技术，实质上也是分组通信的一种形式，只不过它将X.25分组网中分组交换机之间的恢复差错、防止阻塞的处理过程进行了简化。

(5) 异步传输模式：即ATM（Asynchronous Transfer Mode），是一种信元交换网络，最大特点的速率高、延迟小、传输质量有保障。ATM大多采用光纤作为连接介质，速率可高达上千兆，但成本也很高。ATM也可以称作广域网协议。异步传输模式（ATM，Asynchronous Transfer Mode），又叫信息元中继。异步传输模式（ATM）在ATM参考模式下由一个协议集组成。ATM采用面向连接的交换方式，它以信元为单位。每个信元长53字节，其中报头占了5字节。信息元中继（cellrelay）的一种标准的（ITU）实施方案，这是一种采用具有固定长度的分组（信息元）的交换技术。之所以称其为异步，是因为来自某一用户的、含有信息的信息元的重复出现不是周期性的。ATM是一种面向连接的技术，是一种为支持宽带综合业务网而专门开发的新技术，它与现在的电路交换无任何衔接。当发送端想要和接收端通信时，它通过UNI发送一个要求建立连接的控制信号。接收端通过网络收到该控制信号并同意建立连接后，一个虚拟线路就会被建立。与同步传递模式（STM）不同，ATM采用异步时分复用技术（统计复用）。来自不同信息源的信息汇集在一个缓冲器内排队。列中的信元逐个输出到传输线上，形成首尾相连的信息流。ATM 具有以下特点：因传输线路质量高，不需要逐段进行差错控制。ATM 在通信之前需要先建立一个虚连接来预留网络资源，并在呼叫期间保持这一连接，所以 ATM 以面向连接的方式工作。信头的主要功能是标识业务本身和它的逻辑去向，功能有限。信头长度小，时延小，实时性较好。ATM 能够比较理想地实现各种 QoS，既能够支持有连接的业务，又能支持无连接的业务，是宽带 ISDN（B-ISDN）技术的典范。ATM 的传播速度为 25 Mbit/s～155 Mbit/s。需要注意的是，ATM 是注重实时性的局域网首选，但是 ATM 由于性价比的原因，正慢慢退出局域网市场。

接入网是指骨干网络到用户终端之间的所有设备。其长度一般为几百米到几千米，因而被形象地称为“最后一千米”。由于骨干网一般采用光纤结构，传输速度快，因此，接入网便成了整个网络系统的瓶颈。接入网的接入方式包括铜线（普通电话线）接入、光纤接入、光纤同轴电缆（有线电视电缆）混合接入、无线接入和以太网接入等几种方式。

互联网又因其英文单词“Internet”的谐音，又称为“因特网”。在互联网应用如此发展的今天，它已是我们每天都要打交道的一种网络，无论从地理范围，还是从网络规模来讲它都是最大的一种网络，就是我们常说的“Web”“WWW”和“万维网”。从地理范围来说，它可以是全球计算机的互联，这种网络的最大的特点就是不定性，整个网络的计算机每时每刻随着人们网络的接入在不断地变化。当连在互联网上的时候，用户的计算机可以算是互联网的一部分，但一旦断开互联网的连接时，用户的计算机就不属于互联网了。但它的优点也是非常明显的，就是信息量大、传播广，无论你身处何地，只要连上互联网你就可以对任何可以联网用户发出你的信函和广告。因为这种网络的复杂性，所以这种网络实现的技术也是非常复杂的。

1.3 计算机网络的体系结构

20 世纪 60 年代以来，计算机网络得到了飞速增长。各大厂商为了在数据通信网络领域占据主导地位，纷纷推出了各自的网络架构体系和标准，如 IBM 公司的 SNA、Novell IPX/SPX 协议、Apple 公司的 AppleTalk 协议、DEC 公司的 DEC net，以及广泛流行的 TCP/IP 协议。同时，各大厂商针对自己的协议生产出了不同的硬件和软件。各个厂商的共同努力促进了网络技术的快速发展和网络设备种类的迅速增长。

1.3.1 分层和协议

虽然各个厂商给出了各种计算机网络的体系结构，但是在方法上都使用了分层和协议来定义计算机网络。

计算机网络中多个互联的节点相互进行数据通信必须要遵循一些事先约定好的规则，这些规则我们称为协议（Protocol）。这点和我们的现实生活中的其他通信是一样的，比如写信的时候，信封对收信人、发信人的地址书写方式和位置都有明确规定，否则信函无法投递；同时，通信双方对信函的内容也应该有一定的共识，否则收信人无法理解其含义，这些规定和共识就是协议。计算机网络的通信更为复杂，需要完成诸如信息表示、对话控制、顺序控制、路由选择、链路管理、差错控制、信号的传送和接收等问题。

网络协议应该包含语法、语义和同步三个要素。语法指的是交换数据和控制信息的结构和格式，语义指控制信息的含义，同步指通信事件的实现顺序。这类似于我们交谈的时候面临选择“用什么语言讲”“说什么”以及“谁先讲”。

由于计算机网络需要完成的通信任务的复杂性，所以相应的网络协议也会十分复杂。为了能够更好地制定和实现协议，人们采用层次结构模型来描述网络协议，在每一层定义一个或多个协议，完成相应的通信功能。

在日常生活中，当某甲向某乙通过邮政系统传送信函时，会有一个通信者、邮局和运输部门形成的三层次的模型，如图 1.6 所示。图中显示甲乙双方的信息交换必须经过运输、邮局、通信人三个层次的合作才能完成。其中通信者甲方负责按事先约定的格式书写，乙方负责阅读信函内容；邮局层负责对信函的分拣、包装、发送、投递；运输层负责将信函实际从一地运输到另一地。通信的任务就被分解为若干层次而各层独立的分别实施，其中每一层只需关心自己需要完成的工作。同时，通信者使用邮局的分拣、投递等服务，而邮局使用运输部门的运输服务。

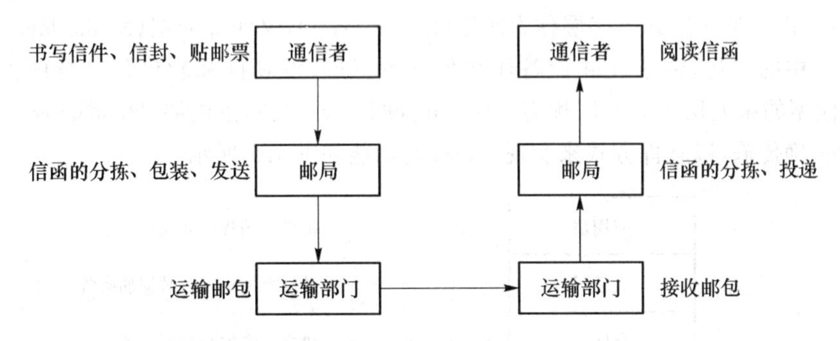

图 1.6　具有三个层次的邮政投递系统模型

网络结构的分层概念和上述邮政系统的分层概念类似，首先将整个网络通信系统按照逻辑功能分解到若干个层次中，每一层规定本层要实现的功能，并且要求各层次间相互独立，界限分明，便于网络的硬件和软件分别实现；下层向上层提供服务，上层使用下层的服务，同时又向更高一层提供自己的服务；每一层中对应的实体称为**对等实体**；网络中对等实体间进行通信所遵循的规则称为**通信协议**，并且将第 n 层的对等实体间进行通信所遵循的协议称为第 n 层协议。

整个网络通信功能被分解到若干个层次中分别定义，并且各层对等实体之间存在着通信和通信协议，下层通过层间“接口”向上层提供“服务”，整套复杂的协议集合组成一个功能完备的计算机网络。因此可以将网络体系结构看作为：分层＋协议＋接口。网络体系结构说明了计算机网络层次结构如何设置，并且应该如何对各层的功能进行精确的定义。这是一个抽象的概念，并不需要说明如何用硬件和软件来实现定义的功能，也就是说对于同样的网络体系结构可以采用不同的方法设计完全不同的硬件和软件来实现相应层次的功能。典型的网络体系结构有 IBM 的 SNA(System Network Architecture，网络体系结构)、DEC 公司的 DNA(Digital Network Architecture，数字网络结构)、国际标准化组织 ISO 的 OSI/RM(Open System Interconnection Reference Model，开放系统互联参考模型)、TCP/IP(Transmission Control Protocol/Internet Protocol，传输控制/互联网协议)。

1.3.2　OSI 体系结构

为了解决网络之间的兼容性问题，帮助各个厂商生产出可兼容的网络设备，国际标准化组织 ISO 于 1984 年提出了 OSI/RM(Open System Interconnection Reference Model,开放系统互联参考模型)。OSI 参考模型很快成为计算机网络通信的基础模型。在设计 OSI 参考模型时,遵循了以下原则:各个层之间有清晰的边界,实现特定的功能;层次的划分有利于国际标准协议的制定;层的数目应该足够多,以避免各个层功能重复。

OSI 参考模型具有以下优点:简化了相关的网络操作;提供即插即用的兼容性和不同厂商之间的标准接口;使各个厂商能够设计出互操作的网络设备,促进标准化工作;防止一个区域网络的变化影响另一个区域的网络,结构上进行分隔,因此每一个区域的网络都能单独快速升级;把复杂的网络问题分解为小的简单问题,易于学习和操作。

OSI 参考模型分为七层,由下至上依次为第一层物理层(Physical layer)、第二层数据链路层(Data link layer)、第三层网络层(Network layer)、第四层传输层(Transport layer)、第五层会话层(Session layer)、第六层表示层(Presentation layer)、第七层应用层(Application layer)。通常,OSI 参考模型第一层到第三层称为底层(Lower layer),又叫介质层(Media layer),底层负责数据在网络中的传送,网络互联设备往往位于下三层,以硬件和软件相结合的方式来实现。OSI 参考模型的第五层到第七层称为高层(Upper layer),又叫主机层(Host layer),高层用于保障数据的正确传输,以软件方式来实现。OSI 的功能如图 1.7 所示。

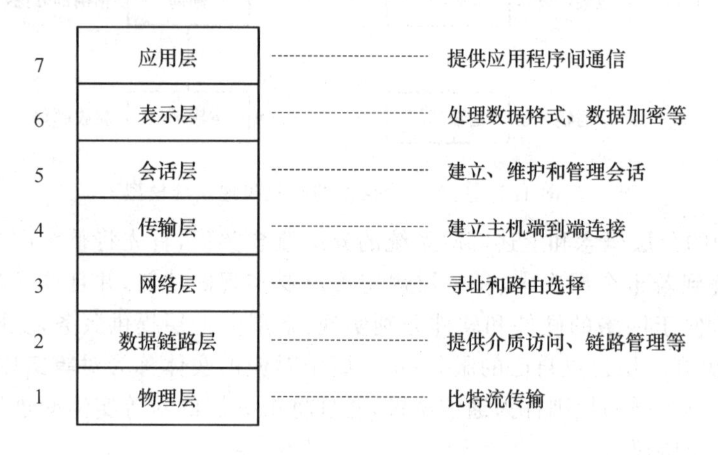

图 1.7　OSI 参考模型及各层功能

(1) 物理层的主要功能为:① 规定介质类型、接口类型、信令类型;② 规范在终端系统之间激活、维护和关闭物理链路的电气、机械、流程和功能等方面的要求;③ 规范电平、数据速率、最大传输距离和物理接头等特征。

物理层标准规定了物理介质和用于将设备与物理介质相连的接头。局域网常用的物理层标准有 IEEE 制定的以太网标准 802.3、令牌总线标准 802.4、令牌环网标准 802.5 以及美国国家标准组织 ANSI 的 X3T9.5 委员会制定的光缆标准 FDDI(Fiber Distributed Data Interface,光纤分布式数据接口)等。广域网常用的物理层标准有电子工业协会和电信工业协会 EIA/TIA 制定的公共物理层接口标准 EIA/TIA-232(即 RS-232)、国际电信联盟 ITU 制定的串行线路接口标准 V.24 和 V.35,以及有关各种数字接口的物理和电气特性的标准 G.703 等。

物理层介质主要有同轴电缆(coaxical cable)、双绞线(twisted pair)、光纤(fiber)、无线电波(wireless radio)等。同轴电缆是用来传递信息的一对导体。同轴电缆根据其直径大小可以分为:粗同轴电缆与细同轴电缆。粗缆适用于比较大型的局部网络,它的标准距离长,可靠性高。安装时不需要切断电缆但粗缆网络必须安装收发器电缆。细缆安装则比较简单,造价低,但安装过程要切断电缆,两头须装上基本网络连接头(BNC),然后接在T型连接器两端,所以当接头多时容易产生不良的隐患。双绞线是一种最为常用的电缆线,由一对直径约1mm的绝缘铜线缠绕而成,这样可以有效抗干扰。双绞线分为屏蔽双绞线(Shielded Twisted Pair,STP)和非屏蔽双绞线(Unshielded Twisted Pair,UTP)。屏蔽双绞线具有很强的抗电磁干扰和无线电干扰能力,易于安装,能够很好地隔离外部各种干扰,但是价格相对昂贵。非屏蔽双绞线同样易于安装且价格便宜,但是抗干扰能力相对STP较弱,传输距离较短。光纤由玻璃纤维和屏蔽层组成,不受电磁信号的干扰,传输速率高,传输距离远,但是价格较贵。光纤连接器是光的连接接口,非常光滑,不能有划痕,安装比较困难。无线电波可以实现两地之间不架设物理线路也能够迅速通信。无线电波是指在自由空间(包括空气和真空)传播的射频频段的电磁波。在物理介质选择上,要综合考虑传输距离、价格、带宽需求、网络设备支持的线缆标准等。

(2) 数据链路层是物理层上的第一个逻辑层。数据链路层对终端进行物理编址,帮助网络设备确定是否将消息沿协议栈向上传递;同时还使用一些字段告诉设备应将数据传递给哪个协议栈如IP、IPX等并提供排序和流量控制等功能。数据链路层分为两个子层:逻辑链路控制子层(LLC,Logic Link Control sublayer)和介质访问控制子层(MAC,Media Access Control sublayer)。LLC子层位于网络层和MAC子层之间,负责识别协议类型并对数据进行封装以便通过网络进行传输。LLC子层主要执行数据链路层的大部分功能和网络层的部分功能。如帧的收发功能,在发送时,帧由发送的数据加上地址和CRC校验等构成,接收时将帧拆开,执行地址识别、CRC校验,并具有帧顺序控制、差错控制、流量控制等功能。此外,它还执行数据报、虚电路、多路复用等部分网络层的功能。MAC子层负责指定数据如何通过物理线路进行传输,并向下与物理层通信,它定义了物理编址、网络拓扑、线路规范、错误通知、按序传递和流量控制等功能。

数据链路层协议规定了数据链路层帧的封装方式。局域网常用的数据链路层协议有IEEE 802.2 LLC标准。广域网常用的数据链路层协议有:HDLC(High-level Data Link Control,高级数据链路控制)、PPP(Point-to-Point Protocol,点到点协议)、FR(Frame Relay,帧中继)协议等。HDLC是ISO开发的一种面向位同步的数据链路层协议,它规定了使用帧字符和校验和的同步串行链路的数据封装方法。PPP由RFC(Request For Comment) 1661定义,PPP协议由LCP(Link Control Protocol)、NCP(Network Control Protocol)以及PPP扩展协议簇组成。PPP协议支持同步和异步串行链路,支持多种网络层协议。PPP协议是路由器串口默认数据链路层封装协议。帧中继是一种工业标准的、交换式的数据链路协议,通过使用无差错校验机制,加快了数据转发速度。

常用的数据链路层设备有以太网交换机。在以太网中引进了MAC地址的概念。如同每一个人都有一个名字一样,每一台网络设备都用物理地址来标识自己,这个地址就是MAC地址。网络设备的MAC地址是全球唯一的。MAC地址由48个二进制位组成,通常我们用十六进制数字来表示。其中前6位十六进制数字由IEEE统一分配给设备制造商,后6位十六进制数由各个厂商自行分配。例如,华为的网络产品的MAC地址前六位十六进制数是0X00e0fc。网络接口卡(NIC,Network Interface Card),又称网卡,有一个固定的MAC地址。大多数网卡厂商把MAC地址烧入ROM中。当网卡初始化时,ROM中的

MAC 物理地址读入 RAM 中。如果把新的网卡插入计算机中，计算机的物理地址就变成了新的网卡的物理地址。值得注意的是，如果你的计算机插了两个网卡，那么就有两个 MAC 地址，所以有些网络设备可能有多个 MAC 地址。

(3) 网络层负责在不同的网络之间将数据包从源转发到目的地。数据链路层保证报文能够在同一网络(即同一链路)上的设备之间转发，网络层则保证报文能够跨越网络(即跨越链路)从源转发到目的地。

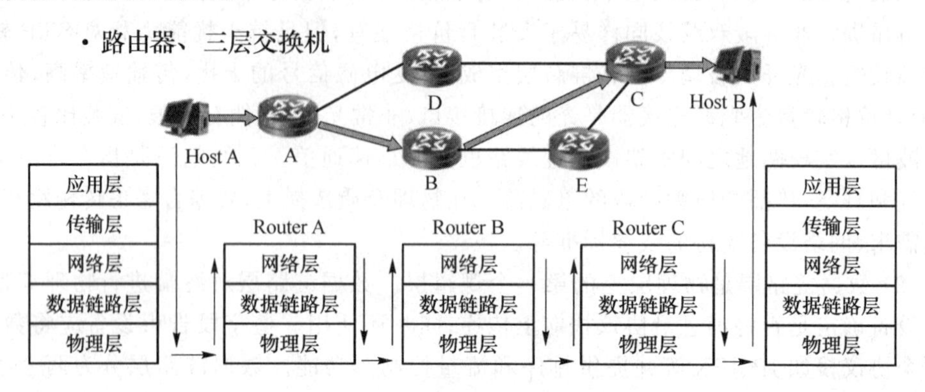

图 1.8　路由器/三层交换机的网络层功能示意图

网络层的功能可以总结为两条：① 提供逻辑地址。如果数据跨网络(即跨链路)传递，则需要使用逻辑地址用来寻址；② 路由。将数据报文从一个网络转发到另外一个网络。常见的网络层设备有路由器，其主要功能是实现报文在不同网络之间的转发，如图 1.8 所示。

位于不同网络(即不同链路)上的 Host A 和 Host B 之间相互通信。与 Host A 在同一网络(即同一链路)上的路由器接口接收到 Host A 发出的数据帧，路由器的链路层分析帧头确定为发给自己的帧之后，发送给网络层处理，网络层根据网络层报文头以决定目的地址所在网段，然后通过查表从相应的接口转发给下一跳，直到到达报文的目的地 HostA。

(4) 传输层为上层应用屏蔽了网络的复杂性，并实现了主机应用程序间端到端的联通性，主要具备以下基本功能：将应用层发往网络层的数据分段或将网络层发往应用层的数据段合并，即封装和解封装。建立端到端的连接，主要是建立逻辑连接以传送数据流。

将数据段从一台主机发往另一台主机。在传送过程中通过计算校验和流控制的方式保证数据的正确性，流控制可以避免缓冲区溢出。部分传输层协议保证数据传送正确性。主要是在数据传送过程中确保同一数据既不多次传送也不丢失，以及保证数据包的接收顺序与发送顺序一致。

(5) 会话层负责建立、管理和终止表示层实体之间的通信会话。该层的通信由不同设备中的应用程序之间的服务请求和响应组成。

(6) 表示层提供各种用于应用层数据的编码和转换功能，确保一个系统的应用层发送的数据能被另一个系统的应用层识别。

(7) 应用层是 OSI 参考模型中最靠近用户的一层，为应用程序提供网络服务。

1.3.3 TCP/IP 参考模型

由于 OSI 模型和协议比较复杂，所以并没有得到广泛的应用。而 TCP/IP（Transfer Control Protocol/Internet Protocol，传输控制协议/网际协议）模型因其开放性和易用性在实践中得到了广泛的应用，TCP/IP 协议栈也成为互联网的主流协议。

TCP/IP 模型同样采用分层结构，层与层相对独立但是相互之间也具备非常密切的协作关系。TCP/IP 模型与 OSI 参考模型的不同点在于 TCP/IP 把表示层和会话层都归入了应用层。TCP/IP 模型由下至上依次分为网络接口层、网络层、传输层和应用层四个层次。其与 OSI 参考模型的对应关系如图 1.9 所示。

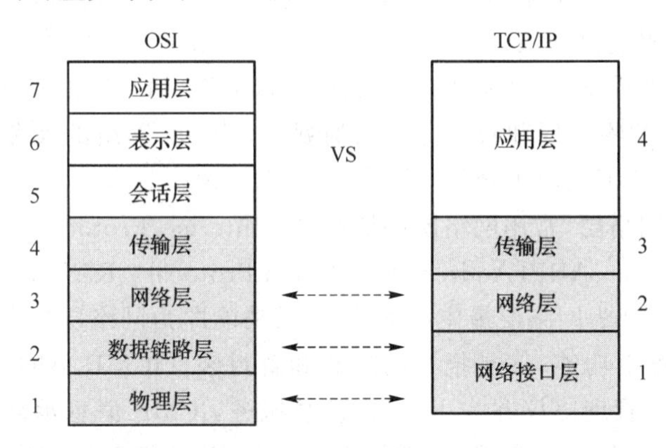

图 1.9 TCP/IP 参考模型与 OSI 参考模型的对应关系

TCP/IP 每一层都让数据得以通过网络进行传输，这些层之间使用 PDU（协议数据单元）彼此交换信息，确保网络设备之间能够通信。不同层的 PDU 中包含有不同的信息，因此 PDU 在不同层被赋予了不同的名称。如传输层在上层数据中加入 TCP 报头后得到的 PDU 被称为 Segment（数据段）；数据段被传递给网络层，网络层添加 IP 报头得到的 PDU 被称为 Packet（数据包）；数据包被传递到数据链路层，封装数据链路层报头得到的 PDU 被称为 Frame（数据帧）；最后，帧被转换为比特，通过网络介质传输。这种协议栈向下传递数据，并添加报头和报尾的过程称为封装。数据被封装并通过网络传输后，接收设备将删除添加的信息，并根据报头中的信息决定如何将数据沿协议栈上传给合适的应用程序，这个过程称为解封装。不同设备的对等层之间依靠封装和解封装来实现相互间的通信，如图 1.10 所示。

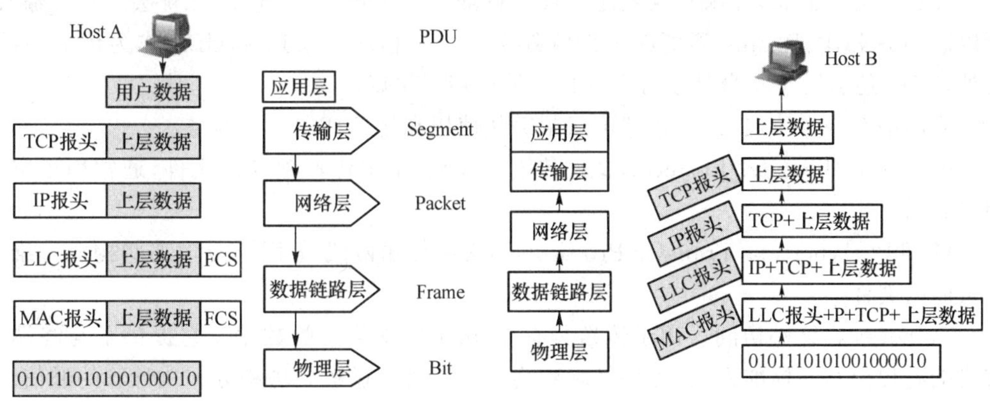

图 1.10 TCP/IP 模型的层间通信与数据封装与解封装

主机 A 与主机 B 通信。主机 A 将某项应用通过上层协议转换上层数据后交给传输层，传输层将上层数据作为自己的数据部分并且在之前封装传输层报头，然后传递给网络层；网络层将从传输层收到的数据作为本层的数据部分，之前加上网络层的报头传递给数据链路层；数据链路层封装数据链路层的报头后传给物理层；物理层将数据转换为比特流通过物理线路传送给主机 B。

主机 B 在物理层接收到比特流之后交给数据链路层处理；数据链路层收到报文后，从中拆离出数据链路层报文头并将数据传递给网络层；网络层收到报文后，从中拆离出 IP 报文头，交给传输层处理，传输层拆离传输头部后交给应用层。

数据的封装和解封装都是一个逐层处理的过程，各层都会处理上层或下层的数据，并加上或剥离到本层的封装报文头。

在 TCP/IP 参考模型中，通常用户更关注于 TCP/IP 协议簇的实现，而对于网络接口层通常沿用 OSI 模型的物理层和数据链路层的划分。因此，网络的参考模型会划分为 TCP/IP 的上三层和 OSI 的下两层组合的 5 层参考模型。

在 TCP/IP 的网络层，常用网络层协议有：IP(Internet Protocol)、ICMP(Internet Control Message Protocol)、ARP(Address Resolution Protocol)、RARP(Reverse Address Resolution Protocol)。IP 为网络层最主要的协议，其功能即为网络层的主要功能：一是提供逻辑编址；二是提供路由功能；三是报文的封装和解封装。ICMP、ARP、RARP 协议辅助 IP 工作。ICMP 是一个管理协议并为 IP 提供信息服务，ICMP 消息承载在 IP 报文中。ARP 实现 IP 地址到硬件地址的动态映射，即根据已知的 IP 地址获得相应的硬件地址。RARP 实现硬件地址到 IP 地址的动态映射，即根据已知的硬件地址获得相应的 IP 地址。

传输层协议主要包含传输控制协议 TCP(Transfer Control Protocol)和用户数据报文协议 UDP (User Datagram Protocol)。尽管 TCP 和 UDP 都使用 IP 作为其网络层协议，但是 TCP 和 UDP 为应用层提供的是截然不同的服务。TCP 提供面向连接的、可靠的字节流服务。面向连接意味着使用 TCP 协议作为传输层协议的两个应用之间在相互交换数据之前必须建立一个 TCP 连接。TCP 通过确认、校验、重组等机制为上层应用提供可靠的传输服务。但是 TCP 连接的建立以及确认、校验等机制都需要耗费大量的工作并且会带来大量的开销。UDP 提供简单的、面向数据报的服务。UDP 不保证可靠性，即不保证报文能够到达目的地。UDP 适用于更关注传输效率的应用，如 SNMP、Radius 等，SNMP 监控网络并断续发送告警等消息，如果每次发送少量信息都需要建立 TCP 连接，无疑会降低传输效率，所以诸如 SNMP、Radius 等更注重传输效率的应用程序都会选择 UDP 作为传输层协议。另外，UDP 还适用于本身具备可靠性机制的应用层协议。

应用层有许多协议，以下协议可以帮助您使用和管理 TCP/IP 网络：

FTP(File Transfer Protocol，文件传输协议)。用于传输独立的文件，通常用于交互式用户会话。

HTTP(Hypertext Transfer Protocol，超文本传输协议)。用于传输那些构成万维网上的页面的文件。

Telnet 远程终端访问。用于传送具有 Telnet 控制信息的数据。它提供了与终端设备或终端进程交互的标准方法，支持终端到终端的连接及进程到进程分布式计算的通信。

SMTP(Simple Message Transfer Protocol，简单邮件传输协议)和 POP3(Post Office

Protocol)。邮局协议用于发送和接收邮件。

DNS(Domain Name Server)是一个域名服务的协议,提供域名到 IP 地址的转换,允许对域名资源进行分散管理。

TFTP(Trivial File Transfer Protocol,简单文件传输协议)。设计用于一般目的的、高吞吐量的文件传输。

RIP(Routing Information Protocol)路由器用来在 IP 网络上交换路由信息的协议。

SNMP(Simple Network Management Protocol)用于收集网络管理信息,并在网络管理控制台和网络设备(例如路由器、网桥和服务器)之间交换网络管理信息。

1.3.4 互联网体系架构

互联网(Internet)指的是把世界上所有的网络进行连接互通,由于连接的网络很多,所以在表示互联网的时候多采用网云的方式。互联网的拓扑结构虽然非常复杂,并且覆盖了全球,但是从其工作的方式可以分为边缘和核心两个部分。

1. 边缘部分

边缘部分由一些连接到互联网的主机设备组成。这部分的资源指的是一些用户所需要的数据,例如图片、音频、视频等。在互联网边缘部分的主机设备,有个专业的名词就是端系统,例如我们所用的智能手机、平板计算机、个人笔记本、台式机以及未来随着物联网普及后所用的各种智能手表、智能眼镜等。当我们这些互联网的端系统需要进行通信的时候,就需要借助互联网的核心部分进行转发数据。常见的端系统的通信方式有 C/S 架构和 P2P 的架构。

C/S 指的是客户机和服务器的方式。Client 和 Server 常常分别处在相距很远的两台计算机上,Client 程序的任务是将用户的要求提交给 Server 程序,再将 Server 程序返回的结果以特定的形式显示给用户;Server 程序的任务是接收客户程序提出的服务请求,进行相应的处理,再将结果返回给客户程序。传统的 C/S 体系结构虽然采用的是开放模式,但这只是系统开发一级的开放性,在特定的应用中无论是 Client 端还是 Server 端都还需要特定的软件支持。由于没能提供用户真正期望的开放环境,C/S 结构的软件需要针对不同的操作系统开发不同版本的软件,加之产品的更新换代十分快,已经很难适应百台计算机以上局域网用户同时使用,而且代价高、效率低。

C/S 结构的优点是能充分发挥客户端 PC 的处理能力,很多工作可以在客户端处理后再提交给服务器。对应的优点就是客户端响应速度快。具体表现在以下两点:

(1) 应用服务器运行数据负荷较轻。最简单的 C/S 体系结构的数据库应用由两部分组成,即客户应用程序和数据库服务器程序。二者可分别称为前台程序与后台程序。运行数据库服务器程序的机器,也称为应用服务器。一旦服务器程序被启动,就随时等待响应客户程序发来的请求;客户应用程序运行在用户自己的计算机上,对应于数据库服务器,可称为客户计算机,当需要对数据库中的数据进行任何操作时,客户程序就自动地寻找服务器程序,并向其发出请求,服务器程序根据预定的规则做出应答,送回结果,应用服务器运行数据负荷较轻。

(2) 数据的存储管理功能较为透明。在数据库应用中,数据的存储管理功能,是由服务器程序和客户应用程序分别独立进行的,并且通常把那些不同的(不管是已知还是未知的)前台应用所不能违反的规则,在服务器程序中集中实现,例如访问者的权限、编号可以重复、必须有客户才能建立订单这样的规则。所有这些,对于工作在前台程序上的最终用户,是

“透明”的，他们无须过问(通常也无法干涉)背后的过程，就可以完成自己的一切工作。在客户服务器架构的应用中，前台程序不是非常“瘦小”，麻烦的事情都交给了服务器和网络。在C/S体系下，数据库不能真正成为公共、专业化的仓库，它受到独立的专门管理。

对等计算(Peer to Peer，P2P)可以简单地定义成通过直接交换来共享计算机资源和服务，而对等计算模型应用层形成的网络通常称为对等网络。在P2P网络环境中，成千上万台彼此连接的计算机都处于对等的地位，整个网络一般来说不依赖专用的集中服务器。网络中的每一台计算机既能充当网络服务的请求者，又对其他计算机的请求做出响应，提供资源和服务。通常这些资源和服务包括：信息的共享和交换、计算资源(如CPU的共享)、存储共享(如缓存和磁盘空间的使用)等。

网络中计算机的数量比较少，一般对等网络的计算机数目在10台以内，所以对等网络比较简单。对等网络分布范围比较小，通常在一间办公室或一个家庭内。网络安全管理分散，因此数据保密性差。通过最直接交换来共享资源和服务、采用非集中式，各节点地位平等，兼作服务器和客户机。由于对等网络不需要专门的服务器来做网络支持，也不需要其他的组件来提高网络的性能，因而组网成本较低、适用于人员少，故常用于网络较少的中小型企业或家庭中。

2. 核心部分

核心部分由网络设备，例如交换机、路由器等组成。通过使用思科、华为、华三、中兴等厂商的网络设备进行互连互通。

路由器(Router)又称网关设备(Gateway)是用于连接多个逻辑上分开的网络，所谓逻辑网络是代表一个单独的网络或者一个子网。当数据从一个子网传输到另一个子网时，可通过路由器的路由功能来完成。因此，路由器具有判断网络地址和选择IP路径的功能，它能在多网络互联环境中，建立灵活的连接，可用完全不同的数据分组和介质访问方法连接各种子网，路由器只接受源站或其他路由器的信息，属网络层的一种互联设备。路由器是互联网的主要节点设备。路由器通过路由决定数据的转发。转发策略称为路由选择(routing)，这也是路由器名称的由来(router，转发者)。作为不同网络之间互相连接的枢纽，路由器系统构成了基于TCP/IP的国际互联网络Internet的主体脉络，也可以说，路由器构成了Internet的骨架。它的处理速度是网络通信的主要瓶颈之一，它的可靠性则直接影响着网络互联的质量。因此，在园区网、地区网，乃至整个Internet研究领域中，路由器技术始终处于核心地位，其发展历程和方向，成为整个Internet研究的一个缩影。

互联网各种级别的网络中随处都可见到路由器。接入网络使得家庭和小型企业可以连接到某个互联网服务提供商；企业网中的路由器连接一个校园或企业内成千上万的计算机；骨干网上的路由器终端系统通常是不能直接访问的，它们连接长距离骨干网上的ISP和企业网络。互联网的快速发展无论是对骨干网、企业网还是接入网都带来了不同的挑战。骨干网要求路由器能对少数链路进行高速路由转发。企业级路由器不但要求端口数目多、价格低廉，而且要求配置起来简单方便，并提供QoS。

接入路由器连接家庭或ISP内的小型企业客户。接入路由器已经开始不只是提供SLIP或PPP连接。诸如ADSL等技术将很快提高各家庭的可用带宽，这将进一步增加接入路由器的负担。由于这些趋势，接入路由器将来会支持许多异构和高速端口，并在各个端口能够运行多种协议，同时还要避开电话交换网。目前的接入路由器的趋势呈现无线化和智能化。

无线路由器(Wireless Router)好比将单纯性无线AP和宽带路由器合二为一的扩展型

产品，它不仅具备单纯性无线 AP 所有功能，如支持 DHCP 客户端、VPN、防火墙、WEP 加密等，而且还包括了网络地址转换（NAT）功能，可支持局域网用户的网络连接共享。可实现家庭无线网络中的 Internet 连接共享，实现 ADSL、Cable Modem 和小区宽带的无线共享接入。无线路由器可以与所有以太网接的 ADSL MODEM 或 CABLE MODEM 直接相连，也可以在使用时通过交换机/集线器、宽带路由器等局域网方式再接入。其内置有简单的虚拟拨号软件，可以存储用户名和密码拨号上网，可以实现为拨号接入 Internet 的 ADSL、CM 等提供自动拨号功能，而无须手动拨号或占用一台计算机做服务器使用。此外，无线路由器一般还具备相对更完善的安全防护功能。

3G 路由器主要在原路由器嵌入无线 3G 模块。首先用户使用一张资费卡（USIM 卡）插 3G 路由器，通过运营商 3G 网络 WCDMA、TD-SCDMA 等进行拨号联网，就可以实现数据传输，上网等。路由器有 WiFi 功能实现共享上网，只要手机、计算机、PSP 有无线网卡或者带 WiFi 功能就能通过 3G 无线路由器接入 Internet，为实现无线局域网共享 3G 无线网提供了极大的方便。部分厂家的还带有有线宽带接口，不用 3G 也能正常接入互联网。通过 3G 无线路由器，可以实现宽带连接，达到或超过当前 ADSL 的网络带宽，在互联网等应用中变得非常广泛。

智能路由器相比于普通路由器，其像个人计算机一样，具有独立的操作系统，可以由用户自行安装各种应用，自行控制带宽、在线人数、浏览网页、在线时间，同时拥有强大的 USB 共享功能，真正做到网络和设备的智能化管理。

企业路由器用于连接多个逻辑上分开的网络，所谓的逻辑网络就是代表一个单独的网络或者一个子网。当数据从一个子网传输到另一个子网时，可通过路由器来完成。事实上，企业路由器主要是连接企业局域网与广域网（互联网，Internet）；一般来说，企业异种网络互联，多个子网互联，都应当采用企业路由器来完成。企业路由器实际上就是一台计算机，因为它的硬件和计算机类似；路由器通常包括处理器（CPU）；不同种类的内存——主要用于存储信息；各种端口——主要用于连接外围设备或允许它和其他计算机通信；操作系统——主要提供各种功能。常用的企业路由器一般具有 3 层交换功能，提供千/万 Mbit/s 端口的速率、服务质量（QoS）、多点广播、强大的 VPN、流量控制、支持 IPv6、组播以及 MPLS 等特性的支持能力，满足企业用户对安全性、稳定性、可靠性等要求。企业路由器的一个作用是联通不同的网络，另一个作用是选择信息传送的线路。选择通畅快捷的近路，能大大提高通信速度，减轻企业网络系统通信负荷，节约网络系统资源，提高网络系统畅通率，从而让企业网络系统发挥出更大的效益来。因此它的优点就是适用于大规模的企业网络连接，可以采用复杂的网络拓扑结构，负载共享和最优路径，能更好地处理多媒体，安全性高；节省局域网的频宽，隔离不需要的通信量，减少主机负担。企业路由器的缺点也是很明显的，就是不支持非路由协议、安装复杂以及价格比较高等。

核心路由器 CR（Core Router）在因特网中位于网络核心，主要用于数据分组选路和转发，一般具有较大吞吐量的路由器。高速核心路由器的系统交换能力与处理能力是其有别于一般核心路由器能力的重要体现，有几个指标需要关注。

(1) 吞吐量。这是核心路由器的包转发能力。吞吐量与核心路由器端口数量、端口速率、数据包长度、数据包类型、路由计算模式（分布或集中）以及测试方法有关，一般泛指处理器处理数据包的能力。高速核心路由器的包转发能力至少达到 20 Mpps 以上。吞吐量主要包括两个方面：① 整机吞吐量即整机指设备整机的包转发能力，是设备性能的重要指标。

核心路由器的工作在于根据 IP 包头或者 MPLS 标记选路,因此性能指标是指每秒转发包的数量。整机吞吐量通常小于核心路由器所有端口吞吐量之和。② 端口吞吐量即端口包转发能力,它是核心路由器在某端口上的包转发能力。通常采用两个相同速率测试接口。一般测试接口可能与接口位置及关系相关,例如同一插卡上端口间测试的吞吐量可能与不同插卡上端口间吞吐量值不同。

(2) 路由表能力。核心路由器通常依靠所建立及维护的路由表来决定包的转发。路由表能力是指路由表内所容纳路由表项数量的极限。由于在 Internet 上执行 BGP 协议的核心路由器通常拥有数十万条路由表项,所以该项目也是核心路由器能力的重要体现。一般而言,高速核心路由器应该能够支持至少 25 万条路由,平均每个目的地址至少提供 2 条路径,系统必须支持至少 25 个 BGP 对等以及至少 50 个 IGP 邻居。

(3) 背板能力。背板指输入与输出端口间的物理通路。背板能力是核心路由器的内部实现,传统核心路由器采用共享背板,但是作为高性能核心路由器不可避免会遇到拥塞问题,其次也很难设计出高速的共享总线,所以现有高速核心路由器一般采用可交换式背板的设计。背板能力能够体现在核心路由器吞吐量上,背板能力通常大于依据吞吐量和测试包长所计算的值。但是背板能力只能在设计中体现,一般无法测试。

(4) 丢包率。指核心路由器在稳定的持续负荷下,由于资源缺少而不能转发的数据包在应该转发的数据包中所占的比例。丢包率通常用作衡量核心路由器在超负荷工作时核心路由器的性能。丢包率与数据包长度以及包发送频率相关,在一些环境下,可以加上路由抖动或大量路由后进行测试模拟。

(5) 时延。指数据包第一个比特进入核心路由器到最后一个比特从核心路由器输出的时间间隔。该时间间隔是存储转发方式工作的核心路由器的处理时间。时延与数据包长度和链路速率都有关,通常在核心路由器端口吞吐量范围内测试。时延对网络性能影响较大,作为高速核心路由器,在最差情况下,要求对 1518 字节及以下的 IP 包时延均都小于 1 ms。

(6) 背靠背帧数。指以最小帧间隔发送最多数据包不引起丢包时的数据包数量。该指标用于测试核心路由器缓存能力。具有线速全双工转发能力的核心路由器,该指标值无限大。

(7) 时延抖动。指时延变化。数据业务对时延抖动不敏感,所以该指标通常不作为衡量高速核心路由器的重要指标。对 IP 上除数据外的其他业务,如语音、视频业务,该指标才有测试的必要性。

(8) 服务质量能力(QoS)。主要包含队列管理机制和端口硬件队列数。队列管理机制通常指核心路由器拥塞管理机制及其队列调度算法。常见的方法有 RED、WRED、WRR、DRR、WFQ、WF2Q 等。通常核心路由器所支持的优先级由端口硬件队列来保证。每个队列中的优先级由队列调度算法控制。

(9) 网络管理。指网络管理员通过网络管理程序对网络上资源进行集中化管理的操作,包括配置管理、记账管理、性能管理、差错管理和安全管理。设备所支持的网管程度体现设备的可管理性与可维护性,通常使用 SNMPv2 协议进行管理。网管粒度指示核心路由器管理的精细程度,如管理到端口、到网段、到 IP 地址、到 MAC 地址等粒度。管理粒度可能会影响核心路由器转发能力。

(10) 可靠性和可用性。主要包含设备的冗余、热插拔组件、无故障工作时间、内部时钟精度等指标。

网络交换机是一个扩大网络的器材,能为子网络中提供更多的连接端口,以便连接更多的计算机。随着通信业的发展以及国民经济信息化的推进，网络交换机市场呈稳步上升态势。它具有性能价格比高、高度灵活、相对简单、易于实现等特点。因此，以太网技术已成为当今最重要的一种局域网组网技术，网络交换机也就成了最普及的交换机。就以太网设备而言，交换机和集线器的本质区别就在于：当 A 发信息给 B 时，如果通过集线器，则接入集线器的所有网络节点都会收到这条信息(也就是以广播形式发送)，只是网卡在硬件层面就会过滤掉不是发给本机的信息；而如果通过交换机，除非 A 通知交换机广播，否则发给 B 的信息 C 绝不会收到(获取交换机控制权限从而监听的情况除外)。以太网交换机厂商根据市场需求，推出了三层甚至四层交换机。但无论如何，其核心功能仍是二层的以太网数据包交换，只是带有了一定的处理 IP 层甚至更高层数据包的能力。

网络交换机由于使用场景的不同又分为接入交换机、汇聚交换机和核心交换机。

通常将网络中直接面向用户连接或访问网络的部分称为接入层，将位于接入层和核心层之间的部分称为分布层或汇聚层。接入交换机一般用于直接连接计算机，汇聚交换机一般用于楼宇间。汇聚层相当于一个局部或重要的中转站，核心相当于一个出口或总汇总。原来定义的汇聚层的目的是为了减少核心的负担，将本地数据交换机流量在本地的汇聚交换机上交换，减少核心层的工作负担，使核心层只处理到本地区域外的数据交换。

1.4 计算机网络的软件

在研究互联网通信的时候，我们需要关注底层物理网络的建设和通信协议，然而呈现给用户最有趣和最有用的功能实际都是应用软件提供的。应用为用户提供了高层服务，并决定用户对底层互联网能力的认知。

由于互联网仅仅提供了一个通用的通信架构，并不指明提供哪些服务，由哪些计算机来运行这些服务，如何确定服务的存在，以及如何使用这些服务——这些问题都留给了应用软件和用户。事实上，一个互联网更像是一个电话系统，虽然提供通信能力，但并不指明与哪些计算机进行交互以及那些计算机对通信服务做些什么。换句话说，虽然互联网系统提供基础的通信服务，但协议软件并不能启动与一台远程计算机的通信，也不能接受一台远程计算机的通信。相反，通信中必须有两个应用程序层参加：一个启动通信；另一个接受通信。也就是我们前面所介绍的 C/S 的软件服务模式。

1.4.1 标准的客户机/服务器模式

虽然互联网上的通信与电话拨号有相似的地方，但两个应用程序之间无法设定一种机制像电话振铃一样提供通信接入的提醒——协议软件无法通知应用通信的到达，应用也无法确认接受任何收到的信息。

因此，互联网上的应用软件希望通信应用必须在外部资源试图通信之前就与协议软件交互，通知本地协议软件希望得到一个特定类型的信息，然后等待。当收到的信息恰好与应用所制定的相符的时候，协议软件将其传给应用。显然，一个通信的两个应用并不需要都在等待信息到达，而是应该一个应用主动的启动交互，另一个则被动地等待通信。

以上安排的一个等待另一个启动通信的模式在互联网的分布式计算中极其普遍，这种模式就是客户机/服务器交互模式(client-server paradigm of interaction)。客户机和服务器是通信中所涉及的两个应用的术语，一般我们将主动启动通信的称为客户，而被动等待通信的应用称为服务器。

虽然存在一些小的区别,大多数客户机/服务器交互的实例仍具有相同的通用特性。一般来说,客户端软件:

- 是一个在需要进行远程访问时临时成为客户,同时也做其他的本地计算的应用程序;
- 直接被用户调用,只为一个会话运行;
- 在用户的个人计算机上本地运行;
- 主动地启动与服务器的通信;
- 能访问所需的多种服务,但在某一时刻只能与一个远程服务器进行主动通信;
- 不需要特殊的硬件和高级的操作系统。

相反,服务器软件:

- 是一个用来提供某个服务的有特殊权限的专用程序,可以同时处理多个远程客户请求;
- 在系统启动时自动调用,不断地为多个会话服务;
- 在一台共享计算机上运行(即,不是在用户的个人计算机上);
- 被动地等待来自远端客户的通信;
- 接受来自任何客户的通信请求,但只提供一种服务;
- 需要强大的硬件和高级的操作系统支持。

对服务器这个术语有时会产生一些混淆。通常地,这个术语指一个被动地等待通信的程序,而不是运行它的计算机。然而,当一台计算机被用来运行一个或几个服务器程序时,这台计算机本身有时也被(不正确地)称作服务器。硬件供应商加深了这种混淆,因为他们将那类具有快速 CPU、大容量存储器和强大操作系统的计算机称为服务器。

在客户机/服务器的交互模式中,信息可以沿着客户与服务器之间一个或两个方向传递,虽然大部分服务器被安排成客户发送一个或多个请求而服务器应答的方式,但其他的数据流向方式也是可行的。比如现在移动互联网的很多应用都会使用 push 的方式向客户端提供数据而非用户的客户端请求以后再进行应答。

同时需要注意的是,不管是客户端还是服务器端在交互的时候是通过协议(具体来说是传输协议)来建立通信并收发信息。因此,计算机不论是在运行客户程序或者服务器程序是都需要一个完整的协议栈。如图 1.11 所示。

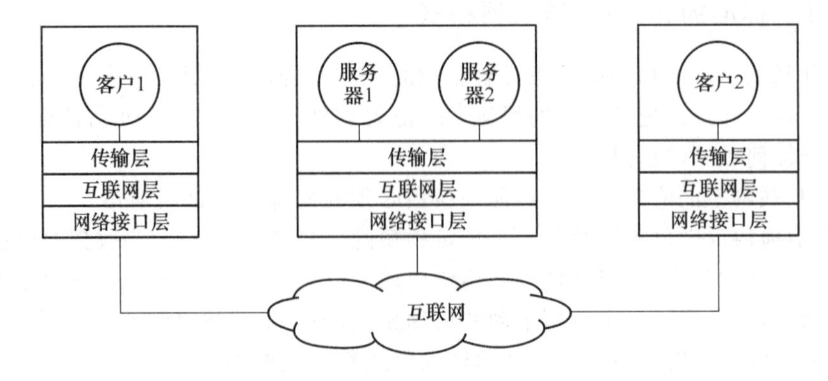

图 1.11　客户机/服务器通过 TCP/IP 协议栈在互联网上通信

同时,图 1.11 也显示了这样一种可能,当计算机足够强大的时候可以同时运行多个客户与服务器程序。为了让客户无二义性地指明所希望的服务,TCP/IP 协议栈的传输层通过给每个服务一个唯一标识(在第 3 章介绍)。技术上说,一套计算机系统如果能允许同时运行多个应用程序,我们一般称它支持并发,而具有一个以上控制线程(或进程/任务)的程序称为并发程序。由于一个并发服务器需要为多个客户同时提供服务而不需等待前一个客户服务的结束,因此并发性是客户机/服务器交互模式的基础。大多数并发服务器是动态操作的,也就是说服务器在每个请求到来的时候创建一个新的线程。事实上,服务器程序由两部分组成:一部分负责接收请求和生成新线程;另一部分包含处理单个请求的代码。当一个并发服务器开始执行时,只有第一部分在运行。这就是说,服务器主线程运行第一部分,等待请求到达。当请求到达时,主线程创建一个新的服务线程来处理它。处理请求的线程运行第二部分代码(即为请求提供服务的部分),然后终止。同时,主线程保持服务器处于活动状态——在创建处理请求的线程后,主线程继续等待下一个请求到来。

服务器程序除了并发的要求以外,有时候还会要求支持多种协议的服务。支持多种协议的服务器有两种可行的实现方式。第一种实现方式是直接的,对同一个服务有两个服务器,一个服务器使用无连接的传输,另一个使用面向连接的传输。第二种实现方式比较复杂,一个服务器程序同时用两个或多个传输协议进行交互。服务器可接收任一种协议的请求,并在发出应答时也使用同一种协议。

1.4.2 应用程序编程接口(套接字)

当应用程序与协议软件进行交互的时候,必须说明一些细节,诸如它是服务器还是客户(即,它是被动等待还是主动启动通信)等。此外,进行通信的应用程序还必须说明更多的细节(例如,发送方必须说明要传送的数据,接收方必须说明接收的数据应放在何处)。应用程序通过传输协议进行交互时所用的接口称为应用程序接口(API,Application Program Interface)。一个 API 定义了应用程序与协议软件进行交互时可以使用的一组操作。因此,API 决定了应用程序所能实现的功能,以及开发具有这些功能的程序的难度。大多数编程系统提供的 API 给出应用程序能够调用的一组过程以及这些过程所需的参数。通常,API 对每个基本操作都有一个独立的过程。例如,API 可能有一个过程用来建立通信;另一个过程用来接收数据。

通信协议标准并不总会定义应用程序用来与该协议进行交互的 API。相反,协议规定应该提供的一般操作,并允许各个操作系统去定义应用程序用来实现这些操作的具体 API。虽然协议标准允许操作系统设计者选择 API,但大多数人仍接受了套接字 API(socket API,有时也被简称为套接字)。套接字 API 被许多操作系统所支持,包括个人计算机上所使用的操作系统(例如 Microsoft 的 Windows 系列)及各种 UNIX 系统(例如 Sun 公司的 Solaris)。

套接字通信同样使用描述符的方法。应用程序在使用协议进行通信之前必须向操作系统申请生成一个套接字(socket)用以通信,系统返回一个短整型数作为描述符来标识这个套接字。应用程序在调用过程进行网络数据传输时,就将这个套接字作为参数,而不必在每次传输数据时都指明远程目的地的细节。在 UNIX 实现中,套接字是完全与其他 I/O 集成在一起的。操作系统为文件、设备、进程通信(UNIX 提供管道机制实现进程间通信)和网络通信提供单独的一组描述符。因此,当应用程序创建一个套接字时,它会得到一个短整型数作为描述符来指向该套接字。如果系统对套接字和其他 I/O 使用相同的描述符空间,单个应用程序就可以既用于网络通信又用于本地数据传输。

但是,套接字编程与传统 I/O 编程有所不同,因为一个应用程序要使用套接字必须说明许多细节。例如,应用程序必须选择特定的传输协议,向协议提供远程机器的地址,并说明该应用程序是客户还是服务器。为了提供所有这些细节,每个套接字有许多参数与选项,应用程序可以为每个参数和选项提供所需的值。实现套接字的过程主要有 Socket 过程、Close 过程、Bind 过程、Listen 过程、Accept 过程、Connect 过程等。

1.4.3 协议软件的实现

套接字是设计 Internet 上应用软件的最常见的方法,这种方法实际上是使用操作系统或者网络公开的 I/O 来实现软件。使用套接字需要一个比较完整的协议栈支持,但是很多时候,我们也会接触一些协议栈需要自己开发的情况,比如设计一个网络硬件设备,或者现在热门的物联网(Internet Of Thing,IOT)硬件开发。这时,除了硬件以外,网络系统还有控制通信的复杂协议软件。大多数应用程序和用户同协议软件打交道,而不是直接同网络硬件打交道。

帮助设计者控制协议软件复杂性的基本工具是分层模型。分层把复杂的通信问题划分成几个不同的部分,允许设计者一次集中于一个部分。尽管对所有的现代协议来说,ISO 提出的传统七层参考模型并不够,但它常在非正式的讨论中被引用。分层的科学原理规定,在目标机器上的第 N 层把源机第 N 层进行的转换还原。协议软件的组织遵循所设计分层模型。每一层对应于一个软件模块,厂商将模块集总称为栈(stack)。理论上说,发送的数据在发送机上向下通过栈的每一层,在接收机上向上通过栈的每一层。

协议使用几个基本的技术解决通信问题:使用排序来处理乱序包和重复包,使用确认和重发来处理丢失包,使用唯一的会话标识符来防止重播,使用简单停等协议或滑动窗口机制来控制数据流,使用降低速率来处理网络拥塞。滑动窗口的主要优点是性能-滑动窗口机制防止发送方使接收方过载,可以进行调节使计算机充分利用可用的硬件带宽。

尽管协议处理问题的通用技术已众所周知,协议设计仍然很不容易。细节是很重要的,协议可能以预料不到的方式相互作用。

1.4.4 互联网软件的实现

对于大部分基于互联网的软件系统,也并非需要使用套接字来完成开发。计算机软件发展到现阶段,开发工具和开发模式已经有共性且有很多工具选择,比如说我们开发一个 WWW 应用,在 Windows 环境下可以直接使用其自带的 IIS 服务器程序,客户端程序可以选择使用 Internet Explorer,程序的开发更专注于对 IIS 服务的调用和在浏览器上的呈现。

1.5 计算机网络的开放性

计算机网络的开放性主要体现在以下几个方面:

(1) 计算机网络开放性的思想基础。计算机网络的开放性为计算机系统提供了一个多对多的开放性空间,实现了信息的交互设计以及网络中多点之间的联系,计算机网络实现了信息的共享,强调信息和资源共享。在信息更新速率极快的时代背景下,更加需要有高速的网络传播途径为信息的发布提供支持,因此这就要求了网络需要具有开放性,搭建起各个计算机终端之间的信息和资源交换，从而一方面提高资源利用效率；另一方面还能够起到交互沟通的作用。

（2）计算机网络体系结构的开放性。用户之间的开放性互动需要有计算机网络体系结构的开放性来提供支持。计算机网络体系结构需要从各个站进行设置和建设，功能分层的体系结构为网络的开放性提供了依据，网络信息的交互性从本质上来看是同等层的互换。而要实现在相同层之间的互换，则需要首先满足两个条件，即一方面是要保障两个节点的同等层具有相同的协议；另一方面需要满足的是在同等层以下的各层是完全透明的。对于具有不同的协议的计算机通信网络，要实现互联，则就需要通过信关装置来进行设置和转换，其工作原理是，首先在信关中进行转换后，才能实现网间信息的畅通。总之要实现网络体系结构的开放性需要有内部体系结构的设置来提供支持。

（3）主机系统对网络操作系统的支持。在许多计算机通信网络中，网络服务程序同原主机操作系统都可以为用户提供编程接口，而网络操作系统是网络功能实现的主体部分，且原机操作系统与网络操作系统功能模块依然按照 OSI 参考模型的层次结构设置。

项目小结

在本章开始的部分提出的企业需求，企业最直接的目标是实现办公系统通信功能，在一定程度上能够实现资源的共享。在没有计算机网络的时候，其实通过电话网络，以传真的方式实现文件共享也是一种解决方案。

计算机网络提供了一种更好的资源共享方式，且共享的资源由原来的主动分发变成主动分发与被动获取共存。

在使用计算机网络的基础上，企业办公的方式可以提升为办公自动化（OA，Office Automation）方式，OA 是将现代化办公和计算机网络功能结合起来的一种新型的办公方式。企业办公自动化系统在此基础上实现企业的快速运转和交流，进而有效地提高企业办公效率。就现在开发 OA 的技术来说，主要集中分为三大类：基于 C/S 结构的应用程序开发、结合 C/S 结构和 Web 技术的复合应用程序、基于 B/S 结构的动态网页技术。这三种 OA 的实现方式也会带来计算机网络架构上的不同。

习 题

1. 简述 TCP/IP 协议簇与 OSI/RM 模型的异同，为什么对于计算机网络的研究会用 5 层的模型进行研究？

2. 设计一个家庭网络，满足 2 台计算机上网，一台电视机使用 IPTV 及全家 3 台手机的无线上网需求。说明在该网络中需要使用什么设备？该网络的拓扑结构是什么？该网络应该是 LAN 还是 WAN？

3. 给出 LAN 使用客户机/服务器程序的两个例子。

4. 设计题：观察实验室的网络结构，画出实验室的网络设计结构图，说明教师机与学生机之间的关系以及所处的网络位置。

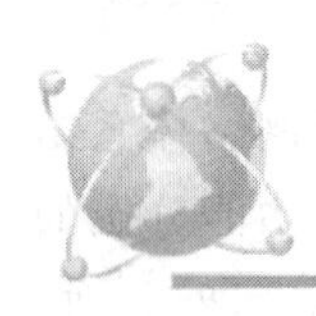

第 2 章　计算机网络的应用层

问题的提出

学校机房有一批5年前购买的计算机，状况良好，尚不具备报废的条件，但由于配置原因，计算机的利用率偏低，现学校决定将这批计算机交给学生科协使用。学生科协决定利用这些计算机提供网络开发环境并架设万维网、邮件、文件共享以及影音服务，并使用这些服务开设内部网络的MOOC服务与微课堂服务。

为了要解决以上问题，我们需要在计算机网络的应用层上提供相关服务。

2.1　项目解决方案

项目的需求非常明确，科协首先需要选择合适的网络操作系统，并在其上安装相关服务，最后通过网络编程手段实现服务。

2.1.1　网络操作系统

网络操作系统(NOS)是网络的心脏和灵魂，是向网络计算机提供服务的特殊操作系统，在计算机操作系统下工作，即在普通的操作系统上增加了网络模块。它能提供网络服务，为局域网内的用户(终端、工作站)提供服务。现在比较流行的网络操作有：Windows Server NT/2000/2003、UNIX、Linux、NetWare等。NOS与工作站上的操作系统或多用户操作系统由于提供的服务类型不同而具有差异。一般情况下，NOS是以使网络相关特性最佳为目的，如文件共享、硬盘共享、打印机、调制解调器、扫描仪、传真机共享等。

Windows Server 2003家族包括Windows Server 2003 Web Edition、Windows Server 2003 Standard Edition、Windows Server 2003 Enterprise Edition和Windows Server 2003 Datacenter Edition四个版本。它们与.NET技术紧密结合，提供了快速的开发和应用程序平台。Windows Server 2003的主要功能有：文件服务器、打印服务器、Web服务器、邮件服务器、终端服务器、远程访问/虚拟专用网络(VPN)服务器、域名系统(DNS)、动态主机配置(DHCP)服务器和Windows因特网命名服务器(WINS)等。Windows Server 2003的主要特点：可靠性、高效性、实用性、经济性。Windows Server 2003系统安装的需求如表2.1所示。

表 2.1　Windows Server 2003 安装要求

版本	硬件最高配置	服务类型
Windows Server 2003 Web Edition	2 GB内存、2个CPU	对Web服务进行优化，能在活动目录中做成员服务器，不能做域控制器

续 表

版本	硬件最高配置	服务类型
Windows Server 2003 Standard Edition	4GB 内存、4 个 CPU	适用于中小型企业，具备除目录服务、支持终端服务、会话目录、集群服务以外的所有服务功能
Windows Server 2003 Enterprise Edition	64GB 内存、8 个 CPU	适用于高端服务器上，具备所有的服务模块
Windows Server 2003 Datacenter Edition	512GB 内存、32 个 CPU	适用于高端服务器上，具有极高的可靠性、稳定性和可扩展性

UNIX 系统最早是在美国麻省理工学院(MIT)于 1965 年开发的分时操作系统 Multics 的基础上不断演变而来的。它原本是 MIT、贝尔实验室等为美国国防部研制的，所以 UNIX 具有非常高的安全性和稳定性。1969 年贝尔实验室的系统程序设计人员汤普逊(Thompson)和里奇(Ritchie)在 PDP-7 计算机上成功地开发了 16 位微机操作系统。该系统采用了 Multics 系统的树型结构、Shell 命令语言和面向过程的结构化程序设计方法，同时又弥补了原来 Multics 的许多不足之处。由于开始没有形成具体的专有标准，各大厂商都开始着手研制自己的 UNIX 系统，所以现在能在市面上看见有许多不同的 UNIX 版本，如 SUN 公司的 Solaris UNIX 系统、IBM 公司的 AIX UNIX 系统、HP 公司的 HP UNIX 系统等。

Linux 操作系统是 1991 年芬兰赫尔辛基大学的学生 Linus Torvalds 编写的，具有 UNIX 全部特征，最先发布于因特网上，所有的源代码完全公开，近几年来，Linux 操作系统发展十分迅猛，每年的发展速度超过 200%，得到了许多著名软硬件公司(如 IBM、COMPAQ、HP、Oracle、Sybase、Informix)的支持，目前 Linux 已经全面进入了应用领域。Linux 发展如此快，这跟它诞生的时期和社会现状是分不开的。Linux 诞生在一个网络时代，和网络一起成长、发展、壮大，Linux 的安全性和可靠性可以同 UNIX 媲美。UNIX 需要昂贵的价格，而 Linux 是完全免费的，同样 UNIX 能做到的 Linux 也能做到，当然这也就促进了 Linux 的发展。

UNIX/Linux 主要用在大型的网络中，用来搭建服务器，具有非常高的安全性、可靠性，现在 Linux 大多数也用在嵌入式操作系统的开发中。

NetWare 是 NOVELL 公司推出的网络操作系统，NetWare 最重要的特征是基于基本模块设计思想的开放式系统结构。NetWare 是一个开放的网络服务器平台，可以方便对其进行扩充。NetWare 系统为不同的工作平台(如 DOS、OS/2 Macintosh 等)，不同的网络协议环境如 TCP/IP 以及各种工作站操作系统提供了一致的服务。该系统内可以增加自选的扩充服务(如替补备份、数据库、电子邮件以及记账等功能)，这些服务可以取自 NetWare 本身，也可取自第三方开发者。

2.1.2 网络操作系统安装

由于国内对信息安全有要求的部门使用国产化网络操作系统正在成为趋势，而国产操作系统都是以 Linux 内核为基础，因此本书以 Linux 作为案例讲述网络操作系统的安装部署。Linux 的版本有很多种，本书选择 Red Hat Enterprise Linux 5 作为实例，这是红帽公司给出的服务器版本，其他的还有高级服务器版、桌面版、工作站版等。Red Hat Enterprise Linux 5 支持目前市场上大多数的主流硬件，如果对于硬件设备是否被支持有疑问，可以访问 Red Hat 硬件的认证网站来查询。

Red Hat Enterprise Linux 5(以下简称 Linux)支持光盘作为介质安装、通过硬盘安装、网络安装三种方式。光盘安装的方式和步骤如下:

(1) 将安装光盘放入光驱,重启计算机并在设置第一引导设备为光驱;

(2) 光驱引导系统启动后,会出现"Boot:"提示符,此时按下 Enter 键,安装程序自动检查计算机的硬件系统,检查完毕后,会出现光盘检测窗口,在该窗口中选择"Skip"按钮,进入下一步操作;

(3) 出现安装欢迎页面后,选择安装语言与键盘设置,一般都选择"简体中文";

(4) 出现"安装号码"对话框后,可以选择填入序列号或者直接跳过,直接跳过也能够顺利完成系统的安装,不过系统的功能会受到一定的限制,且无法获得 Red Hat 的技术支持;

(5) 对硬盘进行分区,根据硬盘的状况会要求用户选择是否初始化驱动器,然后用户可以根据系统内置的分区方案选择分区方式:

① 选定磁盘上删除所有分区并创建默认分区结构,该方案会删除硬盘上所有数据,适合整个磁盘只安装一个 Linux;

② 选定驱动器上删除 Linux 分区并创建默认分区,适用于保留原来的其他操作系统分区,但驱动器上原先必须有一个 Linux 分区;

③ 使用选定驱动器中的空余空间创建默认分区,该方案会保留原系统的所有分区,适用于原驱动器上没有 Linux 分区的情况;

④ 建立自定义分区结构。

建议的分区方式是/boot 分 100MB 空间,文件系统类型选择"ext3",交换分区是系统内存的 2 倍,再根据情况选择/usr、/home、/var 等分区;

(6) 安装配置引导程序,该步骤可以选择使用 LILO 或者 GRUB,默认是安装 GRUB 到 MBR;

(7) Linux 自动检测网络设备,并显示在"网络设备"列表中,一般 Linux 会使用 DHCP 自动获取 IP 地址,如果需要手动配置网络则需要选择"编辑"按钮,并选择"Manual Configuration"复选框编辑 IP 地址及子网掩码;

(8) 设置系统时钟,一般选择"北京时间";

(9) 设置 root 密码;

(10) 定制组件,这一步是根据用户安装序列号不同而会有不同,一般来说服务器版本会有软件开发、虚拟化和网络服务器三个部分供选择。选择完组件后系统就会进行安装。

由项目需求,在网络操作系统上需配置 HTTP、FTP、mail 等服务。

2.2 域名系统

在 ARPANET 中只存在简单的文件,这些文件在每天规定的时间从维护站取走,这种方式对于只有几百个大型分时机器的网络来说确实可行,但是当网络规模扩大以后,特别是 Internet 上进行统一管理是不可想象的。虽然 IP 地址为 Internet 提供可统一的寻址方式,但对于用户来说,记忆没有任何意义的一串二进制数字来访问主机资源十分困难。现在的 Internet 上的应用软件都使用具有一定意义的主机名来替代直接输入 IP 地址的方式进行寻址，这些主机名通常是用 ASCII 码串实现。但由于网络本身只接收二进制地址，所以需要某种机制将 ASCII 码串转换为网络地址。这种在 Internet 上使用的转换方式称为域名系统 DNS(Domain Name System)。

2.2.1 域名的结构

DNS 具有一定的层次结构。首先，DNS 把整个 Internet 划分为多个域，我们称之为顶级域，并为每个顶级域规定了国际通用的域名。顶级域采用了两种划分模式，即组织模式和地理模式。前七个域对应于组织模式，其余的域对应于地理模式。地理模式的顶级域是按国家进行划分的，每个申请加入 Internet 的国家都可以作为一个顶级域，并向 NIC 注册一个顶级域名。从语法角度看，每台计算机的域名由一系列由字母和数字构成的段组成。例如，南京邮电大学的域名为 www. njupt. edu. cn。从概念角度看，Internet 被分为几百个顶级域，每个域包括多个主机，每个域又被分为子域，下面还有更详细的划分，如图 2.1 所示的树形结构。树叶代表没有子域的域，一个树叶域可以代表一台主机，也可以代表一个公司，包含上千台的主机。

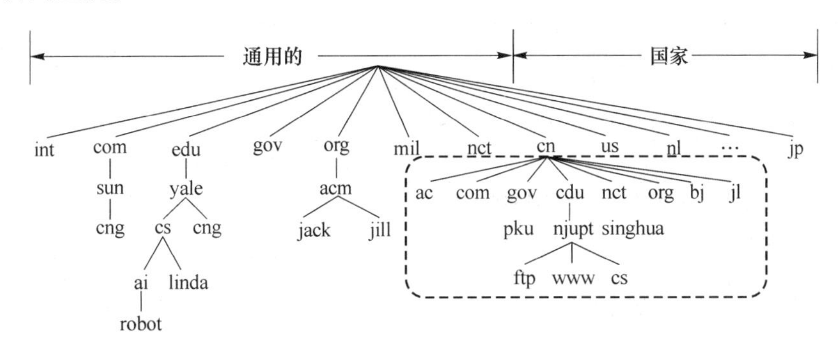

图 2.1 因特网域名空间的一部分

域名中最重要的部分位于右边，最左边的段是单台计算机的名字，其他段标识了拥有该域名的机构。DNS 除了规定顶级域的选择方法外，既不规定每个域名中段的个数，也不规定这些段代表的意义。每个组织能够选择其内部计算机域名中段的数目以及这些段所代表的意义。例如，顶级域名 cn 由中国互联网中心 CNNIC 管理，它将 cn 域划分成多个子域，包括 ac、com、gov、edu、net、org、bj 和 js 等，并将二级域名 edu 的管理权授予 CERNET 网络中心。CERNET 网络中心又将 edu 域划分成多个子域，即三级域，各大学和教育机构均可以在 edu 下向 CERNET 网络中心注册三级域名，如 edu 下的 pku 代表北京大学，njupt 代表南京邮电大学，并将这两个域名的管理权分别授予给北京大学和南京邮电大学。南京邮电大学可以继续对三级域 njupt 进行划分，将四级域名分配给下属部门或主机，如 njupt 下的 cs 代表南京邮电大学计算机科学与技术学院，而 www 和 ftp 代表两台主机。

域名对大小写不敏感，成员名最多长达 63 个字符，路径全名不能超过 255 个字符。当一个组织希望参加域名系统时，它必须申请其中一个顶层域下的域名。例如，一个名为 ABC 的公司可能请求在顶层域 com 下被指派为 abc，如果管理域名的 Internet 机构同意这个请求，它将给 ABC 公司指派域名 abc. com，一旦一个组织被指派到一个域，这个后缀将为该组织保留，其他组织将不会被指派到相同的后缀，例如，一旦 abc. com 被指派，另一个名为 ABC 的组织可以申请 abc. edu 或 abc. org,但不能申请 abc. com。采取这种方式就能避免名字冲突,并且每个域都能记录自己的所有子域。一旦一个新的域被创建和登记,它就可以创建子域,无须征得上级的同意。命名遵循组织界限,而不是物理网络。

2.2.2 域名的资源记录

为了把一个名字映射为一个 IP 地址,应用程序要调用一种名叫解析器(resolver)的库过程(参数为名称)。解析器将请求的 UDP 分组传送到本地 DNS 服务器上,本地 DNS 服务器查找名字并将 IP 地址返回给解析器,解析器再把它返回给调用者。有了 IP 地址,程序就可以和目的方建立 TCP 连接,或者向它发送 UDP 分组。对于每个域来说,无论是一台主机还是一个顶级域,都有相关的资源记录集合。当解析器给 DNS 一个域名后,便会获得与该域名有关的资源记录。因此,DNS 的实际功能就是把域名映射到资源记录上。虽然用二进制编码能够提高资源记录的效率,但大多数情况下还是采用 ASCII 表示。数据库的记录顺序并不重要。每个资源占一行记录,每个记录共有五项。

表 2.2 主要的 DNS 资源记录类型

Type(类型)	意义	Value(值)
SOA	start of authority,提供关于名字服务器区域的主要信息资源的名字、管理者的电子邮件地址、一个唯一的序列号以及各种标志和时间范围	该区的参数
A	一个主机的 IP 地址。每个网络连接(IP)都有一个 A 类型的资源记录	32 比特整数
MX	邮件交换,指明准备为特定域接收电子邮件的域名。允许不在因特网上的机器从因特网站点接收邮件	优先权,域愿意接收电子邮件
NS	名字服务器	本域的服务器名
CNAME	规范名,允许创建别名(宏定义)	域名
PTR	指针,一种正规的 DNS 数据类型,它的解释依赖于上下文。将名字和 IP 地址联系起来,允许查找 IP 地址,返回相应机器的名字	IP 地址的别名
HINFO	主机描述,允许人们找出一个域相应的机器和操作系统类型	以 ASCII 表示的 CPU 和 OS
TXT	文本(text),允许域以任意方式标识自身	未解释的 ASCII 文本

- Domain_ name(域名):提供记录所指向的域,是查询的主索引键。当进行域名查询时,返回所有匹配记录。通常每个域有许多记录,数据库的每个拷贝包括多个域的信息。
- Time_to_live(生存时间):指出记录的稳定性。高度稳定的信息会拥有一个很大的值,例如 86400(一天的秒数)。变化很大的信息只能获得一个较小的值,例如 60(1 分钟)。
- Type(类型):指出记录的类型。
- Class(类别):对于因特网信息,它总是 IN;对于非因特网信息,则使用其他代码。
- Value(值):可以是数字、域名或 ASCII 串。其语义基于记录类型。表 2.2 给出了每种主要记录类型的 Value 字段的简短描述。

2.2.3　域名服务器与域名解析

DNS的一个主要特点是自治。在域名系统设计中，每个组织不必通知中心机构就可以为计算机指派或改变域名。命名体系允许每个组织使用特定后缀控制域名以完成自治，例如，只要域名以ibm.com结尾，IBM公司就可以自由地创建或改变其域名。除有层次的域名之外，DNS运用客户-服务器交互帮助自治，本质上，整个域名系统以一个大的分布式数据库的方式工作。每个服务器包含连向其他域名服务器的信息，它们形成一个大的、地位等同的域名数据库，每当应用程序需要将域名转换为IP地址时，便会成为域名系统的客户，这个客户将待转换的域名放入DNS请求报文中，并将这个请求发给DNS服务器，服务器从请求中取出域名，将它转换为相应的IP地址，然后在其应答报文中将结果地址返回给应用程序。

DNS按其域名层次安排它的服务器层次，每个服务器作为域名体系中的一个管辖者(authority)。一个根服务器(root server)位于这个层次体系的顶部，它是顶层域(如.com)的管辖者。虽然根服务器并不包含所有可能的域名，但它包含如何到达其他服务器的信息。借助于一组既独立又协作的域名服务器，可以找出一个主机名所对应的IP地址。Internet中存在着大量的域名服务器，每台域名服务器保存着它所管辖区域内的主机的名字与IP地址的对照表，这组名字服务器是解析系统的核心。将域名转换为对等的IP地址的过程称为域名解析，即域名被解析为地址，完成这项转换工作的软件称为域名解析器(或简称解析器)软件。每个解析器被配置在一个本地域名服务器上。为了成为DNS服务器的客户，解析器将指定的域名放在一个DNS请求(DNS request)报文中，并向本地服务器发送这个报文，解析器等待服务器发回一个包含答案的DNS应答(DNS reply)报文。虽然客户能够在与DNS服务器通信时选择使用UDP或TCP，但由于对单个请求的开销较小，解析器大多数被配置为使用UDP，如图2.2所示。

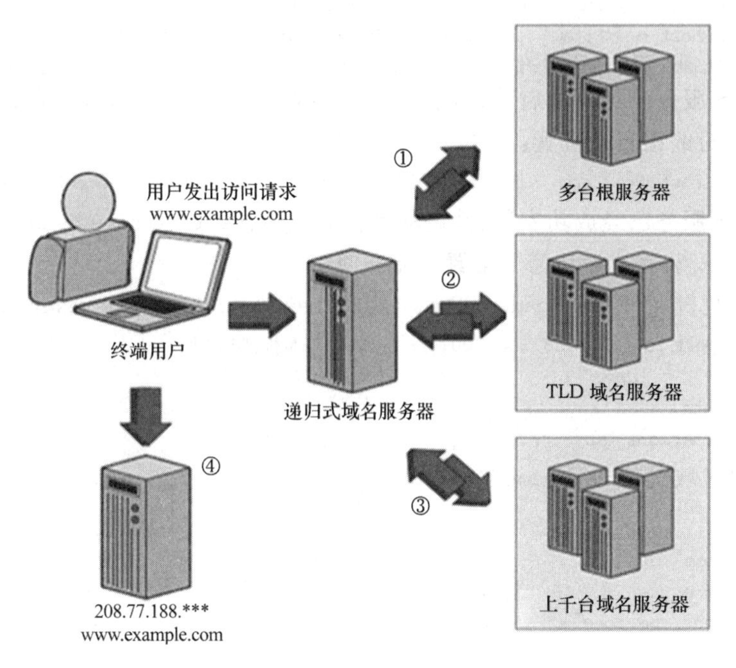

图2.2　DNS服务器层次的划分及域名递归查询

当一个服务器发现收到的请求中，指定的域名属于自己的管辖范围时，服务器就会在本地数据库中查找该域名，并向解析器发送一个应答；而当服务器发现到达请求中的域名不在自己的管辖范围时，这个服务器就临时成为另一个域名服务器的客户，与另一个服务器开始交互，在第二个服务器返回一个应答后，原先的服务器向发送请求的解析器发送一个该应答的副本。例如，当终端用户发出请求查询 www. example. com 的域名查询请求给本地服务器。本地服务器 L 不是这个域名的管辖者，所以它作为客户转向另一个服务器。第一步中，本地服务器 L 向根服务器发送一个请求。根服务器不是这个域名的管辖者，但来自根服务器的应答给出了 example. com 的服务器的位置。当收到根服务器的应答后，服务器 L 与 example. com 的服务器通信，该服务器向 L 发出一个权威回答，要么是这个域名的 IP 地址，要么指出这个域名不存在。

通常，请求域名解析的软件知道如何访问一个服务器，而每一域名服务器都至少知道服务器地址及其父节点服务器地址。域名解析可以有两种方式，第一种是递归解析，要求名字服务器系统一次性完成全部名字的地址变换。第二种是反复解析，是在服务器层次间逐步寻找管辖一个域名的服务器的过程，即每次请求一个服务器，如失败再请求其他服务器，仅在服务器要解析域名时使用。

2.2.4 域名服务器的安装配置

默认安装的 Linux 系统中，是不包含 DNS 服务的，用户必须手动安装。

首先查看系统是否已安装 DNS 服务，这时候需要切换到 root 用户：

```
[root@localhost ~]# rpm - qa | grep bind
```

如果有相应并列出相应的 bind 软件包，则表明系统已安装 DNS 服务，如果没有返回相应的软件包，则需要安装 DNS 服务，使用如下命令：

```
[root@localhost ~]# rpm - ivh /misc/cd/Server/bind - 9.3.4 - 10.P1.el5.i386.rpm
[root@localhost ~]# rpm - ivh /misc/cd/Server/bind - chroot - 9.3.4 - 10.P1.el5.i386.rpm
[root@localhost ~]# rpm - ivh /misc/cd/Server/caching - nameserver - 9.3.4 - 10.P1.el5.i386.rpm
```

现在 DNS 服务已经可以启动，但是为了让 DNS 的运行更加安全，需要安装 Chroot 来改变程序执行时的根目录位置：

```
[root@localhost ~]# rpm - ivh /misc/cd/Server/bind - utils - 9.3.4 - 10.P1.el5.i386.rpm
```

如果 DNS 服务已经成功安装，其启动停止命令为：service named start/stop/restart

DNS 服务安装完成后还需要配置才能够使用：

(1) 编辑配置文件/var/named/chroot/etc/named.caching - nameserver.conf，修改：

```
listen - on port 53 {192.168.100.200; }; //修改为本机 IP 地址。
allow - query      {any; };              //允许所有人查询。
match - clients       {any; };           //允许任意客户端。
match - destinations {any; };            //允许任意目标。
```

(2) 编辑区域文件 var/named/chroot/etc/named.rfc1912.zones，新建一个正向 rhel.com 区域：

```
zone "rhel.com" IN {
    type master;              //设置主从。
    file "rhel.com.zone";     //配置文件的名称。
    allow - update { none; }; };
```

编辑区域配置文件/var/named/chroot/var/named/ rhel.com.zone

```
[root@localhost named]#cp -p localhost.zone rhel.com.zone
[root@localhost named]#vi rhel.com.zone
$TTL 86400  //默认的生存时间,单位是1天
@  IN SOA  @  root (//第一个@表示区域,第二个@表示主机名,SOA是主从认证、//授权方面的
记录,root是管理员邮箱,如果管理员邮箱是root@rhel.com,//在这里可以写成root,如果写全就是
root.rhel.com,因为@在这里表示//本机的意思,所以就以.代替。SOA给出了5个参数
42  serial (d. adams)  //一个序列号,主从之间更新的依据。
      3H  refresh      //更新时间,从服务器多久主动请求更新一次。
      15M  retry       //重试时间,当从服务器更新失败后,多久再更新。
      1W  expiry       //失效时间,当从服务器多长时间没有成功更新时,就不再更新。
      1D)  minimum     //相当于生存时间值。
//这几个参数的大小限制如下:serial<=2^32=4294967296,refresh>=retry*2,
            // refresh+retry<expiry,expiry>=retry*10,expiry>=7 day
    IN NS  @ //NS记录,后面跟域名服务器的名称。@代表本机。前面的@可以省略。
    IN A    127.0.0.1   //主机记录。
    IN AAAA  ::1
www  IN A  192.168.100.200
mail  IN A  192.168.1.1
```

(3) 编辑文件/var/named/chroot/etc/named.rfc1912.zones,新建一个反向rhel.com区域:

```
zone "100.168.192.in-addr.arpa" IN {
    type master;
    file "in-addr.rhel.com.zone";
    allow-update { none; }; };
[root@localhost named]#cp-p named.local in-addr.rhel.com.zone
编辑反向区域配置文件in-addr.rhel.com.zone:
$TTL  86400
  @  IN  SOA  localhost. root.localhost. (
      1997022700  Serial
      28800  Refresh
      14400  Retry
      3600000  Expire
      86400)  Minimum
      IN  NS  localhost.
200  IN  PTR  www.rhel.com.
1  IN  PTR  mail.rhel.com
//这里和正向区域的配置基本一样,只是多了PTR记录,
//其格式为:前面是对应的IP地址,后面是主机名。
```

(4) 重启并测试服务,测试可以使用nslookup、dig或者host命令完成。

DNS可以配置成主服务器、辅服务器以及缓存服务器,以上内容仅介绍了DNS主服务器的配置,其他的服务器配置在此不再详述。

2.3　FTP协议与服务

许多网络系统使计算机具有访问远端计算机上文件的能力,并提出了各种远程访问的方法,每种方法针对一组特定目标进行优化。例如,为降低总开销,可使用远端文件访问,在这种体系中,单个集中的文件服务器为一些没有本地硬盘的廉价计算机提供辅助存储,无盘计算机可以是用于清点库存之类琐事的便携、手持设备,这些计算机通过一个高速无线网与

文件服务器通信。另一些设计使用远端的存储器保管数据。在这些设计中，用户拥有带本地存储设备的常规计算机，并像平时一样使用它们，常规计算机定期通过网络将文件备份（或整个盘的副本）发送到一个保管数据的设备，在该设备中存储数据可避免数据的偶然丢失。一些设计还重点加强了在多个程序、多个用户或多个网点之间共享数据的能力。例如，某组织可以让该组织中所有工作组共享一个联机数据库。

2.3.1 联机共享式文件访问

文件共享有联机访问（on line access）和整文件复制（whole file copying）两种不同的形式。联机共享访问意味着允许多个程序同时访问一个文件。对文件的改动将迅速生效，并在所有访问文件的程序中都可获得改动信息。整文件复制意味着程序无论何时想访问一个文件，都必须获得一个本地文件副本，复制通常用于只读数据，但如果必须修改文件，程序只对本地副本进行修改，并将修改后的文件传回到原网点。

联机共享可以用数据库系统提供，也可以使用远程文件系统提供透明访问。使用数据库系统一般是为了适应可管理和数据统计报表等需求，远程联机共享的优点更明显：远程文件访问不需要对应用程序进行明显的改动，用户可对本地和远程文件进行访问，允许这些文件对共享数据进行任意计算。但实现一体化的、透明的文件访问比较困难。在异构环境中，一台计算机上可用的文件名可能无法映射到另一台计算机的文件名空间。类似地，一个远程文件访问机制必须处理计算机系统中所有权、访问授权和访问保护的问题，最后，由于文件表示和允许的操作在不同计算机上各不相同，所以在所有文件上实现全部操作可能很难或不太可能。

取代一体化的透明联机访问的方案是**文件传输共享**。用传输机制访问远程数据的过程是：用户首先获得一个文件的本地副本，然后对副本进行操作。大多数传输机制在本地文件系统之外运作（即未实现一体化），用户必须调用一个特殊的客户程序传输文件，当调用客户程序时，用户指明一个远程计算机，在该计算机上有用户所需的文件，可能还有获得访问所需的授权（如账号或口令）。客户与远程计算机上的服务器联系并请求一个文件的副本，一旦传输结束，用户终止客户程序并使用本地计算机上的应用程序读取或修改本地副本。整文件复制的优点是操作的高效性，一旦程序获得远程文件的一个副本，就可以高效地处理文件副本。因此，许多计算用整文件复制比用远程文件访问运行得快。同样，异构计算机间的整文件复制比较难，客户和服务器必须就访问授权、文件所有者和访问保护问题以及数据格式达成一致。

2.3.2 文件传送协议 FTP

文件传输是最常用的 TCP/IP 应用之一，早在 Internet 出现之前的 ARPANET 就已经出现了标准文件传输协议。现在的文件传输标准是文件传送协议 FTP（File Transfer Protocol）。FTP 服务允许用户将本地计算机中的文件上传到远端计算机中，也可以将远端计算机中的文件下载到本地计算机中。目前在 Internet 上的 FTP 服务器除了提供基本的文件上传下载功能外，还会提供：

（1）交互访问，实现远端计算机和本地计算机的交互；

（2）格式规范，允许用户制定存储数据的格式和类型；

（3）鉴别控制，实现对客户的访问许可。

FTP 类似于大多数服务器程序，允许多个客户的并发访问。客户使用 TCP 连接到服务器,一个主服务器进程等待连接,并为处理每个连接建立相应的从进程(slave process)。与大多数服务器不同的是,从进程不完成所有必要的计算,只接受和处理来自客户的控制连接(control connection),服务器使用一个或多个额外的进程处理单独的数据传输连接(data transfer connection)。控制连接传输命令通知服务器将传输哪个文件。数据传输连接也使用 TCP 作为传输协议,传输所有数据。客户和服务器均创建一个单独的进程处理数据传输,其细节和使用的操作系统有关,如图 2.3 所示。一般情况下,只要客户保持 FTP 会话,则控制进程和控制连接一直存在,一旦控制连接消失,则会话也就终止了。FTP 动态地根据需要为每次的文件传输建立一个新的数据传输的 TCP 连接。

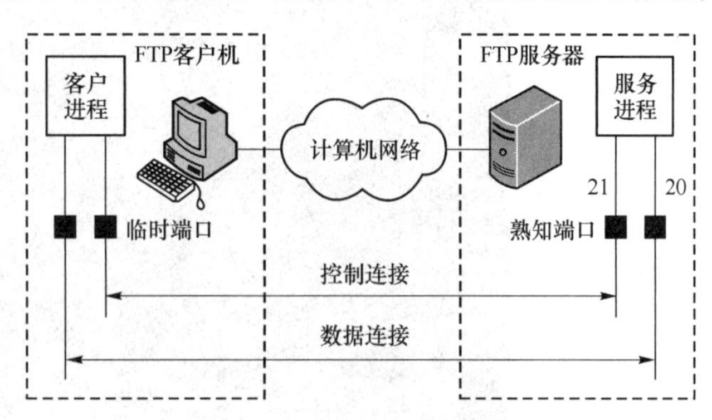

图 2.3　FTP 客户机和服务器

当客户需要形成到服务器的最初连接的时候,就使用一个任意分配的本地协议端口号与服务器的一个熟知端口(21)联系,这个端口可以接受多个客户的连接,为了避免服务器端无法识别不同的客户连接,在服务器端发出 TCP 被动打开请求时,需要指明客户计算机上使用的端口和本地端口,而非使用任意进程接受连接。在图 2.3 中,FTP 客户端首先和 FTP 服务器的 TCP 21 端口建立连接,通过这个通道发送命令,客户端需要接收数据的时候在这个通道上发送 PORT 命令。PORT 命令包含了客户端用什么端口接收数据。在传送数据的时候,服务器端通过自己的 TCP 20 端口发送数据。FTP 服务器必须和客户端建立一个新的连接用来传送数据。客户端的端口指定有两种方式:一种是上例所说的主动(port)模式,即客户机主动给出端口的模式;一种称为被动(passive)模式,即服务器端指定客户机使用端口的模式。

通常,用户建立 FTP 连接并获取文件只需要执行几个 FTP 命令,图 2.4 是一个例子。用户指定计算机名 ftp. cs. purdue. edu 作为 ftp 命令的一个参数,指示计算机连接 lucan. cs. purdue. edu,并且用匿名的方式登入,用户进入 usr 目录并进行查询,如果有需要的文件即可用 get 命令获取文件的副本。传输结束后,用户可以使用 close 命令中断与服务器的连接,最后使用 bye 命令退出。需要注意的是,FTP 对用户命令的反馈是信息式报文,并且总是由 3 个数字开始,后跟文本,这些信息大部分来自服务器。例如,以 220 开头的报文含有运行服务器的计算机的域名,而报告收到的字节数和传输速率的统计信息来自客户。

2.3.3　简单文件传送 TFTP

虽然 FTP 是 TCP/IP 协议簇中最常用的文件传送协议,但它对编程而言也是最复杂和困难的。许多应用既不需要 FTP 提供的全部功能,也不能应付 FTP 的复杂性。为此,TCP/IP 协议簇提供了一种不复杂且开销不大的文件传输协议,称为简单文件传送协议 TFTP(Trivial File Transfer Protocol),它是为客户和服务器间不需要复杂交互的应用程序而设计的。TFTP 只限于简单文件传输操作,不提供访问授权,局限性较大,但 TFTP 软件比 FTP 小得多。

```
C:\Users\pat>ftp ftp.cs.purdue.edu
连接到 lucan.cs.purdue.edu。
220 lucan.cs.purdue.edu FTP server (Version wu-2.6.2(1) Wed Jun 4 15:16:07 EDT 2
008) ready.
用户(lucan.cs.purdue.edu:(none)): anonymous
331 Guest login ok, send your complete e-mail address as password.
密码:
230-
230-                        Purdue University
230-                  Department of Computer Sciences
230-
230-    Access is allowed all day.  Local time is Thu Nov  6 13:50:11 2014.
230-
230-    All transfers are logged with your host name and email address.
230-    If you don't like this policy, disconnect now!
230-
230-    If your FTP client crashes or hangs shortly after login, try using a
230-    dash (-) as the first character of your password.  This will turn off
230-    the informational messages which may be confusing your ftp client.
230-
230-    Report any problems to postmaster@cs.purdue.edu
230-
230 Guest login ok, access restrictions apply.
ftp> cd usr
250 CWD command successful.
ftp> dir
200 PORT command successful.
150 Opening ASCII mode data connection for /bin/ls.
total 2
226 Transfer complete.
ftp: 收到 9 字节，用时 0.00秒 9000.00千字节/秒。
ftp> bye
221-You have transferred 0 bytes in 0 files.
221-Total traffic for this session was 1075 bytes in 1 transfers.
221-Thank you for using the FTP service on lucan.cs.purdue.edu.
221 Goodbye.
```

图 2.4　连接 FTP 的命令

TFTP 不像 FTP，它不需要可靠数据流传输服务。它运行在 UDP 或其他任何不可靠分组传输系统上，使用超时和重传保证数据的到达。发送端用固定大小（512 字节）的块传输文件，并在发送下一块前等待对每个块的确认。接收端每收到一个块后都加以确认。TFTP 的规则很简单，发送的第一个分组请求文件传输，并建立客户与服务器间的交互，分组指明了文件名，并指定是要读文件（传给客户）还是要写文件（传给服务器）。文件块从 1 开始连续编号。每个数据分组包括一个首部，指明传输块的数目，并且每个确认包含被确认的块数。少于 512 字节的块标识文件尾。可以在数据或确认的位置上发送差错报文，差错将终止文件传输。图 2.5 表示五个 TFTP 分组类型的格式。初始分组必须使用操作码 1 或 2，分别指明是读请求（read request）还是写请求（write request）。初始分组包含文件名和客户请求的访问模式（读访问或写访问）。

2八位组操作码	n八位组	1八位组	n八位组	1八位组
FEAD REQ.(1)		0	MODE	0
2八位组操作码	**n八位组**	**1八位组**	**n八位组**	**1八位组**
WRITEREQ.(2)		0	MODE	0
2八位组操作码	**2八位组**	**一直到512八位组**		
DATA.(3)	BLOCK#	DATA OCTETS…		
2八位组操作码	**2八位组**			
ACK.(4)	BLOCK#			
2八位组操作码	**2八位组**	**n八位组**	**1八位组**	
ERROR.(5)	ERROR CODE	ERROR MESSAGE	0	

图 2.5　TFTP 报文类型

虽然 TFTP 除了传输所需要的功能之外几乎没有其他功能，但其可以支持多种文件类型。现在 TFTP 常用于电子邮件集成以及没有先进操作系统支持的电子产品。

2.3.4 FTP 服务器的安装配置

Linux 下提供了包括 Wu-FTPd、ProFTPd、vsFTPd 及 PureFTPd 等服务器守护程序，下面仅以流行的 vsFTPd 作为例子进行说明。

安装可以使用 [root@localhost ～]# rpm －ivh vsftpd－2.0.1－5.i386.rpm 命令来进行，并且用[root@localhost ～]# rpm －qa|grep vsftpd 来检查 FTP 服务器是否成功安装。其启动、停止可以使用 service vsftpd start/stop/restart 等命令来进行。

vsFTPd 的配置相对简单，主要的配置文件为/etc/vsftpd.ftpusers、/etc/vsftpd.user_list、/etc/vsftpd/vsftpd.conf。其中/etc/vsftpd.ftpusers 用来记录不允许登录到 FTP 服务器的用户，通常是系统默认的用户。而/etc/vsftpd.user_list 也是用来指定用户的，这些用户可以是被拒绝访问 FTP 服务的，也可能是允许访问的，这取决于主配置文件/etc/vsftpd/vsftpd.conf 中 userlist_deny 参数设置的是 Yes(默认，拒绝登录)还是 No。/etc/vsftpd/vsftpd.conf 包含了 FTP 服务的基本配置参数。指令格式为 option＝value，每条指令独占一行并且指令之前不能有空格，而且在 option、value 和＝之间不能有空格。

/etc/vsftpd/vsftpd.conf 的配置文件几乎给出了所有的可能情况，比如要设置匿名用户访问，仅需将：

```
anonymous_enable = YES
write_enable = YES
anon_upload_enable = YES
anon_mkdir_write_enable = YES
```

这四条语句之前用于注释的“#”符号去掉，并增加一条 anon_umask＝022 就可以了。且在 vsftpd.conf 中甚至提供了可以更改监听地址与控制端口以及 FTP 模式等选项。

2.4 电子邮件

电子邮件(E-mail)最初是传统的办公室备忘录的简单扩展。目前，它已成为 Internet 上使用最频繁的一种服务，它为 Internet 用户之间发送和接收消息提供了一种快捷、廉价的现代化通信手段，特别是在国际交流中发挥着重要的作用。早期的电子邮件系统只能传输西文文本信息，而今的电子邮件系统不但可以传输各种文字和各种格式的文本信息，而且还可以传输图像、声音、视频等多种信息，从而使电子邮件成为多媒体信息传输的重要手段之一。

2.4.1 电子邮件的体系结构和服务

一般来说，电子邮件系统支持以下几个基本功能。

(1) 撰写(composition)：创建消息和回答的过程。虽然任何一个文字编辑器都适用于消息的主体，但系统本身可以提供帮助，如将地址和众多的头部域附加到每个消息上。

(2) 传输(transfer)：将消息从寄出者送到接收者。大多数情况下，这需要在目的地和某些中间机器间建立连接，输出消息，然后释放连接。电子邮件系统在无须用户干预的情况下自动完成这些工作。

(3) 报告(reporting)：告诉发信者消息的情况(是否已发送、被拒收或丢失)。

(4) 显示(displaying)：帮助用户阅读自己的电子邮件。有时需要进行转换或者需要激活一个特别的浏览器,有时还需要进行简单的转换和格式化。

(5) 处理(disposition):这一步关心的是接收者收到消息如何处理它。可能包括在读信前将它丢弃、保存等,还有可能取出并重读存储的消息、转发或用其他方法处理。

(6) 除了这些基本的服务,大多数电子邮件系统还提供多种高级特性:

① 自动转发:当人们搬家或暂时离开一段时间时,他们希望电子邮件被转发,所以系统应具有这种自动功能;

② 创建和删除邮箱:大多数系统允许用户创建邮箱(mailbox)来存储收到的电子邮件,还应具有删除邮箱、检查邮箱内容、从邮箱插入或删除消息等功能;

③ 邮件列表:公司的管理员通常需要发送消息给每一个部门、客户或供应商,这就引出了收件人列表(mailing list)的想法,即电子邮件地址的列表。当一条消息寄往收件人列表时,则向列表中的每一个对象都发送一个同样的拷贝;

④ 挂号电子邮件:它是另一个重要的想法,使发信者了解自己的消息已到达。同样,如果电子邮件未传送到,也希望有自动通知。在任何情况下,发信者对于应报告的内容有一定的控制权;

⑤ 拷贝、高优先级电子邮件、电子邮件加密:如果第一个收信人找不到时,邮寄给其他接收者以及秘书处理自己老板的电子邮件的能力等。

电子邮件的体系结构主要包括:

邮件用户代理程序(Mailer User Agent,MUA),主要用于将用户的邮件发送到邮件主机上或者将用户的邮件从邮件主机上接收下来。我们现在常用的微软的 Outlook、Outlook Express、腾讯的 Foxmail、Mozilla 的 Thunderbrid 等都属于 MUA。

邮件传输代理程序(Mail Transfer Agent,MTA),主要用于将用户的邮件发送到邮件主机上,如果邮件主机能将邮件邮寄出去,那就是一台 MTA。现在的 MTA 一般指邮件服务器,其代表有 Sendmail、Postfix、qmail 以及 Exchange 等。严格来说,MTA 应该只是具备 SMTP 协议的主机,是在后台运行的系统幽灵程序,但实际上现在的 MTA 基本上包括了邮件发送、接收、传递等方面的功能。

邮件转发代理(Mail Delivery Agent,MDA),其工作是分析 MTA 处理的邮件中表头或者其他数据,决定邮件的去向。

三者之间的关系如图 2.6 所示。

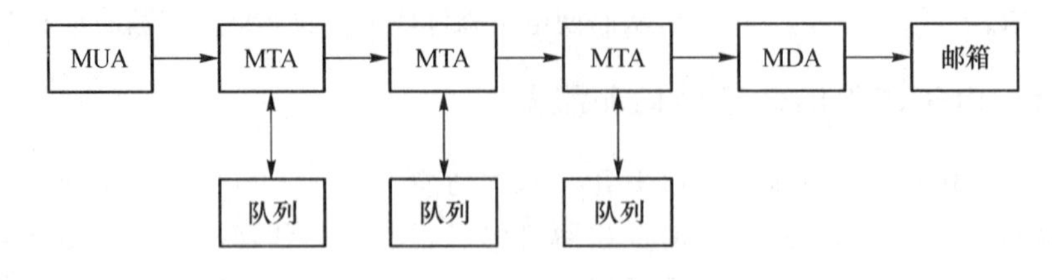

图 2.6　电子邮件体系结构

2.4.2　电子邮件信息的格式

电子邮件的信息分为两个部分,中间用一个空行分隔。

第一部分是头部(header),包括发送方、接收方和邮件内容摘要等方面的信息。电子邮件的头部类似于我们信函的信封，信封中封装的消息包括用来传输消息所需要的所有信息，如收件人地址、优先级、安全等级等，这些信息都与消息本身不同，消息传输代理仅使用电子邮件头部的信息就可以选择路由。

在电子邮件的头部中，标准的格式：每个头部行首先是一个关键字和一个冒号，然后是附加的信息，关键字告诉电子邮件软件如何翻译该行中剩下的内容。这些关键字有些是必需的，有些是可选的，表 2.3 给出了电子邮件中的主要关键字。

表 2.3 电子邮件的主要关键字实例

关键字	含义	关键字	含义
From	发送方地址	Reply-To	回复的地址
To	接收方地址	X-Charset	使用的字符集(通常为 ASCII)
Cc	抄送副本地址	X-Mailer	发送信息所使用的软件
Data	信息发送日期	X-Sender	发送方地址的副本
Subject	信息主题	X-Face	经编码的发送发面孔图像

第二部分是主体(body)，包括信息的文本。邮件中的消息同样分为头部(header)和主体(body)两部分，这里的头部不同于电子邮件的头部，这些信息包括用户代理的控制信息；而主体部分是写给收信者的内容。这类似于英文信件常在信件的第一页右上角标注发信人的地址等信息。

电子邮件的地址格式为：用户名@域名，其中@表示在的意思，也就是说其地址格式说明的是邮件是在哪个域名中的用户。例如：zhang1122@163.com，表示在 163.com 这个域中的邮件服务商的 zhang1122 这个用户。

2.4.3 电子邮件的协议

电子邮件的客户端和服务器端种类繁多，但其通信都是通过电子邮件协议来保障的，常用的电子邮件协议有以下几种：

(1) 简单邮件传输协议(Simple Mail Transfer Protocol，SMTP)，SMTP 可以为用户提供高效、可靠的邮件传输，一般监听 25 号端口，是一个请求/响应协议，用于接收用户的邮件请求，并与远程的邮件服务器建立 SMTP 连接。SMTP 有一个重要的特点是可以接力传送邮件，让邮件通过不同网络上的主机接力式传送，如图 2.6 所示。其工作可以分为两种情况：一种是电子邮件从客户机传送到服务器；另一种是电子邮件从一个服务器传送到另一个服务器。

(2) 邮局协议(Post Office Protocol，POP)，用于电子邮件的接收，使用 TCP 的 110 端口。目前常用的是 POP3。POP3 采用客户机/服务器模式工作，首先客户端软件与 POP3 服务器建立 TCP 连接，然后 POP3 协议会确认客户机提供的用户名和密码，确认成功后便转入处理状态，这时用户可以接收或者删除自己的邮件，之后退出系统转入更新状态，从服务器端删除用户标记“删除”的邮件。

(3) 交互邮件访问协议(Internet Message Access Protocol，IMAP)是通过 Internet 获取信息的一种协议。IMAP 与 POP 一样可以提供方便的下载邮件服务，实现邮件的离线阅读功能。同时IMAP还提供了一种摘要阅览功能,让用户可以在阅读完邮件主题、发件人、大小等信息后再决定是否下载。其本身是一种邮箱访问协议,可以用来管理客户端和服务器上的邮箱。与POP3的主要区别是,IMAP将邮件保留在服务器上,而POP3将邮件下载后进行处理,POP3处理后的邮件并不在服务器上体现。

(4) 电子邮件还有一种热门的协议是Web Mail,目前主要的ISP基本都提供Web Mail服务,但其本质上并不是一个协议,而是一种专门针对安装在服务器上的邮件程序的Web插件,实现直接通过浏览器查收、阅读和发送邮件等功能。

(5) 多用途因特网邮件扩充(Multipurpose Internet Mail Extension,MIME)协议是现在绝大部分电子邮件系统都支持的邮件扩充。由于最初的电子邮件只能处理文本,信息的主体被限制为ASCII字符,为了发送二进制数据就需要将这些数据编码成文本形式进行传送,因此产生了MIME。MIME与以前的电子邮件系统是兼容的,传送信息的电子邮件系统不需要理解主体或MIME头部行所使用的编码,这些信息完全可以像任何电子邮件信息一样对待。

MIME允许发送方和接收方选择方便的编码方法。在使用MIME时,发送方在头部包含一些附加行说明信息遵循MIME格式,或是在主体中增加一些附加行说明数据编码的类型。除了允许编码信息外,MIME还允许发送方将信息分成几个部分,并对每个部分指定不同的编码方法,这样用户就可以在同一个信息中既发送文本又发送图像了。MIME在电子邮件头部增加了两行内容:一行用来声明使用MIME生成信息;另一行说明MIME信息是如何包含在主体中的。

MIME的主要优点在于它的灵活性,这种标准并不规定所有的发送方和接收方必须使用单一的编码方式,取而代之的是,MIME允许使用任何时候发明的新的编码方式,发送方和接收方只要能认可一种编码方式及它的唯一名字,就可以使用传统的电子邮件进行通信,而且MIME没有规定用来划分各部分所用的具体值或用来命名编码方案的方式,发送方可以选择主体中不会出现的任意字符串作为分隔符,接收方使用头部的信息决定怎样将信息解码。

2.4.4 消息传输

当用户写完电子邮件并指定了接收方之后,电子邮件软件将该信息的副本发送给每个接收方,在这个过程中,大多数系统需要电子邮件接口程序与用户进行交互,并且使用邮件传输程序处理将一个副本发送给远程计算机的细节。当用户准备好发送信息时,电子邮件接口程序将信息置于一个队列中,由邮件传输程序进行管理。而邮件传输管理程序等待放入队列中的信息,然后向每个接收方发送该信息的副本。当向本地计算机上的接收方发送信息副本时,邮件传输程序向用户邮箱中添加信息,当向远程用户发送副本时,邮件传输程序需要作为一个客户与远程计算机上的服务器通信,客户向服务器发送信息,服务器将信息副本放入接收方邮箱,该过程如图2.7所示。在这个过程中,电子邮件信息的传输可以同时处理所有接收方处于同一台远程计算机上的情况。也就是说,一个客户向服务器方发送多个不同用户的邮件并不需要建立多个连接,而仅仅需要建立单个连接就可以,信息仅需要传输单个副本,由服务器接收信息后,向每个接收方拷贝传递一个副本即可。这种多重接收优化可以大大降低电子邮件对网络带宽的需求,同时减少了所有用户接收同一信息副本的延迟。

图 2.7 电子邮件信息的路径

当邮件传输程序与远程服务器通信的时候，需要使用 SMTP 建立一个 TCP 连接，并在上面进行通信。尽管 SMTP 被称作简单邮件传输协议，但协议本身仍然需要处理很多细节，例如 SMTP 要求进行可靠的传递，发送方需要保存信息副本，直到接收方将信息保存在不易失的存储器上。同时，SMTP 也允许发送方询问服务器上是否存在给定的邮箱等。

由于计算机中的电子邮件软件能够处理电子邮件信息，则可以人为地加上处理和转发信息的功能。很多电子邮件系统包含邮件分发器(mail exploder)或邮件转发器(mail forwarder)，其使用数据库来决定如何处理信息，该数据库通常被称为邮件列表(mailinglist)。邮件列表的每一项是一组电子邮件的地址。邮件分发器通过查询邮件列表的方式允许一组人通过电子邮件进行通信，而发送方不需要清楚指明所有的接收方。这种应用很类似于 Internet 上的新闻组，但是邮件系统解决的是用户之间的信息传递，新闻组是用户与新闻组公告板之间的信息传递。

虽然邮件分发器可以在任意一台计算机上操作，但将电子邮件信息转发给一个很大的邮件列表中的所有地址仍需要很长的处理时间。因此，许多组织不允许在一般的计算机上存在分发器或很大的邮件列表，而是选取一小部分计算机专门运行分发器和转发邮件。这种专门用于处理电子邮件的计算机通常称为电子邮件网关(E-mail gateway)或电子邮件中继(E-mail relay)。大多数电子邮件网关所保存的邮件列表是公共的，任何人都可以加入列表或向列表发送信息。因此，可以将电子邮件网关看作图 2.7 内一个特殊的接收方，该接收方收到电子邮件副本后，将通过分发器查询邮件列表，并生成一个发送信息副本的请求，向邮件列表中的每一个地址发送该信息的一个副本。

由于电子邮件信息是通过编写计算机程序完成的，所以可以在没有人工介入的情况下编写程序用于处理日常杂务。这种自动程序中有一个特别有用的方式是和电子邮件分发器结合起来，称为列表管理器(list manager)，用以自动地保存分发器的邮件列表。自动邮件列表允许参与者自主加入或者离开，而不需要与别人通信或者等待有人输入更改信息，而列表使用者也不需要投入更多的开销在列表的维护上。

由于电子邮件的地址仅包含用户和域，因此在每一个域下都可以有多个电子邮件用户，这种情况就会造成电子邮件管理的混乱，比如南京邮电大学可以在 njupt. edu. cn 域下运行电子邮件服务，而南京邮电大学计算机系也可以在 cs. njupt. edu. cn 域下运行电子邮件服务，这时候为了防止混乱，统一所有南京邮电大学用户的电子邮件地址，可以使用两种方案：一种是要求大家都使用南京邮电大学信息中心所提供的电子邮件服务，同时信息中心能保障该服务的质量和有效性；另一种方法是运行一个邮件网关，并将所有的电子邮件地址与该网关关联，将所有用户虚拟到 njupt. edu. cn 域上。比如徐劲松老师的真实电子邮件地址是 xujinsong@cs. njupt. edu. cn，但对外的邮箱是 xujs@njupt. edu. cn，当有邮件发给 xujs@

njupt. edu,cn 时,该邮件将通过网关上的分发器发送给 xujinsong@cs. njupt. edu. cn。除了可以统一整个组织中的电子邮件地址外,网关机制还可以灵活地移动或者重命名一台计算机而不需要改变职员的电子邮件地址。

作为选择,大多数用户希望将自己的邮箱放在最常使用的计算机上,遗憾的是,邮箱不能放在所有的计算机系统上。首先,远程程序并不对邮箱进行直接存取,为了让计算机获得邮件信息,必须要在计算机上运行邮件服务器程序,如果本地计算机没有邮件服务器,则邮箱就无法放到本地计算机上;更重要的一点是,邮箱服务器必须要不间断地运行,而个人桌面系统经常会在一段时间内处于关闭状态或不与 Internet 连接。所以,个人计算机通常不运行电子邮件服务器,而是将用户的邮箱安置于运行邮件服务器的远程计算机上。为此,TCP/IP 提供了 POP、IMAP 等协议允许用户从远程计算机上对邮箱的内容进行存取。图 2.8 显示了使用 POP 协议存取邮箱的过程。从图 2.8 中可以看出,带邮箱的计算机其实运行了两个服务器程序,其中一个负责接收电子邮件并将之存入相应的邮箱;另一个允许远程机器上的用户访问邮箱。需要注意的是,虽然通常现在的邮件服务器软件包含了这两部分,但是这两者还是有很大区别的:首先,邮件的接收和读取使用不同的协议(如 SMTP 和 POP);其次,接收服务器接收来自任意方发送的信息,而读取服务必须对用户进行鉴权;最后,接收服务器只能对电子邮件信息进行传输,而读取服务不仅能传输信息还能够提供邮箱内容的信息。

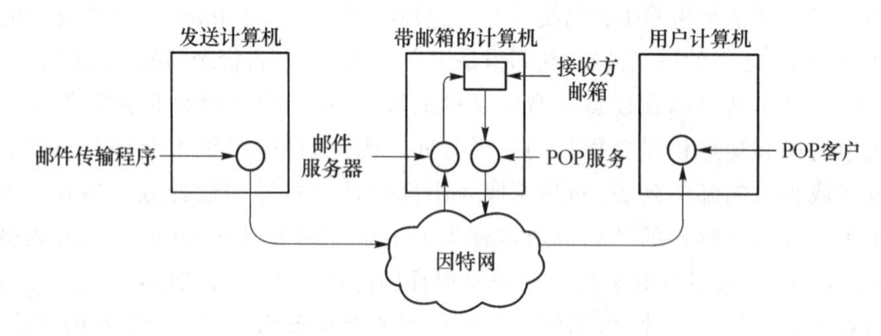

图 2.8 使用 POP 时的工作过程

2.4.5 邮件服务器的安装配置

Linux 下的邮件服务器程序很多,比较著名的有 sendmail、qmail 和 postfix 等。在 Red Hat 下默认安装的是 sendmail,我们就以此进行说明。

首先在安装运行邮件服务器之前,该服务器首先要具备真实的 IP 地址和域名。

(1) 用 rpm-q sendmail 命令检查 sendmail 是否安装,若已安装则会给出 sendmail 的版本信息。

(2) 编辑/etc/mail/sendmail. cf 文件,找到 DAEMON_OPTIONS 行,将 Addr=127.0.0.1 改为 0.0.0.0,并将该段的注释说明 dnl 删除。

(3) 使用 service sendmail restart 命令重启 sendmail。

(4) 使用 rpm -qa|grep dovecot 命令检查是否安装 dovecot,若没有安装则需安装。

(5) 修改/etc/doctov. conf,增加行 protocols=pop3 pop3s imap imaps。

(6) 重启 dovecot 服务和 sendmail 服务。

(7) 创建用户和密码,为安全起见,使用 useradd-s /sbin/nologin test 创建用户,其中

test 是用户名。

(8) 使用邮件客户端测试用户。

如果直接使用一台单一的计算机作为邮件服务器,可以使用国产的 EMOS 直接安装配置,其邮件服务器核心是 ExtMail,这是国内唯一活跃开发的开源邮件系统软件。

2.5 万 维 网

万维网(World Wide Web,WWW)是一种特殊的结构框架,目的是为了访问遍布在Internet上的链接文件,这些文件使用丰富多彩的界面提供大量的信息资源,具有初学者很容易使用的优点。WWW 起源于 1989 年欧洲粒子物理研究室 CERN,由于当时的研究人员遍布在欧洲各国,同时需要协调大型实验并且分享研究报告等文献,因此提出了链接文档的万维网计划,其原型于 1991 年 12 月公开演示,到了 1993 年 2 月其第一个图形界面 Mosaic 发布达到了发展的高峰。1994 年,CERN 和麻省理工学院建立万维网集团,并陆续吸纳了数百所大学和公司加入该集团,致力于进一步发展信息网和标准化协议,其主页为 http://www.w3.org。

2.5.1 WWW 服务

WWW 服务采用客户机/服务器的工作模式。以超文本置标语言(Hyper Text Markup Language,HTML)与超文本传送协议(Hyper Text Transfer Protocol,HTTP)为基础,为用户提供界面一致的信息浏览系统。在 WWW 服务系统中,信息资源以页面(也称网页或 Web 页)的形式存储在服务器(通常称为 Web 站点)中,这些页面采用超文本方式对信息进行组织,通过超级链接将一页信息链接到另一页上,这些相互链接的页面信息既可以放置在同一主机上,也可以放置在不同的主机上。页面到页面的链接信息由统一资源定位符(Uniform Resource Locators,URL)维持,用户通过客户端应用程序(即浏览器)向 WWW 服务器发出请求,服务器根据客户端的请求内容将保存在服务器中的某个页面返回给客户端,浏览器接收到页面后对其进行解释,最终将带有图像、文字、声音的页面呈现给用户。在 WWW 服务系统中,浏览器负责接收用户的请求,并利用 HTTP 协议将用户的请求传送到 WWW 服务器。在服务器请求的页面送回到浏览器后,浏览器再将页面进行解释,显示在用户的屏幕上。

浏览器由一系列的客户单元、一系列的解释单元和一个控制单元组成,如图 2.9 所示。控制单元作为浏览器的中心,用来协调和管理客户单元和解释单元。客户单元接收用户的键盘、鼠标输入,并调用其他单元完成用户的指令。

相对于其他服务,WWW 服务具有很高的集成性,其首先能将各种类型的信息(图像、文本、声音、视频等)与服务(FTP、File 等)紧密连接在一起,提供更生动的图形界面,为用户提供查找和共享信息的简便方法和动态多媒体交互的最佳手段。WWW 服务具有以下特点:

(1) 以超文本方式组织网络多媒体信息;

(2) 用户可以在世界范围内任意查找、检索、浏览及添加信息;

(3) 提供生动直观、易于使用、统一的图形用户界面;

(4) 网点间可以互相链接,以提供信息查找和漫游的透明访问;

(5) 可访问图像、声音、影像和文本信息。

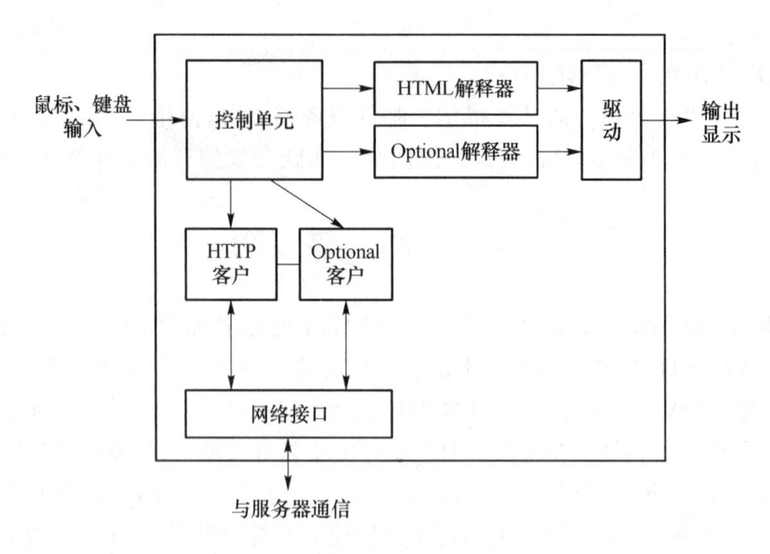

图 2.9　浏览器的主要组成部分

2.5.2　超文本传送协议 HTTP

HTTP 协议是浏览器或中间计算机和 Web 服务器之间进行通信所使用的应用层传输协议。HTTP 协议具有以下特点：

- HTTP 在应用层上操作。它采用一种稳定的、面向连接的传输协议，如 TCP，但是不提供可靠性或重传机制。
- 请求/响应(request/response)。一旦建立了传输会话，一端(通常是浏览器)必须向响应的另一端发送 HTTP 请求。
- 无状态(stateless)。每个 HTTP 请求都是自包含的，服务器不保留以前的请求或会话的历史记录。
- 双向传输(bi-directional transfer)。在大多数情况下，浏览器请求 Web 页，服务器把副本传输给浏览器。HTTP 也允许从浏览器向服务器传输(如在用户提交"表单"时)。
- 协商能力(capability negotiation)。HTTP 允许浏览器和服务器协商一些细节，如在传输中使用的字符集。发送方指定它提供的能力，接收方指定它接收的能力。
- 支持高速缓存(support for caching)。为了减少响应时间，浏览器将它接收的每个 Web 页的副本放入高速缓存。当用户再次请求该 Web 页时，HTTP 允许浏览器询问服务器，确定该 Web 页的内容在缓存之后是否已经改变。
- 支持中介(support for intermediaries)。从浏览器到服务器之间，HTTP 允许路径上的计算机作为代理服务器，将 Web 页放入高速缓存中以应答浏览器的请求。

HTTP 是一种面向对象的协议，为了保障客户机与服务器之间通信部产生二义性，HTTP 精确地定义了请求报文和响应报文的格式，其会话过程包括：连接(connection)、请求(request)、应答(response)、关闭(close)这四个过程。

Internet 上服务众多，且每个服务器上有多个页面，HTTP 需要使用统一资源定位符 URL 让用户获得指定的页面。URL 由协议类型、主机名、路径及文件名三部分组成。例如，南京邮电大学的 WWW 服务器中一个页面的 URL 为：

http　　://www. njupt. edu. cn　/　index. htm
↓　　　　　　↓　　　　　　↓
协议类型　　　主机名　　　　路径及文件名

这其中，http 指明要访问的服务器是 WWW 服务器；www. njupt. edu. cn 是指明要访问的主机名，该主机名可以是 IP 地址也可以是其域名；index. htm 是指明要访问的页面文件名。URL 除了可以使用 HTTP 协议以外，还可以使用 FTP 协议、Gopher 协议、Telnet 协议等访问相应的服务，甚至通过 File 在所连接的计算机上获取文件。在实际使用中，用户并不需要了解所有页面的 URL，很多有关定位的 URL 信息可以隐含在超文本信息中，并且在超文本中加亮或加上下画线，用户可以直接通过鼠标单击动作就可以让浏览器软件自动调用该段超文本信息指定的页面。图 2. 10 显示了超文本实现 URL 跳转的方式。

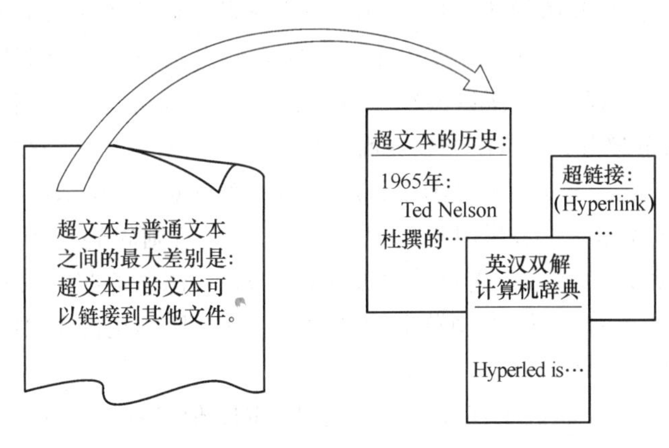

图 2. 10　使用超文本实现 URL 跳转的例子

一般在 http 后面的 URL 有以下形式：

http://hostname[:port]/path[:parameters][? query]

其中，方括号代表可选项。hostname 字符串指定作为服务器的那台计算机的域名或 IP 地址；port 是可选的协议端口号，只在服务器不使用熟知端口(80)的情况下才使用这一选项；path 是标识服务器上某个文档的字符串；parameters 是可选的字符串，指定由客户提供的可选参数；? query 是当浏览器发送询问时使用的可选字符串。用户未必能直接看到或使用可选部分。用户输入的 URL 可以只包含 hostname 和 path。

2. 5. 3　超文本标记语言 HTML

HTML 是一种创建与制作 Web 页面的基本语言，通过定义格式化的文本、色彩、图像与超文本链接等组织文档，若文档想要通过 WWW 浏览器显示，就必须符合 HTML 标准。由于 HTML 编写制作的简易性，对促进 WWW 的迅速发展起到了重要作用，并且使得 WWW 的核心技术在 Internet 得到了广泛应用；标准化的 HTML 规范，也使得不同厂商可以开发不同的浏览器、Web 编辑器与 WWW 转换器等软件对同一标准的页面进行处理。

HTML 文档由包含文本及内嵌命令的文件组成。内嵌命令被称为标记(tag)，用来指示显示的方式，用小括号(<)和大括号(>)把标记括起来，成对的标记之间的项才产生作用。例如，<CENTER>和</CENTER>使标记的各项位于浏览器窗口的中心。HTML 文件包含头部(head)和主体(body)两个部分，分别描述浏览器所需的信息和所要说明的具体内容。以下是一个简单的 HTML 文档的实例：

```
<html>
<body>
<h1>My First Heading</h1>
<p>My first paragraph.</p>
网络应用技术由<A HREF = http://www.njupt.edu.cn>南京邮电大学</A>教师编写
</body>
</html>
```

其中，<html>与</html>之间的文本描述网页；<body>与</body>之间的文本是可见的页面内容；<h1>与</h1>之间的文本被显示为标题；<p>与</p>之间的文本被显示为段落。

原则上，所有的 Web 访问从 URL 开始，用户或者通过键盘输入 URL，或者选择一项给浏览器提供 URL 的条目。浏览器分析 URL，提取信息，使用它得到请求页的副本。因为 URL 的格式依赖于协议类型，所以浏览器首先要提取协议类型，然后使用协议类型确定如何分析 URL 的剩余部分。在 HTML 页面中使用<A>和</A>这对标记被称为锚(anchor)的标签定义链接；方法是将 URL 添加给第一个标记，要显示的各项放在两个标记之间。浏览器在内部存储 URL，当用户选定链接时，浏览器则转到这个 URL。上例中，屏幕上出现的文本：网络应用技术由南京邮电大学教师编写，浏览器在南京邮电大学字样下加了下画线，指示它可以选择连接，在浏览器内部存储<A>所标记的 URL，当用户用鼠标选定链接时浏览器转到该 URL。

需要说明的是，以上的例子都指明的是绝对 URL，但是在 HTML 文档中也可以使用相对 URL。假设当前浏览器浏览的页面是 http://www.njupt.edu.cn/index.htm，现在该页面上有一个链接需要跳转到 http://www.njupt.edu.cn/tdxy/index.htm，则在<A>之间指定 HERF=./texy/index.htm 即可。

HTML 的发展是其第 5 次的重大修改，即 HTML5，该版本最大的好处是直接支持移动设备的开发。HTML5 手机应用的最大优势就是可以在网页上直接调试和修改。原先应用的开发人员可能需要花费非常大的力气才能达到 HTML5 的效果，不断地重复编码、调试和运行，这是首先得解决的一个问题。因此也有许多手机杂志客户端是基于 HTML5 标准，开发人员可以轻松调试修改。

2.5.4 可扩展标记语言 XML

HTML 虽然带来了 Internet 的巨大发展，但其本身也存在问题：

(1) 不能解决所有解释数据的问题——像是影音文件或化学公式、音乐符号等其他形态的内容；

(2) 性能问题——需要下载整份文件，才能开始对文件做搜索；

(3) 扩充性、弹性、易读性均不佳。为了解决上述问题，提出了一套使用上规则严谨，但是简单的描述数据语言：可扩展标记语言(eXtensible Markup Language，XML)。XML 可以用来标记数据、定义数据类型，是一种允许用户对自己的标记语言进行定义的源语言。它非常适合万维网传输，提供统一的方法来描述和交换独立于应用程序或供应商的结构化数据。

需要注意的是，XML 设计并不是为了替代 HTML 的，而是对 HTML 的一种补充，其设计师为了传输和存储数据，焦点是数据的内容，可以让用户自行设计标签；而 HTML 设计师为了显示信息，其目的是传输信息。我们可以看以下一个 XML 的例子：

```
<note>
<to>张三</to>
<from>王艳</from>
<heading>提醒</heading>
<body>周末别忘记去取快递！</body>
</note>
```

上面的例子是一个便签，具有自我描述性，它包含了发送者和接收者的信息，同时拥有标题及消息主体，但该 XML 并没有做任何事情，其仅仅是包含在 XML 中的纯粹的信息，程序员需要编写软件或者程序，才能够传送、接收和显示这个文档。同时，在以上的 XML 中，便签<to>和<from>并没有在任何 XML 标准中定义过，而是该 XML 文档的创作者发明的，这是因为 XML 语言并没有预定义标签，而标准的 HTML 中使用的标签必须都是预定义的，而且 XML 也允许作者定义自己的文档结构。

为了使 XML 像 HTML 一样显示出来必须使用扩展样式表(style sheet)，如层叠样式表 CSS(Cascading Style Sheets)、可扩展样式表语言 XSL(eXtensible Stylesheet Language)和可扩展链接语言 XLL(eXtensible Linking Language)。

2.5.5　Web 交互

传统的管理信息系统(MIS)从主机/终端结构、文件服务器/客户工作站结构发展到客户/服务器(C/S)结构，随着 Internet 技术的发展，基于 Internet/Intranet 的浏览器/服务器(Browser/Server，B/S)结构的管理信息系统也应运而生，并得到了迅速发展。不同于传统的 MIS 物理结构的是，由于在客户端用户只需安装一个简单的 Web 浏览器，用户所面对的系统界面将是简单统一的。实际上，B/S 结构是在 C/S 基础上的拓展，用户根据浏览器端显示的 Web 页面信息发出一系列命令和请求动作，如对数据库的增加、删除、修改和查询等，由服务器端对请求进行处理，并将处理结果通过网络返回到浏览器端。采用这种结构，既减轻了开发工作量、提高了工作效率，又减轻了企业培训员工的负担。

为了开发基于 B/S 结构的 MIS，首先需要解决如何实现 Web 网页与数据库的集成，通常的方案有三种：

(1) CGI 方式；

(2) Web 通过处理器与数据库连接；

(3) 采用集成了 ODBC 接口功能的 Web 服务器。

这三种方式各有其特点。在第一种方式中，用户需要手工编写各种 CGI(Common Gateway Interface)处理程序，这是一种最原始的开发交互式网页的方法，几乎所有的 Web 服务器都可以支持这种方式，采用 VB、Java 和 C 等开发工具均可以编写 CGI 程序，但是其开发工作量大而且运行效率较低，同时 CGI 与 HTML 只能分开编写，独立运行，移植起来较困难，只适用于处理数据库结构较固定的场合；在第二种方式中，开发人员的工作主要是编写访问数据库的 SQL 语句及返回页面的生成，开发起来较简单、实用，但实现的控制功能有限；在第三种方式下，由于直接支持 HTML 语言，它所提供的控制功能更强，实现容易、应用灵活，对数据库的访问只要通过编写内嵌的脚本语言就能实现，因此是一种最好的办法。

为了说明B/S结构动态产生HTML的原理，在此用图2.11说明使用ASP服务的工作过程：

(1) 在客户端浏览器的地址栏输入要请求的ASP文件的URL地址，按Enter键发送一个ASP请求；

(2) 浏览器向IIS/PWS服务器发送ASP网页请求；

(3) IIS/PWS服务器收到请求并根据扩展名.asp识别出ASP文件；

(4) IIS/PWS服务器从硬盘或内存中获取相应的ASP文件；

(5) IIS/PWS服务器将ASP文件发送到一个类似于发动机引擎的名为asp.dll(动态链接库)的特定文件中；

(6) asp.dll引擎将ASP文件从头至尾进行解释处理，并根据ASP文件中的命令要求生成相应的动态HTML网页；

(7) 将HTML网页送回客户端浏览器；

(8) 客户端浏览器解释执行HTML网页，并在客户端浏览器上显示结果。

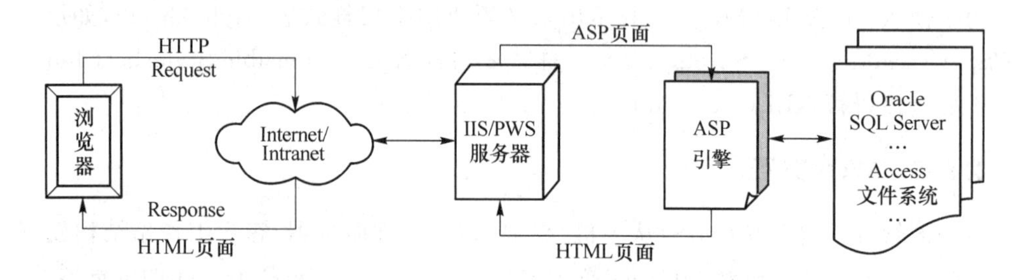

图2.11 ASP的工作原理

从以上例子可以看出，ASP与HTML有着本质区别，HTML文档在服务器上是怎样就给客户端一个副本，而ASP是通过解释执行后生成HTML文件。而从客户端浏览器来看，用户看到的页面几乎一样，唯一不同的是其扩展名的区别。

2.5.6 Web服务器的配置和安装

Web服务器软件的种类非常丰富，但最为流行的Web服务器软件是免费的Apache和IIS。由于IIS是Windows内置的服务组件，本书主要介绍Apache的配置和安装。

Apache HTTP Server(简称Apache)是Apache软件基金会的一个开放源码的网页服务器，可以在大多数计算机操作系统中运行，由于其多平台和安全性被广泛使用，是最流行的Web服务器端软件之一。它快速、可靠并且可通过简单的API扩展，将Perl/Python等解释器编译到服务器中。

默认的情况下，Linux都安装了Apache服务器，可以使用rpm -qa | grep httpd命令查看是否安装了相关的软件包。安装和启动Apache服务器与FTP服务类似，需要注意的是安装过程中可能需要进行关联安装。

默认情况下对主配置文件/etc/httpd/conf/httpd.conf做必要的修改即可构建基本可用的Web服务器：

将#ServerName www.example.com:80的注释去掉并改为本机域名

ServerName www.net.com:80

完成后可以使用 httpd-t 命令检查 httpd. conf 文件是否存在语法错误。

使用 service httpd start 启动 httpd 服务。

使用 netstat-anpt | grep 80 命令查看 httpd 服务端口是否开启。

如果以上步骤都没问题,则可以在客户端使用浏览器访问 http://wwww. net. com/测试是否能打开网页。

其他的配置都可以通过修改配置文件实现,在此不做赘述。

2.6 网络编程

从大的方面说,网络编程就是对信息的发送和接收,编程人员不需要考虑中间作为传输的物理线路的作用。其最主要的工作就是把发送端的信息通过规定好的协议进行组装,在接收端按照规定好的协议把包进行解析,从而提取出对应的信息,达到通信的目的。

网络编程涵盖的内容很多,一般包含 C/S 模式实现的套接字编程或者使用现有的服务器通信的编程。

2.6.1 探索因特网

为了更好地理解网络编程,我们首先用 ping 程序对因特网做简单的探索。当用户执行 ping 程序的时候,必须给出一个参数,以表明远程主机的名字或 IP 地址。例如,当用户对百度的网站执行探测是可以用命令 ping www. baidu. com 进行,其中 www. baidu. com 是 ping 命令的参数。这时,ping 程序给所指定的计算机发送一个消息,并等待较短的时间以便得到响应消息,如果接收到响应,ping 向用户报告此计算机工作正常,否则报告计算机没有响应。以上的例子一般会得到如图 2.12 所示的响应。

```
C:\Users\pat>ping www.baidu.com

正在 Ping www.a.shifen.com [115.239.211.110] 具有 32 字节的数据:
来自 115.239.211.110 的回复: 字节=32 时间=11ms TTL=55
来自 115.239.211.110 的回复: 字节=32 时间=13ms TTL=55
来自 115.239.211.110 的回复: 字节=32 时间=11ms TTL=55
来自 115.239.211.110 的回复: 字节=32 时间=13ms TTL=55

115.239.211.110 的 Ping 统计信息:
    数据包: 已发送 = 4, 已接收 = 4, 丢失 = 0 (0% 丢失),
往返行程的估计时间(以毫秒为单位):
    最短 = 11ms, 最长 = 13ms, 平均 = 12ms
```

图 2.12 ping 程序的示例输出

在图 2.12 中,ping 每秒发送一个请求消息,并对接收到的每个响应消息产生一行对应的输出。输出信息包含接收到的数据包的大小,次序号以及以毫秒为单位的往返时间。当用户中断程序运行的时候,ping 给出总的统计信息,包括发送和接收到的数据包的数目、丢失的数据包所占的百分比,以及最短、平均和最长的往返时间。同时,在图中还发现一个有趣的现象,我们指定的目标是 www. baidu. com,但是返回的却是 115. 239. 211. 110,这是因为 ping 命令同时对主机的域名做了解析,在有的系统中由于指定的目标是别名返回真实域名的情况。

需要注意的是,ping 只有在目标主机成功响应时才输出信息,这样在网络发生故障时,ping 并不是一种有效的诊断和排错工具。如果没有接收到任何响应消息,ping 并不能帮助确定其中的原因，可能因为远程主机已被关机，或断开了和网络的连接，或网络接口已经失效，或运行的软件并不响应 ping 的请求，还可能是本地主机断开了和网络的连接，或远程主机所在的网络发生了故障，或中间的主机或网络发生了故障。而且，如果网络的传输延时太长也可能导致 ping 执行失败。ping 并没有办法区分问题产生的确切原因。但 ping 是网络管理员最习惯使用的工具之一。

利用 MS 的 Telnet 工具，通过手动输入 http 请求信息的方式，向服务器发出请求，服务器接收、解释和接受请求后，会返回一个响应，该响应会在 Telnet 窗口上显示出来。

(1) 在 Windows 的搜索或文件中输入 Telnet。

(2) 使用 set localecho 命令打开 Telnet 回显功能。

(3) 连接服务器并发出请求：open www. net. com 80，连接 2.5.6 节中架设的服务器。

可能得到的结果是：

```
HTTP/1.0 404 Not Found          //请求失败
Date: Thu, 08 Mar 2007 07:50:50 GMT
Server: Apache/2.0.54 <Unix>
Last-Modified: Thu, 30 Nov 2006 11:35:41 GMT
ETag: "6277a-415-e7c76980"
Accept-Ranges: bytes
X-Powered-By: mod_xlayout_jh/0.0.1vhs.markII.remix
Vary: Accept-Encoding
Content-Type: text/html
X-Cache: MISS from zjm152-78.net.com
Via: 1.0 zjm152-78.net.com:80<squid/2.6.STABLES-20061207>
X-Cache: MISS from th-143.net.com
Connection: close
失去了跟主机的连接
```

以上的实验表明了 http 交互的过程，用户在使用 http 服务的时候请求服务器发出响应给出服务器的信息。现实的主机由于都使用了各种安全配置，这样的探测很难成功。

同样，SMTP 也可以使用这样的方法进行实验，在 Linux 环境下，使用“telnet smtp. 163. com 25”连接 smtp. 163. com 的 25 号端口(SMTP 的标准服务端口)；在 Windows 下使用 Telnet 程序，远程主机指定为 smtp. 163. com，而端口号指定为 25，然后连接 smtp. 163. com：交互过程如下：

```
[njupt@linux] $ telnet smtp.163.com 25
220 163 .com Anti-spam GT for Coremail System (163com[071018])
HELO smtp.163 .com
250 OK
auth login
334 dXNlcm5hbWU6
USERbase64 加密后的用户名
334 UGFzc3dvcmQ6
PASSbase64 加密后的密码
235 Authentication successful
MAILFROM: ×××@163 .COM
250 Mail OK
RCPTTO: ×××@163 .COM
250 Mail OK
DATA
```

```
354 End data with .
QUIT
SMTP
SMTP
250 Mail OK
queued as smtp5,D9GowLArizfIFTpIxFX8AA = = .41385S2
```

HELO 是客户向对方邮件服务器发出的标识自己的身份的命令，这里假设发送者为 ideal；MAILFROM 命令用来表示发送者的邮件地址；RCPTTO 标识接收者的邮件地址，这里表示希望发送邮件给×××@163. COM，如果邮件接收者不是本地用户，例如 RCPT-TO：ideal，则说明希望对方邮件服务器为自己转发（Relay）邮件，若该机器允许转发这样的邮件，则表示该邮件服务器是 OPENRELAY 的，否则说明该服务器不允许 RELAY；DATA 表示下面是邮件的数据部分，输入完毕以后，以一个“.”开始的行作为数据部分的结束标识；QUIT 表示退出这次会话，结束邮件发送。

这就是一个简单的发送邮件的会话过程，其实当使用 OutlookExpress 等客户软件发送时，后台进行的交互也是这样的，当然，SMTP 协议为了处理复杂的邮件发送情况如附件等，定义了很多的命令及规定，具体可以通过阅读 RFC2821 来获得。当你的一个朋友向你发送邮件时，他的邮件服务器和你的邮件服务器通过 SMTP 协议通信，将邮件传递给你邮件地址所指示的邮件服务器上（这里假设你的本地邮件服务器是 Linux 系统），若你通过 Telnet 协议直接登录到邮件服务器上，则可以使用 mail 等客户软件直接阅读邮件，但是若希望使用本地的 MUA（Mail User Agent，如 Outlook Express 等客户软件）来阅读邮件，则本地客户端通过 POP3 或 IMAP 协议与邮件服务器交互，将邮件信息传递到客户端（如 Win98 系统）。而如果你向你的朋友回复一封信件时，你所使用的 MUA 也是通过 SMTP 协议与邮件服务（一般为发送邮件地址对应的 Email 地址）器通信，指示其希望邮件服务器帮助转发一封邮件到你朋友的邮件地址指定的邮件服务器中。若本地邮件服务器允许你通过它转发邮件，则服务器通过 SMTP 协议发送邮件到对方的邮件服务器。这就是接收和发送邮件的全部过程。

2.6.2　与选定服务器交互的 C/S 或 B/S 编程

在选定服务器的情况下，网络编程需要根据服务器提供的服务来选择编程的语言和环境。

网络编程根据代码分类，可以分为静态代码和动态代码。静态代码是服务器不解析直接发送给客户端的部分，用作布局效果，一般不用于数据库操作。静态代码分为 HTML、Javascript、CSS 等，其中 HTML 语言是基础，要学网络编程就先学 HTML 语言。Javascript 用于实现某些特效，CSS 是样式语言。这 3 个语言组合起来，可以设计出美妙的网页效果。

动态代码是服务器需要解析的部分，用作数据库连接操作等，一般有 PHP、JSP、ASP 等。

PHP 即 Hypertext Preprocessor（超文本预处理器），它是当今 Internet 上最为火热的脚本语言，其语法借鉴了 C、Java、PERL 等语言，但只需要很少的编程知识你就能使用 PHP 建立一个真正交互的 Web 站点。它与 HTML 语言具有非常好的兼容性，使用者可以直接在脚本代码中加入 HTML 标签，或者在 HTML 标签中加入脚本代码从而更好地实现页面控制。PHP 提供了标准的数据库接口，数据库连接方便、兼容性强、扩展性强，可以进行面向对象编程。

ASP 即 Active Server Pages，它是微软开发的一种类似 HTML（超文本标识语言）、Script（脚本）与 CGI（公用网关接口）的结合体，它没有提供自己专门的编程语言，而是允许用户使用许多已有的脚本语言编写 ASP 的应用程序。ASP 的程序编制比 HTML 更方便且更有灵活性。它是在 Web 服务器端运行，运行后再将运行结果以 HTML 格式传送至客户端的浏览器。ASP 程序语言最大的不足就是安全性不够好。ASP 的最大好处是可以包含 HTML 标签，也可以直接存取数据库及使用无限扩充的 ActiveX 控件，因此在程序编制上要比 HTML 方便而且更富有灵活性。通过使用 ASP 的组件和对象技术，用户可以直接使用 ActiveX 控件，调用对象方法和属性，以简单的方式实现强大的交互功能。但 ASP 技术也非完美无缺，由于它基本上是局限于微软的操作系统平台之上，主要工作环境是微软的 IIS 应用程序结构，又因 ActiveX 对象具有平台特性，所以 ASP 技术不能很容易地实现在跨平台 Web 服务器上工作。

JSP 即 Java Server Pages，它是由 Sun Microsystem 公司于 1999 年 6 月推出的新技术，是基于 Java Servlet 以及整个 Java 体系的 Web 开发技术。JSP 和 ASP 在技术方面有许多相似之处，不过两者来源于不同的技术规范组织，以至 ASP 一般只应用于 Windows NT/2000 平台，而 JSP 则可以在 85%以上的服务器上运行，而且基于 JSP 技术的应用程序比基于 ASP 的应用程序易于维护和管理，所以被许多人认为是未来最有发展前途的动态网站技术。

2.6.3 套接字编程

套接字（sockets）是应用程序和网络协议的接口，在计算机网络里面套接字编程的目的是为了实现数据封装成包的过程。在不同的编程语言中，会将套接字封装成类或者函数提供给程序员。

为了更好地说明套接字编程，本节用一个客户机与服务器的实例进行说明。

为了减小程序长度并将焦点放在套接字调用上，我们选择了一个简单的服务：服务器对访问该服务的客户计数，并在每次客户与服务器通信时报告这个计数值。为了简化实现与调试，服务被设计为使用 ASCII。客户建立与服务器的一个连接并等待它的输出。每当连接请求到达时，服务器生成一个可打印的 ASCII 形式的信息，将它在连接上发回，然后关闭连接。客户将收到的数据显示，然后退出。例如，一个客户第 10 次与服务器连接，该客户将收到并打印如下信息：

```
This server has been contacted 10 times.
```

如图 2.13 所示，服务器调用了七个套接字过程而客户调用了六个。客户首先调用库中的过程 gethostbyname 将计算机名字转换为 IP 地址，调用 getprotobyname 将协议名转换为套接字过程使用的内部二进制形式。接下去客户调用 socket 创建一个套接字，调用 connect 将这个套接字与服务器连接。一旦连接成功，客户反复调用 recv 来接收发自服务器的数据。最后，所有数据接收完毕后，客户调用 close 关闭套接字。

服务器在调用 socket 创建套接字之前同样调用 getprotobyname 产生协议的内部二进制标识。一旦套接字创建成功，服务器调用 bind 向该套接字说明一个本地协议端口，调用 listen 将该套接字置于被动方式。服务器接着进入一个无限循环，调用 accept 接收下一个连接请求，调用 send 向客户发送信息，并调用 close 关闭新的连接。在关闭连接后，服务器调用 accept 提取下一个连接。

需要说明的是，服务器必须在客户调用 connect 之前调用 listen。

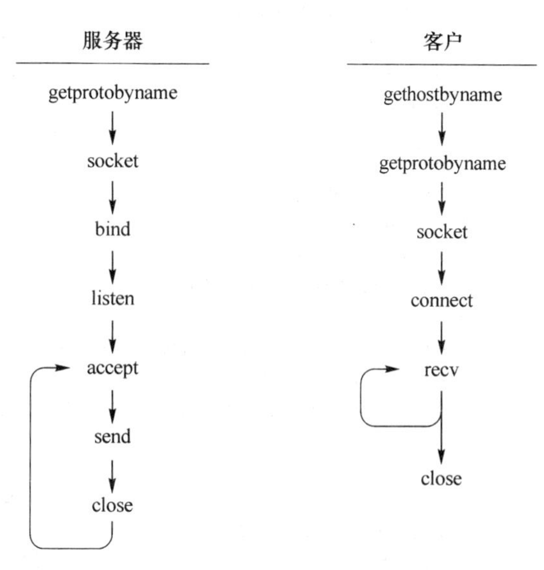

图 2.13 客户与服务器对套接字过程的调用顺序

服务器带有一个命令行参数，为接受请求的协议端口号。这个参数是可选的。如果不指定端口号，代码将使用端口 5193（代码中所用的端口号是无特殊意义的，可以选择一个与已有服务不冲突的值）。客户有两个命令行参数：一个主机名（程序将与其上的服务器通信）以及所使用的协议端口号。这两个参数都是可选的。如果没有指定协议端口号，客户使用 5193。如果一个参数也没有，客户使用缺省端口和主机名 localhost，这往往是映射到客户所运行的计算机的一个别名。在大多数情况下，用户会指定主机名，因为与本地机上的服务器通信没什么意思。不过，允许客户与本地机上的服务器通信对调试是很有用的。

以下是 C 语言实现的相应代码：

```
/*  client.c   使用 TCP 的客户程序实例代码   */
/*  目的是用来分配一个套接字，连接一个服务器，并打印出所有的输出   */
/*  语法  client  [  host  [  port  ]  ]  其中 host 是服务器的主机名，port 是协议端口号   */
/* 以上两个参数可选，若未指定主机，则主机名为 localhsost，为指定端口号，则使用 5193 */
/*  -------------------------------------------------------------------------------------------  */
#ifndef unix
#define WIN32
#include <windows.h>
#include <winsock.h>
#else
#define closesocket close
#include <sys/types.h>
#include <sys/socket.h>
#include <netinet/in.h>
#include <arpa/inet.h>
#include <netdb.h>
#endif

#include <stdio.h>
#include <string.h>

#define PROTOPORT 5139
extern int errno;
char localhost[] = "localhost";

main(int argc,char * argv[])
```

```
{
    struct hostent * ptrh;              /* 指向主机列表中一个条目的指针 */
    struct protoent * ptrp;             /* 指向协议列表中一个条目的指针 */
    struct sockaddr_in sad;             /* 存放 IP 地址的结构 */
    int sd;                             /* 套接字描述符 */
    int port;                           /* 协议端口号 */
    char * host;                        /* 主机名指针 */
    int n;                              /* 读取的字符数 */
    char buf[1000];                     /* 为服务器发来的数据准备的缓冲区 */
#ifdef WIN32
    WSADATA wsaData;
    WSAStartup(0x0101,&wsaData);
#endif
    memset((char * )&sad,0,sizeof(sad));     /* 清空 sockaddr 结构 */
    sad.sin_family = AF_INET;           /* 设置为互联网协议簇 */
/* 为协议端口检查命令行参数,如有这个参数的话抽取端口号,否则使用常量 PROTOPORT 所指定的缺省端口号 */
    if (argc >2){                       /* 如果指定了协议端口 */
        port = atoi(argv[2]);           /* 转换成二进制 */
    }else{port = PROTOPORT;             /* 使用缺省端口号 */}
    if(port>0)                          /* 测试是否合法 */
        sad.sin_port = htons((u_short)port);
    else{
        fprintf(stderr,"bad port number %s\n",argv[2]);
        exit(1);}                       /* 打印错误并退出 */
                                        /* 检查主机参数并指定主机名 */
    if(argc>1){
        host = argv[1];                 /* 若指定了主机名参数 */
    }else{
        host = localhost;
    }
        /* 将主机名转换成相应的 IP 地址并复制到 sad */
    ptrh = gethostbyname(host);
    if(((char * )ptrh) = = NULL){
        fprintf(stderr,"invalid host: %s\n",host);
        exit(1);
    }
    memcpy(&sad.sin_addr,ptrh->h_addr,ptrh->h_length);
        /* 将 TCP 传输协议名映射到协议号 */
    if(((int)(ptrp = getportbyname("tcp"))) = = 0){
        fprintf(stderr,"cannot map \"tcp\" to protocol number");
        exit(1);
    }
        /* 创建一个套接字 */
    sd = socket(PF_INET,SOCK_STREAM,ptrp->p_proto);
    if(sd<0){
        fprintf(stderr,"socket creation failed\n");
        exit(1);
    }
         /* 将套接字与特定服务器联系起来 */
    if(connect(sd,(strect sockaddr * )&sad, sizeof(sad))<0) {
        fprintf(stderr,"connect failed\n");
        exit(1);
```

```
    }
        /* 从套接字反复读数据并输出到用户屏幕上 */
    n = recv(sd,buf,sizeof(buf),0);
    while (n>0) {
        write(1,buf,n);
        n = recv(sd,buf,sizeof(buf),0);
    }
        /* 关闭套接字 */
    closesocket(sd);
        /* 终止客户端程序 */
    exit(0);
}
```

/* server.c 使用 TCP 的服务器程序实例代码,程序目的是分配一个套接字,然后反复执行如下步骤:1)等待客户的下一个连接;2)发送一个短消息给客户;3)关闭连接;4)转向第 1 步。语法是 server [port],其中 port 是使用的协议端口号,其中端口号可选,如果未指明端口号,则使用 PROTOPORT 中指定的默认端口号--------------- */

```
#ifndef unix
#define WIN32
#include <windows.h>
#include <winsock.h>
#else
#define closesocket close
#include <sys/types.h>
#include <sys/socket.h>
#include <netinet/in.h>
#include <arpa/inet.h>
#include <netdb.h>
#endif

#include <stdio.h>
#include <string.h>
#define PROTOPORT 5139                          /* 默认协议端口号 */
#define QLEN 6                                  /* 请求队列大小 */
int visits = 0;                                 /* 计数客户连接 */

main(int argc,char *argv[])
{
    struct hostent *ptrh;                       /* 指向主机列表中一个条目的指针 */
    struct protoent *ptrp;                      /* 指向协议列表中一个条目的指针 */
    struct sockaddr_in sad;                     /* 存放服务器 IP 地址的结构 */
    struct sockaddr_in cad;                     /* 存放客户 IP 地址的结构 */
    int sd,sd2;                                 /* 套接字描述符 */
    int port;                                   /* 协议端口号 */
    int alen;                                   /* 地址长度 */
    char buf[1000];                             /* 为服务器发送的数据准备的缓冲区 */

    #ifdef WIN32
    WSADATA wsaData;
    WSAStartup(0x0101,&wsaData);
 #endif
    memset((char *)&sad,0,sizeof(sad));         /* 清空 sockaddr 结构 */
    sad.sin_family = AF_INET;                   /* 设置为互联网协议簇 */
```

```
        sad.sin_addr.s_addr = INADDR_ANY;        /* 设置本地 IP 地址 */
    /* 为协议端口检查命令行参数,如果指定了该参数的话就抽取端口号,否则使用常量 PROTOPORT 所指
定的默认端口号 */
        if(argc>1){                              /* 如果指定了参数 */
            port = atoi(argv[1]);                /* 参数转换为二进制 */
        }else{                                   /* 使用缺省端口号 */
            port = PROTOPORT;
        }
        if(port>0)                               /* 测试是否合法 */
            sad.sin_port = htons((u_short)port);
        else{
            fprintf(stderr,"bad port number %s\n",argv[1]);
            exit(1);}                            /* 打印错误并退出 */
             /* 将 TCP 传输协议名映射到协议号 */
        if(((int)(ptrp = getportbyname("tcp"))) = = 0){
            fprintf(stderr,"cannot map \"tcp\" to protocol number");
            exit(1);
        }
            /* 创建一个套接字 */
        sd = socket(PF_INET,SOCK_STREAM,ptrp->p_proto);
        if(sd<0){
            fprintf(stderr,"socket creation failed\n");
            exit(1);
        }
             /* 将本地地址绑定到套接字 */
        if(bind(sd,(struct sockaddr *)&sad, sizeof(sad))<0){
            fprintf(stderr,"bind failed\n");
            exit(1);
        }
         /* 指定请求队列的长度 */
        if(listen(sd,QLEN)<0){
            fprintf(stderr,"listen failed\n");
            exit(1);
        }
            /* 服务器循环——接受和请求处理 */
        whlie(1){
            alen = sizeof(cad);
            if((sd2 = accept(sd,(struct sockaddr *)&cad,&alen))<0){
                fprintf(stderr,"accept failed\n");
                exit(1);
            }
            visits++;
            sprintf(buf,"This server has been contacted %d time%s.\n",visits,visits= =1?".":"s.");
            send(sd2,buf,strlen(buf),0);
            closesocket(sd2);
        }
    }
```

在以上程序中,socket 过程创建一个套接字并返回一个整形描述符:

```
descriptor = socket(protofamily,type,protocol)
```

close 过程告诉系统终止对一个套接字的使用(Microsoft Windows 的套接字接口用 closesocket 而不是 close)。它的形式为:close(socket)

服务器使用 bind 过程提供一个协议端口号，并通过它等待通信。bind 有三个参数：

```
bind(socket, localaddr, addrlen)
```

其中参数 socket 是一个套接字的描述符，它已被创建但还未被绑定，这个调用是一个对套接字赋以特定协议端口号的请求。参数 localaddr 是一个结构，它说明了将要赋给套接字的本地地址。参数 addrlen 是一个整数，指出地址的长度。由于套接字可以被任意协议所使用，这个地址的格式取决于所使用的协议。

这个表示地址的一般格式被定义为一个 sockaddr 结构。它已经推出了许多版本，最近的伯克利代码定义的 sockaddr 结构包含三个域：

```
struct sockaddr {
u_char   sa_len;               /* 地址总长 */
u_char   sa_family;            /* 地址簇 */
char     sa_data[14];          /* 地址本身 */
};
```

sa_len 域表示地址长度。sa_family 域表示地址所属的协议簇(字符常量 AF_INET 表示 TCP/IP 地址)。最后，sa_data 域包含地址。

每个协议簇为 sockaddr 结构中的 sa_data 域定义自己的精确格式。例如，TCP/IP 协议使用 sockaddr_in 来定义地址：

```
struct sockaddr_in {
u_char   sin_len;              /* 地址总长 */
u_char   sin_family;           /* 地址簇 */
u_short sin_port;              /* 协议端口号 */
struct   in_addr sin_addr;     /* 计算机 IP 地址 */
char     sin_zero[8];          /* 未用(置为 0) */
};
```

sockaddr_in 结构的前两个域正好对应一般的 sockaddr 结构的前两个域，后三个域定义了 TCP/IP 协议所希望的确切地址格式。有两点值得注意：第一，每个地址标识了一台计算机以及该计算机上的一个特定应用。sin_addr 域包含这台计算机的 IP 地址，而 sin_port 域包含这个应用的协议端口号。第二，尽管 TCP/IP 只需要六个字节来存放整个地址，一般的 sockaddr 结构仍保留了 14 字节。于是，最终的 sockaddr_in 结构中包含一个 8 个字节的全 0 的域，以使该结构在大小上与 sockaddr 相同。

项目小结

回到前面得到的一批计算机上，为了要提供相应的服务，现在可以通过安装相应的服务器程序来提供服务，但是提供服务器程序并没有将内容或者需要的服务全部部署到计算机上，还要进行相应的服务配置和网络编程来提供服务，为了提供较稳定的服务，甚至需要编写客户端程序。

由于项目提出的环境在校园网环境内，因此，DNS 服务的配置并不必需，需要配置的是 WWW 服务和邮件以及其他开发环境。其中 WWW 服务可以选择使用 Apache，并选择解释环境或动态环境编程实现，甚至可以使用 WWW 服务器作为数据库客户端的功能，添加相应的数据库服务器。邮件服务器的用户数不多的情况下，可以直接使用 EMOS 配置实现。

由于计算机比较老旧，可以考虑服务集群的配置。

现在的问题是，当实现了以上服务的时候，如何实现相应服务的客户端，虽然以上的内容简单介绍了一个服务和客户端的编程实现，但具体的协议封装和通信实现又如何起作用的？

习　题

1. 使用一个网络监视器观察 Internet 上主机域名请求的通信量，发送和接收到远程服务器的数据包有多少？

2. 两个域名服务器包含完全相同的域名有意义吗？为什么？

3. 限制 DNS 层次体系中的层次数是否可以使域名解析速度加快？为什么？

4. 请解释邮件地址 aid@mail. juno. com 的含义。

5. 在电子邮件客户端程序里要配置哪些参数？

6. FTP 的主要作用是什么？

7. 在浏览器中如何访问 FTP 站点？

8. 什么叫超文本链接？

9. 目前流行的 WWW 浏览器是哪几种？

10. 搜索引擎的作用是什么？

11. 浏览器如何区别包含 HTML 的文档和包含任意文本的文档？请用浏览器读取一个文件进行试验。浏览器是使用文件名或内容来确定如何解释该文件吗？

12. 试验 Telnet 和 rlogin，它们之间明显的区别是什么？

13. 使用 Telnet 客户将你的键盘和显示器连接到本地系统中用于 echo 或 chargen 的 TCP 协议端口，看看会发生什么情况。

14. 试验 Telnet 定义的不完整性：用它连到计算机 A，并调用 A 上的 Telnet 连到第二台计算机 B。两个 Telnet 连接的结果是否正确处理了换行和回车字符？

15. 编程测试是否可能将一个套接字绑定到一个地址，使用这个地址，再绑定到一个新的地址。

16. 写一个程序读取一个电子邮件信息的头部并删除所有以 From:、To:、Subject: 和 Cc: 开头的行。

17. 搭建一个 WWW 服务器并为全班的个人主页开设虚拟服务。

18. 设计一个分享教师期末复习资料的 WWW 服务，并使用 XML 标签编程实现关键字重复率查找程序，实现复习重点分析。

19. 设计实现内部在线电影分享服务。

20. 使用虚拟机软件架设 Hadoop 开发环境的搭建。

21. 使用 4 台主机实现 WWW 服务的负载均衡。

22. 使用 Libcap 包设计实现 FTP 服务器和客户端。

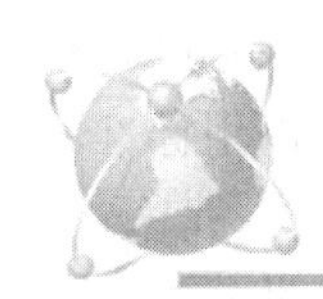

第3章 计算机网络的传输层

问题的提出

科协的同学在得到大量的机器支持后，由于没有多余的空地，所以把所有的作为服务器的老旧计算机都放在科协房间的中间，大家座位调整后都坐到了靠墙的位置。带来的后果是，很多时候交流需要同学离开座位或者在房间内大声说话，有时为了交换私人数据还需要多次在科协房间内走动，这很快引起了管理教师的不满。为了解决这个问题，很多同学在自己的计算机上安装了QQ以实现文件交换和即时通信(Instant Messaging，IM)，但由于QQ服务器在校园网外，信息中心对外网访问的收费政策带来了科协同学的经济负担。

为此，有同学立项了一个内部即时通信软件，拟解决以上问题。那么，点到点的通信是如何实现的？软件应该使用什么样的协议来进行呢？

3.1 计算机网络端到端的通信

传输层是OSI参考模型的第四层，是网络体系结构的关键一层，传输层是通信功能的最上层，是用户侧功能的最下层。传输层的作用是在通信子网提供服务的基础上，为源主机和目的主机之间提供可靠、透明和价格合理的数据传输，使高层用户在相互通信时不必关心通信子网的实现细节和具体的服务质量。传输层利用网络层提供的服务实现这一目标。图3.1为传输层的抽象模型。传输层提供服务的软硬件称为传输实体。

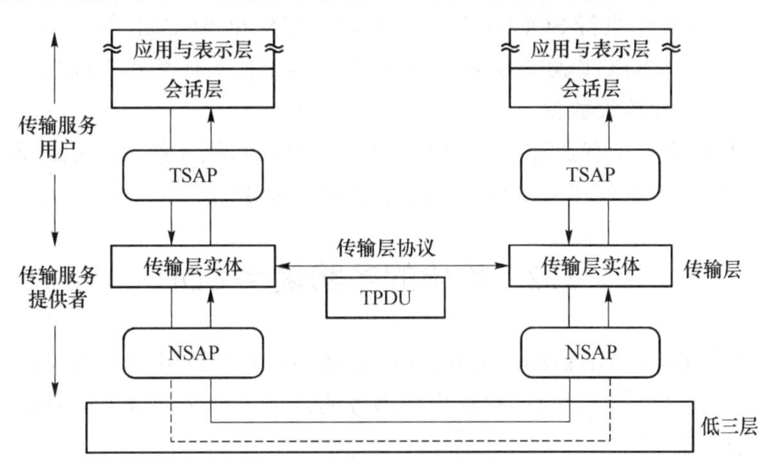

图3.1 传输层抽象模型

传输层可以提供面向连接和无连接两种类型的服务。面向连接的传输服务要经历连接建立、数据传输和连接拆除三个阶段。无连接的传输服务不需要数据连接建立和拆除阶段。

由于下层的通信子网不能保证服务质量可靠，会出现丢失分组、错序、频繁发送 N-RESET 的情况。为了解决通信子网可靠性问题，就要在网络层之上加上传输层以改善其服务质量。此外，传输层还可以屏蔽因通信子网不同造成的网络服务原语的差别，使用户可以用标准的原语编写应用程序。

传输层的主要功能可以看作是增加和优化网络层服务质量。如果网络层提供的服务很完备，那么传输层的工作就很容易，否则传输层的工作就较繁重。对于面向连接的服务，传输服务用户在建立连接时要说明可接受的服务质量参数值。传输层根据网络层提供的服务种类及自身增加的服务检查用户提出的参数，如能满足要求则建立正常连接，否则就拒绝连接。服务质量参数包括一些用户的要求，如连接建立延迟、连接失败概率、吞吐率、传输延迟、残余误码率、优先级及恢复功能等。

传输层的服务原语还是一套接字描述。比较著名的有伯克利(Berkeley)UNIX 支持的 TCP/IP 协议，这套服务原语用于客户机/服务器工作模式，它通过系统功能调用实现。主要的原语有：SOCKET、BIND、LISTEN、ACCEPT、CONNECT、SEND、RECV 和 CLOSE。

- SOCKET 服务原语用于建立发方通信端点。该原语调用的参数有协议类型(如 TCP、UDP、XNS 等)和服务类型(如面向连接的和无连接的服务)。SOCKET 原语返回一个整数用以标识所建立的通信端点。
- BIND 服务原语用于为新建立的通信端点赋予一个地址。
- CONNECT 服务原语用于在本地端点和远地端点间建立一条连接。对于无连接的协议(如 UDP 协议)，该原语并不表示连接，只是把对方地址存储下来。
- LISTEN 原语是服务器为请求连接的客户分配请求连接队列空间，并指定队列长度(一般为 5)。
- ACCEPT 原语由服务器执行，等待连接请求的到来。自请求连接的 TPDU 到达后，创建一个新的连接端点，并将该端点的标识符返回给请求端。接着服务器产生一个进程为该连接服务，服务器又等待新的连接。

在服务器一方顺序执行 SOCKET、BIND、LISTEN 和 ACCEPT 四个原语，在客户一方执行 SOCKET、CONNECT 两个原语，进行建立连接工作。连接建立成功后，双方用 SEND 和 RECV 原语发送和接收数据。

- CLOSE 原语用于释放连接。如果用于 TCP 协议，则系统继续把尚未发送的数据发送出去。双方都使用 CLOSE 原语后，连接即被释放。

3.2 简单的多路复用 UDP

UDP 协议是 User Datagram Protocol 的简称，中文名是用户数据包协议，是 Internet 支持的一种无连接的传输层协议，提供面向事务的简单不可靠信息传送服务，在网络中用于处理 UDP 数据包。

UDP 提供了一种无连接，最大努力传输的数据包转发方式。UDP 在发送数据之前不需要花时间建立连接，直接发送数据，这样就可以让一些业务能够得到低延时的服务，例如网络中经常使用的 DNS 服务、IP 语音服务等。UDP 在发送数据包的时候，能够提供低开销的服务，原因在于 UDP 的头部非常简单。由于其无连接特性，UDP 具有不提供数据包分组、组装和不能对数据包进行排序的缺点，也就是说，当报文发送之后，是无法得知其是否安全完整到达的。

3.2.1　UDP 数据报的格式

UDP 数据报由 UDP 报头和数据部分组成。UDP 数据报的结构如图 3.2 所示，它由 5 个域组成：源端口（Source Port）、目的端口（Destination Port）、用户数据包的长度（Length）、校验和（Checksum）和数据（Data）部分。其中，前 4 个域组成 UDP 报头（UDP header），每个域由 2 个字节组成。

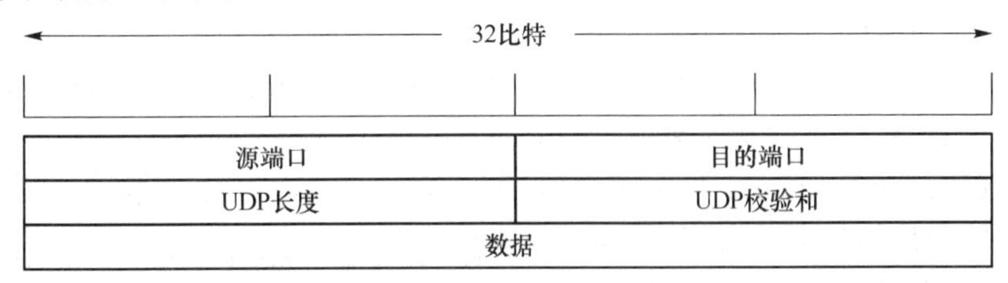

图 3.2　UDP 数据报的格式

UDP 数据报的源端口和目的端口都包含 16 位的端口号码，用于标识某个应用进程。长度字段包含一个计数值，这个值表示数据报长度（报头和数据），以字节为单位，其值包括报头和数据的字节数的和，其最小值为 8（这时数据报仅含报头）。校验和用来检测传输过程中是否出现了错误，这是一个可选项，当校验和为 0 的时候，表示不计算校验和。

3.2.2　UDP 的伪首部和校验和

UDP 校验和覆盖的内容超出了 UDP 数据报本身的范围。为了计算校验和，UDP 把伪首部引入数据报中，在伪首部中有一个值为 0 的填充字节用于保证整个数据报的长度为 16 比特的整数倍，这样才好计算校验和，如图 3.3 所示。在 UDP 校验和的计算过程中用到的伪首部长度为 12 字节。其源 IP 地址字段和目的 IP 地址字段记录了发送 UDP 报文时使用的源 IP 地址和目的 IP 地址。协议字段指明了所使用的协议类型代码（UDP 是 17），而长度字段是 UDP 数据报的长度。接收方进行正确性验证的时候，必须要把这些字段的信息从 IP 报文的首部中抽取出来，以伪首部的格式进行装配，然后再重新计算校验和。

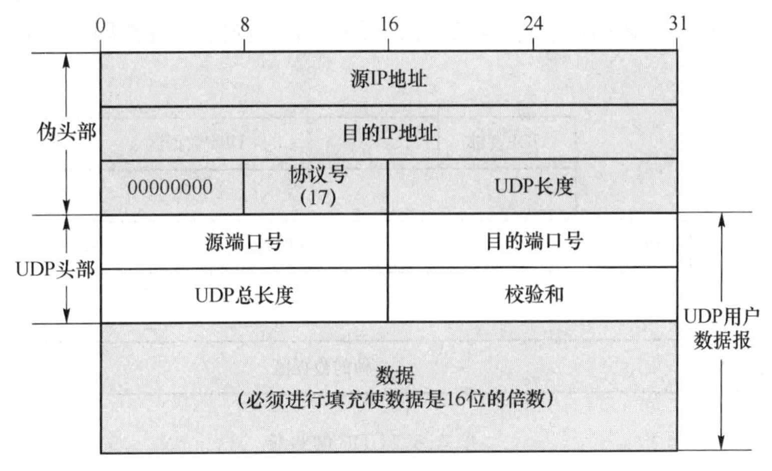

图 3.3　UDP 数据报及其伪首部

为了计算校验和,要先把校验和字段置为 0,然后对整个对象,包括伪首部、UDP 的首部和用户数据报,计算一个 16 比特的二进制反码和。使用伪首部的目的是检验 UDP 数据报已到达正确的目的地。理解伪首部的关键在于认识到:正确的目的地包括了特定的主机和机器上特定的协议端口。UDP 报文的首部仅仅指定了使用的协议端口号。因此为了确保数据报能够正确到达目的地,发送 UDP 数据报的机器在计算校验和时把目的机的 IP 地址和应有的数据都包括在内。在最终的接收端,UDP 协议软件对校验和进行校验时要用到携带 UDP 报文的 IP 数据报首部中的 IP 地址。如果校验和正确,说明 UDP 数据报到达了正确主机的正确端口。

校验和的详细计算可在 RFC1071 中找到,现举一例说明使用检查和检测错误的道理。例如,假设从源端 A 要发送下列 3 个 16 位的二进制数:word1、word2 和 word3 到终端 B,校验和计算如下:word1、word2、word3 的二进制数相加,对求得的和取反码即为需要求的校验和,如图 3.4 所示。

word1	0110011001100110
word2	0101010101010101
word3	0000111100001111
Sum= word1+ word2+ word3	1100101011001010
校验和 (sum 的反码)	0011010100110101

图 3.4　校验和的计算

从发送端发出的 4 个(word1,word2,word3 以及校验和)16 位二进制数之和为 1111111111111111,如果接收端收到的这 4 个 16 位二进制数之和也是全“1”,就认为传输过程中没有出差错。许多链路层协议都提供错误检查,包括流行的以太网协议。既然下层的协议已经提供了校验和的机制,为什么 UDP 也要提供校验和呢?其原因是链路层以下的协议在源端和终端之间的某些通道可能不提供错误检测。

虽然 UDP 提供有错误检测,但检测到错误时,UDP 不做错误校正,只是简单地把损坏的消息段扔掉,或者给应用程序提供警告信息。

3.2.3　UDP 的封装和协议的分层

在交给 IP 层之前,UDP 给用户要发送的数据加上一个首部。IP 层又给从 UDP 接收到的数据报加上一个首部。最后,网络接口层把数据报封装到一个帧里,再进行机器之间的传送,如图 3.5 所示。帧的结构根据底层的网络技术来确定。通常网络帧结构包括一个附加的首部。

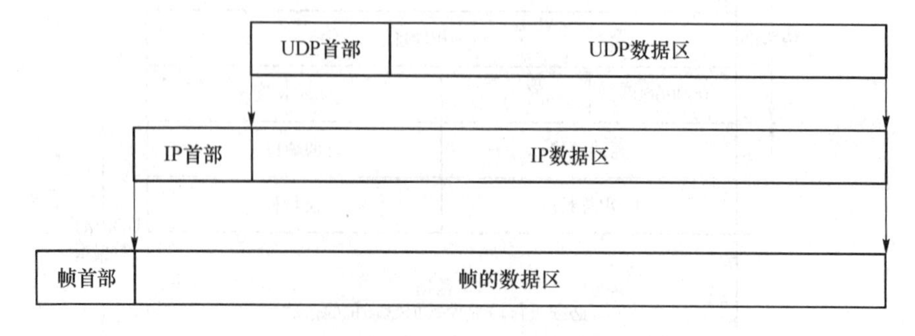

图 3.5　UDP 的封装

在接收端,最底层的网络软件接收到一个分组后把它提交给上一层模块。每一层都在向上送交数据之前剥去本层的首部,因此当最高层的协议软件把数据送到相应的接收进程的时候,所有附加的首部都被剥去了。也就是说,最外层的首部对应的是最底层的协议,而最内层的首部对应的是最高层的协议。研究首部的生成与剥除时,可从协议的分层原则得到启发。当把分层原则具体的应用于 UDP 协议时,可以清楚地知道目的机上的由 IP 层送交 UDP 层的数据报就等同于发送机上的 UDP 层交给 IP 层的数据报。同样,接收方的 UDP 层上交给用户进程的数据也就是发送方的用户进程送到 UDP 层的数据。在多层协议之间,职责的划分是清楚而明确的,IP 层只负责在互联网上的一对主机之间进行数据传输,而 UDP 层只负责区分一台主机上的多个源端口或目的端口。

3.2.4 UDP 的多路复用、多路分解和端口

协议各层的软件都要对相邻层的多个对象进行多路复用和多路分解操作。UDP 软件接收多个应用程序送来的数据报,把它们送给 IP 层进行传输,同时它接收从 IP 层送来的 UDP 数据报,并把它们送给适当的应用程序。UDP 软件与应用程序之间所有的多路复用和多路分解都要通过端口机制来实现。实际上,每个应用程序在发送数据报之前必须与操作系统进行协商,以获得协议端口和相应的端口号。当指定了端口之后,凡是利用这个端口发送数据报的应用程序都要把端口号放入 UDP 报文的源端口字段中。在处理输入时, UDP 从 IP 层软件接收了传入的数据报,根据 UDP 的目的端口号进行多路分解操作,如图 3.6 所示。理解 UDP 端的最简单的方式是把它看成是一个队列。在大多数实现中,当应用程序与操作系统协商,试图使用某个给定端口时,操作系统就创建一个内部队列来容纳收到的报文。通常应用程序可以指定和修改这个队列的长度。当 UDP 收到数据报时,先检查当前使用的端口是否就是该数据报的目的端口。如果不能匹配,则发送一个 ICMP 端口不可达报文并丢弃这个数据报。如果匹配,它就把这个数据报送到相应的队列中,等待应用程序的访问。当然,如果端口已满也会出错,UDP 也要丢弃传入的这个数据报。

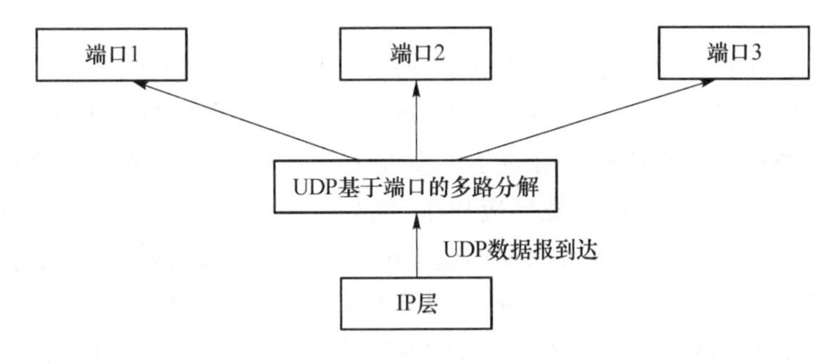

图 3.6 UDP 的多路分解

如何分配协议端口号这个问题很重要,因为两台计算机之间在交互操作之前必须确认一个端口号,才能保证数据报在两个进程间正常传输。端口分配有两种基本方式:第一种是使用中央管理机构,大家都同意让一个管理机构根据需要分配端口号,并发布分配的所有端口号的列表,所有的软件在设计时都要遵从这个列表,这种方式又称为统一分配(universal assignment),这些被管理机构指定的端口分配又称为熟知端口分配(well_known port assignment);第二种是动态绑定,在使用动态绑定时,端口并非为所有的机器知晓。当一个应用程序需要使用端口,为了知道另一台机器上的当前端口号,就必须送出一个请求报文,然

后目的主机进行回答，把正确的端口号送回来。

TCP/IP 采用一种混合方式对端口地址进行管理，分配了某些端口号，但为本地网点和应用程序留下了很大的端口取值范围。已分配的端口号从较低的值开始，向上扩展，较高的值留待进行动态分配。

3.2.5 UDP 协议的特点

UDP 协议提供应用程序之间传输数据报的基本机制。其特点如下：

(1) UDP 是一个无连接协议，传输数据之前源端和终端不建立连接，当它想传送时就简单地去抓取来自应用程序的数据，并尽可能快地把它扔到网络上。在发送端，UDP 传送数据的速度仅仅是受应用程序生成数据的速度、计算机的能力和传输带宽的限制；在接收端，UDP 把每个消息段放在队列中，应用程序每次从队列中读一个消息段。

(2) 由于传输数据不建立连接，因此也就不需要维护连接状态，包括收发状态等，因此一台服务器可同时向多个客户机传输相同的消息。同时，UDP 并不能确保数据的发送和接收顺序。

(3) UDP 信息包的标题很短，只有 8 个字节，相对于 TCP 的 20 个字节信息包的额外开销很小。

(4) 吞吐量不受拥塞控制算法的调节，只受应用软件生成数据的速率、传输带宽、源端和终端主机性能的限制。

(5) UDP 使用尽最大努力交付，即不保证可靠交付，因此主机不需要维持复杂的链接状态表。如果在从发送方到接收方的传递过程中出现数据报的丢失，协议本身并不能做出任何检测或提示。

(6) UDP 是面向报文的。发送方的 UDP 对应用程序交下来的报文，在添加首部后就向下交付给 IP 层。既不拆分，也不合并，而是保留这些报文的边界，因此，应用程序需要选择合适的报文大小。

虽然 UDP 是一个不可靠的协议，但它是分发信息的一个理想协议。例如，在屏幕上报告股票市场、在屏幕上显示航空信息等。UDP 也用在路由信息协议 RIP(Routing Information Protocol)中修改路由表。在这些应用场合下，如果有一个消息丢失，在几秒之后另一个新的消息就会替换它。UDP 广泛用在多媒体应用中，例如，Progressive Networks 公司开发的 RealAudio 软件，它是在因特网上把预先录制的或者现场音乐实时传送给客户机的一种软件，该软件使用的 RealAudio audio-on-demand protocol 协议就是运行在 UDP 之上的协议，大多数因特网电话软件产品也都运行在 UDP 之上。我们经常使用“ping”命令来测试两台主机之间 TCP/IP 通信是否正常，其实“ping”命令的原理就是向对方主机发送 UDP 数据包，然后对方主机确认收到数据包，如果数据包是否到达的消息及时反馈回来，那么网络就是通的。

3.3 可靠的字节流 TCP

传输控制协议 TCP(transmission Control Protocol)在传输层提供面向连接的、可靠的数据传输。TCP 协议和 UDP 协议一样，也为进程间的通信提供端口连接服务。但 TCP 是面向连接的可靠传输协议，而 UDP 协议是非面向连接的不可靠传输协议。然而并不是说使用 TCP 协议作为传输协议的应用程序就不需要可靠性保证。这里所说的可靠性仅仅是在传输层这个层面上来说的。也就是说,TCP 协议是在传输层这个层面上,为应用程序提供了统一的可靠性传输服务,不同的应用程序只要选择了 TCP 协议,就能得到相同的可靠性服务;而 UDP 本身并没有提供可靠性保证,如果应用程序需要有可靠性保证,那么它就需要在应用程序中实现可靠性的机制。这和我们通过邮局寄信很相似,邮局提供了不同的业务,用户可以选择"挂号信"的方式(可靠性有保证)进行寄信,也可以选择以"平信"的方式(可靠性没有保证)进行邮寄。

3.3.1 端到端的保障问题

从 TCP/IP 模型上看,TCP 协议是在 IP 协议的基础上实现的协议。而 IP 协议本身就是一个不可靠的协议。要讨论 TCP 协议是如何在不可靠的 IP 协议基础上实现其可靠性,必须先讨论在网络传输中可靠性的要求。

1. 尽量避免数据丢失

导致数据丢失的原因很多,常见的情况有:(1) 物理线路质量问题导致数据丢失;(2) 网络拥塞导致数据被迫丢弃或不能在规定时间内到达接收主机;(3) 发送方发送速度大于接收方的处理速度导致接收方的接收缓存溢出,后续的数据被迫丢弃。

为了避免数据丢失,人们在各个层面上设计各种机制来尽量减少数据的丢失:(1) 在物理层,可以通过提高线路质量来减少数据丢失;(2) 在网络层,通过源抑制机制尽量平衡网络中的 IP 报文的流量,尽可能减小产生网络拥塞的可能性;(3) 在传输层,可以根据接收方的接收能力来调整发送方的发送速度,以减少第 3 种情况产生的数据丢失,即所谓的流量控制,这种机制也有助于第 2 种情况的解决。尽管如此,还是不可能完全避免数据的丢失,"可靠性"还要求在发生数据丢失的情况下能及时发现,并通过重新发送数据来保证数据的完整性。

如果发生了数据丢失,就需要及时发现数据丢失并重发,这在各个层面上都有一些解决方案:(1) 在网络层,当 IP 报文在某些情况下被丢弃时,会发送 ICMP 消息通知发送方,以重新发送 IP 报文。但 ICMP 协议并不可能通报所有的丢失情况,所以还要在传输层的 TCP 协议提供相应的机制进行控制;(2) 在传输层,TCP 协议提供了确认、重发机制;(3) 在应用层,如果传输层协议是 UDP 协议,那么通常要求在应用层中提供相应的机制进行控制(这种机制根据不同的应用层协议而有所不同)。

2. 保证数据的完整性

可靠性还要求数据在传输过程中不被改变,即所谓的数据完整性。在各层协议中都提供了检错机制,前面讨论的 UDP 协议就有相应的检错机制,针对整个数据报进行检测。

对于网络传输的"可靠性",这里所提及的只是很小的一部分。可靠性的保证,是一个复杂的系统性问题,它需要从网络传输的各个功能层次去综合考虑,层次和层次间彼此协调,共同实现网络传输的可靠性。但相对来说,传输层的 TCP 协议在可靠性方面起到了很大的作用。总的来说,TCP 协议的可靠性是通过收发双方的"确认""重发""流量控制""检错"等机制来保证的。这些机制的实现在收发双方的主机中完成,中间的节点(路由器)并没有参与 TCP 协议的可靠性控制。

在讨论 TCP 协议的可靠性机制之前,首先要了解一下可靠性传输中常用的方法。

1. 消息确认和重发

大部分可靠协议都采用一种消息确认机制来保证可靠性。这种技术需要接收方发送确认信息(ACK)以回应发送方,确认数据正确到达。此外,发送方为每个发送的信息单元(可能是一个 TCP 分组,也可能是一个数据帧)设置定时器,在信息单元送出去后,在定时器规定的时间内,如果还收不到确认消息,那么发送方就认为信息单元丢失,然后重新发送该信息单元。如图 3.7 描述了发送方通过定时器机制来推出数据单元的丢失。

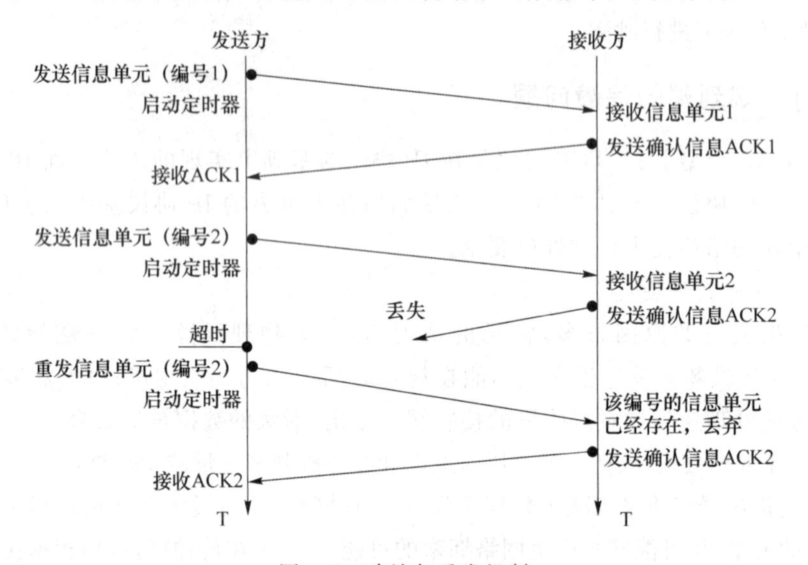

图 3.7 确认与重发机制

这种方法也会带来新的问题,如果接收方已经正确收到了信息单元,并返回了确认信息,但可能这个确认信息在网络中受到延迟或者丢失,发送方的定时器超时了,仍没有收到确认,根据定义的规则,发送方认为该信息单元丢失,发送方重新发送该信息单元,这样就造成了接收方重复接收数据的情况。

如图 3.7 所示,为了避免出现接收方重复接收相同的数据的情况,需要对发送方所发出的信息单元进行编号。接收方回复的确认信息中也携带这个编号信息,可以针对每个信息单元进行确认。对于接收方来说,可以根据信息单元中的编号确定该信息单元是新到信息单元还是返回的由于确认丢失或延迟而导致的发送方重发的信息单元。如果接收方收到的信息单元里的编号已经是接收过的,接收方可以判断出它发出的确认信息发生了延迟或丢失,接收方就把这个重发信息单元丢弃,同时再发送一个确认信息。

2. 滑动窗口

确认与重发机制很好地解决了信息单元在传输过程中丢失的问题。但从前面的讨论可以看出这种传输机制的效率较低。发送方每发送一个信息单元就等待着接收方的确认。只有前一个信息单元的确认信息返回后,才发出下一个信息单元,这样大量的时间用在了等待确认信息上,线路带宽也得不到充分利用。要解决这个问题,最好的办法是发送方一次发送多个信息单元,并根据接收方返回的确认信息动态地调整发送量,但这要求有一个严格的控制机制协调双方的收发。"滑动窗口"就是这么一种技术。

可以将滑动窗口理解为多重发送和多重确认的技术。它允许发送端在接收到确认信息之前同时传送多个信息单元,因而能够更充分利用网络线路带宽,以加速数据的传送速度。与确认和重发机制一样，滑动窗口技术也要求对发送的数据进行编号。在网络通信过程中，发送方并不是直接将上层模块(如应用进程)产生的数据发送出去，而是先放入一个缓存中，把数据封装成相应的信息单元再发送出去；接收方也是这样，当接收到信息单元后，先把信息单元的首部去掉得到数据，然后放入缓存中，再交给上层模块(如接收数据的应用进程)。为了描述方便，在这里把要传输的每个数据都看成一个信息单元。如图 3.8 所示，发送方的滑动窗口称为发送窗口，它就像一个“窗口”，往要发送的数据上套，落在这个窗口里的数据就是可以一次发出的数据，同时也只有发送窗口的数据能够发送，窗口之外的数据不能够发送。发送窗口的尺寸决定了发送方一次最多可以发送的数据量。接收方的滑动窗口称为接收窗口，套住的范围就是可以接收的数据量。接收窗口的尺寸大小决定了接收方一次最多可以接收的数据量。

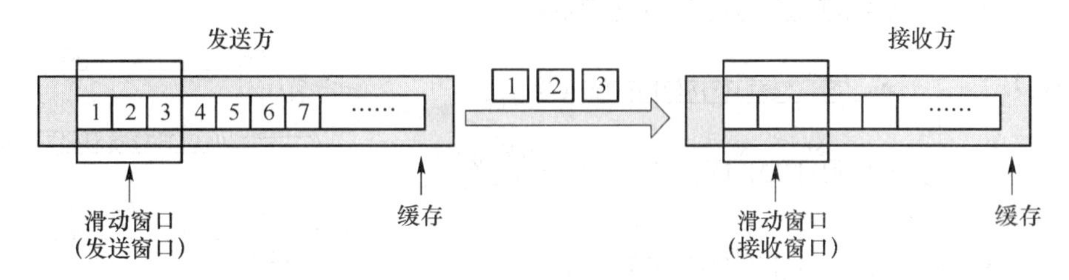

图 3.8 滑动窗口

当发送窗口里的数据发送出之后，在确认信息返回前不再发送新的数据。从逻辑上来看，就是发送窗口没有移动，没有新的数据进入滑动窗口。对于接收窗口来说，它只负责控制数据的接收，当发送方的数据到达接收方时，接收方会按照发送数据的编号顺序，放入接收窗口的相应位置。接收方会根据接收窗口里数据的接收情况，移动接收窗口并发送确认信息。

由于 IP 报文在网络中所走的路径可能会不同，因此顺序发送的数据并不能保证按照发送顺序到达接收方。因此需要通过发送窗口和接收窗口的移动来控制发送方按序发送，接收方按序接收。

对于发送窗口，只有当窗口里的最小序号的数据(位于发送窗口中最左端的数据)得到确认时，滑动窗口才移动，新的数据进入窗口内，并对新进入窗口的数据进行发送。假设发送方开始发送数据时的状态如图 3.9 所示左侧时序 1，首先发送方将窗口内的数据编号为 0、1、2、3 的数据发送出去，然后对这些数据分别设置定时器，并等待接收方的确认信息。接收方收到数据后，会按数据的编号返回确认信息(以 ACK＋n 表示对 n－1 个数据进行确认)，如图 3.9 右侧。

在图 3.9 中的发送方，首先发送帧 0、1、2、3，如果收到 ACK1，则发送窗口向右移动 1 个单元，并可以继续发送帧 4。如果发生发送帧或者确认帧丢失的情况，图 3.9 中，帧 1 丢失，由于发送方一直没得到 ACK2，则在等待一段时间后重新发送帧 1。对于接收方，当发送确认后即可将窗口后移，如图中时序 2 后，窗口后移到等待帧 1、2、3、4；但是在下一个时序由于帧 1 没有收到，虽然收到后续的帧 2、3、4，但窗口并不后移，并且重新发送 ACK1 确认帧 0 收到，同时希望发送方重发帧 1；直到接收方收到帧 1 后，直接发送 ACK4，此时接收窗口再向后移动 3 个信息单元。发送方得到确认帧 ACK4 后也将发送窗口向后移动 3 个信息单元，达到时序 8 的状态。

3. 流量控制

在可靠性传输中，流量控制是一个很重要的内容。在一个网络环境中，由于主机在性能

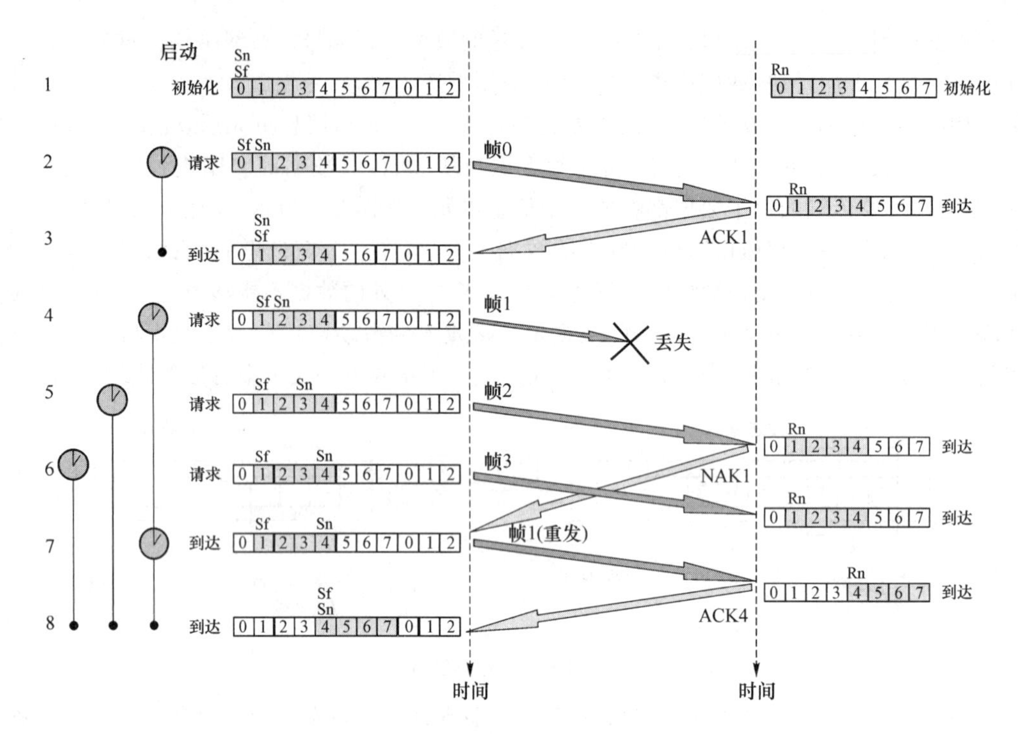

图 3.9　发送窗口和接收窗口的移动

上各有差异,有的主机性能较好,数据处理速度快,有的主机性能较差,数据处理速度慢。如果不协调双方的数据发送和接收速度就会出现性能较差的接收方的接收缓冲区被用尽,导致后续的数据无法进入缓冲区而被丢弃。数据的丢弃又引发数据的重发,这样就会导致网络中的数据量剧增,严重的情况会导致网络拥塞,影响网络的性能。因此,要对收发双方的流量进行控制,减少数据丢失。

在最早的“确认、重发”机制中,发送方每发送一个信息单元,都要等待接收方的确认,只有收到了确认之后才发送下一个信息单元。这种一次发送一个信息单元的方式下,流量控制问题并不突出。但如果采用滑动窗口的“多重发送,多重接收”技术时,流量控制就显得尤其重要。发送方发送窗口的大小决定了发送方一次最多可以发送的数据量。当发送窗口的尺寸增大时,数据流量增加;当发送窗口的尺寸变小时,数据流量减小,数据的传输效率降低(最早的“确认、重发”机制就是窗口尺寸为“1”的情况,因此它的传输效率极低);接收窗口的尺寸大小决定了接收方一次可以最多接收的数据量,反映出接收方的接收能力。因此,数据流量大小的影响因素是收发双方滑动窗口的尺寸大小。

要达到收发双方流量的平衡,发送窗口的尺寸(代表发送能力)要和接收窗口的尺寸(代表接收能力)有一个平衡关系,即发送窗口的尺寸要等于或小于接收窗口的尺寸。此外,流量控制是一个动态过程。有时候,接收方其他处理任务繁重时,会消耗大量的系统资源,这会影响数据的接收能力。因此,接收方需要随时根据自身的处理能力调整接收窗口的尺寸,发送方也要相应地调整发送窗口的尺寸,调整数据的发送量,以适应接收方的接收能力。

3.3.2　TCP 数据段的格式

为了更好地讨论 TCP 的端到端的通信,首先需要了解 TCP 数据段的格式。TCP 在应用层数据上附加了一个报头，报头包括序列号字段和这些机制的一些端口信息，这些字段可以用来标识数据的源和目标应用程序，如图 3.10 所示。

00 01 02 03 04 05 06 07 08 09 10 11 12 13 14 15 16 17 18 19 20 21 22 23 24 25 26 27 28 29 30 31 bit

源端口号 16位								目标端口号 16位
顺序号 32位序列编号								
确认号 32位确认编号								
头部长度（数据偏移 4位）	保留 6位	URG	ACK	PSH	RST	SYN	FIN	窗口大小 16位
校验和 16位								紧急指针 16位
可选项 8的倍数位								
数据								

6位（URG至FIN）；20字节（源端口号至紧急指针）

图 3.10 TCP 的数据段格式

源端口和目的端口字段长度各为 16 位，它们为封装的数据指定了源和目的应用程序。像 TCP/IP 使用其他编号一样，RFC1700 描述了所有常用和不常用的端口号。应用程序的端口号加上应用程序所在主机的 IP 地址统称为套接字(socket)，在网络上套接字唯一地标识了每一个应用程序。

序列号段长度为 32 位，序列号确定了发送方发送的数据流中被封装的数据所在位置。例如，如果本段数据的序列号为 1 343，且数据段长 512 个字节，那么下一数据段的序列号应该为 1 343＋512＝1 855。

确认号字段长度为 32 位，确认号确定了源点下次希望从目标接收的序列号。当接收方收到 TCP 分组，并通过检验确认后，会依照分组序号加上数据长度产生一个确认序号，附在下一个回应的 TCP 分组中，这样接收方就知道刚才的分组已经成功接收。

报头长度又叫数据偏移量，长度为 4 位。报头长度指定了以 32 位字为单位的报头长度。由于可选项字段的长度可变，所以这一字段标识出数据的起点是很有必要的。如果“选项”部分没有设定的话，那么首部长度就是 20 个字节。

保留字段长度为 4 位，通常设置为 0。

标记字段包括 8 个 1 位的标记，用于流和连接控制。它们从左到右分别是：拥塞窗口减少(Congestion on Window Reduced，CWR)、ECN-Echo(ECE)、紧急(URG)、确认(ACK)、弹出(PSH)、复位(RST)、同步(SYN)和结束(FIN)。其中 CWR 和 ECE 也常被看作是保留字段，因此有些协议说明上保留字段是 6 位。

其中，当 URG 被置为 1 时，就表示这个 TCP 分组是一个携带有紧急数据的分组，接收方要优先处理。当 ACK 设置为 1 时，表示这个 TCP 分组的确认序号有效的，一般情况下，这个标志位都会为 1。如果 PSH 位为 1，该分组连同发送缓冲区的其他分组应立即进行发送，而无须等待发送缓冲区满才进行发送。接收方收到这类分组后，必须尽快把分组携带的数据交给应用进程。如果 RST 为 1 时，连接会被马上结束，而不需等待终止确认过程。如果 SYN 为 1 时，表示要求双方进行同步处理，也就是要求建立连接。如果分组的 FIN 为 1，表示这个方向上数据传输结束，然后对方返回结束回应，进而这个方向上就正式结束数据传输。

窗口大小字段长度为16位，主要用于流控制。窗口大小指明了自确认号指定的八位组开始，接收方在必须停止传输并等待确认之前发送方可以接收的数据段的八位组长度。

校验和字段长度为16位，它包括报头和被封装的数据，校验和允许进行错误检测。当数据分组传输出去的时候，发送方会对这个分组进行校验计算，然后将校验值填在这里；当接收方收到这个分组时，会用同样的方法对分组进行校验计算，将得到的值和这个字段的值比较。如果不一致，说明分组在传输过程中信息发生了改变，接收方要求对方重传数据。

紧急指针字段仅当URG标记置位时才被使用。这个16位被添加到序列号上用于指明紧急数据的结束。

可选项字段用于指明TCP的发送进程要求的选项。最常用的可选项是最大段长度，最大段长度通知接收者发送者愿意接收的最大段长度。为了保证报头的长度是32个八位组的倍数，所以使用0填充该字段的剩余部分。

3.3.3 TCP连接的建立和终止

TCP协议是一个面向连接的协议。所谓面向连接是指发送方在正式开始传输数据前要和接收方建立连接。其主要目的是双方交换一些TCP的参数。当协商顺利完成后，连接就建立起来，双方开始数据传输。

一般情况下建立连接是由一个客户进程(主动端)向服务进程(被动端)发起的。TCP通过三次握手建立连接。所谓三次握手(Three-way Handshake)，是指建立一个TCP连接时，需要客户端和服务器总共发送3个包，如图3.11所示。三次握手的目的是连接服务器指定端口，建立TCP连接，并同步连接双方的序列号和确认号并交换TCP窗口大小信息，在socket编程中，客户端执行connect()时，将触发三次握手。

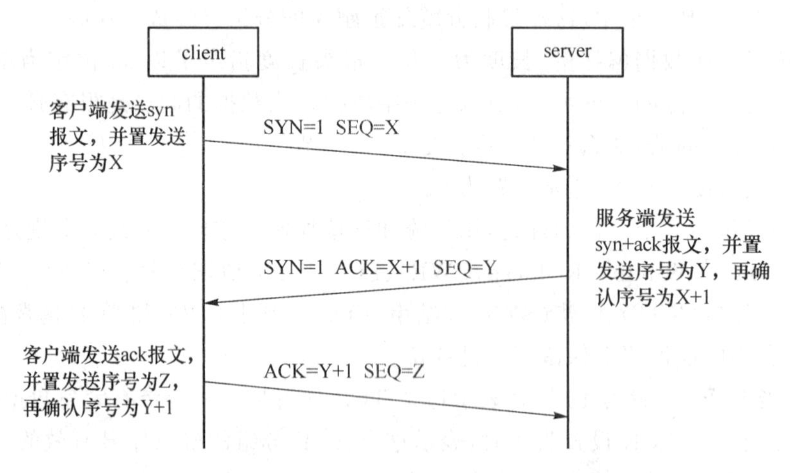

图3.11 TCP连接建立的三次握手过程

具体来说：第一次握手时客户端发送一个TCP的SYN标志位置1的包指明客户打算连接的服务器的端口，以及初始序号X，保存在包头的序列号(Sequence Number)字段里。第二次握手时服务器发回确认包(ACK)应答，即SYN标志位和ACK标志位均为1，同时将确认序号(Acknowledgement Number)设置为客户的SEQ加1，即X+1。第三次握手时客户端再次发送确认包(ACK),SYN 标志位为 0,ACK 标志位为 1,并且把服务器发来 ACK 的序号字段+1,放在确定字段中发送给对方,并且在数据段放入 SEQ+1 起始的数据。其过程如图 3.12 所示。

源端口								目标端口
X								
接收顺序号								
偏置值	保留	URG	ACK	RSH	RST	①	FIN	窗口
校验和								紧急指针
任选项+补丁								
用户数据								

(a) 第一次握手

源端口								目标端口
X								
X+1								
偏置值	保留	URG	①	RSH	RST	①	FIN	窗口
校验和								紧急指针
任选项+补丁								
用户数据								

(b) 第二次握手

源端口								目标端口
发送顺序号								
Y+1								
偏置值	保留	URG	①	RSH	RST	SYN	FIN	窗口
校验和								紧急指针
任选项+补丁								
DATA (X+1)								

(c) 第三次握手

图 3.12　TCP 连接建立三次握手数据报的变化

由于 TCP 连接是全双工的,因此每个方向都必须单独进行关闭。当一方完成它的数据发送任务后就能发送一个 FIN 来终止这个方向的连接,接收方收到一个 FIN 只意味着这一方向上没有数据流动,但在反方向上 TCP 连接在收到一个 FIN 后仍能发送数据。首先进行关闭的一方将执行主动关闭,而另一方执行被动关闭。这个连接终止的过程称为 TCP 的四次握手,如图 3.13 所示,其过程为:(1) 客户端 A 发送一个 FIN,用来关闭客户 A 到服务器 B 的数据传送;(2) 服务器 B 收到这个 FIN,它发回一个 ACK,确认序号为收到的序号加 1。和 SYN 一样,一个 FIN 将占用一个序号;(3) 服务器 B 关闭与客户端 A 的连接,发送一个 FIN 给客户端 A;(4) 客户端 A 发回 ACK 报文确认,并将确认序号设置为收到序号加 1。

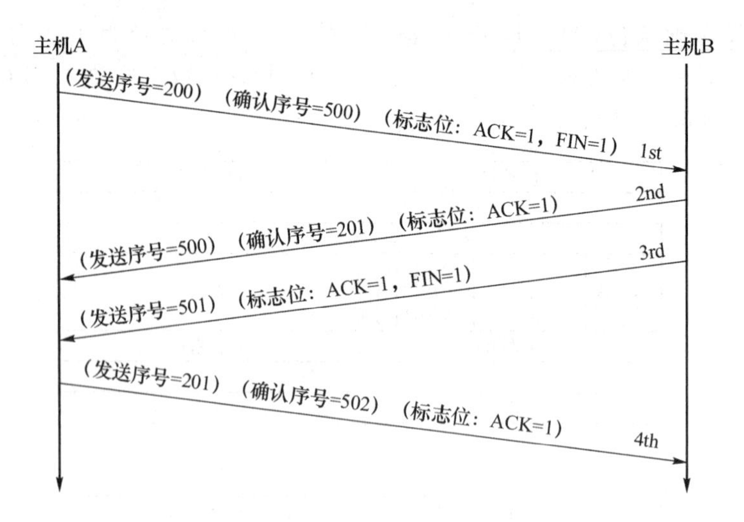

图 3.13　TCP 的四次握手终止连接

3.3.4　TCP 的滑动窗口

TCP 的特点之一是提供体积可变的滑动窗口机制，支持端到端的流量控制。TCP 的窗口以字节为单位进行调整，以适应接收方的处理能力。处理过程为：

(1) TCP 连接阶段，双方协商窗口尺寸，同时接收方预留数据缓存区；

(2) 发送方根据协商的结果，发送符合窗口尺寸的数据字节流，并等待对方的确认；

(3) 发送方根据确认信息，改变窗口的尺寸，增加或者减少发送未得到确认的字节流中的字节数。如果出现发送拥塞，发送窗口缩小为原来的一半，同时将超时重传的时间间隔扩大一倍。

如图 3.14 所示，发送端要发送的数据共 9 个报文段，每个报文段 100 字节长，而接收端许诺的发送窗口为 500 字节。发送窗口当前的位置表示有两个报文段(其字节序号为 1～200)已经发送过并已收到了接收端的确认。发送端在当前情况下，可连续发送 5 个报文段而不必收到确认。假定发送端已发送了两个报文段但未收到确认，那么它还能发送 3 个报文段。发送端在收到接收端发来的确认后，就可将发送窗口向前移动。

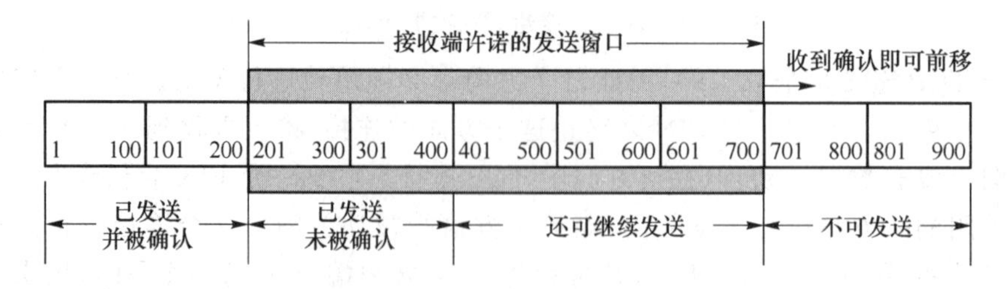

图 3.14　TCP 的发送窗口示意

TCP 的窗口机制和确认保证了数据传输的可靠性和流量控制，下面以图 3.15 为例说明 TCP 怎样利用可变窗口大小进行流量控制。图 3.15 的例子是假设主机 A 向主机 B 发送数据，双方商定的窗口值是 400，再设每一个报文段为 100 字节长，序号的初始值为 1。主机 B 进行了三次流量控制，第一次将窗口减小为 300 字节，第二次又减为 200 字节，最后减至零，即不允许对方再发送数据了，这种暂停状态将持续到主机 B 重新发出一个新的窗口值为止。

发送端的主机在发送数据时既要考虑到接收端的接收能力，又要使网络不发生拥塞。所以发送端的发送窗口应按以下方式确定：

发送窗口 = Min[通知窗口，拥塞窗口]

其中，通知窗口是接收端根据其接收能力许诺的窗口值，是来自接收端的流量控制。接收端将通知窗口的值放在 TCP 报文的首部中，传送给发送端。拥塞窗口是发送端根据网络拥塞情况得出的窗口值，是来自发送端的流量控制。

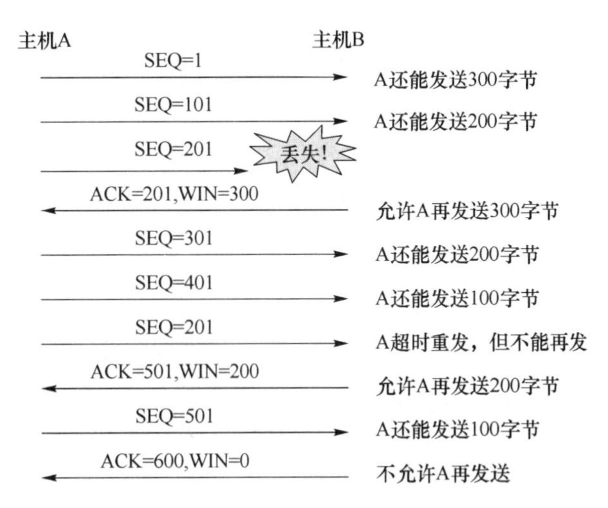

图 3.15 TCP 的窗口调整机制

为了更好地进行拥塞控制，Internet 标准推荐使用三种技术，即慢启动、加速递减和拥塞避免。使用这些技术的一个前提就是：由于通信线路带来的误码而使用分组丢失的概率很小(远小于 1%)。因此，只要出现分组丢失或迟延过长而引起超时重发，就意味着在网络中的某方出现了拥塞，以上三种技术就需要介入对拥塞窗口进行调整。

3.3.5 TCP 的重传

TCP 是一种可靠的协议，在网络交互的过程中，由于 TCP 报文是封装在 IP 协议中的，IP 协议的无连接特性导致其可能在交互的过程中丢失。在这种情况下，TCP 通过在发送数据报文时设置一个超时定时器来保障其传输的可靠性，如果在定时器溢出时还没有收到来自对方对发送报文的确认，它就重传该数据报文。

导致重传的常见状况如图 3.16 所示，分别为：

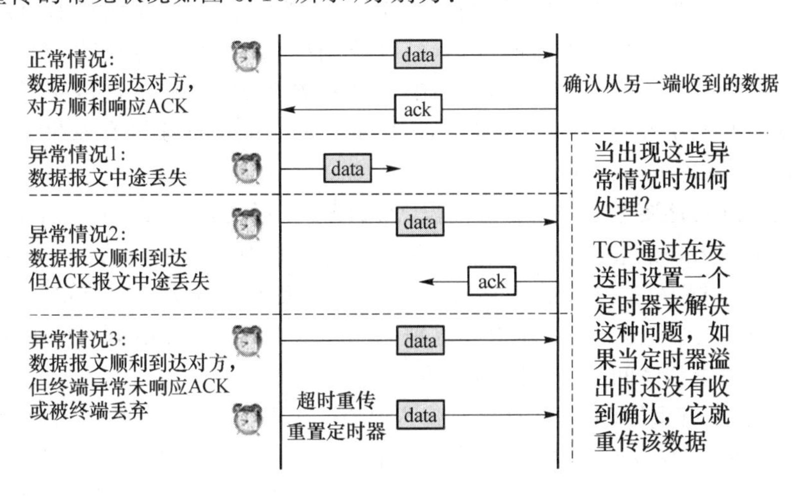

图 3.16 TCP 超时的三种常见状况

(1) 数据报传输中途丢失:发送端的数据报文在网络传输的过程中,被中间链路或中间设备丢弃;

(2) 接收端的 ACK 确认报文在传输中途丢失:发送端发送的数据报文到达了接收端,接收端也针对接收到的报文发送了相应的 ACK 确认报文,但是这个 ACK 确认报文被中间链路或中间设备丢弃了;

(3) 接收端异常未响应 ACK 或被接收端丢弃:发送端发送的数据报文到达了接收端,但是接收端由于种种原因,直接忽略该数据报文,或者接收到报文但并没有发送针对该报文的 ACK 确认报文。

发生了以上状况的时候,TCP 在超时定时器溢出时需要对数据报进行重传。现在的问题是,这个超时定时器按照什么原则进行设置。实际上,如果该超时重传(Retransmission TimeOut,RTO)时间太短则可能导致大量不必要的重传,如果时间太长则可能导致性能的下降。

为了解决这个问题,TCP 需要对一个给定的连接的往返时间(Round Trip Time,RTT)进行测量。由于网络流量的变化,这个时间会相应地发生变化,TCP 需要跟踪这些变化并动态地调整超时时间 RTO。RTT 由三个部分组成:链路的传播时间(propagation delay)、末端系统的处理时间、路由器缓存中的排队和处理时间(queuing delay)。其中,前两个部分的值对于一个 TCP 连接相对固定,路由器缓存中的排队和处理时间会随着整个网络拥塞程度的变化而变化。所以 RTT 的变化在一定程度上反映了网络的拥塞程度。

当一个数据段被发送出去后,TCP 启动定时器,如果在定时器过期之前确认数据段回来的话,则 TCP 测量一下这次确认所花的时间 M,则 $\mathrm{RTT} = \alpha\mathrm{RTT} + (1-\alpha)M$。其中 α 是平滑因子,典型的值是 7/8,这个公式的意思就是说,旧的 RTT 占有 7/8 的权重,新的往返时间占有 1/8 的权重。

有了 RTT,如何选择 RTO 仍然需要考量平滑的平均偏差 D,其计算公式是:

$$D=\alpha D+(1-\alpha)|\mathrm{RTT}-M|$$

最后得到:

$$\mathrm{RTO}=\mathrm{RTT}+4D$$

以上的算法称为 Jacobson 算法,但该算法仅能处理网络正常的情况。当发生重传情况的时候,如果收到一个确认,由于无法判断该确认是针对第一次重传还是后来的重传,所有无法使用 Jacobson 算法调整 RTO 的值,这时需要采用 Karn 算法来调整 RTO 的值。Karn 算法的策略是:(1) 对于发生重传的数据段,在收到确认后,不更新 RTT;(2) 在重传的时候,RTO 是倍增的,直到达到最大值的限制(称为指数退避)。如果重传超过一定的次数,TCP 连接会断开;(3) 在重传并收到确认后,如果下一次的数据段没有发生重传(即一次性收到确认),则又恢复 Jacobson 算法。

在以上算法中,还要考虑一些特殊情况,比如 SYN 报文。在实际情况下,由于 SYN 报文是 TCP 连接的第一个报文,如果该报文在传输的过程中丢弃了,那么发送方则无法测量 RTT,也就无法根据 RTT 来计算 RTO。因此,SYN 重传的算法就要简单一些,SYN 重传时间间隔一般根据系统实现的不同稍有差别,Windows 系统一般将第一次重传超时设为 3 秒,以后每次超时重传时间为上一次的 2 倍。

有了超时就要有重传,但是就算是重传也是有策略的,而不是将数据简单地发送。

TCP 报文重传的次数也根据系统设置的不同而有区分,有些系统,一个报文只会被重传 3 次,如果重传 3 次后还未收到该报文的确认,那么就不再尝试重传,直接 reset 重置该 TCP 连接,但有些要求很高的业务应用系统,则会不断地重传被丢弃的报文,以尽最大可能保证业务数据的正常交互。

TCP 的重传存在原因就是为了保障 TCP 的可靠性，正是由于 TCP 存在重传的机制，那些基于 TCP 的业务应用在网络交互的过程中，不再担心由于丢包、包损坏等导致的一系列应用问题了。

由于 IP 协议的不可靠性和网络系统的复杂性，少量的报文丢失和 TCP 重传是正常的，但是如果业务交互过程中，存在大量的 TCP 重传，会严重影响业务系统交互的效率，导致业务系统出现缓慢甚至无响应的情况发生。一般而言，出现大量 TCP 重传说明网络通信的状况非常糟糕，需要站在网络层的角度分析丢包和重传的原因。

3.3.6　TCP 的扩展

前面讨论的应用进程间的通信，都是单向传输。然而在实际的通信过程中，往往是双方都有数据要进行交换。大家既是发送方，也是接收方。假设有 A、B 两个应用进程都有各自的数据要进行交换，使用单向传输的模式，A 发送的 TCP 分组到达 B 后，B 再发送一个确认消息，随后，B 发送给 A，TCP 分组到达 A 后，A 再返回这个报文的确认信息。A、B 之间的 TCP 分组和确认消息不断进行往返，直至双方的数据都传送完毕，如图 3.17 所示。在整个过程中，在 A→B 的方向上，有 A→B 的分组，还有针对 B→A 分组的确认信息，在 B→A 方向上，也是如此。很显然，如果把 B→A 方向上的确认信息，携带上 B→A 的数据，这样一来可以一举两得，既返回了确认消息，也传输了数据。同样的道理，A 也要对 B 传输的 TCP 分组给予确认，也可以在 A→B 方向上的 TCP 分组中，携带上针对 B→A 分组的确认信息。实际上，无论是 A→B 的分组中携带上针对 B→A 的分组确认信息，还是 B→A 的确认信息中携带上 B→A 的数据，其本质上都一样，即通过一次传输，达到传递两个方向上的信息。这就是所谓的双向传输。

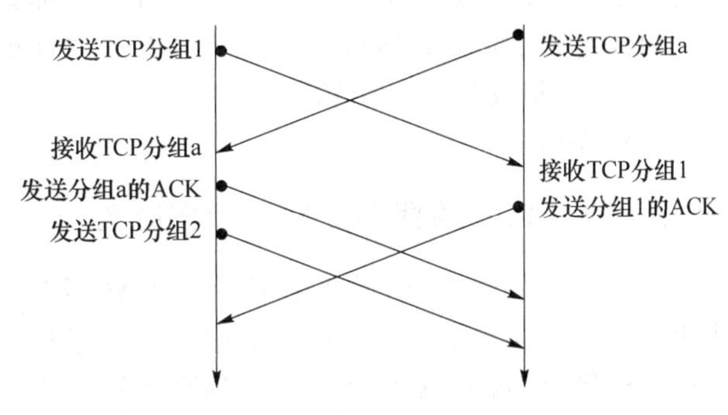

图 3.17　单项的 TCP 数据交互

双向传输还有另外一层含义。使用 TCP 协议作为传输协议的应用进程间通信，通信的应用进程被分配一个端口，数据通过端口发送和接收数据。从逻辑上看，可以把通信双方应用进程的端口看成是一个通道的两端，双方的数据通过这个通道进行交换。从严格意义上讲，这个通道的两端应该是插口 socket。

有了双向传输的概念，那么 TCP 又是如何实际实现的呢。同样假设 A、B 两端的应用进程在进行通信。

首先，A、B 两端都有自己的发送窗口和接收窗口。A 的发送窗口是用来控制 A→B 方向的数据传输，接收窗口是用来控制 B→A 方向的数据接收。B 端的发送窗口是用来控制 B→A 的数据传输，接收窗口是用来控制 A→B 的数据接收。

其次，在 TCP 分组的首部有两个字段：序号和确认号。在 A→B 方向传输的 TCP 分组中，序号(SEQ)反映了本次 A→B 的数据传输情况，而确认号(ACK)反映了上一次 B→A 的数据传输情况。下面以一个例子来说明在一个 TCP 分组中，序号(SEQ)和确认号(ACK)

之间的关系。假设在A、B两端都有数据要相互交换，A端要发送的数据被封装成两个TCP分组；B端要发送的数据被封装成3个TCP分组。这些分组的序号和分组封装的数据长度如表3.1所示。

表3.1　分组序号和分组的数据长度

A端TCP分组		B端TCP分组	
序号(SEQ)	数据长度(L)	序号(SEQ)	数据长度(L)
1001	100	1801	200
1101	200	2001	100
		2101	100

假设B已经向A发送了序号为1801的TCP分组，且已经正确接收。现在A要向B发送TCP分组。为了简单起见，双方一次发送一个TCP分组，如图3.18所示。A发送的分组序号为1001，标识自己的信息，同时发送确认号为2001，表示以前的都收到了，希望收到下一个数据的序号是2001。以后的过程都如图3.18所示。

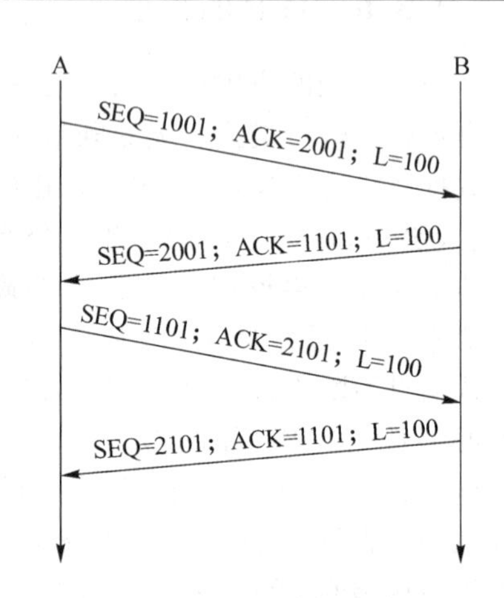

图3.18　TCP中A、B两端的数据交换

3.3.7　TCP的拥塞控制和拥塞避免

在3.3.4节中提到，数据在传输的时候不能只使用一个窗口协议，还需要有一个拥塞窗口来控制数据的流量，使得数据不会一下子都跑到网路中引起“拥塞”。计算机网络中的带宽、交换节点中的缓存和处理机等，都是网络的资源。在某段时间，若对网络中某一资源的需求超过了该资源所能提供的可用部分，网络的性能就会变坏。这种情况就叫作拥塞。拥塞控制就是防止过多的数据注入网络中，这样可以使网络中的路由器或链路不致过载。拥塞控制是一个全局性的过程，和流量控制不同，流量控制指点对点通信量的控制。

TCP的拥塞控制主要有以下几个阶段。

(1) 慢启动(慢开始)阶段：当连接刚建立或超时时，进入慢启动阶段。

发送方维持一个叫作拥塞窗口cwnd(congestion window)的状态变量。拥塞窗口的大小取决于网络的拥塞程度，并且动态地在变化。发送方让自己的发送窗口等于拥塞窗口，另外考虑到接受方的接收能力，发送窗口awnd(advertisement window)可能小于拥塞窗口。慢开始算法的思路就是，不要一开始就发送大量的数据，先探测一下网络的拥塞程度，也就是说由小到大逐渐增加拥塞窗口的大小。

当新建TCP连接时，拥塞窗口(cwnd)被初始化为一个数据包大小(默认为512或536bytes)。实际发送窗口win取拥塞窗口与接收方提供的通告窗口的较小值，即win＝min[cwnd,awnd]，每收到一个ACK确认，就增加一个数据包发送量，这样慢启动阶段cwnd随RTT呈指数级增长(1个、2个、4个、8个…)，这就是乘法增长。

(2) 拥塞避免阶段：当TCP源端发现超时或收到3个相同的ACK确认帧时，即认为网络将发生拥塞，此时进入拥塞避免阶段。

为了防止cwnd增长过大引起网络拥塞，还需设置一个慢开始门限ssthresh状态变量。

ssthresh 的用法如下：

当 cwnd<ssthresh 时，使用慢开始算法。

当 cwnd>ssthresh 时，改用拥塞避免算法。

当 cwnd=ssthresh 时，慢开始与拥塞避免算法任意。

拥塞避免算法让拥塞窗口缓慢增长，即每经过一个往返时间 RTT 就把发送方的拥塞窗口 cwnd 加 1，而不是加倍。这样拥塞窗口按线性规律缓慢增长(加法增大)。

无论是在慢开始阶段还是在拥塞避免阶段，只要发送方判断网络出现拥塞(其根据就是没有收到确认，虽然没有收到确认可能是其他原因的分组丢失，但是因为无法判定，所以都当作拥塞来处理)，就把慢开始门限设置为出现拥塞时的发送窗口大小的一半(乘法减小)，然后把拥塞窗口设置为 1，执行慢开始算法。如图 3.19 所示。

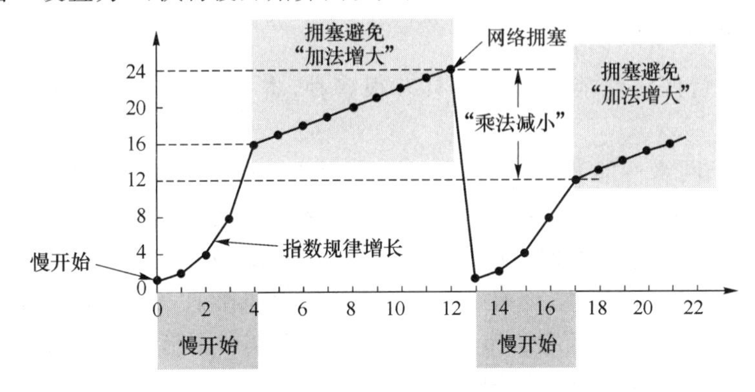

图 3.19 慢开始和拥塞避免

(3) 快重传阶段：当网络发生拥塞时，如果源端等待超时之后再进行拥塞控制，那么从出现拥塞到实施控制有一定的时延。除了超时之外，源端还可以使用重复 ACK 作为拥塞信号。源端在接收到重复 ACK 时并不能确定是由于分组丢失还是分组乱序产生的，通常假定如果是分组乱序，在目的端处理之前源端只可能收到一个或两个重复的 ACK；如果源端连续接收到 3 个或更多的重复 ACK，表明网络中某处已经发生了拥塞，这时源端不等到重传定时器超时就重发这个可能丢失的分组，这就是快重传算法。

(4) 快恢复阶段：在快恢复阶段，每收到重复的 ACK，则 cwnd 加 1；收到非重复 ACK 时，置 cwnd=ssthresh，转入拥塞避免阶段；如果发生超时重传，则置 ssthresh 为当前 cwnd 的一半，并置 cwnd=1，重新进入慢启动阶段。

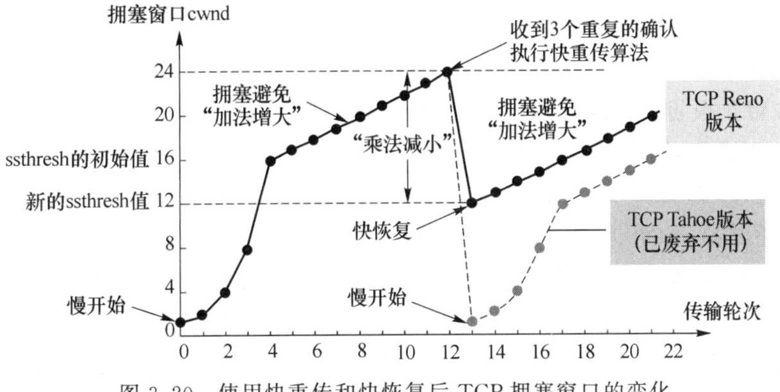

图 3.20 使用快重传和快恢复后 TCP 拥塞窗口的变化

3.4　性能和资源分配

性能问题在计算机网络中是十分重要的。但是当成千上万台计算机连接到网络中时，经常会出现无法预知结果的复杂交互，这些复杂交互常常导致性能下降而无法查找出原因。性能问题更像是一个系统问题而非通过简单的手段就可以解决。传输层并非计算机网络中出现性能问题的唯一地方，但由于网络层更倾向于解决路由选择和拥塞控制方面的问题，而更广泛地与系统有关问题，通常出现在传输层，因此有必要在传输层讨论计算机网络的性能问题。

3.4.1　性能测试

对传输层进行网络性能测试的工具有很多种，本书仅以 iperf 为例介绍网络性能的测试。

iperf 是一个网络性能测试工具，其可以测试 TCP 和 UDP 带宽质量；可以测量最大 TCP 带宽，具有多种参数和 UDP 特性；可以报告带宽，延迟抖动和数据包丢失。利用 iperf 这一特性，可以用来测试一些网络设备如路由器、防火墙、交换机等的性能。iperf 有两种版本，Windows 版和 Linux 版本，还有一个图形界面程序叫作 JPerf，使用 JPerf 程序能简化了复杂命令行参数的构造，而且它还保存测试结果，同时实时图形化显示结果。当然，为了测试的准确性，尽量使用 Linux 环境测试。

下面举一个简单的例子说明 iperf 如何进行网络性能的测试。

(1) iperf 的安装：使用以下命令。

```
gunzip -c iperf-<version>.tar.gz | tar -xvf -
cd iperf-<version>
./configure
make
make install
```

其中 version 是下载的 iperf 版本。

(2) 在服务端运行 iperf，输入命令 iperf-s-p 12345-i 1-M 以在本机端口 12345 上启用 iperf。

(3) 在客户端运行 iperf，输入命令 iperf-c server-ip-p server-port-i 1-t 10-w 20K，其中参数为：

-c：客户端模式，后接服务器 ip。

-p：后接服务端监听的端口。

-i：设置带宽报告的时间间隔，单位为秒。

-t：设置测试的时长，单位为秒。

-w：设置 tcp 窗口大小，一般可以不用设置，默认即可。

(4) 查看结果，如图 3.21 和图 3.22 所示。

其中，Interval 表示时间间隔，Transfer 表示时间间隔里面转输的数据量，Bandwidth 是时间间隔里的传输速率。最后一行是本次测试的统计。测试可知带宽平均为 89.9 Mbit/s。

以上的例子仅说明了对 TCP 单线程的测试，其他的测试方案可以参照 iperf 的帮助实现。

```
C:\Users\Knight>iperf -c 192.167.10.58 -p12345 -i 1 -t 10 -w 10K
------------------------------------------------------------
Client connecting to 192.167.10.58, TCP port 12345
TCP window size: 10.0 KByte
------------------------------------------------------------
[  3] local 192.167.10.254 port 52876 connected with 192.167.10.58 port 12345
[ ID] Interval       Transfer     Bandwidth
[  3]  0.0- 1.0 sec  10.6 MBytes  89.1 Mbits/sec
[  3]  1.0- 2.0 sec  10.8 MBytes  90.2 Mbits/sec
[  3]  2.0- 3.0 sec  10.8 MBytes  90.2 Mbits/sec
[  3]  3.0- 4.0 sec  10.9 MBytes  91.2 Mbits/sec
[  3]  4.0- 5.0 sec  10.6 MBytes  89.1 Mbits/sec
[  3]  5.0- 6.0 sec  10.8 MBytes  90.2 Mbits/sec
[  3]  6.0- 7.0 sec  10.8 MBytes  90.2 Mbits/sec
[  3]  7.0- 8.0 sec  10.8 MBytes  90.2 Mbits/sec
[  3]  8.0- 9.0 sec  10.6 MBytes  89.1 Mbits/sec
[  3]  0.0-10.0 sec   107 MBytes  90.1 Mbits/sec
```

图 3.21　iperf 的客户端截图

```
[root@localhost ~]# iperf -s -p12345 -m -i 1 -y
iperf: option requires an argument -- y
------------------------------------------------------------
Server listening on TCP port 12345
TCP window size: 85.3 KByte (default)
------------------------------------------------------------
[  4] local 192.167.10.58 port 12345 connected with 192.167.10.254 port 52876
[ ID] Interval       Transfer     Bandwidth
[  4]  0.0- 1.0 sec  10.7 MBytes  89.6 Mbits/sec
[  4]  1.0- 2.0 sec  10.8 MBytes  90.4 Mbits/sec
[  4]  2.0- 3.0 sec  10.8 MBytes  90.4 Mbits/sec
[  4]  3.0- 4.0 sec  10.8 MBytes  90.3 Mbits/sec
[  4]  4.0- 5.0 sec  10.7 MBytes  89.7 Mbits/sec
[  4]  5.0- 6.0 sec  10.8 MBytes  90.2 Mbits/sec
[  4]  6.0- 7.0 sec  10.7 MBytes  90.1 Mbits/sec
[  4]  7.0- 8.0 sec  10.8 MBytes  90.2 Mbits/sec
[  4]  8.0- 9.0 sec  10.7 MBytes  89.4 Mbits/sec
[  4]  9.0-10.0 sec  10.8 MBytes  90.3 Mbits/sec
[  4]  0.0-10.0 sec   107 MBytes  89.9 Mbits/sec
[  4] MSS size 1460 bytes (MTU 1500 bytes, ethernet)
```

图 3.22　iperf 的服务器端截图

3.4.2　计算机网络性能问题产生的原因和解决方法

某些性能问题是由于暂时的资源过载而引起的，比如路由器突然收到大量信息，使得路由器无法处理，引起拥塞并使性能下降。反之，当网络中资源组织不合理的时候就会引起网络性能下降，例如在千兆网络中使用一台低档计算机，由于该计算机不能快速处理分组导致分组丢失，网络为此不断重发分组，最后整个网络性能被拖累。

另一个问题在 TCP 的重传中已经提到过，就是当超时定时器设置不当时也会引起性能下降。如果该定时器设置过短，则会出现大量不必要的重发数据，这些重发数据最终阻塞线路。如果设置过长，当 PDU 丢失时，会出现不必要的延迟。

在网络设计之初就需要关注性能问题：

(1) 老旧的计算机不适合高速网络。老旧的计算机本身的网络性能一般，如果 CPU 难以处理网络上的数据或者网络接口卡提供的缓存不够大的时候，会拖累整个网路的性能；

(2) 减少分组数目以减小软件的开销。当分组数目过多的时候，节点的处理开销会相应增大，同时由于每一个分组都需要加上报头，这些报头也会形成网络开销，分组数目越多，开销也就越大；

(3) 减少环境的切换。软件运行环境的切换会引起 CPU 资源大量的处理环境切换所引起的中断，网络数据报处理的资源减少，网络环境的随意切换也会带来计算机甚至路由环境的变化，引起网络性能的下降；

(4) 减少数据复制的次数。如同我们第 2 章所述的邮件服务一样，发送邮件给多个用户的时候，客户端软件对同一服务器上的用户的相同邮件并不是发送多封复制，而是到服务器端才复制到各个邮箱，这样的设计机制减少了网络上数据报的数目；

(5) 避免使用过多的超时机制。为了保障网络传输的可靠性，超时重传是必需的，但是过多的重传必然带来网络的负担，因此超时机制一般要设计成比保留时间超过一点；

(6) 拥塞恢复比避免拥塞消耗的资源更多；

(7) 使用更大的带宽。

3.4.3 网络延迟和吞吐量

在分析网络性能的时候有一个很有用的数据是时延带宽积(bandwidth-delay product)，它是由带宽和双向传输延迟时间项城得到的，该乘积就是往返于双方的信道的容量。如图 3.23 所示，管道的长度是链路的传播时延(注意：现在以时间作为单位表示连读长度)，而管道的截面是链路的带宽。因此时延带宽积就表示这个管道的体积，表示这样的链路可以容纳多少个比特。例如：设某段链路的传播时延为 20 ms，带宽为 10 Mbit/s。算出时延带宽积$=(20\times10^{-3})\times(10\times10^{6})=2\times10^{5}$ bit。这就表示，若发送端连续发送数据，则在发送的第一个比特即将到达终点时，发送端就已经发送了 20 万比特，而这 20 万比特都正在链路上移动。因此，链路的时延带宽积又称为以比特位单位的链路长度。不难看出，管道中的比特数表示从发送端发出且尚未到达接收端的比特。对于一条正在传送数据的链路，只有在代表链路的管道中充满了比特时，链路才得到充分的利用。

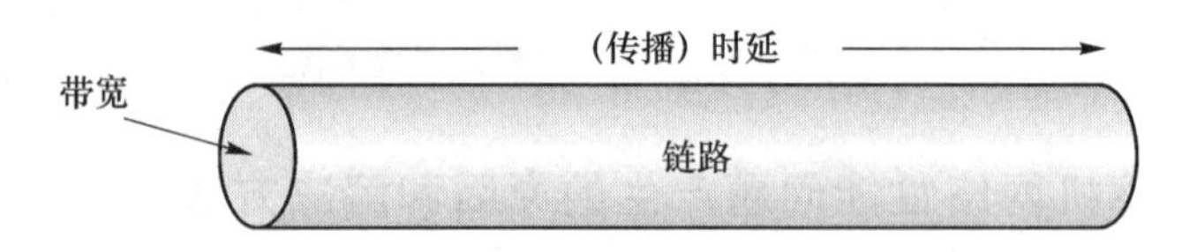

图 3.23 时延带宽积的形象化

由此得到的结论是，如果想要得到良好的性能，接收窗口大小必须至少等于时延带宽积，一般还要稍大一些，这是因为接收方可能不会马上做出响应。

一般来说，对某一段链路，利用率越高，网络性能应该越好。但是遗憾的是，信道利用率并非越高越好。这是因为，根据排队理论，当信道的利用率增大时，该信道引起的时延也就迅速增加。这和高速公路的情况类似：当高速公路的车流量很大时，由于公路的某些地方会出现堵塞，因此行车所需的时间就会增加。

在此回顾一下计算机网络的几个指标：

1. 带宽

本来是指某个信号具有的频带宽度。信号的带宽是指该信号所包含的各种不同频率成分所占据的频率范围。在计算机网络中带宽用来表示网络的通信线路所能传送数据的能力，因此网络带宽表示单位时间内从网络中的某一点到另一点所能通过的“最高数据率”。这种意义的带宽的单位是“比特每秒”，记为 bit/s。注意：在通信领域小写的 1 KB 表示 10^3 而不是 1 024(2^{10})；1 MB 表示 10^6 而不是 2^{20}；1 GB 表示 10^9 而不是 2^{30}。大写 K 有时表示

1 000而有时表示 1 024。

2. 吞吐量(throughput)

表示单位时间内通过某个网络(或信道、接口)的数据量吞吐量更经常地用于对现实世界中的网络的一种测量,以便知道实际上到底有多少数据能够通过网络。显然,吞吐量受网络的带宽或网络的额定速率的限制。例如:对于一个 100 Mbit/s 的以太网,其额定速率是 100 Mbit/s,那么这个数值也是该以太网的吞吐量的绝对上限值。因此,对 100 Mbit/s 的以太网,其典型的吞吐量可能也只有 70 Mbit/s。请注意:有时吞吐量还可以用每秒传送的字节数或帧数来表示。

3. 时延(delay 或 latency)

指数据(一个报文或分组,甚至比特)从网络(或链路)的一端传送到另一端所需的时间,时延也叫延迟或迟延。需要注意的是,网络时延由以下几个不同部分组成。

(1) 发送时延:主机或路由器发送数据帧所需要的时间,也就是从发送数据帧的第一个比特算起,到该帧的最后一个比特发送完毕所需的时间。因此也叫传输时延。计算公式为:

发送时延=数据帧长度(byte)/ 发送速率(bit/s)

对于一定的网络,发送时延并非固定不变,而是与发送的帧长成正比,与发送的速率成反比。

(2) 传播时延:电磁波在信道中传播一定的距离需要的时间。计算公式为:

传播时延=信道长度(m)/ 电磁波在信道上的传播速率(m/s)

发送时延发生在机器内部的发送器中,而传播时延则发生在机器外部的传输信道媒体上。假如有 10 辆车的车队从公路收费站入口出发到相距 50 千米的目的地。假如每一辆车过收费站要花费 60 秒,每辆车时速 100 千米。现在可以算出整个车队从收费站到目的地总共花费的时间:发车时间 60 秒(相当于发送时延),行车时间需要 30 分钟(相当于传播时延),因此总共花费 31 分钟。

(3) 处理时延:主机或路由器在收到分组时要花费一定的时间进行处理,例如分析分组的首部、从分组中提取数据部分、进行差错校验或找到适当的路由等,这就产生了处理时延。

(4) 排队时延:分组在网络中传输时,要经过许多路由器。但分组在进入路由器后要先在输入队列中排队等待处理。在路由器确定了转发接口后,还要在输出队列中排队等待。这就产生了排队时延。排队时延的长短往往取决于网络当时的通信量。当网络通信量很大时会发生队列溢出,是分组丢失,这相当于队列时延为无穷大。

由上可知,数据在网络中经历的总时延就是以上 4 种时延之和:

总时延=发送时延 + 传播时延 +处理时延 + 排队时延

4. 往返时间 RTT(Round-Trip Time)

表示从发送方发送数据开始,到发送方收到来自接收方的确认,总共经历的时间。显然,RTT 与所发送的分组长度有关。发送很长的数据块的 RTT,应当比发送很短的数据块的 RTT 要多些。RTT 的带宽积的意义是当发送方连续发送数据时,即使能够及时收到对方的确认,但已经将许多比特发送到链路上。

3.5 IM 软件实现

有了以上的基础,就可以开始设计私有的 IM 软件。

3.5.1 客户端和服务器之间的对话

1. 登录过程

(1) 客户端用匿名UDP的方式向服务器发出下面的信息:login,username,localIPEndPoint,消息内容包括3个字段,每个字段用“,”分割,login表示的是请求登录;username表示用户名;localIPEndPint表示客户端本地地址。

(2) 服务器收到后以匿名UDP返回下面的回应:Accept,port,其中Accept表示服务器接受请求,port表示服务器所在的端口号,服务器监听着这个端口的客户端连接。

(3) 连接服务器,获取用户列表:客户端从上一步获得了端口号,然后向该端口发起TCP连接,向服务器索取在线用户列表,服务器接受连接后将用户列表传输到客户端。用户列表信息格式为:username1,IPEndPoint1;username2,IPEndPoint2;...;end,username1、username2表示用户名,IPEndPoint1、IPEndPoint2表示对应的端点,每个用户信息都是由“用户名+端点”组成,用户信息以“;”隔开,整个用户列表以“end”结尾。

2. 注销过程

用户退出时,向服务器发送消息:logout,username,localIPEndPoint,这条消息看字面意思大家都知道就是告诉服务器username+localIPEndPoint这个用户要退出了。

3.5.2 服务器管理用户

1. 新用户加入通知

因为系统中在线的每个用户都有一份当前在线用户表,因此当有新用户登录时,服务器不需要重复地给系统中的每个用户再发送所有用户信息,只需要将新加入用户的信息通知其他用户,其他用户再更新自己的用户列表。

服务器向系统中每个用户广播信息:login,username,remoteIPEndPoint,在这个过程中服务器只是负责将收到的“login”信息转发出去。

2. 用户退出

与新用户加入一样,将用户退出的消息进行广播转发:logout,username,remoteIPEndPoint。

3.5.3 客户端之间聊天

用户进行聊天时,各自的客户端之间是以P2P方式进行工作的,不与服务器有直接联系,这也是P2P技术的特点。

聊天发送的消息格式为:talk,longtime,selfUserName,message,其中,talk表明这是聊天内容的消息;longtime是长时间格式的当前系统时间;selfUserName为发送发的用户名;message表示消息的内容。

3.5.4 程序实现

协议设计介绍完后,下面就进入本程序的具体实现的介绍。

1. 服务器核心代码

```
//启动服务器
//客户端先向服务器发送登录请求,然后通过服务器返回的端口号,再与服务器建立连接
//所以启动服务按钮事件中有两个套接字:接收客户端信息套接字和监听客户端连接套接字
privatevoidbtnStart_Click(objectsender,EventArgse)
```

```
{
//创建接收套接字
serverIp = IPAddress.Parse(txbServerIP.Text);serverIPEndPoint = newIPEndPoint(serverIp,int.
Parse(txbServerport.Text));
receiveUdpClient = newUdpClient(serverIPEndPoint);
//启动接收线程
ThreadreceiveThread = newThread(ReceiveMessage);
receiveThread.Start();
btnStart.Enabled = false;
btnStop.Enabled = true;//随机指定监听端口
Randomrandom = newRandom();
tcpPort = random.Next(port + 1,65536);
//创建监听套接字
tcpListener = newTcpListener(serverIp,tcpPort);
tcpListener.Start();
//启动监听线程
ThreadlistenThread = newThread(ListenClientConnect);
listenThread.Start();
AddItemToListBox(string.Format("服务器线程{0}
启动,监听端口{1}",serverIPEndPoint,tcpPort));
}
//接收客户端发来的信息
privatevoidReceiveMessage(){
IPEndPointremoteIPEndPoint = newIPEndPoint(IPAddress.Any,0);
while(true){
try{
//关闭 receiveUdpClient 时下面一行代码
//会产生异常
byte[]receiveBytes = receiveUdpClient.Receive(refremoteIPEndPoint);
stringmessage = Encoding.Unicode.GetString(receiveBytes,0,receiveBytes.Length);
//显示消息内容
AddItemToListBox(string.Format("{0}:{1}", remoteIPEndPoint,message));
//处理消息数据
//根据协议的设计部分,从客户端发送来的消息是具有一定格式的
//服务器接收消息后要对消息做处理
string[]splitstring = message.Split(',');
//解析用户端地址
string[]splitsubstring = splitstring[2].Split(':');
IPEndPointclientIPEndPoint = newIPEndPoint(IPAddress.Parse(splitsubstring[0]),int.Parse
(splitsubstring[1]));
switch(splitstring[0]){
//如果是登录信息,向客户端发送应答
//消息和广播有新用户登录消息
case"login":
Useruser = newUser(splitstring[1],clientIPEndPoint);
//往在线的用户列表添加新成员 userList.Add(user);
AddItemToListBox(string.Format("用户{0}({1})加入",user.GetName(),user.GetIPEndPoint()));
stringsendString = "Accept," + tcpPort.ToString();
//向客户端发送应答消息
SendtoClient(user,sendString);
AddItemToListBox(string.Format("向{0}({1})发出:[{2}]",
```

```
user.GetName(),user.GetIPEndPoint(),sendString));
    for(inti = 0;i<userList.Count;i ++ )
    {
    if(userList[i].GetName()! = user.GetName())
    {
    //给在线的其他用户发送广播消息
    //通知有新用户加入
    SendtoClient(userList[i],message);
    }}
    AddItemToListBox(string.Format("广播:[{0}]",message));
    break;case"logout":
    for(inti = 0;i<userList.Count;i ++ )
    {
    if(userList[i].GetName() = = splitstring[1])
    {
    AddItemToListBox(string.Format("用户{0}({1})退出",
userList[i].GetName(),userList[i].GetIPEndPoint()));
    userList.RemoveAt(i);//移除用户
    }}
    for(inti = 0;i<userList.Count;i ++ )
    {
    //广播注销消息
    SendtoClient(userList[i],message);
    }
    AddItemToListBox(string.Format("广播:[{0}]",message));
    break;}
    }
    catch{
    //发送异常退出循环 break;}
    }
    AddItemToListBox(string.Format("服务线程{0}终止",serverIPEndPoint));
    }
    //向客户端发送消息
    privatevoidSendtoClient(Useruser,stringmessage)
    {
    //匿名方式发送
    sendUdpClient = newUdpClient(0);
    byte[]sendBytes = Encoding.Unicode.GetBytes(message);
    IPEndPointremoteIPEndPoint = user.GetIPEndPoint();
    sendUdpClient.Send(sendBytes,sendBytes.Length,remoteIPEndPoint);
    sendUdpClient.Close();}
    //接受客户端的连接
    privatevoidListenClientConnect()
    {
    TcpClientnewClient = null;
    while(true)
    {
    try
    {
    newClient = tcpListener.AcceptTcpClient();
    AddItemToListBox(string.Format("接受客户端{0}的 TCP 请求",
```

```
newClient.Client.RemoteEndPoint));
    } catch{
    AddItemToListBox(string.Format("监听线 程({0}:{1})",serverIp,tcpPort));
    break;}
    ThreadsendThread = newThread(SendData);
    sendThread.Start(newClient);}}
    //向客户端发送在线用户列表信息
    //服务器通过 TCP 连接把在线用户列表信息发送给客户端
    privatevoidSendData(objectuserClient){
    TcpClientnewUserClient = (TcpClient)userClient;
    userListstring = null;
    for(inti = 0;i<userList.Count;i++){
    userListstring += userList[i].GetName() + ","
     + userList[i].GetIPEndPoint().ToString() + ";";
    }
    userListstring += "end";
    networkStream = newUserClient.GetStream();
    binaryWriter = newBinaryWriter(networkStream);
    binaryWriter.Write(userListstring);
    binaryWriter.Flush();
    AddItemToListBox(string.Format("向{0}发送[{1}]",
newUserClient.Client.RemoteEndPoint,userListstring));
    binaryWriter.Close();
    newUserClient.Close();
```

2. 客户端核心代码

```
    //登录服务器
    privatevoidbtnlogin_Click(objectsender,EventArgse)
    {
    //创建接收套接字
    IPAddressclientIP = IPAddress.Parse(txtLocalIP.Text);
    clientIPEndPoint = newIPEndPoint(clientIP,int.Parse(txtlocalport.Text));
    receiveUdpClient = newUdpClient(clientIPEndPoint);
    //启动接收线程
    ThreadreceiveThread = newThread(ReceiveMessage);
    receiveThread.Start();//匿名发送
    sendUdpClient = newUdpClient(0);//启动发送线程
    ThreadsendThread = newThread(SendMessage);
    sendThread.Start(string.Format("login,{0},{1}",txtusername.Text,clientIPEndPoint));
    btnlogin.Enabled = false;btnLogout.Enabled = true;this.Text = txtusername.Text;}
    //客户端接收服务器回应消息 privatevoidReceiveMessage(){
    IPEndPointremoteIPEndPoint = new IPEndPoint(IPAddress.Any,0);
    while(true){
    try{
    //关闭 receiveUdpClient 时会产生异常
    byte[]receiveBytes = receiveUdpClient.Receive(refremoteIPEndPoint);
    stringmessage = Encoding.Unicode.GetString(receiveBytes,0,receiveBytes.Length);
    //处理消息
    string[]splitstring = message.Split(',');
    switch(splitstring[0]){
    case"Accept":try{
    tcpClient = newTcpClient();
```

```
tcpClient.Connect(remoteIPEndPoint.Address,int.Parse(splitstring[1]));
if(tcpClient! = null){
//表示连接成功
networkStream = tcpClient.GetStream();
binaryReader = newBinaryReader(networkStream);
}}
catch{
MessageBox.Show("连接失败","异常");
}
ThreadgetUserListThread = newThread(GetUserList);
getUserListThread.Start();
break;
case"login":
stringuserItem = splitstring[1] + "," + splitstring[2];
AddItemToListView(userItem);
break;
case"logout":
RemoveItemFromListView(splitstring[1]);
break;
case"talk":
for(inti = 0;i<chatFormList.Count;i++)
{
if(chatFormList[i].Text = = splitstring[2])
{
chatFormList[i].ShowTalkInfo
(splitstring[2],splitstring[1],splitstring[3]);
}}
break;}}
catch{
break;
}}}
//从服务器获取在线用户列表 privatevoidGetUserList(){
while(true){
userListstring = null;
try{
userListstring = binaryReader.ReadString();
if(userListstring.EndsWith("end")){
string[]splitstring = userListstring.Split(';');
for(inti = 0;i<splitstring.Length - 1;i++){
AddItemToListView(splitstring[i]);}
binaryReader.Close();
tcpClient.Close();
break;}}
catch{
break;}}}
//发送登录请求
privatevoidSendMessage(objectobj){
stringmessage = (string)obj;
byte[]sendbytes = Encoding.Unicode.GetBytes(message);
IPAddressremoteIp = IPAddress.Parse(txtserverIP.Text);
IPEndPointremoteIPEndPoint = new IPEndPoint(remoteIp,int.Parse(txtServerport.Text));
```

```
sendUdpClient.Send(sendbytes,sendbytes.Length,remoteIPEndPoint);
sendUdpClient.Close();}
```

以上只给出了核心代码。

项目小结

计算机网络的传输层给出了端到端通信的解决办法。传输层使用 UDP 来传送不需要连接和质量保障的数据,使用 TCP 来传送面向连接和需要质量保障的数据。传输层使用端口来标识数据的通道,这和网络层的 IP 地址合起来称为插口,插口标识了应用程序连接的唯一通道。因此,要实现内部的 IM 软件可以使用插口控制通信链路的连接和关闭。

习　题

1. 试说明传输层的作用。网络层提供数据报或虚电路服务对上面的传输层有何影响?

2. 画图解释传输层的复用,一个给定的传输连接能否分裂成多条虚电路?

3. 画图说明多个传输用户复用到一条传输连接上,而这条传输连接又分流到若干条网络连接上的情况。

4. 为什么突然释放传输连接可能会导致用户数据的丢失,而 TCP 的连接释放方法就可以避免数据丢失?

5. 试举例说明为什么在建立传输连接时要使用三次握手法,如不这样做可能会出现什么情况?说明三次握手建立连接的过程。

6. TCP/IP 是如何分层的?

7. 一个 TCP 报文的数据字段最多为多少个字节?为什么?若用户要传送的数据字节长度超过了 TCP 报文中序号字段所能编出的最大序号,还能否用 TCP 传送?

8. 在 TCP 报文的头部设置一个选项来说明最长报文段 MSS 的作用是什么?

9. TCP 在进行流量控制时是以分组丢失作为产生拥塞标志的,但是否有不是拥塞导致分组丢失的情况?如果有,请举例说明。

10. 为什么在 TCP 首部中的最开始的 4 个字节是 TCP 的端口号?为什么 UDP 的首部中没有 TCP 首部中的首部长度字段?

11. TCP 和 UDP 分别适用于什么业务?使用 TCP 传输实时话音业务有没有什么问题?使用 UDP 传送文件时会出现什么问题?

12. 根据 3.5 节的关键代码,实现一个能够在局域网运行的 IM 软件。

13. 根据 TFTP 协议,实现一个单线程的 FTP 软件。

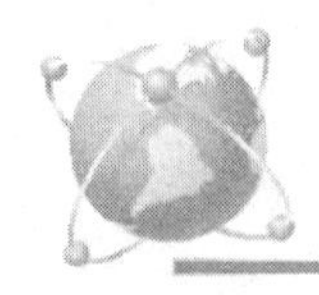

第4章 网络互联

问题的提出

科协的同学开设的期末考试复习重点服务意外地获得了同学的欢迎，为此有同学设计了一个手机APP来获得远程的服务，但一直无法调试成功。在咨询学校信息中心的老师以后得知，解决的方案只有两种：一种是手机仅在校园网内使用无线网络访问；一种需要将该服务开设在外部网络中。

因此有同学提出，既然家庭的网络可以对外开设文件服务，那么校园网内的服务也可以通过一定的方式对外部网络服务。那么应该怎么做才可以对外部网络提供服务？内部网络和外部网络又是怎么划分的呢？

4.1 简单的网络互联

4.1.1 什么是互联网络

每个网络技术被设计成符合一套特定的限制，例如局域网技术被设计成用于在短距离并提供高速通信，而广域网技术被设计用于在很大的范围内提供通信。需求的不同造成了设计网络的不同，同时，也不存在某种单一的网络技术对所有的需求都是最好的。当一个大组织需要将分散的主机互连起来的时候，会根据不同的任务选择最合适的网络类型，那么组织就会有多种不同类型的网络存在，这些物理网络就需要进行互连。

使用多个网络导致的问题很明显：连接于特定网络的计算机只能与连接于同一网络的其他计算机进行通信。在早期的计算机网络中，计算机连接在单个网络上，当任务发生改变的时候，人们不得不迁移到其他网络的计算机上。因此，大多数现代计算机通信系统允许任意两台计算机间进行通信，这种方式称为通用服务（Universal Service）。实际上网络硬件和物理编址的不同导致异构的计算机网络之间没有一种通用的技术桥接起来。

尽管网络技术互不兼容，研究人员仍然设计出一种方案，能在异构网络间提供通用服务。这一称为网络互联（Internetworking）的方案既用到了硬件，也用到了软件。附加的硬件系统把一组物理网络互连起来，然后在所有相连的计算机中运行的软件提供了通用服务。连接各种物理网络的最终系统被称为互联网络（Internetwork）或互联网（Internet）。网络互联相当普遍。特别是互联网没有大小的限制——既有包含几个网络的互联网，也有含有上千个网络的互联网。同样，互联网中连接到每个网络的计算机数也是可变的——有些网络没有计算机连接，而另一些网络则连接了上百台计算机。

同时，为了实现通用服务，在计算机和实现互联的硬件上都需要协议软件。互联网软件为连接的许多计算机提供了一个单一、无缝的通信系统。这一系统提供了通用服务：给每台计算机分配一个地址，任何计算机都能发送一个包到其他计算机。而且，互联网软件隐藏了物理网络连接的细节、物理地址及路由信息——用户和应用程序都没意识到物理网络和连接它们的路由器的存在。

因此，互联网络，即广域网、局域网及单机按照一定的通信协议组成的国际计算机网络。互联网是指将两台计算机或者是两台以上的计算机终端、客户端、服务端通过计算机信息技术的手段互相联系起来的结果，从技术角度上看，互联网定义如下：

(1) 通过全球唯一的网络逻辑地址在网络媒介基础之上逻辑地连接在一起。这个地址是建立在互联网协议(Internet Protocol，IP)或今后其他协议基础之上的。

(2) 可以通过传输控制协议/互联网协议(TCP/IP)，或者今后其他接替的协议或与IP协议兼容的协议来进行通信。

(3) 让公共用户或者私人用户享受现代计算机信息技术带来的高水平、全方位的服务。这种服务是建立在上述通信及相关的基础设施之上的。

这个定义至少揭示了三个方面的内容：首先，互联网是全球性的；其次，互联网上的每一台主机都需要有“地址”；最后，这些主机必须按照共同的规则(协议)连接在一起。逻辑上，互联网看成一个单一的、无缝的通信系统。互联网上的任意一对计算机可以进行通信，好像它们连接在单个网络上一样。

虽然很多协议都已经修改以适用于互联网，但是TCP/IP协议簇才是在互联网中使用最为广泛的协议。

4.1.2 服务模型

从终端节点的角度看，网络可以分为可靠的网络和最大努力服务(数据报)的网络。通常可靠的服务模型意味着网络保证发送每一个数据包，按顺序，且没有重复或者丢失。而数据报服务模型一般仅发送到达的数据报，让运输层发送，在网络层并不关心数据报是否到达。

同样，网络也可以分为面向连接的服务模型和无连接的服务模型。无连接的服务模型中，每一小段数据(数据包)是独立发送的，并且携带完整的源地址及目的地址。这与邮政系统类似，每一封信都带着完整的地址注入系统。面向连接(有时被称为虚电路)模型与电话网络类似，每一个呼叫都必须先建立连接，网络保持整个连接，通常所有的数据包都是沿着从源到宿的相同路径前进的，并且网络常常为每一个会话分配一个标识符使得不是所有的数据包都需携带源和目的地址。在这个模型中，终端系统首先通知网络它想与另一个终端系统会话，然后网络通知目的端系统有会话请求，由目标决定是接受或是拒绝。

面向连接的服务模型看起来很美：(1) 可以迅速建立路由；(2) 能有效预留资源，保障可靠性；(3) 传输层协议实现更为简单。但面向连接的服务模型也存在以下缺点：(1) 只要路径中某一节点出错，网络就会自动中断，数据可能要全部重发，或者需要传输层协助才能判断重发；(2) 网络层接口实现比较复杂；(3) 很多应用并不需要保障数据报的顺序和丢失，比如多线程的下载使用面向连接的服务模型无法实现；(4) 保留资源或许会浪费网络资源；(5) 面向连接具有一定的独占性，损伤了其他用户的利益；(6) 大多数应用并不需要服务器监视会话，同时监视会话也会影响服务器系统的资源分配。

通常，网络的可靠性可以用网络连接来保障，比如第3章的TCP。但是，并不是说无连接的网络没有可靠性，通常无连接的系统会使用一个优先级字段来完成服务保障的请求。从 TCP 对可靠性保障的讨论可知，在面向连接的系统中也会存在丢包的问题。

实际上，没有一个服务模型是完美的，通常情况下，网络设计方都是采用的混合策略。比如，IP 协议在传统上是面向无连接的服务，但诸如资源预留协议（Resource Reservation Protocol，RSVP）也提出了一些面向连接的建议，ATM（Asynchronous Transfer Mode，异步传输模式）就是面向连接的，但它并不保障带宽和数据包不丢失。不同服务模型的网络协议如表 4.1 所示。

表 4.1 不同服务模型的网络层协议

	数据报（dataoram）	可靠的（reliable）
面向连接	ATM	X.25
无连接	IP、IPX、DECnet、AppleTalk	不可能

为网络互联而开发的最重要的协议是 TCP/IP，它在传输层上使用 TCP 提供了可靠的面向连接的服务，在网络层上使用 IP 协议提供无连接的数据报服务。

4.1.3 全局地址

网络互联的目标是提供一个无缝的通信系统。为达到这个目标，互联网协议必须屏蔽物理网络的具体细节，并提供一个大虚拟网的功能。虚拟互联网操作像任何网络一样操作，允许计算机发送和接收信息包。互联网和物理网的主要区别是互联网仅仅是设计者想象出来的抽象物，完全由软件产生。设计者可在不考虑物理硬件细节的情况下自由选择地址、包格式和发送技术。

编址是互联网抽象的一个关键组成部分。为了以一个单一的统一系统出现，所有主机必须使用统一编址方案。不幸的是，物理网络地址并不满足这个要求，因为一个互联网可包括多种物理网络技术，每种技术定义了自己的地址格式，这样两种技术采用的地址因为长度不同或格式不同而不兼容。为保证主机统一编址，协议软件定义了一个与底层物理地址无关的编址方案。虽然互联网编址方案是由软件产生的抽象，协议地址仍作为虚拟互联网的目的地址使用，类似于硬件地址被作为物理网络上的目的地址使用。为了在互联网上发送包，发送方把目的地协议地址放在包中，将包传给协议软件去发送。这个软件使用的是目的地协议地址将包转发至目标机。由于屏蔽了下层物理网络地址细节，统一编址有助于产生一个大的、无缝的网络的幻象。两个应用程序不需知道对方的硬件地址就能通信。

Internet 上的每台主机（Host）都有一个唯一的 IP 地址。IP 协议就是使用这个地址在主机之间传递信息，这是 Internet 能够运行的基础。IP 地址就像是我们的家庭住址一样，如果你要写信给一个人，你就要知道他（她）的地址，这样邮递员才能把信送到。计算机发送信息就好比是邮递员，它必须知道唯一的“家庭地址”才能不至于把信送错人家。只不过我们的地址使用文字来表示的，计算机的地址用二进制数字表示。互联网地址（IP 地址）是一个分配给一台主机，并用于该主机所有通信的唯一的 32 位二进制数。

虽然 IP 地址是 32 位二进制数，但用户很少以二进制方式输入或读其值。相反，当与用户交互时，软件使用一种更易于理解的表示法，称为点分十进制表示法（dotted decimal notation）。其做法是将 32 位二进制数中的每 8 位为一组，用十进制表示，利用句点分割各个部分,表示成(a.b.c.d)的形式,其中,a、b、c、d 都是 0～255 的十进制整数。例:点分十进 IP 地址(100.4.5.6),实际上是 32 位二进制数(01100100.00000100.00000101.00000110)。

最初设计互联网络时,为了便于寻址以及层次化构造网络,每个 IP 地址包括两个标识码(ID),即网络 ID 和主机 ID。同一个物理网络上的所有主机都使用同一个网络 ID,网络上的一个主机(包括网络上工作站、服务器和路由器等)有一个主机 ID 与其对应。

IP 分类方案并不把 32 位地址空间划分为相同大小的类,各类包含网络的数目并不相同。Internet 委员会定义了 5 种 IP 地址类型以适合不同容量的网络,即 A～E 类,如图 4.1 所示。

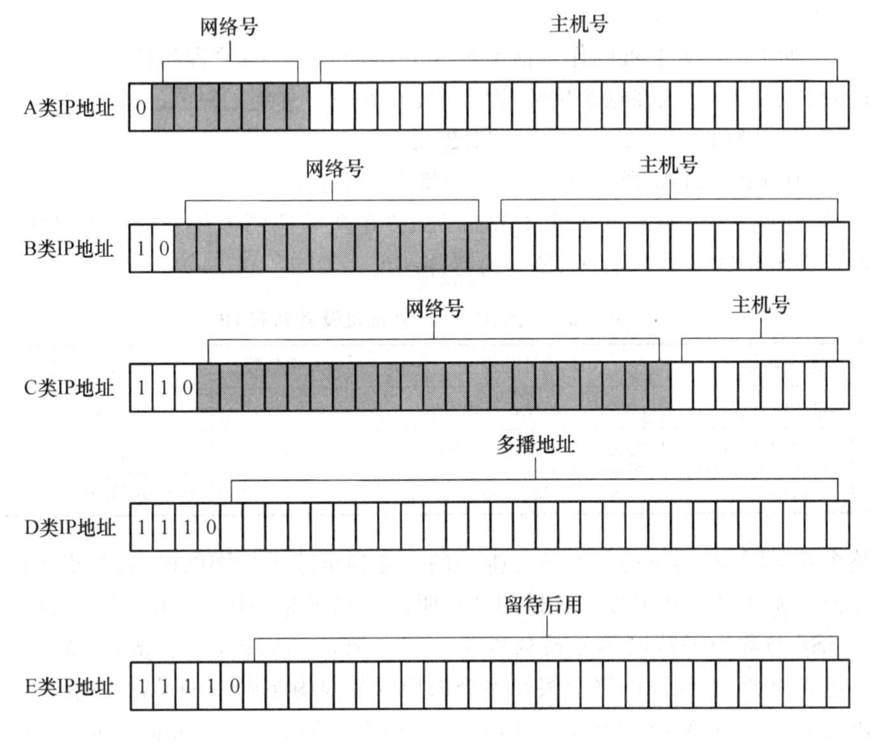

图 4.1　5 类 IP 地址

A 类 IP 地址是指,在 IP 地址的四段号码中,第一段号码为网络号码,剩下的三段号码为本地计算机的号码。如果用二进制表示 IP 地址的话,A 类 IP 地址就由 1 字节的网络地址和 3 字节主机地址组成,网络地址的最高位必须是“0”。A 类 IP 地址中网络的标识长度为 8 位,主机标识的长度为 24 位,A 类网络地址数量较少,有 126 个网络,每个网络可以容纳主机数达 1 600 多万台。A 类 IP 地址范围 1.0.0.0～126.255.255.255(二进制表示为:00000001 00000000 00000000 00000000～01111110 11111111 11111111 11111111)。最后一个是广播地址。

B 类 IP 地址是指,在 IP 地址的四段号码中,前两段号码为网络号码。如果用二进制表示 IP 地址的话,B 类 IP 地址就由 2 字节的网络地址和 2 字节主机地址组成,网络地址的最高位必须是“10”。B 类 IP 地址中网络的标识长度为 16 位,主机标识的长度为 16 位,B 类网络地址适用于中等规模的网络,有 16 382 个网络,每个网络所能容纳的计算机数为 6 万多台。B 类 IP 地址范围 128.0.0.0～191.255.255.255(二进制表示为:

10000000 00000000 00000000 00000000～10111111 11111111 11111111 11111111)。最后一个是广播地址。

C类IP地址是指，在IP地址的四段号码中，前三段号码为网络号码，剩下的一段号码为本地计算机的号码。如果用二进制表示IP地址的话，C类IP地址就由3字节的网络地址和1字节主机地址组成，网络地址的最高位必须是“110”。C类IP地址中网络的标识长度为24位，主机标识的长度为8位，C类网络地址数量较多，有209万余个网络。适用于小规模的局域网络，每个网络最多只能包含254台计算机。C类IP地址范围192.0.0.0～223.255.255.255(二进制表示为：11000000 00000000 00000000 00000000～11011111 11111111 11111111 11111111)。

D类IP地址在历史上被叫作多播地址(multicast address)，即组播地址。在以太网中，多播地址命名了一组应该在这个网络应用中接收到一个分组的站点。多播地址的最高位必须是“1110”，范围为224.0.0.0～239.255.255.255。

E类IP地址以11110开头，被保留用于将来和实验使用。

其中A、B、C三类(如表4.2)由InternetNIC在全球范围内统一分配的基本类，分配给主机的地址必须在这三类之中；D、E类为特殊地址。

表4.2 A、B、C三类IP地址及其私有IP

类别	最大网络数	IP地址范围	最大主机数	私有IP地址范围
A	126(2^7-2)	0.0.0.0～127.255.255.255	16777214	10.0.0.0～10.255.255.255
B	16384(2^{14})	128.0.0.0～191.255.255.255	65534	172.16.0.0～172.31.255.255
C	2097152(2^{21})	192.0.0.0～223.255.255.255	254	192.168.0.0～192.168.255.255

在整个互联网中，网络前缀必须是唯一的。连到全球因特网的网络，组织从提供因特网连接的总公司那儿得到网络号。这样的公司叫因特网服务供应商(Internet Service Provider，ISP)。ISP与称为因特网编号授权委员会(Internet Assigned Number Authority)的因特网中心组织协调，以保证网络前缀在整个因特网范围内是唯一的。IP地址现由因特网名字与号码指派公司ICANN(Internet Corporation for Assigned Names and Numbers)的组织分配。

对于一个私有的互联网，网络前缀可由本组织选择。为了保证每个前缀是唯一的，私有互联网筹备组必须决定如何协调网络号的分配。通常由单个网络管理员给本公司互联网的所有网络分配前缀以保证不重号。为帮助一个组织选择地址，RFC1597推荐了可用于私有互联网的A、B和C类地址，如表4.2所示。

在局域网中，有两个IP地址比较特殊，一个是网络号，网络号是用于三层寻址的地址，它代表了整个网络本身；另一个是广播地址，它代表了网络全部的主机。网络号是网段中的第一个地址，广播地址是网段中的最后一个地址，这两个地址是不能配置在计算机主机上的。例如在192.168.0.0这样的网络中，网络号是192.168.0.0，广播地址是192.168.255.255。因此，在一个局域网中，能配置在计算机中的地址比网段内的地址要少两个(网络号、广播地址)，这些地址称之为主机地址。在上面的例子中，主机地址就只有192.168.0.1～192.168.255.254可以配置在计算机上了。

除了这些，每一个字节都为0的地址(0.0.0.0)用于对应于当前主机；以十进制“127”作为开头的 IP 地址用于回路测试，该类地址范围为 127.0.0.1～127.255.255.255，如：127.0.0.1可以代表本机 IP 地址，用"http://127.0.0.1"就可以测试本机中配置的 Web 服务器。同时，网络 ID 的第一个 8 位组也不能全置为"0"，全"0"表示本地网络。

为了说明 IP 地址的分配，现假设某一组织需要建立一个包含四个物理网络的私有 TCP/IP 互联网，其中有一个小型网络，两个中型网络和一个特大型网络，网络管理员可能选择分配一个 C 类前缀（如 192.5.48），两个 B 类前缀（如 128.10 和 128.21）和一个 A 类前缀（如 10）。其可能的网络情况如图 4.2 所示。

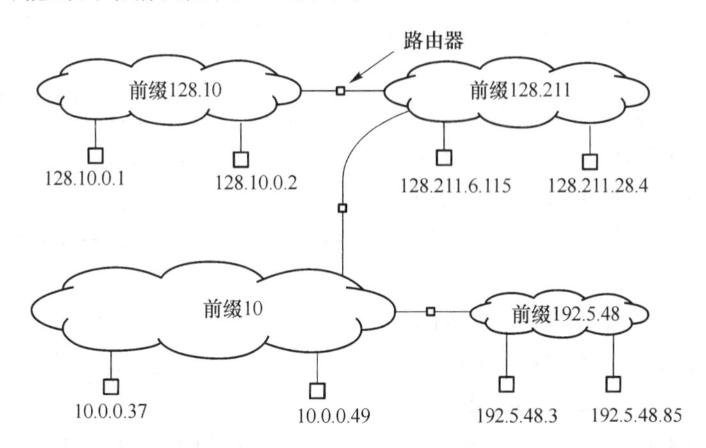

图 4.2 赋予主机 IP 地址的私有互联网的例子

4.1.4 IP 中的数据报转发

网络互联的目的是为了提供这样一种包通信系统：一台计算机上运行的程序能够向另一台计算机上运行的程序发送数据。在 TCP/IP 互联网中，底层物理网络对应用程序来说是透明的，即这些应用程序能够收发数据而又无须了解很多细节。

TCP/IP 的设计者既提供了无连接服务，也提供了面向连接的服务：他们选择了无连接的基本传送服务（delivery service），并在这些无连接的底层服务之上增加了可靠的面向连接的服务。这一设计非常成功，以至于经常被其他的协议所模仿。无连接的互联网服务其实是包交换的一种扩展——这种服务允许发送方通过互联网传输单独的包。每一个包独立地在网上传送，它本身包含了用以标识接收方的信息。由于 IP 是为了操作各种类型的网络硬件而设计，而这些硬件可能工作得并不太好，因此 IP 数据报也会发生丢失、重复、延迟、乱序或损坏等问题，这些问题都需靠高层协议软件来解决，IP 定义的服务是"尽力而为"（best-effort）的。

1. 连接异构网络的硬件

如图 4.2 所示，用于连接异构网络的基本硬件是路由器（router）。路由器在物理上类似于桥接器——每个路由器是一台用于完成网络互联工作的专用计算机。像桥接器一样，路由器有常规的处理器和内存，并对所连接的每个网络都有一个单独的输入/输出接口。网络像对待其他相连计算机一样对待路由器连接。由于路由器连接并不限于某种网络技术，图 4.2 中使用一朵云而不是一条线或一个圆来描绘每个网络。一个路由器可以连接两个局域网、局域网和广域网或两个广域网，而且当路由器连接同一基本类型的两个网络时，这两个网络不必使用同样的技术。

从图 4.2 中还可以看出,由于路由器是连接多个不同网络,而每个 IP 地址包含了一个特定物理网络的前缀,因此,每个路由器分配了两个或更多的 IP 地址。并且,由于一个 IP 地址并不标识一台特定的计算机,而是标识一台计算机和一个网络之间的一个连接。一台连接多个网络的计算机(例如路由器)必须为每个连接分配一个 IP 地址,如图 4.3 所示是路由器分配地址的例子。

IP 并不要求给路由器的所有接口分配同样的主机号。例如图 4.3 中,连接到以太网和令牌环网的路由器有主机号 99.5(连接到以太网)和 2(连接到令牌环网)。然而,IP 也不反对为所有的连接使用同样的主机号。因此,例子中显示出管理员选用了同样的主机号 17 为连接令牌环网到广域网的路由器的两个接口。

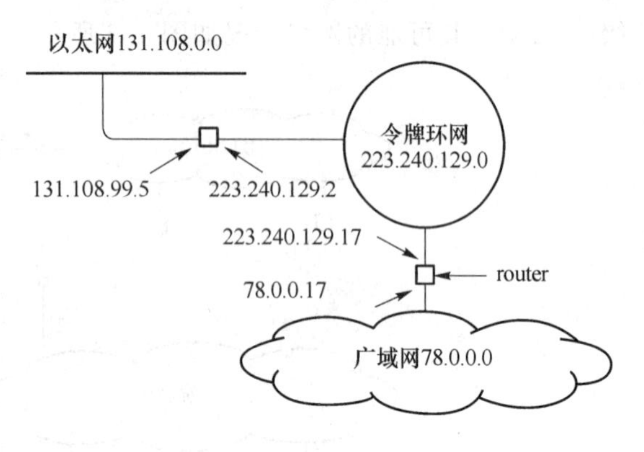

图 4.3　IP 地址分配给两个路由器的例子

除了这种特殊的计算机外,普通的计算机也可以连接多个网络,这种连接多个网络的主机称为多穴(multi-homed)主机。多穴主机有时用来增加可靠性:如果一个网络发生故障,主机仍能通过第二个连接到达互联网。多穴主机也可用来增加性能:连接到多个网络使它能直接发送信息和避开有时会阻塞的路由器。像路由器一样,多穴主机有多个协议地址,每个网络连接有一个。

2. IP 数据报的格式

传统的硬件帧格式不适合作为互联网上的包格式。这是因为路由器能够连接异构网络,而不同类型网络的帧格式不同,因此路由器不能直接将包从一个网络传送到另一个网络。另外,路由器也不能简单地重新格式化帧的头部,因为两个网络可能使用不兼容的地址格式。为了克服异构性,互联网协议软件定义了一种独立于底层硬件的互联网包格式。结果就产生了一种能无损地在底层硬件中传输的通用的、虚拟的包:协议软件负责产生和处理互联网包,而底层硬件并不认识这种包的格式,同时,互联网上的每一台主机或路由器都有认识这种包的协议软件。

TCP/IP 协议使用 IP 数据报(IP datagram)这个名字来命名一个互联网包,每个数据报由一个头部和紧跟其后的数据区组成,数据报头部中源地址和目的地址都是 IP 地址。图 4.4 给出了 IP 数据报的格式。

数据报首部里的每个域都有固定的大小。数据报以 4 位的协议版本号(当前版本号 4)和 4 位的首部长度开始,首部长度指以 32 位字长为单位的首部长度。服务类型(Service Type)域包含的值指明发送方是否希望以一条低延迟的路径或是以一条高吞吐率的路径来传送该数据报,当一个路由器知道多条通往目的地的路径时,就可以靠这个域对路径加以选择。总长(Total Length)域为 16 位的整数,说明以字节计的数据报总长度,包括首部长度和数据长度。

标识(Identification)域、标志(Flags)域和和片偏移(Fragment Offset)域用来对 IP 数据报进行分片重组用。

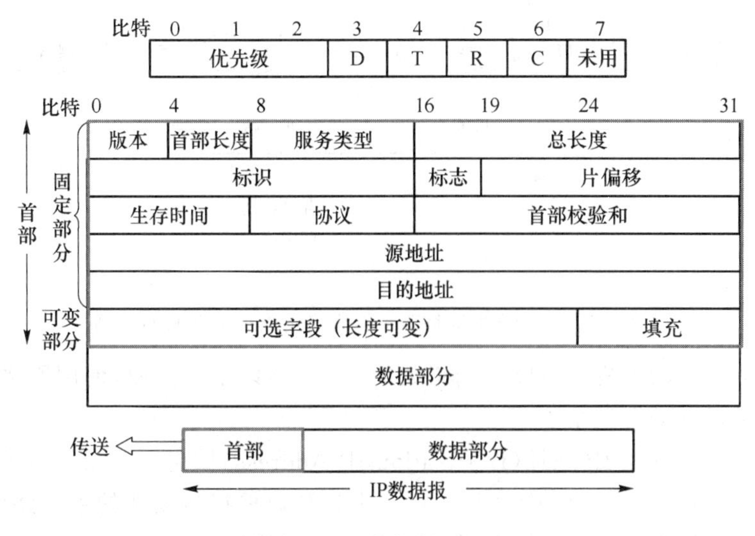

图 4.4 IP 数据报的格式

生存时间(Time To Live)域用来阻止数据报在一条包含环路的路径上永远地传送。当软件发生故障或管理人员错误地配置路由器时，就会产生这样的路径。发送方负责初始化生存时间域，这是一个从 1～255 的整数。每个路由器处理数据报时，会将首部里的生存时间减 1，如果达到 0，数据报将被丢弃，同时发送出错消息给源主机。

首部校验和(Header Checksum)域确保首部在传送过程中不被改变。发送方对除了校验和域的首部数据每 16 位对 1 求补，所有结果累加，并将和的补放入首部校验和域中。接收方进行同样计算，但包括了校验和域。如果校验和正确，则结果应该为 0(数学上，1 的求补是一个逆加，因此将一个值加到它自身的补上将得到零)。

源 IP 地址域含有发送方的 IP 地址，目的地址域含有接收方的 IP 地址。

为了保证数据报不过大，IP 定义了一套可选项(options)。当一个 IP 数据报没携带可选项时，首部长度域的值为 5，首部以目的地址(Destination Address)域作为结束。因为头部长度总是 32 位的倍数，如果可选项达不到 32 位的整数倍，则对不足部分进行全 0 的填充以保证头部长度为 32 位的倍数。

3. IP 数据报的转发

一个数据报沿着从源地址到目的地的一条路径穿过互联网，中间会经过很多路由器。路径上的每个路由器收到这个数据报时，先从头部取出目的地址，根据这个地址决定数据报该发往的下一站。然后路由器将此数据报转发给下一站，该下一站可能就是最终目的地，也可能是另一个路由器。为了使对下一站的选择高效而且便于理解，每个 IP 路由器在一张路由表(routing table)中保存有很多路由信息。当一个路由器启动时，需对路由表进行初始化，而当网络的拓扑发生变化或某些硬件发生故障时，必须更新路由表。路由表中每一项都指定了一个目的地和为到达这个目的地所要经过的下一站。图 4.5(a)中，三个路由器将四个网络连接成为一个互联网，图 4.5(b)是一个路由器中的路由表。如图 4.5 所示，路由器 R2 直接连接网络 2 和网络 3，因此，R2 能将数据报直接发往连在这两个网络上的任何目的地。当一个数据报的目的地在网络 4 中时，R2 就需将数据报发往路由器 R3。

路由表中列出的每个目的地是一个网络，而不是一个单独的主机。这个差别非常重要，

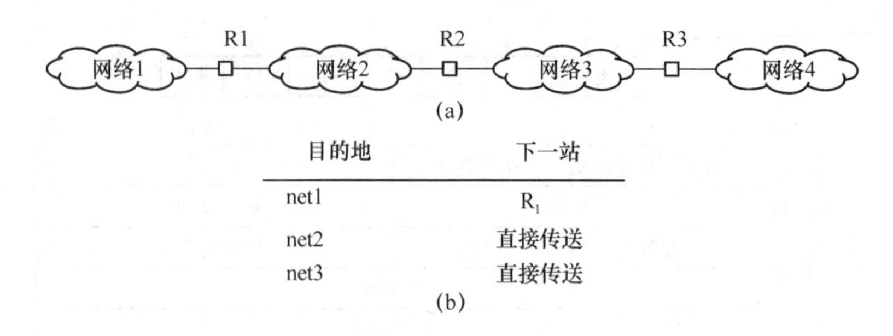

目的地	下一站
net1	R_1
net2	直接传送
net3	直接传送

图 4.5　三个路由器将四个网络连接成一个互联网的例子

因为一个互联网中的主机数可能是网络数的 1 000 倍以上。因而，使用网络作为目的地可以使路由表的尺寸变得较小。

数据报中的目的地 IP 地址(Destination IP Address)域包含了最终目的地址。当路由器收到一个数据报，会取出目的地址 D，用它来计算数据报将发往的下一路由器的地址 N。尽管这个数据报被直接发往地址 N，但头部中仍保持着目的地址 D。也就是说：一个数据报头部中的目的地址总是指最终目的地。当一个路由器将这个数据报转发给另一个路由器时，下一站的地址并不在数据报头部里出现。对于全局地址，使用数据报的目的 IP 地址求出网络号并找到下一跳的方法很简单，就是直接用网络号两两对比。

4. IP 数据报的封装、分段和重组

当主机或路由器处理一个数据报时，IP 软件首先选择数据报发往的下一站 N，然后通过物理网络将数据报传送给 N。但是，网络硬件并不了解数据报格式或因特网寻址。相反，每种硬件技术定义了自己的帧格式和物理寻址方案，硬件只接收和传送那些符合特定帧格式以及使用特定的物理寻址方案的包。另外，由于一个互联网可能包含异构网络技术，穿过当前网络的帧格式与前一个网络的帧格式可能是不同的。

在物理网络不了解数据报格式的情况下，数据报是通过：封装(encapsulation)技术将 IP 数据报封装进一个帧，这时数据报被放进帧的数据区。网络硬件像对待普通帧一样对待包含一个数据报的帧。发送方在选好下一站之后，将数据报封装到一个帧中，并通过物理网络传给下一站。当帧到达下一站时，接收软件从帧中取出数据报，然后丢弃这一帧。如果数据报必须通过另一个网络转发时，就会产生一个新的帧。也就是说，当数据报经过路由器进行转发的时候，路由器需要将帧拆封，并且封装成下一跳网络能够理解的帧进行发送。

拆封和封装的过程带来了另外一个问题，就是每一个物理网络的帧格式、大小都会有不同的限制，当某个数据报到达一个路由器的时候，其连接的下一跳网络可能由于其帧携带的最大数据量不能满足封装整个 IP 数据报的要求，这一限制称为最大传输单元(Maximum Transmission Unit，MTU)。

IP 数据报使用一种叫分段(fragmentation)的技术来解决这一问题。当一个数据报的尺寸大于将发往的网络的 MTU 值时，路由器会将数据报分成若干较小的部分，叫段(fragment)，然后再将每段独立的进行发送。每一小段与其他的数据报有同样的格式，仅首部的标志(Flags)域中有一位标识了一个数据报是一个段还是一个完整的数据报。段的首部的其他域中包含有其他一些信息，以便用来重组这些段，重新生成原始数据报。另外，首部的段偏移(Fragment Offset)域指出该段在原始数据报中的位置。

在对一个数据报分段时,路由器使用相应网络的 MTU 和数据报首部尺寸来计算每段所能携带的最大数据量以及所需段的个数,然后生成这些段。路由器先为每一段生成一个原数据报首部的副本作为段的首部,然后单独修改其中的一些域,例如路由器会设置标志(Flags)域中的相应位以指示这些数据包含的是一个段。最后,路由器从原数据报中复制相应的数据到每个段中,并开始传送。图 4.6 表明了这一过程。

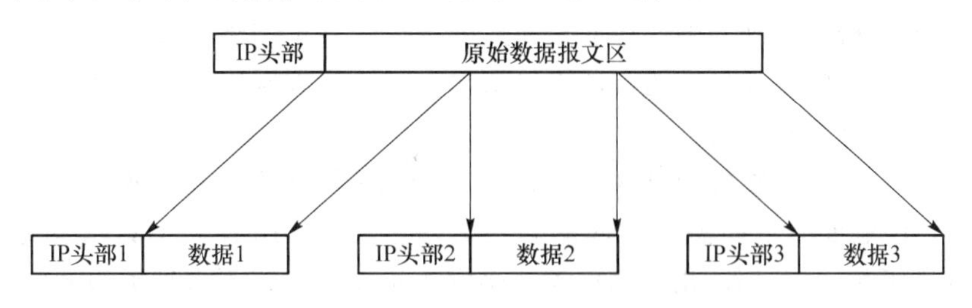

图 4.6 IP 数据报的分段

在所有段的基础上重新产生原数据报的过程叫重组(reassembly)。由于每个段都以原数据报头部的一个副本作为开始,因此都有与原数据报同样的目的地址。另外,含有最后一块数据的段在头部设置有一个特别的位,因此,执行重组的接收方能报告是否所有的段都成功地到达。IP 协议规定只有最终目的主机才会对段进行重组。在最终目的地重组段有两大好处。首先,减少了路由器中状态信息的数量。当转发一个数据报时,路由器不需要知道它是不是一个段。其次,允许路径动态地变化。如果一个中间路由器要重组段,则所有的段都须到达这个路由器才行,而且通过将重组推后到目的地,IP 就可以自由地将数据报的不同段沿不同的路径传输。

前面说过 IP 并不保证送达,因而单独的段可能会丢失或不按次序到达。另外,如果一个源主机将多个数据报发给同一个目的地,这些数据报的多个段就可能以任意的次序到达。为了重组这些乱序的段,发送方将一个唯一的标识放进每个输出数据报的标识(Identification)域中。当一个路由器对一个数据报分段时,就会将这一标识数复制到每一段中,接收方就可利用收到的段的标识数和 IP 源地址来确定该段属于哪个数据报。另外,段偏移(Fragment Offset)域可以告诉接收方各段的次序。

IP 对源段与子段并不加以区分,接收方也并不知道收到的是一个第一次分段后形成的段还是一个已经被多个路由器多次分段后形成的段。同等对待所有段的优点在于:接收方并不需要先重组子段后才能重组原数据报,这样一来就节省了 CPU 时间,减少了每一段的头部中所需的信息量。同时,为了防止某些段丢失引起目的主机一直等待段到达,IP 规定了保留端的最大时间:当数据报的某一段第一个到达时,接收方开始一个计时器。如果数据报的所有段在规定时间内到达,接收方取消计时,重组数据报。否则,到了时间,而所有段还未到齐,接收方会丢弃已到达的段。

4.1.5 地址转换(ARP)

1. 地址解析技术

当一个应用程序产生了一些需要在网络上进行传输的数据时,软件会将数据放进含有目的地协议地址的包中。每个主机或路由器中的软件使用包中的目的地协议地址来为此包选择下一站。一旦下一站选定了,软件就通过一个物理网络将此包传送给选定的主机或路由器。为了提供单个大网络的假象，软件使用 IP 地址来转发包，下一站地址和包的目的地址都是 IP 地址。但是，通过物理网络的硬件传送帧时，不能使用 IP 地址，因为硬件并不懂 IP 地址。相反，帧在特定物理网络中传输时必须使用该硬件的帧格式，帧中所有地址都用硬件地址。因此，在传送帧之前，必须将下一站的 IP 地址翻译成等价的硬件地址。

将计算机的协议地址翻译成等价的硬件地址的过程叫地址解析(address resolution)，即协议地址被解析为正确的硬件地址。地址解析限于一个网络内，即一台计算机能够解析另一台计算机地址的条件是这两台计算机都连在同一物理网络中，远程网络上的计算机的地址无法被本地计算机解析。

将协议地址翻译成硬件地址时，软件使用的算法依赖于使用的协议和硬件编址方案。首先，底层硬件地址的不同需要不同的解析方法，比如将 IP 解析为以太网地址和解析为 ATM 地址就不相同。另外，由于路由器或多穴主机能同时连到多种类型的物理网络上，这样的一台计算机可能使用多种地址解析。因此，连到多个网络上的一台计算机可能需要多个地址解析模块。地址解析算法主要有三大类：

(1) 查表(Table lookup)。地址映射信息存储在内存当中的一张表里，当软件要解析一个地址时，可在其中找到所需结果。

查表方法需要一张包含地址联编信息的表，表中的每一项是一个二元组(P,H)，P 是协议地址，H 是指等价的物理地址。图 4.7 给出了互联网协议的一个地址映射例表：图中的每一项对应于网络中的一个站。项包含两个域，一个是站的 IP 地址；另一个是站的硬件地址。

每个物理网络使用一个单独的地址映射表，因此表中的所有 IP 地址都有同样的前缀。例如，图 4.7 中的地址映射表对应于一个 C 类网络，网络地址为 197.15.3.0，所以表中的每个 IP 地址都有前缀 197.15.3。在具体的实现当中，可通过省略相同的前缀来节省空间。

IP地址	硬件地址
197.15.3.2	0A:07:4B:12:82:36
197.15.3.3	0A:9C:28:71:32:8D
197.15.3.4	0A:11:C3:68:01:99
197.15.3.5	0A:74:59:32:CC:1F
197.15.3.6	0A:04:BC:00:03:28
197.15.3.7	0A:77:81:0E:52:FA

图 4.7　地址映射的例子

查表法的主要优点就是通用：一张表能存储特定网络的任意一组计算机的地址映射，特别是一个协议地址能映射到任意一个硬件地址。另外，查表法容易理解，也很容易编程。

(2) 相近形式计算(Close-form computation)。仔细地为每一台计算机挑选协议地址，使得每台计算机的硬件地址可通过简单的布尔和算术运算得出它的协议地址。

尽管很多网络使用静态的物理地址，仍有一些技术使用动态的物理地址，即网络接口可以被分配一个特定的硬件地址。对于这些网络，使用相近形式地址解析就成为可能。使用相近形式方法的解析器计算一个将 IP 地址映射到物理地址的数学函数。如果 IP 地址和相应硬件地址之间的关系较简单，则计算只需使用很少的几次算术操作。

例如，假设一个动态编址的网络已被分配了一个 C 类网络地址 220.123.5.0，当计算机加入该网络时，每台计算机分配了一个 IP 地址后缀和一个相应的硬件地址。如，第一台主机的 IP 地址被指定为 220.123.5.1，硬件地址被指定为 1；第二台主机的 IP 地址被指定为 220.123.5.2，硬件地址被指定为 2。后缀不必是连续的，如果该网上一个路由器的 IP 地址定为 220.123.5.101，其硬件地址就定为 101。给出该网上任何一台计算机的 IP 地址，其硬件地址能通过如下简单的布尔与运算得到：

硬件地址 ＝ IP 地址 & 0Xff

从上面的例子可以看出，为何动态编址的网络常常采用相近形式解析。使用这种方法，程序的计算量很小，无须维护任何表，计算的效率也很高。

（3）消息交换（Message exchange）。计算机通过网络交换消息来解析一个地址。一台计算机发出某个地址解析的请求消息后，另一台计算机返回一个包含所需信息的应答消息。

前面提到的地址解析机制能被单个计算机独立计算而得，计算所需的指令和数据保存在计算机的操作系统中。相对于这种集中式计算的是一种分布式方法，即当某台计算机需要解析一个 IP 地址时，会通过网络发送一个请求消息，之后会收到一个应答。发送出去的消息包含了对指定协议地址进行解析的请求，应答消息包含了对应的硬件地址。

动态的消息交换地址解析可以有两种方案：① 网络中包含一个或多个服务器，这些服务器的任务就是回答地址解析的请求。当需要进行地址解析时，一个请求消息会送到其中一个服务器，此服务器就负责发一个应答消息。在某些协议中，由于每台计算机有多个服务器可供选择，就依次给它们中的每一个发消息，直到发现一个活动服务器并收到其应答。在其他一些协议中，计算机简单地把请求广播给所有的服务器。② 不需要专门的地址解析服务器，相反，网上的每台计算机都要参与地址的解析，负责应答对本机地址的解析请求。当一台计算机需要解析一个地址时，它向全网广播它的请求。所有机器都收到这一请求，并检测请求解析的地址。如果请求的地址与自己的地址相同，则负责应答。

第一种方案的主要优点在于集中。由于几个服务器负责处理网络的所有地址解析任务，使得地址解析在配置、控制和管理上比较容易。第二种方案的主要优点在于分布式计算。地址解析服务器相对较贵，除了附加硬件（如额外增加的内存）的费用，服务器本身的维护费用也很大。因为一旦有新机器加入网络或某些硬件地址发生变化时，服务器中的地址映射信息就需要更新。另外，在大而繁忙的网络中，地址解析服务器会成为瓶颈。如果要求每台计算机负责它自己的地址，就完全不需要服务器。

2. ARP 协议

TCP/IP 可以使用三类地址解析方法中的任何一种。为一个网络所选的方法依赖于该网络底层硬件所使用的编址方案。查表法通常用于广域网，相近形式计算常用于动态编址的网络，而消息交换常用于静态编址的局域网硬件。

为使所有计算机对用于地址解析的消息在精确格式和含义上达成一致，TCP/IP 协议簇含有一个地址解析协议（Address Resolution Protocol，ARP）。这是根据 IP 地址获取物理地址的一个 TCP/IP 协议。其功能是：主机将 ARP 请求广播到网络上的所有主机，并接收返回消息，确定目标 IP 地址的物理地址，同时将 IP 地址和硬件地址存入本机 ARP 缓存中，下次请求时直接查询 ARP 缓存。地址解析协议是建立在网络中各个主机互相信任的基础上的，网络上的主机可以自主发送 ARP 应答消息，其他主机收到应答报文时不会检测该报文的真实性就会将其记录在本地的 ARP 缓存中。

ARP 标准定义了两类基本的消息：一类是请求，另一类是应答。一个请求消息包含一个 IP 地址和对相应硬件地址的请求；一个应答消息既包含发来的 IP 地址，也包含相应的硬件地址。

ARP 标准精确规定了 ARP 消息怎样在网上传递。协议规定：一个 ARP 请求消息应被放入一个硬件帧，广播给网上的所有计算机。每台计算机收到这个请求后都会检测其中的

IP 地址。与该 IP 地址匹配的计算机发送一个应答，而其他的计算机则会丢弃收到的请求，不发任何应答。当一台计算机发送一个 ARP 应答时，这个应答消息并不在全网广播，而是被放进一个帧中直接发回给请求者。

图 4.8 显示了一个 ARP 工作的过程：假设主机 A 的 IP 地址为 192.168.1.1，MAC 地址为 0A-11-22-33-44-01；主机 B 的 IP 地址为 192.168.1.2，MAC 地址为 0A-11-22-33-44-02；当主机 A 要与主机 B 通信时，地址解析协议可以将主机 B 的 IP 地址（192.168.1.2）解析成主机 B 的硬件（Media Access Control，MAC）地址。其工作流程如下。

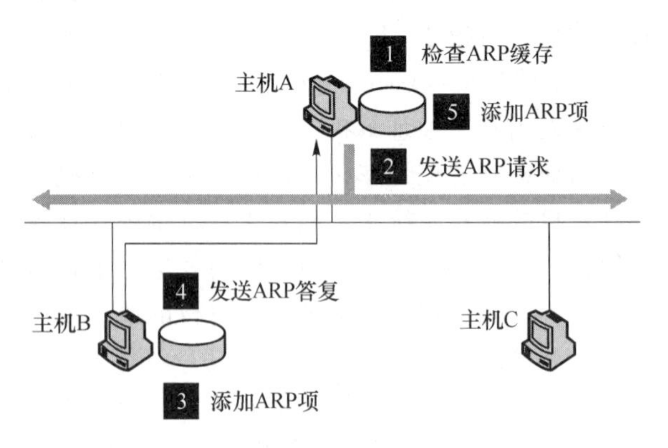

图 4.8　ARP 工作原理

第 1 步，根据主机 A 上的路由表内容，IP 确定用于访问主机 B 的转发 IP 地址是 192.168.1.2。然后 A 主机在自己的本地 ARP 缓存中检查主机 B 的匹配 MAC 地址。

第 2 步，如果主机 A 在 ARP 缓存中没有找到映射，它将询问 192.168.1.2 的硬件地址，从而将 ARP 请求帧广播到本地网络上的所有主机。源主机 A 的 IP 地址和 MAC 地址都包括在 ARP 请求中。本地网络上的每台主机都接收到 ARP 请求并且检查是否与自己的 IP 地址匹配。如果主机发现请求的 IP 地址与自己的 IP 地址不匹配，它将丢弃 ARP 请求。

第 3 步，主机 B 确定 ARP 请求中的 IP 地址与自己的 IP 地址匹配，则将主机 A 的 IP 地址和 MAC 地址映射添加到本地 ARP 缓存中。

第 4 步，主机 B 将包含其 MAC 地址的 ARP 回复消息直接发送回主机 A。

第 5 步，当主机 A 收到从主机 B 发来的 ARP 回复消息时，会用主机 B 的 IP 和 MAC 地址映射更新 ARP 缓存。本机缓存是有生存期的，生存期结束后，将再次重复上面的过程。主机 B 的 MAC 地址一旦确定，主机 A 就能向主机 B 发送 IP 通信了。

3. ARP 的工作媒介：报文

尽管地址解析协议含有 ARP 消息格式的精确定义，但这一标准并没给出所有通信都必须遵守的一个固定格式。相反，ARP 标准只描述了 ARP 消息的通用形式，并规定了对每类网络硬件怎样确定细节。之所以要使 ARP 消息适合于硬件，是由于 ARP 消息含有硬件地址域，ARP 的设计者意识到他们无法为硬件地址域选择一个固定的尺寸，因为新的网络技术不断涌现，使它们的地址尺寸越来越大。因此，设计者在 ARP 消息的开始处引入一个固定大小的域，这一域对消息所使用的硬件地址尺寸做了规定。因而 ARP 不限于 IP 地址或特定的物理地址：从理论上说，该协议也可以用于一个任意的高层地址和一个任意的硬件地址的映射。实际上，ARP 的通用性并没有充分使用，大部分 ARP 用于 IP 地址和以太网地址的映射。如图 4.9 是 IP 地址和以太网硬件地址（MAC）的一个例子，其中：硬件类型（2 字节）指明了发送方想知道的硬件接口类型，以太网的值为 1；协议类型（2 字节）指明了发送方提供的高层协议类型，IP 为 16 进制的 0800；硬件地址长度和协议长度（各 1 字节）指明了硬件地址和高层协议地址的长度，这样 ARP 报文就可以在任意硬件和任意协议的网络中使用；操作类型（2 字节）用来表示这个报文的类型，ARP 请求为 1，ARP 响应为 2，RARP 请求为 3，RARP 响应为 4；发送方硬件地址（6 字节）为源主机硬件地址；发送方 IP 地址（4 字节）为源主机硬件地址；目标硬件地址（6 字节）为目的主机硬件地址；目标 IP 地址（4 字节）为目的主机的 IP 地址。

<table>
<tr><td colspan="2">硬件类型</td><td colspan="2">协议类型</td></tr>
<tr><td>硬件地址长度</td><td>协议长度</td><td colspan="2">操作类型</td></tr>
<tr><td colspan="4">发送方的硬件地址（0~3字节）</td></tr>
<tr><td colspan="2">源物理地址（4~5字节）</td><td colspan="2">源IP地址（0~1字节）</td></tr>
<tr><td colspan="2">源IP地址（2~3字节）</td><td colspan="2">目标硬件地址（0~1字节）</td></tr>
<tr><td colspan="4">目标硬件地址（2~5字节）</td></tr>
<tr><td colspan="4">目标IP地址（0~3字节）</td></tr>
</table>

图 4.9　用于映射 IP 和 MAC 的 ARP 消息格式

实际上，APR 消息是通过硬件地址封装后在物理网络上发送的，网络硬件不了解 ARP 消息格式且不检测其中每个域中的内容。为了让计算机识别输入帧中含有 ARP 消息，会在帧头中的类型域（type field）指明该帧含有 ARP 消息。例如，以太网标准规定，当一个以太网帧携带一个 ARP 消息时，类型域必须包含十六进制值 0×806。由于以太网只为 ARP 指定了一个类型值，包含 ARP 请求消息的以太网帧与包含 ARP 应答消息的以太网帧的类型值是相同的，因而帧类型并不区分 ARP 消息本身的多种类型，接收方必须检测 ARP 消息中的操作域以确定其是一个请求还是一个应答。

4. ARP 的缓存机制和更新

尽管消息交互可以用于地址映射，但是为每一个地址映射发送一个消息的做法非常低效。为使广播量最小，ARP 维护 IP 地址到 MAC 地址映射的缓存以便将来使用。ARP 缓存是个用来储存 IP 地址和 MAC 地址的缓冲区，其本质就是一个 IP 地址→MAC 地址的对应表，表中每一个条目分别记录了网络上其他主机的 IP 地址和对应的 MAC 地址。每一个以太网或令牌环网络适配器都有自己单独的表。当地址解析协议被询问一个已知 IP 地址节点的 MAC 地址时，先在 ARP 缓存中查看，若存在，就直接返回与之对应的 MAC 地址，若不存在，才发送 ARP 请求向局域网查询。

ARP 缓存可以包含动态和静态项目。动态项目随时间推移自动添加和删除。每个动态 ARP 缓存项的潜在生命周期是 10 分钟。新加到缓存中的项目带有时间戳，如果某个项目添加后 2 分钟内没有再使用，则此项目过期并从 ARP 缓存中删除；如果某个项目已在使用，则又收到 2 分钟的生命周期；如果某个项目始终在使用，则会另外收到 2 分钟的生命周期，一直到 10 分钟的最长生命周期。静态项目一直保留在缓存中，直到重新启动计算机为止。

当一个 ARP 消息达到时，协议规定接收方必须执行两个基本步骤。第一步，接收方从消息中取出发送方地址映射，检测高速缓存中是否存在发送方地址映射。若已有，则用从消息中取出的映射替代高速缓存中的映射。这种做法在发送方硬件地址发生变化时特别有用。第二步，接收方检测消息中的操作域以确认是一个请求消息还是一个应答消息。若是一个应答消息，接收方以前一定发送过一个请求并在等待所需要的映射。若是一个请求消息，接收方比较目标协议地址域与自己的协议地址，如果一样，则要回发一个应答消息。为了构造应答消息，计算机利用接收到的消息，将其中的发送方映射和目标映射对换，在发送方硬件地址域中插入自己的硬件地址，并把操作域的值改为 2。

ARP 还引入另一种优化策略：一台计算机在回答了一个 ARP 请求之后，将请求消息中的发送方的地址映射加入自己的高速缓存中，以便往后加以利用。实际上，假如主机 A 通过 ARP 报文请求主机 B 的 IP 地址，这时主机 A 的 ARP 请求包含了自己的 IP→MAC 映射，主机 B 直接记录下来，当下次主机 B 再向主机 A 通信时就不再需要向主机 A 发送 ARP 请求主机 A 的 IP 地址了。实际上，如果网络刚刚启动的时候，收到广播的所有主机都会将主机 A 的映射缓存下来；但是在网络运行一段时间以后，该请求将被除了主机 B 以外的主机直接丢弃，这是因为两个原因：

(1) 每一个主机的缓存是有限的，同时处理不必要的 ARP 请求会带来 CPU 时间的浪费；

(2) 其他的主机并不一定需要跟主机 A 进行通信。

5. ARP 协议的应用

ARP 缓存中包含一个或多个表，它们用于存储 IP 地址及其经过解析的 MAC 地址。ARP 命令用于查询本机 ARP 缓存中 IP 地址→MAC 地址的对应关系、添加或删除静态对应关系等。如果在没有参数的情况下使用，ARP 命令将显示帮助信息，如图 4.10 所示。

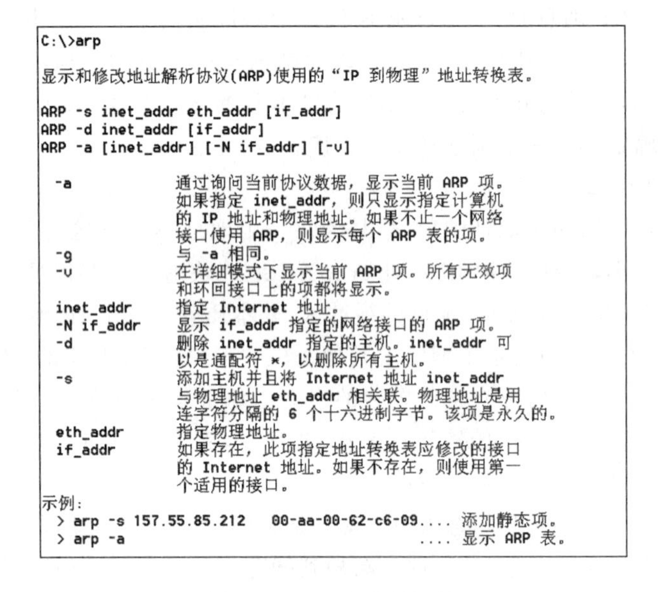

```
C:\>arp

显示和修改地址解析协议(ARP)使用的“IP 到物理”地址转换表。

ARP -s inet_addr eth_addr [if_addr]
ARP -d inet_addr [if_addr]
ARP -a [inet_addr] [-N if_addr] [-v]

  -a            通过询问当前协议数据，显示当前 ARP 项。
                如果指定 inet_addr，则只显示指定计算机
                的 IP 地址和物理地址。如果不止一个网络
                接口使用 ARP，则显示每个 ARP 表的项。
  -g            与 -a 相同。
  -v            在详细模式下显示当前 ARP 项。所有无效项
                和环回接口上的项都将显示。
  inet_addr     指定 Internet 地址。
  -N if_addr    显示 if_addr 指定的网络接口的 ARP 项。
  -d            删除 inet_addr 指定的主机。inet_addr 可
                以是通配符 *，以删除所有主机。
  -s            添加主机并且将 Internet 地址 inet_addr
                与物理地址 eth_addr 相关联。物理地址是用
                连字符分隔的 6 个十六进制字节。该项是永久的。
  eth_addr      指定物理地址。
  if_addr       如果存在，此项指定地址转换表应修改的接口
                的 Internet 地址。如果不存在，则使用第一
                个适用的接口。
示例:
  > arp -s 157.55.85.212   00-aa-00-62-c6-09.... 添加静态项。
  > arp -a                                  .... 显示 ARP 表。
```

图 4.10　arp 命令的回显

从图 4.10 可知，arp 命令的常见用法为：

(1) arp -a 或 arp -g，用于查看缓存中的所有项目。-a 和-g 参数的结果是一样的，多年来-g 一直是 UNIX 平台上用来显示 ARP 缓存中所有项目的选项，而 Windows 用的是 arp -a(-a 可被视为 all，即全部的意思)，但它也可以接受比较传统的-g 选项。

(2) arp -a ip，如果有多个网卡，那么使用 arp -a 加上接口的 IP 地址，就可以只显示与该接口相关的 ARP 缓存项目。

(3) arp -s ip 物理地址，可以向 ARP 缓存中人工输入一个静态项目。该项目在计算机引导过程中将保持有效状态，或者在出现错误时，人工配置的物理地址将自动更新该项目。

(4) arp -d ip，使用该命令能够人工删除一个静态项目。

6. ARP 欺骗

地址解析协议是建立在网络中各个主机互相信任的基础上的,它的诞生使得网络能够更加高效地运行,但其本身也存在缺陷:ARP 地址转换表是依赖于计算机中高速缓冲存储器动态更新的,而高速缓冲存储器的更新是受到更新周期的限制的,只保存最近使用的地址的映射关系表项,这使得攻击者有了可乘之机,可以在高速缓冲存储器更新表项之前修改地址转换表,实现攻击。ARP 请求为广播形式发送的,网络上的主机可以自主发送 ARP 应答消息,并且当其他主机收到应答报文时不会检测该报文的真实性就将其记录在本地的 MAC 地址转换表,这样攻击者就可以向目标主机发送伪 ARP 应答报文,从而篡改本地的 MAC 地址表。ARP 欺骗可以导致目标计算机与网关通信失败,更会导致通信重定向,所有的数据都会通过攻击者的机器,因此存在极大的安全隐患。

防御 ARP 欺骗可以采取以下措施:

(1) 不要把网络安全信任关系建立在 IP 基础上或 MAC 基础上(RARP 同样存在欺骗的问题),理想的关系应该建立在 IP+MAC 基础上。

(2) 设置静态的 MAC→IP 对应表,不要让主机刷新设定好的转换表。

(3) 除非很有必要,否则停止使用 ARP,将 ARP 作为永久条目保存在对应表中。

(4) 使用 ARP 服务器。通过该服务器查找自己的 ARP 转换表来响应其他机器的 ARP 广播。确保这台 ARP 服务器不被黑。

(5) 使用“proxy”代理 IP 的传输。

(6) 使用硬件屏蔽主机。设置好路由,确保 IP 地址能到达合法的路径(静态配置路由 ARP 条目),注意,使用交换集线器和网桥无法阻止 ARP 欺骗。

(7) 管理员定期用响应的 IP 包中获得一个 RARP 请求,然后检查 ARP 响应的真实性。

(8) 管理员定期轮询,检查主机上的 ARP 缓存。

(9) 使用防火墙连续监控网络。注意有使用 SNMP 的情况下,ARP 的欺骗有可能导致陷阱包丢失。

(10) 若感染 ARP 病毒,可以通过清空 ARP 缓存、指定 ARP 对应关系、添加路由信息、使用防病毒软件等方式解决。

7. ARP 协议的特殊性

在 TCP/IP 的层次模型中,最底一层对应于物理网络硬件,上面一层对应于收发包的网络接口软件。地址解析就是与网络接口层有关的一个功能。地址解析软件隐藏了物理寻址的细节,允许高层软件使用协议地址。因此,在网络接口层和所有更高层之间有一个非常重要的概念边界:应用及更高层软件都是建立在协议地址之上的。

ARP 协议在 TCP/IP 协议簇中被认为的 IP 协议的一部分,ARP 数据报必须由下层的物理网络帧进行封装;同时在功能上又对 IP 提供了服务,并且在 ARP 包中包含了物理地址。ARP 协议位于 IP 协议的最下层。

8. 逆地址解析协议 RARP

ARP 是设备通过自己知道的 IP 地址来获得自己不知道的物理地址的协议。假如一个设备不知道自己的 IP 地址,但是知道自己的物理地址,网络上的无盘工作站就是这种情况,设备知道的只是网络接口卡上的物理地址。这种情况下应该怎么办呢?逆地址解析协议(Reverse Address Resolution Protocol,RARP)正是针对这种情况的一种协议。

RARP 以与 ARP 相反的方式工作。RARP 发出要反向解析的物理地址并希望返回其对应的 IP 地址,应答包括由能够提供所需信息的 RARP 服务器发出的 IP 地址。虽然发送方发出的是广播信息,RARP 规定只有 RARP 服务器能产生应答。许多网络指定多个 RARP 服务器,这样做既是为了平衡负载也是为了作为出现问题时的备份。其工作流程如下:

(1) 将源设备和目标设备的 MAC 地址字段都设为发送者的 MAC 地址和 IP 地址,发送主机发送一个本地的 RARP 广播,能够到达网络上的所有设备,在此广播包中,声明自己的 MAC 地址并且请求任何收到此请求的 RARP 服务器分配一个 IP 地址;

(2) 本地网段上的 RARP 服务器收到此请求后,检查其 RARP 列表,查找该 MAC 地址对应的 IP 地址;

(3) 如果存在,RARP 服务器就给源主机发送一个响应数据包并将此 IP 地址提供给对方主机使用;如果不存在,RARP 服务器对此不做任何的响应;

(4) 源主机收到从 RARP 服务器的响应信息,就利用得到的 IP 地址进行通信;如果一直没有收到 RARP 服务器的响应信息,表示初始化失败。

虽然 RARP 在概念上很简单,但是一个 RARP 服务器的设计与系统相关而且比较复杂。相反,提供一个 ARP 服务器很简单,通常是 TCP/IP 在内核中实现的一部分。由于内核知道 IP 地址和硬件地址,因此当它收到一个询问 IP 地址的 ARP 请求时,只需用相应的硬件地址来提供应答就可以了。

作为用户进程的 RARP 服务器的复杂性在于:服务器一般要为多个主机(网络上所有的无盘系统)提供硬件地址到 IP 地址的映射。该映射包含在一个磁盘文件中(在 UNIX 系统中一般位于/etc/ethers 目录中)。由于内核一般不读取和分析磁盘文件,因此 RARP 服务器的功能就由用户进程来提供,而不是作为内核的 TCP/IP 实现的一部分。

更为复杂的是,RARP 请求是作为一个特殊类型的以太网数据帧来传送的(帧类型字段值为 0X8035)。这说明 RARP 服务器必须能够发送和接收这种类型的以太网数据帧。由于发送和接收这些数据帧与系统有关,因此 RARP 服务器的实现是与系统捆绑在一起的。

每个网络有多个 RARP 服务器实现的一个复杂因素是:RARP 请求是在硬件层上进行广播的,这意味着它们不经过路由器进行转发。为了让无盘系统在 RARP 服务器关机的状态下也能引导,通常在一个网络上(例如一根电缆)要提供多个 RARP 服务器。当服务器的数目增加时(以提供冗余备份),网络流量也随之增加,因为服务器对每个 RARP 请求都要发送 RARP 应答。发送 RARP 请求的无盘系统一般采用最先收到的 RARP 应答。另外,还有一种可能发生的情况是每个 RARP 服务器同时应答,这样会增加以太网发生冲突的概率。

解决 RARP 回应问题的两种方法:

(1) 为每一个做 RARP 请求的主机分配一主服务器,正常来说,只有主服务器才会做出 RARP 回应,其他主机只是记录下接收到 RARP 请求的时间。假如主服务器不能顺利做出回应,那么查询主机在等待逾时再次用广播方式发送 RARP 请求,其他非主服务器假如在接到第一个请求后很短时间内再收到相同请求的话,才会做出回应动作。

(2) 正常来说,当主服务器收到 RARP 请求之后,会直接做出回应;为避免所有非主服务器同时传回 RARP 回应,每台非主服务器都会随机等待一段时间再做出回应。如果主服务器未能做出回应的话,查询主机会延迟一段时间再进行第二次请求,以确保这段时间内获得非主服务器的回应。当然,设计者可以精心地设计延迟时间至一个合理的间隔。

4.1.6 主机配置(DHCP)

DHCP(Dynamic Host Configuration Protocol,动态主机配置协议)是一个局域网的网络协议,使用 UDP 协议工作,主要有两个用途:给内部网络或网络服务供应商自动分配 IP 地址,给用户或者内部网络管理员作为对所有计算机作中央管理的手段,在 RFC 2131 中有详细的描述。

1. DHCP 协议

DHCP 为互联网上主机提供地址和配置参数。DHCP 是基于 C/S 工作模式,DHCP 服务器需要为主机分配 IP 地址和提供主机配置参数。DHCP 具有以下功能:

(1) 保证任何 IP 地址在同一时刻只能由一台 DHCP 客户机所使用。

(2) DHCP 应当可以给用户分配永久固定的 IP 地址。

(3) DHCP 应当可以同用其他方法获得 IP 地址的主机共存(如手工配置 IP 地址的主机)。

(4) DHCP 服务器应当向现有的 BOOTP 客户端提供服务。

DHCP 有三种机制分配 IP 地址:

(1) 自动分配(Automatic Allocation),DHCP 给客户端分配永久性的 IP 地址;

(2) 动态分配(Dynamic Allocation),DHCP 给客户端分配过一段时间会过期的 IP 地址(或者客户端可以主动释放该地址);

(3) 手工配置(Manual Allocation),由网络管理员给客户端指定 IP 地址。管理员可以通过 DHCP 将指定的 IP 地址发给客户端。

三种地址分配方式中,只有动态分配可以重复使用客户端不再需要的地址。

DHCP 消息的格式是基于 BOOTP(Bootstrap Protocol)消息格式的,这就要求设备具有 BOOTP 中继代理的功能,并能够与 BOOTP 客户端和 DHCP 服务器实现交互。BOOTP 中继代理的功能,使得没有必要在每个物理网络都部署一个 DHCP 服务器。RFC 951 和 RFC 1542 对 BOOTP 协议进行了详细描述。

DHCP 请求 IP 地址的过程如下:

(1) 主机发送 DHCP DISCOVER 广播包在网络上寻找 DHCP 服务器;

(2) DHCP 服务器向主机发送 DHCP OFFER 单播数据包,包含 IP 地址、MAC 地址、域名信息以及地址租期;

(3) 主机发送 DHCP REQUEST 广播包,正式向服务器请求分配已提供的 IP 地址;

(4) DHCP 服务器向主机发送 DHCP ACK 单播包,确认主机的请求。

DHCP 客户端可以接收到多个 DHCP 服务器的 DHCP OFFER 数据包,然后可能接收任何一个 DHCP OFFER 数据包,但客户端通常只接收第一个 DHCP OFFER 数据包。另外,DHCP 服务器 DHCP OFFER 中指定的地址不一定为最终分配的地址,通常情况下,DHCP 服务器会保留该地址直到客户端发出正式请求。

正式请求 DHCP 服务器分配地址 DHCP REQUEST 采用广播包,是为了让其他所有发送 DHCP OFFER 数据包的 DHCP 服务器也能够接收到该数据包,然后释放已经 OFFER(预分配)给客户端的 IP 地址。

如果发送给 DHCP 客户端的地址已经被其他 DHCP 客户端使用,客户端会向服务器发送 DHCP DECLINE 信息包拒绝接收已经分配的地址信息。

在协商过程中，如果 DHCP 客户端发送的 REQUEST 消息中的地址信息不正确，如客户端已经迁移到新的子网或者租约已经过期，DHCP 服务器会发送 DHCP NAK 消息给 DHCP 客户端，让客户端重新发起地址请求过程。

2. DHCP 的数据报格式

DHCP 使用 3 个 UDP 端口，其中 UDP67 和 UDP68 为正常的 DHCP 服务端口，分别作为 DHCP Server 和 DHCP Client 的服务端口；546 号端口用于 DHCPv6 Client，而不用于 DHCPv4，是为 DHCP Failover 服务，这是需要特别开启的服务，DHCP Failover 是用来做双机热备的。

DHCP 的数据报格式如图 4.11 所示，各字段定义如下：

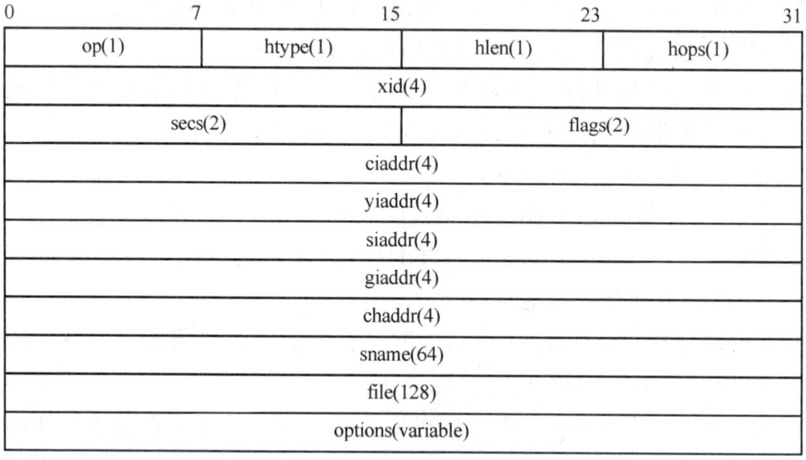

0	7	15	23 31
op(1)	htype(1)	hlen(1)	hops(1)
xid(4)			
secs(2)		flags(2)	
ciaddr(4)			
yiaddr(4)			
siaddr(4)			
giaddr(4)			
chaddr(4)			
sname(64)			
file(128)			
options(variable)			

图 4.11　DHCP 数据报的格式

(1) op 是报文类型(1 字节)字段，若是客户端送给服务器的数据报，则设为 1，反向为 2。

(2) htype 是硬件类别(1 字节)字段，以太网设为 1。

(3) hlen 是硬件地址长度(1 字节)字段，以太网设为 6。

(4) hops 是跳数(1 字节)字段，若数据报需经过路由器传送，则每站加 1，若在同一网内，则为 0。

(5) xid 是事务 ID(4 字节)字段，由客户端选择的一个随机数，被服务器和客户端用来在它们之间交流请求和响应，客户端用它对请求和应答进行匹配。该 ID 由客户端设置并由服务器返回，为 32 位整数。

(6) secs(2 字节)，由客户端填充，表示从客户端开始获得 IP 地址或 IP 地址续借后所使用了的秒数。

(7) flags 是标志(2 字节)字段。这个 16 比特的字段，目前只有最左边的一个比特有用，该位为 0，表示单播，为 1 表示广播。

(8) ciaddr 是客户端的 IP 地址(4 字节)。只有客户端是 Bound、Renew、Rebinding 状态，并且能响应 ARP 请求时，才能被填充。

(9) yiaddr(4 字节)，从服务器送回客户机的 DHCP OFFER 与 DHCP ACK 数据报中，此栏填写分配给客户机的 IP 地址。

(10) siaddr(4 字节),表明 DHCP 协议流程的下一个阶段要使用的服务器的 IP 地址。如果客户机需要通过网络开机,从服务器送出的 DHCP OFFER、DHCP ACK、DHCP NAK 数据报中,此栏填写开机程序代码所在服务器的 IP 地址。

(11) giaddr(4 字节),DHCP 中继器的 IP 地址。如果需跨网域进行 DHCP 发放,该域为 DHCP 中继器的 IP 地址,否则为 0。

(12) chaddr(16 字节),客户端硬件地址。客户端必须设置它的"chaddr"字段。UDP 数据包中的以太网帧首部也有该字段,但通常通过查看 UDP 数据包来确定以太网帧首部中的该字段获取该值比较困难或者说不可能,而在 UDP 协议承载的 DHCP 报文中设置该字段,用户进程就可以很容易地获取该值。

(13) sname(64 字节),可选的服务器主机名,该字段是空结尾的字符串,由服务器填写。

(14) file(128 字节),启动文件名,是一个空结尾的字符串。如果客户机需要通过网络开机,此栏将指出开机程序名称,稍后以 TFTP 传送。DHCP Discover 报文中是"generic"名字或空字符,DHCP Offer 报文中提供有效的目录路径全名。

(15) options,可选参数域,格式为"代码+长度+数据"。这时一个允许厂商定义选项(Vendor-Specific Area),以提供更多的设定信息(如:Netmask、Gateway、DNS 等)。其长度可变,同时可携带多个选项,每一选项的第一个字节为信息代码,其后一个字节为该项数据长度,最后为项目内容。CODE LEN VALUE 此字段完全兼容 BOOTP,同时扩充了更多选项。DHCP 的选项很多,常用的有:1 子网掩码、6 DNS 服务器等。

特别的,DHCP 数据报可利用编码为 0X53 的选项(代码为 53,长度为 1)来设定数据报的类别:1 DHCP DISCOVER 数据报、2 DHCP OFFER 数据报、3 DHCP REQUEST 数据报、4 DHCP DECLINE 数据报、5 DHCP ACK 数据报、6 DHCP NAK 数据报、7 DHCP RELEASE 数据报。

3. DHCP 的设备

由于 DHCP 是 C/S 模式运行的,所以使用 DHCP 的设备为客户端,而提供 DHCP 服务的为服务端。DHCP 客户端可以让设备自动地从 DHCP 服务器获得 IP 地址以及其他配置参数。使用 DHCP 客户端可以带来如下好处:(1) 降低了配置和部署设备时间;(2) 降低了发生配置错误的可能性;(3) 可以集中化管理设备的 IP 地址分配。DHCP 服务器指的是由服务器控制一段 IP 地址范围,客户端登录服务器时就可以自动获得服务器分配的 IP 地址和子网掩码。

需要注意的是,DHCP 也可以用在不同的子网上,这时候需要使用称为 DHCP 中继代理(DHCP Relay,DHCPR,也叫 DHCP 中继)的设备。当 DHCP 客户端与服务器不在同一个子网上,就必须有 DHCP 中继代理来转发 DHCP 请求和应答消息。DHCP 中继代理的数据转发,与通常路由转发是不同的,通常的路由转发相对来说是透明传输的,设备一般不会修改 IP 包内容。而 DHCP 中继代理接收到 DHCP 消息后,重新生成一个 DHCP 消息,然后转发出去,如图 4.12 所示。在 DHCP 客户端看来,DHCP 中继代理就像 DHCP 服务器;在 DHCP 服务器看来,DHCP 中继代理就像 DHCP 客户端。

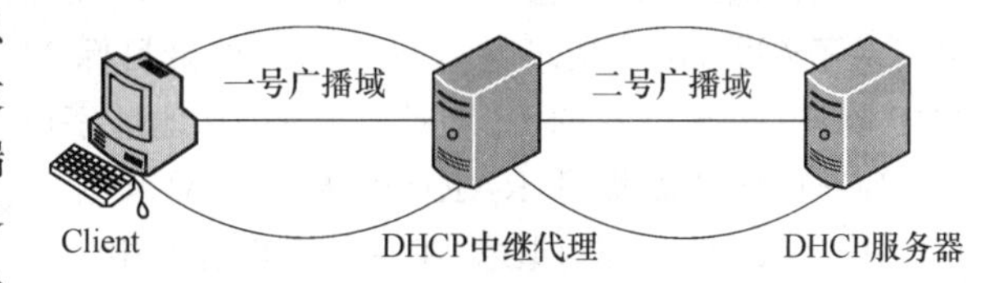

图 4.12 DHCP 中继

有了 DHCP 中继,可以实现 DHCP 的跨网运作。由于 DHCP DISCOVER 是以广播方式进行的，其情形只能在同一网络之内进行，因为路由器是不会将广播传送出去的。但如果DHCP服务器架设在其他的网络上面，可以用DHCP中继来接管客户的DHCP请求，然后将此请求传递给真正的DHCP服务器，然后将服务器的回复传给客户。这里，DHCP中继主机必须自己具有路由能力，且能将双方的数据报互传对方。如果不使用中继，也可以在每一个网络中安装DHCP服务器，但这样的话，一来设备成本会增加，而且管理上面也比较分散。当然，如果在大型的网络中，这样的均衡式架构还是可取的。

4. 从RARP到DHCP

RARP在功能上有点类似于DHCP协议，确切地说DHCP是BOOTP协议的升级，而BOOTP在某种意义上又是RARP协议的升级。BOOTP和RARP的区别在于RARP是在IP/数据链路层实现的，而BOOTP是在应用层实现的，作为BOOTP的升级版DHCP也是在应用层实现的。这种实现层面的差别也从RARP和BOOTP/DHCP的报文封装格式的差别上体现出来了，RARP直接封装在以太网帧中，协议类型置为0x0800以标识这个报文是ARP/RARP报文，BOOTP/DHCP报文是直接封装在UDP报文中，作为UDP的数据段出现的。其区别如表4.3所示。

表4.3 RARP、BOOTP和DHCP的比较

特性	RARP	BOOTP	DHCP
依赖于服务器来分配IP地址	是	是	是
消息封装在IP和UDP中，所以它们可以转发到远端服务器	否	是	是
客户端可发现自己的掩码、网关、DNS和下载服务器	否	是	是
由IP地址池动态分配地址，而不需要知道客户端的MAC地址	否	否	是
允许IP地址的临时租用	否	否	是
包含注册客户端主机的FQDN(用DNS)的扩展功能	否	否	是

从功能上说，RARP只能实现简单地从MAC地址到IP地址的查询工作，RARP server上的MAC地址和IP地址是必须事先静态配置好的。但DHCP却可以实现除静态分配外的动态IP地址分配以及IP地址租期管理等等相对复杂的功能。

RARP是早期提供的通过硬件地址获取IP的解决方案，但它有自己的局限性，比如RARP客户与RARP服务器不在同一网段，中间有路由器等设备连接，这时候利用RARP就显得无能为力，因为RARP请求报文不能通过路由器，BOOTP/DHCP提供了很好的解决方法。

RARP、BOOT和DHCP都是动态学习IP地址的协议。起初，客户端主机要发送一个广播以启动发现进程，有一台专门的服务器负责监听这些请求并提供IP地址给客户端主机。

RARP使用的是和ARP相同的消息，只不过它的消息中列出的目标MAC地址是其自己的MAC地址，而目标IP地址是0.0.0.0。预先配置好的RARP服务器(必须处于客户端同一子网中)接收请求并进行查询。如果目标MAC地址能匹配到，RARP服务器就发送ARP响应(包含配置的IP地址在其源IP地址字段中)。

BOOTP可以提升RARP的地址分配范围。它使用的是完全不同的消息集(在RFC 951中定义)，其命令封装在IP和UDP首部中。只要路由器配置好了，BOOTP消息包可以转发到其他子网。此外，BOOTP还支持其他信息(如子网掩码、默认网关等)的分配。不过，BOOTP仍然没有解决RARP的配置负担，它还是需要为每个客户端定义MAC地址和IP地址的映射。

DHCP 大大减轻了配置工作，因为它是动态分配的。在 DHCP 中，不需要预先配置 MAC 地址，你只需要配置一个地址池，DHCP 会动态地在地址池中选择地址进行分配。在路由器上配置 ip helper-address dhcp_server_address 可以跨子网使用 DHCP 协议（DHCP 中继代理）。另一种方法是将路由器配置为 DHCP 服务器，其步骤为：(1) 配置一个 DHCP 池；(2) 配置路由器在 DHCP 池中排除自身地址（ip dhcp excluded-address）；(3) 屏蔽 DHCP 冲突日志（no ip dhcp conflict-logging）或配置一个 DHCP 数据库代理（ip dhcp database）。

5. DHCP 服务的部署

本例是在 Windows 主机上部署 DHCP 服务。

(1) 安装 DHCP 服务

在 Windows Server 2003 系统中默认没有安装 DHCP 服务，因此需要安装 DHCP 服务。

单击“开始”按钮，在“控制面板”中双击“添加或删除程序”图标，在打开的窗口左侧单击“添加/删除 Windows 组件”按钮，打开“Windows 组件向导”对话框；

在“组件”列表中找到并勾选“网络服务”复选框，然后单击“详细信息”按钮，打开“网络服务”对话框。接着在“网络服务的子组件”列表中勾选“动态主机配置协议（DHCP）”复选框，依次单击“确定→下一步”按钮开始配置和安装 DHCP 服务。最后单击“完成”按钮完成安装。

如果是在 Active Directory（活动目录）域中部署 DHCP 服务器，还需要进行授权才能使 DHCP 服务器生效。本例的网络基于工作组管理模式，因此无须进行授权操作即可进行创建 IP 作用域的操作。

(2) DHCP 服务器的授权

并不是安装了 DHCP 功能后就能直接使用，还必须进行授权操作，未经授权操作的服务器无法提供 DHCP 服务。对 DHCP 服务器授权操作的过程如下：

依次点击“开始→程序→管理工具→DHCP”，打开 DHCP 控制台窗口；

在控制台窗口中，用鼠标左击选中服务器名，然后单击右键，在快捷菜单中选中“授权”，此时需要几分钟的等待时间。注意：如果系统长时间没有反应，可以按 F5 键或选择菜单工具中的“操作”下的“刷新”进行屏幕刷新，或先关闭 DHCP 控制台，在服务器名上用鼠标右击。如果快捷菜单中的“授权”已经变为“撤销授权”，则表示对 DHCP 服务器授权成功。此时，最明显的标记是服务器名前面红色向上的箭头变成了绿色向下的箭头，这样这台被授权的 DHCP 服务器就有分配 IP 的权利了。

(3) 创建 IP 作用域

要想为同一子网内的所有客户端计算机自动分配 IP 地址，首先要做就是创建一个 IP 作用域，这也是事先确定一段 IP 地址作为 IP 作用域的原因。创建 IP 作用域的操作如下：

依次单击“开始→管理工具→DHCP”，打开“DHCP”控制台窗口。在左窗格中右击 DHCP 服务器名称，执行“新建作用域”命令；

在打开的“新建作用域向导”对话框中单击“下一步”按钮，打开“作用域名”向导页。在“名称”框中为该作用域键入一个名称（如“CCE”）和一段描述性信息，单击“下一步”按钮，注意，这里的作用域名称只起到一个标识的作用，基本上没有实际应用；

打开“IP 地址范围”向导页，分别在“起始 IP 地址”和“结束 IP 地址”编辑框中输入事先确定的 IP 地址范围（本例为“10.115.223.2～10.115.223.254”）。接着需要定义子网掩码，以确定 IP 地址中用于“网络/子网 ID”的位数。由于本例网络环境为城域网内的一个子网，因此根据实际情况将“长度”微调框的值调整为“23”，单击“下一步”按钮；

在打开的“添加排除”向导页中可以指定排除的IP地址或IP地址范围。由于已经使用了几个IP地址作为其他服务器的静态IP地址，因此需要将它们排除。在“起始IP地址”编辑框中输入排除的IP地址并单击“添加”按钮。重复操作即可，接着单击“下一步”按钮；

在打开的“租约期限”向导页中，默认将客户端获取的IP地址使用期限限制为8天。如果没有特殊要求保持默认值不变，单击“下一步”按钮；

打开“配置DHCP选项”向导页，保持选中“是，我想现在配置这些选项”单选框并单击“下一步”按钮。在打开的“路由器(默认网关)”向导页中根据实际情况键入网关地址(本例为“10.115.223.254”)并依次单击“添加”→“下一步”按钮；

在打开的“域名称和DNS服务器”向导页中没有做任何设置，这是因为网络中没有安装DNS服务器且尚未升级成域管理模式。依次单击“下一步”按钮，跳过“WINS服务器”向导页打开“激活作用域”向导页。保持“是，我想现在激活此作用域”单选框选中状态，并依次单击“下一步”→“完成”按钮结束配置。

(4) 设置DHCP客户端

安装了DHCP服务并创建了IP作用域后，要想使用DHCP方式为客户端电脑分配IP地址，除了网络中有一台DHCP服务器外，还要求客户端计算机应该具备自动向DHCP服务器获取IP地址的能力，这些客户端计算机就被称作DHCP客户端。

因此我们对一台运行Windows XP的客户端计算机面前进行了如下设置：在桌面上右击“网上邻居”图标，执行“属性”命令。在打开的“网络连接”窗口中右击“本地连接”图标并执行“属性”，打开“本地连接属性”对话框。然后双击“Internet协议(TCP/IP)”选项，点选“自动获得IP地址”单选框，并依次单击“确定”按钮，默认情况下端计算机使用的都是自动获取IP地址的方式，一般无须进行修改，只需检查一下就行了。

至此，DHCP服务器端和客户端已经全部设置完成了。在DHCP服务器正常运行的情况下，首次开机的客户端会自动获取一个IP地址并拥有8天的使用期限。

(5) 创建用户

创建新用户或供应商选项类启动DHCP管理器。单击控制台树中的适用的DHCP服务器分支。右击需要管理的服务器，然后单击创建新的用户类的“定义用户类”，或者单击“定义供应商类”创建一个新的供应商类。单击“添加”，在“新的类”的对话框输入一个描述性的标识名称，为新的选项，在“显示名称”框，还可能会将其他信息添加到“说明”框。若要为十六进制字节数字值输入数据，请单击文本框的左侧。若要输入信息交换(ASCII)文本字符值为美国标准码数据，单击文本框的右侧。单击“确定”，然后单击“关闭”。使用新的类ID配置DHCP作用域，在DHCP管理器，双击相应的DHCP作用域。右击“作用域选项”，然后单击“配置选项”。单击“高级”，单击以选中复选框或要使用新的供应商或用户类在功能旁边的框。单击“确定”，为客户端计算机设置指定的DHCP类ID字符串连接到基于Windows 2000的DHCP服务器的客户端，计算机使用下面的命令可以设置指定的DHCP类别ID字符串：ipconfig/setclassid adapter_name class_id。

例如配置名为“Local Area Connection”的适配器名为“myuserclass”用户类ID，请在命令提示符下输入ipconfig/setclassid 本地连接 myuserclass，然后按Enter键。

它标识“Local Area Connection”接口接收为“myuserclass”DHCP服务器上配置的DHCP选项。

需要注意的是，ASCII中的类ID是区分大小写，并必须匹配在编辑类对话框中输入标识数据的类来创建新的用户或供应商选项类。

4.1.7 差错报告(ICMP)

IP 被定义为一种“尽力而为”的通信服务，其数据报可能被丢失、重复、延迟或乱序传递。但 IP 并不是对差错完全不关心，它试图避免差错并在发生差错的时候报告消息。典型的例子是 IP 中有避免差错的校验和，使用校验和检验的是传输出错的情况。发现校验和错时的处理非常简单：数据报必须立即丢弃，而不作进一步的处理。接收者不能相信数据首部中的任何域，因为接收者不知道哪一位被改变了。甚至也不能发一个出错消息给发送者，因为接收者不能相信首部中的源地址。同样，接收者也不能转发被损坏的数据包，因为它也不能相信首部中的目的地址。因此，接收者除了将被损坏的数据包丢弃外别无选择。

比传输出错轻一些的某些差错是可以被报告的。例如，假设互联网中的一些物理路径出错，导致互联网被分成两个无路相通的网络，则从其中某个网络的某一主机向另一网络中的某台主机发送的数据报是无法传递的。TCP/IP 协议系列包含了一个专门用于发送差错报文的协议，这一协议就叫互联网控制报文协议(Internet Control Message Protocol，ICMP)。该协议对 IP 的标准执行是必要的，两个协议是相互依赖的：IP 在发送一个差错报文时要用到 ICMP，而 ICMP 利用 IP 来传递报文。

1. ICMP 报文传送

ICMP 使用 IP 来传送每一个差错报文。当路由器有一个 ICMP 报文要传递时，它会创建一个 IP 数据报并将 ICMP 报文封装其中。也就是说，ICMP 报文被置于 IP 数据报的数据区中，如图 4.13 所示，然后这个数据像往常一样转发。这时，ICMP 报文在 IP 帧结构的首部协议类型字段的值为 1。

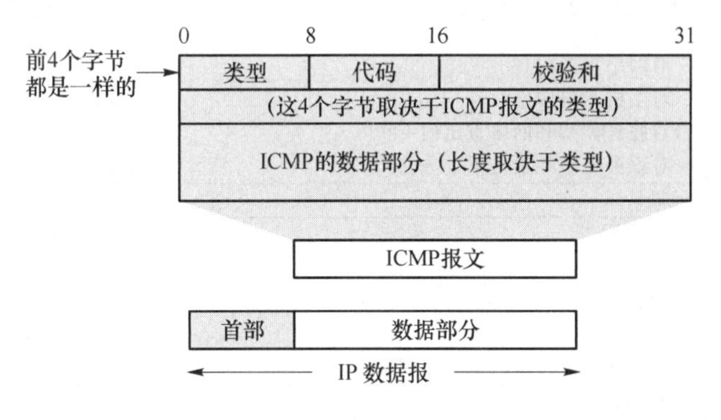

图 4.13 ICMP 报文格式

每一个 ICMP 报文的产生总是对应于一个数据报。要么这个数据报遇到了问题(例如路由器发现数据报中指出的目的地没法到达)，要么这个数据报携带着一个 ICMP 请求报文，对此路由器要产生一个应答。无论哪种情况，路由器都将一个 ICMP 报文送回给产生数据报的主机。路由器从输入的数据报的头部中取出源地址，然后放到携带 ICMP 报文的数据报的头部的目的地址域中。

携带 ICMP 报文的数据报并没有什么特别优先权——它们像其他数据报一样转发，除了一个轻微例外：如果携带 ICMP 差错报文的数据报又出了错，不再有差错报文被发送。原因很简单，设计者想要避免互联网中被携带差错报文的差错报文拥塞。

2. ICMP 协议

ICMP 协议是 TCP/IP 协议族的一个子协议，与 IP 一样是一种面向无连接的协议，用于在 IP 主机、路由器之间传递控制消息。控制消息是指网络通不通、主机是否可达、路由是否可用等网络本身的消息。这些控制消息虽然并不传输用户数据，但是对于用户数据的传递起着重要的作用。

ICMP 主要通过类型字段和代码字段让计算机识别不同的连线状态。ICMP 报文的类型如图 4.14 所示。

类型	代码	描述	处理方法
0	0	回显应答	用户进程
3		目的不可达：	
	0	网络不可达	"无路由到达主机"
	1	主机不可达	"无路由到达主机"
	2	协议不可达	"连接被拒绝"
	3	端口不可达	"连接被拒绝"
	4	需要进行分片但设置了不分片比特 DF	"报文太长"
	5	源站选路失败	"无路由到达主机"
	6	目的网络不认识	"无路由到达主机"
	7	目的主机不认识	"无路由到达主机"
	8	源主机被隔离(作废不用)	"无路由到达主机"
	9	目的网络被强制禁止	"无路由到达主机"
	10	目的主机被强制禁止	"无路由到达主机"
	11	由于服务类型 TOS，网络不可达	"无路由到达主机"
	12	由于服务类型 TOS，主机不可达	"无路由到达主机"
	13	由于过滤，通信被强制禁止	(忽略)
	14	主机越权	(忽略)
	15	优先权中止生效	(忽略)
4	0	源站被抑制(quench)	TCP 由内核处理，UDP 则忽略
5		重定向	
	0	对网络重定向	内核更新路由表
	1	对主机重定向	内核更新路由表
	2	对服务类型和网络重定向	内棱更新路由表
	3	对服务类型和主机重定向	内核更新路由表
8	0	回显请求	
9	0	路由器通告	用户进程
10	0	路由器请求	用户进程
11		超时：	
	0	传输期间生存时间为 0	用户进程
	1	在数据报组装期间生存时间为 0	用户进程
12		参数问题：	
	0	坏的 IP 首部(包括各种差错)	"协议不可用"
	1	缺少必需的选项	"协议不可用"
13	0	时间戳请求	内核产生应答
14	0	时间戳应答	用户进程
15	0	信息请求(作废不用)	(忽略)
16	0	信息应答(作废不用)	用户(忽略)进程
17	0	地址掩码请求	内核产生应答
18	0	地址掩码应答	用户进程

图 4.14　ICMP 报文的类型

比如，差错报文的例子如下。

(1) 源抑制(Source Quench)。当一个路由器收到太多的数据报以至于用完了缓冲区，就发送一个源抑制报文。路由器在用完了缓冲区时必须丢弃到来的数据报，当丢弃一个数据报时，路由器就会向创建该数据报的主机发送一个源抑制报文。当一台主机收到源抑制报文时，就需要降低传送率。

(2) 超时(Time Exceeded)。有两种情况会发送超时报文。当一个路由器将一个数据报的生存时间(Time To Live)域减到零时，路由器会丢弃这一数据报，并发送一个超时报文。另外，在一个数据报的所有段到达之前，重组计时器到点了，则主机也会发送一个超时报文。

(3) 目的不可达(Destination Unreachable)。无论何时，当一个路由器检测到数据报无法传递到它的最终目的地时，就向创建这一数据报的主机发送一个目的不可达报文。这种报文告知是特定的目的主机不可达还是目的主机所连的网络不可达。换句话说，这一差错报文能让我们区分是某个网络暂时不在互联网上(例如一个路由器出错)，还是某一特定主机临时断线(例如主机关了)。

(4) 重定向(Redirect)。当一台主机创建了一个数据报发往远程网络，主机先将这一数据报发给一个路由器，由路由器将数据报转发到它的目的地。如果路由器发现主机错误地将应发给另一路由器的数据报发给了自己，则使用一个重定向报文通知主机应改变它的路由。一个重定向报文能指出一台特定主机或一个网络的变化，后者更为常见。

参数问题。指出数据报中的某一参数不正确。

除了差错报文，ICMP 还定义了四种信息报文：

回应请求/应答(Echo Request/Reply)。一个回应请求报文能发送给任何一台计算机上的 ICMP 软件。对收到的一个回应请求报文，ICMP 软件要发送一个回应应答报文。应答携带了与请求一样的数据。

地址屏蔽码请求/应答(Address Mask Request/Reply)。当一台主机启动时，会广播一个地址屏蔽码请求报文。

3. ICMP 的主要功用

从技术角度说，ICMP 就是一个“错误检测与回报机制”，其目的是让我们检查网络的连线状况，也能确保连线的准确性，其主要功能是：(1) 检测远端主机是否存在；(2) 建立及维护路由资料；(3) 重导数据传送路径(ICMP 重定向)；(4) 数据流量控制。

(1) 使用 ICMP 报文测试可达性

在网络中经常会使用到 ICMP 协议，比如经常使用的用于检查网络通不通的 Ping 命令(Linux 和 Windows 中均有)，这个“Ping”的过程实际上就是 ICMP 协议工作的过程。远端主机上的 ICMP 软件应答该回应请求报文。按照协议只要收到回应请求，ICMP 软件必须发送回应应答。

(2) 使用 ICMP 跟踪路由

数据报头部中的生存时间域用于从路由错误中恢复过来。为了避免一个数据报沿着一个路由环永久循环，接到数据报的每一个路由器都要将该数据报头部中的生存时间(Time To Live)计时器减 1。如果计时器到零了，路由器会丢弃这一数据报，并向源主机发回一个 ICMP 超时错误。

路由跟踪(traceroute)工具在构造一个通往给定目的地的路径上的所有路由器的列表时，用到了 ICMP 报文。路由跟踪程序简单地发送一系列的数据报并等待每一个响应：在发送第一个数据报之前，将它的生存时间置为 1。第一个路由器收到这一数据报会将生存时间减 1，显然就会丢弃这一数据报，并发回一个 ICMP 超时报文。由于 ICMP 报文是通过 IP 数据报传送的，因此路由跟踪可以从中取出 IP 源地址,也就是去往目的地的路径上的第一个路由器的地址。

得到第一个路由器的地址之后,路由跟踪会发送一个生存时间为 2 的数据报。第一个路由器将计时器减 1 并转发这一数据报,第二个路由器会丢弃这一数据报并发回一个超时报文。类似地,一旦跟踪路由程序收到距离为 2 的路由器发来的超时报文,它就发送生存时间为 3 的数据报,然后是 4,等等。

由于 IP 使用尽力传递,数据报还可能丢失、重复、或乱序传递,因而,路由跟踪程序必须准备处理重复响应和重发丢失的数据报。选择一个等待重发的定时时间非常困难,因为跟踪路由程序无法知道应对一个响应等待多久,路由跟踪程序允许用户自己决定等待时间。

路由跟踪程序还面临着另一个问题:路由可能动态地发送变化。如果在两个探测报文中间,路由发生了变化,与第一个探测报文相比,则第二个探测报文可能会另走一条较长或较短的路径。更重要的是,路由跟踪程序发现的路由器序列可能并不对应于互联网中一条合法的路径。因而,路由跟踪程序更适合于一个相对比较稳定的互联网。

路由跟踪程序也需要处理生存时间大到足以到达目的主机的情况。为了确定数据报何时成功地到达了目的地,路由跟踪程序发送一个数据报给必须响应的目的主机。尽管它可以发送一个 ICMP 回应请求报文,但路由跟踪程序并不这么做,而是路由跟踪程序用类型 30 的 ICMP 报文或使用 UDP 协议。这一协议允许应用程序发送和接收单独的报文。当使用 UDP 时,路由跟踪程序发送一个 UDP 数据报给目的主机上一个不存在的应用程序。当 UDP 报文到达不存在对应的应用程序的主机时,ICMP 会发送一个目的不可达(Destination Unreachable)报文。因而,每次跟踪路由程序发出一个数据报后,要么会从路径上的另一个路由器收到一个 ICMP 超时报文,要么收到一个从最终目的地发出的 ICMP 目的不可达报文。

(3) 使用 ICMP 发现路径 MTU

在路由器中,IP 软件需将任何比要去往的网络 MTU 大的数据报进行分段。尽管分段解决了异构网络问题,但经常是与性能相抵触的,因为一个路由器要耗费内存和 CPU 时间来进行分段,同时,目的主机要耗费内存和 CPU 时间收集分段并重新组成完整的数据报。在一些应用中,如果发送方选择了一个较小的数据报尺寸,就可以避免分段。

从技术上讲,从源到目的地的一条路径上的最小的 MTU 叫路径 MTU(path MTU)。当然,如果路由器发生变化(即路径发送了变化),则路径 MTU 也可能变化。然而,对于因特网的很多部分,路由基本能保持几天或几个星期不变。在这种情况下,一台计算机了解路径 MTU 就非常有意义,因为这时产生的数据报就能足够的小了。

为了确定路径 MTU,主机上的 IP 软件发送一系列的探测报文,每一探测报文的数据报的首部中的标志位都被置为 1,意为阻止分段。如果一个探测报文数据报比路径上的某一个网络的 MTU 大,连在此网上的路由器会丢弃探测报文数据报并发回一个要求分段 ICMP 报文给源主机。当然,主机在收到这一差错报文后就会发送另一个较小的探测报文,如此这般,直到某一探测报文成功。像跟踪路由程序一样,一台主机必须准备好重发没响应的探测报文。

4.1.8 虚拟网络和隧道

在过去,大型企业为了网络通信的需求,往往必须投资人力、物力及财力,来建立企业专用的广域网络通信管道,或采用长途电话甚至国际电话的昂贵拨接方式。在 Internet 蓬勃发展的今天,企业为了维持竞争力,通常需要将专用网络与 Internet 间适当地整合在一起,但是又必须花费一笔 Internet 连接的固定费用。基本上 Internet 是建立在公众网络的基础之上,如果企业可以将专用网络中的广域网络联结与远程拨号连接这两部分,架构在Internet这一类的公众网络之上,同时又可以维持原有的功能与安全需求的话,则将可以节省下一笔不算小的通信费用支出。这个问题的解决方法,可以通过所谓的虚拟专用网络(Virtual Private Network,VPN)来达成。

隧道(Tunneling)技术是一种通过公共网络的基础设施,在专用网络或专用设备之间实现加密数据通信的技术。通信的内容可以是任何通信协议的数据包。隧道协议将这些协议的数据包重新封装在新的包中发送。新的首部提供了路由信息,从而使封装的数据能够通过公共网络传递,传递时所经过的逻辑路径称为隧道。当数据包到达通信终点后,将被拆封并转发到最终目的地。隧道技术是指包括数据封装、传输和数据拆封在内的全过程。图4.15所示为使用隧道构建VPN的方式。

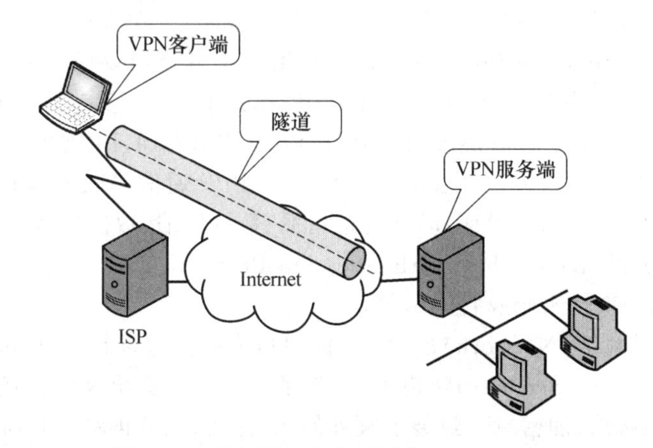

图4.15 使用隧道在公用网络上建立VPN

1. VPN的基本需求

如图4.15所示,VPN是C/S架构的技术,一个VPN解决方案至少必须提供下列功能。

(1) 用户验证:这个解决方案必须验证用户的身份,以及严格限制只有经过授权的用户才可以通过VPN访问服务器端的资源和信息。另外,这个解决方案也必须提供审核及记录,以便显示何人在何时访问何种信息。

(2) 地址管理:这个解决方案必须指派一个专用网络上的地址给客户端,同时必须确保这些私人地址的机密性。

(3) 资料加密:在公众网络上传送的资料,必须经过处理,让网络上其他未经授权的人无法访问。

(4) 钥匙管理:这个解决方案必须能够产生及更新客户端及服务器端的加密钥匙。

(5) 多重协议支持:这个解决方案必须能够处理公众网络上所常使用的通信协议。这些协议包括IP、Internet Packet Exchange(IPX)等。

虚拟专用网允许网络协议的转换和对来自不同网络的数据包进行区别,以便指定特定的目的地接受指定级别的服务。因此,在隧道的建立过程中,必须能够使来自许多不同网络的数据包在同一个公共网络中通过不同的专用隧道进行传输。这种隧道技术使用点对点通信协议代替了交换连接,通过路由网络来连接数据地址。隧道技术允许授权移动用户或已授权的用户在任何时间、地点访问企业网络。总的来说,网络隧道的建立应该有以下功能:

(1) 将不同网络的数据包强制到特定的目的地,以保证数据的正确传输。

(2) 隐藏用户私有的网络地址,以保证用户网络传输的安全。

(3) 在 IP 网上传输非 IP 协议数据包,以保证采用不同协议的网络可以通过公共网络组建自己的 VPN。

(4) 提供数据安全支持,对数据包重新进行加密封装,以保证数据在隧道传输过程中的安全和保密性。

2. VPN 和隧道的运行方式

隧道是由客户端及服务器端构成,两端必须使用相同的隧道协议(tunne ling protocol)工作。大部分的隧道上,使用隧道传输协议来传送数据,而隧道维护协议则可视为一种管理隧道的机制。隧道技术可以以第二层或第三层的隧道协议为基础,这里所谓的层是对应到 OSI 参考模型的。

第二层对应到数据链路(Data-Link)层,以帧(frame)为单元交换资料。点对点隧道协议(Point-to-Point Tunneling Protocol,PPTP)、第二层隧道协议(Layer2 Tunneling Protocol,L2TP)及第二层转发协议(Layer2 Forwarding,L2F)都是第二层的隧道协议,这些协议都会将数据封装在点对点通信协议(Point to Point Protocol,PPP)帧中,再以隧道协议封装,然后通过网络传送。因为第二层隧道协议是以 PPP 通信协议为基础,因此也就继承了一些很有用的功能,例如用户验证、动态地址指派、数据压缩、数据加密等。若再配合使用可扩展的身份验证协议(Extensible Authentication Protocol,EAP),就可以支持各种先进的用户验证方法,如一次性密码及智能卡等。

第三层对应到网络(Network)层,以数据包(packet)为资料交换单位。IP-over-IP 及 IPSec(Internet Protocol Security)隧道模式,就是第三层隧道协议的范例,这些协议会先将 IP 数据包处理(如压缩、加密)后,封装上额外的 IP 标头,然后再将它们通过 IP 网络传送。

对于第二层隧道技术来说,隧道就像是一个 session。隧道的两个端点必须同意该隧道的建立,并协商两者间的设定,例如地址的指派或加密、压缩的参数等。隧道必须具有建立、维护,然后终止的过程。

第三层隧道技术通常会假设所有关于设定方面的问题,并非在通信过程中协商,而会在事前以手动方式处理。对于这些协议来说,可能就没有隧道维护阶段。

一旦隧道建立之后,就可以开始传送数据。隧道的客户端或服务器端会使用隧道传输协议来准备要传送的资料,当资料到达另一端之后,就会移除隧道传输协议的标头,再将资料转送到目标网络上。如图 4.16 给出了一个隧道封装的例子。

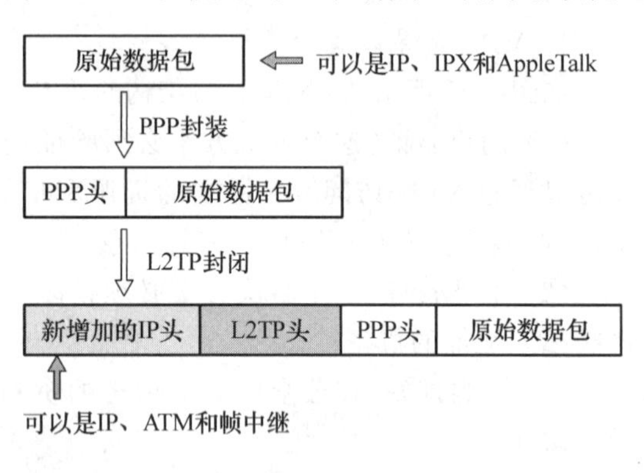

图 4.16 典型的隧道封装方式

4.2 路由选择

细心的读者可能会发现,在前面的介绍中提到了路由器的功能是进行路由选择,为此,路由器需要维护一个路由表,并查表选择路由。那么,路由器该如何建立路由表,并使用什么样的方法进行路由查找呢?这就涉及下面需要讨论的路由与路由协议。

4.2.1 用图表示的网络

所谓路由是指对到达目标网络所进行的最佳路径选择，路由是网络层最重要的功能。在网络层完成路由功能的设备称为路由器；除了路由器之外，某些交换机里面也可以集成带网络功能的模块，这些交换机称为三层交换机；除此以外，某些操作系统软件也可以实现网络层路由功能，这些路由功能被称为软件路由，实现软件路由的前提是安装该操作系统的主机必须是多宿主主机。

在图 4.2、图 4.3 和图 4.5 中，网络由路由器进行互连，如果不考虑每一个网络的细节，为了研究路由器的功能，可以将具体的网络抽象为连接路由器的线段。这样，网络就可以看作是一个由线段连接节点的无向图 G=(V,E)。其中 V={a,b,c,d,e,…}为表示各个路由器的节点，E={(a,b),…}为连接连个路由器的线段。总而言之，网络是由节点和连线构成，表示诸多对象及其相互联系。在数学上，网络是一种图，一般认为它专指加权图。网络除了数学定义外，还有具体的物理含义，即网络是从某种相同类型的实际问题中抽象出来的模型。在计算机领域中，网络是信息传输、接收、共享的虚拟平台，通过它把各个点、面、体的信息联系到一起，从而实现这些资源的共享。

在应用上，为了清晰地表示网络的实际情况，有时会将互联的网络用云表示，而需要研究的网络连接的细节(如带宽等)在图上标识清楚，如图 4.17 给出了 CERNET 华东(北)地区的主干网络情况。在图 4.17 中仅标识了各大城市的路由情况，但是具体到每一个城市也存在网络互联的情况，如图 4.18 是南京高校的高速城域网拓扑图。

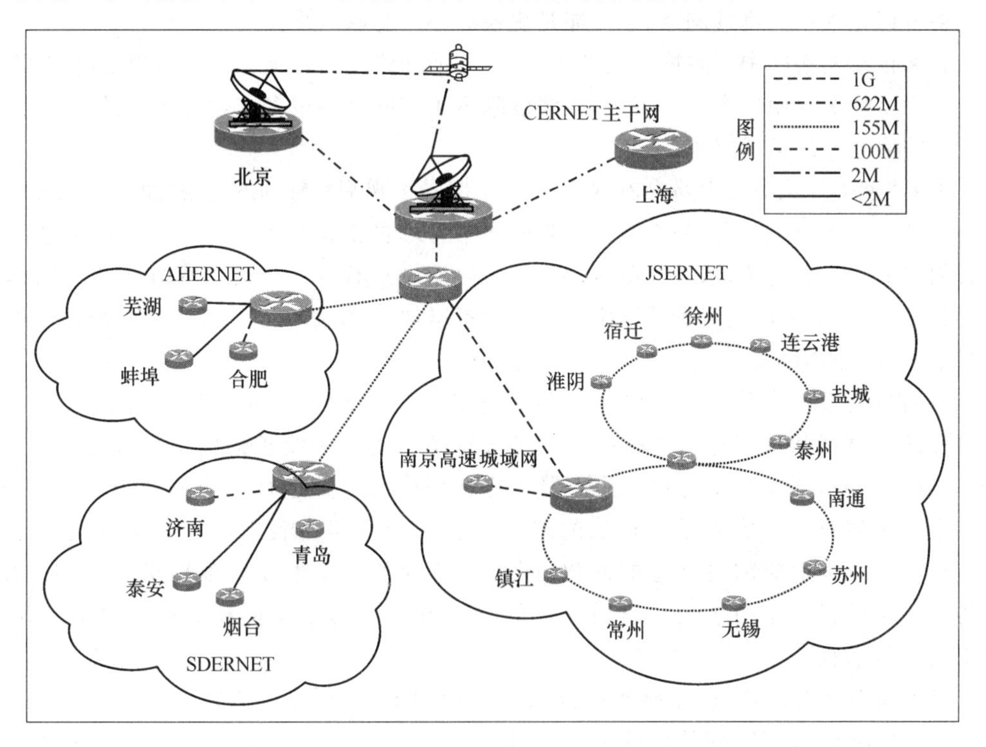

图 4.17 CERNET 华东(北)地区主干网络拓扑图

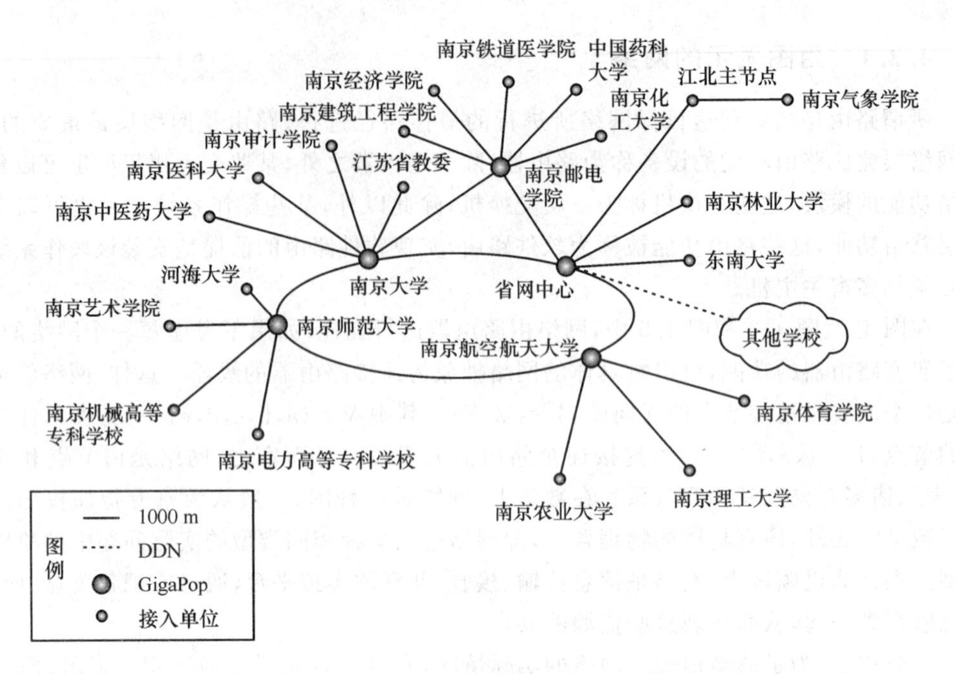

图 4.18　南京高校城域网拓扑图

综上所述，在研究网络的情况时，可以用图来表示网络；随着研究目标的不同，网络图也可以限定规模。在图中，节点是连接网络的路由设备，而线段是两个路由器之间的网络，这个网络可以是单一的物理网络，也可能是规模更小的互联网络。

如果仅从网络图中了解网络的情况，路由器的网络连接情况比较容易确定，但是连接路由器的网络情况仅用一个线段表示，该线段隐藏了该网络的很多实际情况，人们很难使用一种统一的表述方法描述路由。

为了很好地生成和管理路由表，对于网络情况易于观测并管理的网络(如图 4.2、图 4.3 和图 4.5)可以使用静态路由，静态路由都是由网络管理员根据其掌握的网络联通信息以手工方式创建的路由表选项，这种路由常用于与外界网络只有唯一通道的所谓 STUB 网络。显然，当网络互联规模增大或者网络中的变化因素增加时，依靠手工方式生成和维护路由表会变得不可想象的困难。

当网络规模扩大并且网络情况复杂的情况下(如图 4.17 和图 4.18)，必然需要一种能自动适应网络状态变化而对路由表信息进行动态更新和维护的路由生成方式，这就是动态路由。动态路由是指通过在路由器上运行路由协议并进行相应的路由协议配置，即可保证路由器自动生成并维护正确的路由信息的一种路由表生成和维护方式。这种方式不仅能更好地适应网络状态的变化，同时也减少了人工生成和维护路由表的工作量。但为此付出的代价是用于运行路由协议的路由器之间为了交换和处理路由更新信息而带来的资源消耗。

对于动态路由，其协议按照作用范围和目标的不同，可以分为内部网关协议(Interior Gateway Protocol，IGP)和外部网关协议(Exterior Gateway Protocol，EGP)。IGP 用于由相同机构操纵或管理，对外表现出相同的路由视图的路由器所组成的系统。EGP 则作用于不同组织或系统之间的网络互联。根据评价因子和权重来看，动态路由可以分为距离向量路由协议、链路状态路由协议和混合型路由协议三大类。距离向量协议的典型例子是路由信息协议(Routing Information Protocol,RIP),而链路状态协议的典型是开放式最短路径优先 (Open Shortest Path First,OSPF)。

4.2.2 距离向量(RIP)

RIP 作为 IGP 中最先得到广泛使用的一种协议,主要应用于自治系统(Autonomous System)内。RIP 主要设计来利用同类技术与大小适度的网络一起工作。因此通过速度变化不大的接线连接,RIP 比较适用于简单的校园网和区域网,但并不适用于复杂网络的情况。

1. 工作原理

RIP 是一种分布式的基于距离向量的路由选择协议,是因特网的标准协议,其最大的优点就是简单。RIP 协议要求网络中每一个路由器都要维护从它自己到其他每一个目的网络的距离记录。RIP 协议将"距离"定义为:从一路由器到直接连接的网络的距离定义为 1。从一路由器到非直接连接的网络的距离定义为每经过一个路由器则距离加 1。"距离"也称为"跳数(hop)"。

RIP 认为好的路由就是它通过的路由器的数目少,即"距离短"。RIP 允许一条路径最多只能包含 15 个路由器,因此,距离等于 16 时即为不可达。可见 RIP 协议只适用于小型互联网。RIP 不能在两个网络之间同时使用多条路由。RIP 选择一条具有最少路由器的路由(最短路由),哪怕存在另一条高速但路由器较多的路由。

RIP 的特点是:

(1) 仅和相邻的路由器交换信息。如果两个路由器之间的通信不经过另外一个路由器,那么这两个路由器是相邻的。RIP 协议规定,不相邻的路由器之间不交换信息。

(2) 路由器交换的信息是当前本路由器所知道的全部信息,即自己的路由表。交换的信息包括:本路由器到其他网络的最短距离,以及每个网络需要经过的下一跳路由器。

(3) 按固定时间间隔交换路由信息,如,每隔 30 秒,然后路由器根据收到的路由信息更新路由表。当网络拓扑发生变化时,路由器也会及时向相邻路由器通告拓扑变化后的路由信息。

路由器在刚刚开始工作时,只知道到直接连接的网络的距离(此距离定义为 1)。以后,每一个路由器也只和数目非常有限的相邻路由器交换并更新路由信息。经过若干次更新后,所有的路由器最终都会知道到达本自治系统中任何一个网络的最短距离和下一跳路由器的地址。虽然 RIP 协议看起来比较奇怪:相互间的路由表信息互相依赖。但是事实证明,RIP 协议的收敛(convergence)过程较快。收敛即在自治系统中所有的节点都得到正确的路由选择信息的过程。

路由表更新的原则是找出每个目的网络的最短距离。这种更新算法即距离向量算法。

2. 距离向量算法

收到相邻路由器(其地址为 X)的一个 RIP 报文,进行以下步骤:

(1) 先修改此 RIP 报文中的所有项目:将"下一跳"字段中的地址都改为 X,并将所有的"距离"字段的值加 1。

(2) 对修改后的 RIP 报文中的每一个项目,重复以下步骤:

① 若项目中的目的网络不在路由表中,则将该项目加到路由表中。

否则(即在路由表中有目的网络,这时就查看下一跳路由器地址)

② 若下一跳字段给出的路由器地址是同样的，则将收到的项目替换原路由表中的项目。

否则（到目的网络的下一跳不是 X）

③ 若收到项目中的距离小于路由表中的距离，则进行更新。

否则，什么也不做。

(3) 若 3 分钟还没有收到相邻路由器的更新路由表，则将此相邻路由器记为不可达的路由器，即将距离置为 16（距离为 16 表示不可达）。

(4) 返回。

需要注意的是：RIP 协议让互联网中的所有路由器都和自己的相邻路由器不断交换路由信息，并不断更新其路由表，使得从每一个路由器到每一个目的网络的路由都是最短的（即跳数最少）。虽然所有的路由器最终都拥有了整个自治系统的全局路由信息，但由于每一个路由器的位置不同，它们的路由表也是不同的。

为了说明 RIP 算法的运行情况，我们假设有一个网络如图 4.19 所示，并且该网络初始状况也如图 4.19 所示。

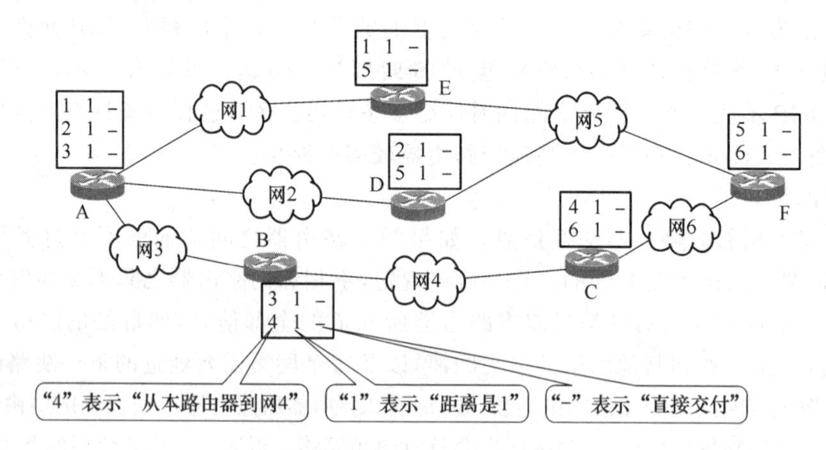

图 4.19　初始化的网络路由情况

此时，路由器 B 收到路由器 A 和 C 的路由信息：

(1) A 说："我到网 1 的距离是 1。"因此 B 现在也可以到网 1，距离是 2，经过 A。

(2) A 说："我到网 2 的距离是 1。"因此 B 现在也可以到网 2，距离是 2，经过 A。

(3) A 说："我到网 3 的距离是 1。"但 B 没有必要绕道经过路由器 A 再到达网 3，因此这一项目不变。

(4) C 说："我到网 4 的距离是 1。"但 B 没有必要绕道经过路由器 C 再到达网 4，因此这一项目不变。

(5) C 说："我到网 6 的距离是 1。"因此 B 现在也可以到网 6，距离是 2，经过 C。

其过程可以表示如图 4.20 所示。

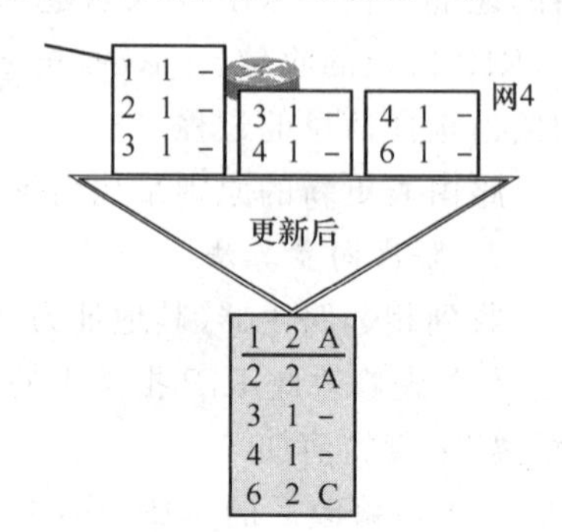

图 4.20　路由器 B 经过一次交互后的路由信息变化

最终通过所有的路由表之间交换信息，整个网络中的路由器的路由表收敛到如图 4.21 所示。可以看出，每一个路由器的路由表都不同。

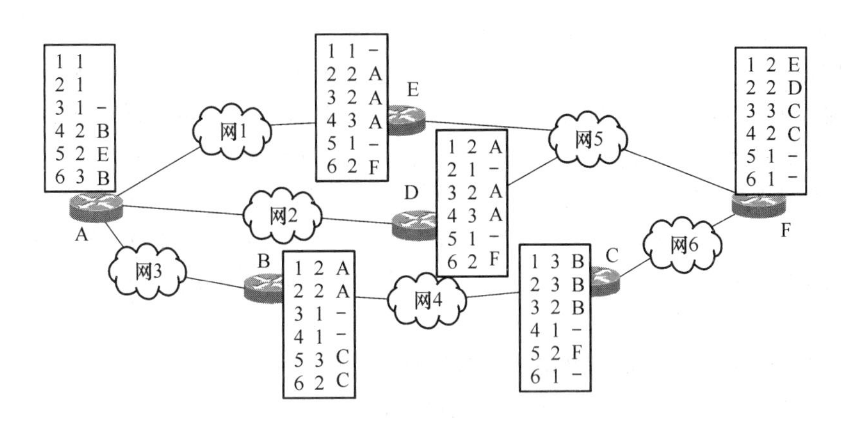

图 4.21　最终路由器的路由表信息

3. RIP 的报文格式

RIP 协议使用传输层的用户数据报 UDP 进行传送(使用 UDP 的端口 520)。RIP 协议的位置应当在应用层,但转发 IP 数据报的过程是在网络层完成的。RIP 协议有两个版本:RIPv1 仅使用有类路由,即没有子网的概念;RIPv2 [RFC 2453]提供网络掩码信息,称为无类路由。RIPv2 具有简单鉴别功能,支持组播。

RIP 的报文格式如图 4.22 所示。

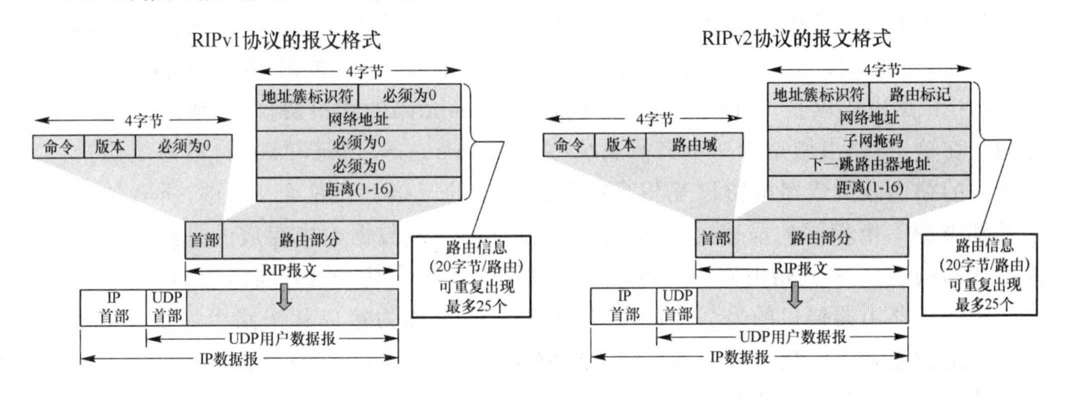

图 4.22　RIP 报文格式

如图 4.22 所示,RIP 报文由首部和路由部分组成。其中首部占 4 字节。首部的命令字段指出报文的意义。例如 1 表示请求路由信息,2 表示对请求路由信息的响应或更新路由报文。

RIP2 的路由部分由若干个路由信息组成。每个路由信息需要用 20 个字节。地址簇标识符(又称为地址类别)字段用来标志所使用的地址协议。采用 IP 地址则需要令该字段值为 2。路由标记填入自治系统的号码,这是考虑使 RIP 有可能收到本自治系统以外的路由选择信息。再后面指出某个网络地址、该网络的子网掩码、下一跳路由器地址以及到此网络的距离。这些路由信息可以重复出现最多 25 个。

RIP2 还具有简单的鉴别功能,这时将原来写入第一个路由信息的位置用作鉴别,且地址族标记置为全 1,路由标记写入鉴别类型,剩下的 16 字节为鉴别数据。在鉴别数据后可以跟上路由信息,这时最多只能再放入 24 个路由信息。

RIP 协议最大的优点就是实现简单，开销较小。

RIP 也有其局限性。比如 RIP 支持站点的数量有限，这使得 RIP 只适用于较小的自治系统，不能支持超过 15 跳数的路由。再如，路由表更新信息将占用较大的网络带宽，因为 RIP 每隔一定时间就向外广播发送路由更新信息，而且路由器之间交换的路由信息是路由器中的完整路由表，在有许多节点的网络中，这将会消耗相当大的网络带宽。此外，RIP 的收敛速度慢，因为一个更新要等 30 s，而宣布一条路由无效必须等 180 s，而且这还只是收敛一条路由所需的时间，有可能要花好几个更新才能完全收敛于新拓扑，RIP 的这些局限性显然削弱了网络的性能。

RIP 存在的一个问题是当网络出现故障时，要经过比较长的时间才能将此信息传送到所有的路由器。这种特点也被称为“好消息传播快，坏消息传播慢”。

4.2.3 链路状态(OSPF)

由于 RIP 对网络规模的限制，已经不适用于越来越大规模的基于 IP 的自治网络。为了满足建造越来越大基于 IP 网络的需要，20 世纪 80 年代末期，以 Dijkstra 算法为基础，融合了一些和生产厂商相关的技术，形成了开放式最短路径优先(Open Shortest Path First，OSPF)为代表的链路状态路由协议。OSPF 的第二版本 OSPF2 已经成为因特网标准协议[RFC 2328]。

1. OSPF 协议的基本特点

从名称上看，OSPF 首先是开放的，“开放”表明 OSPF 协议不是受某一家厂商控制，而是公开发表的。其次，“最短路径优先”是因为使用了 Dijkstra 提出的最短路径算法 SPF。

OSPF 路由协议是一种典型的链路状态(Link-state)的路由协议，一般用于同一个路由域内。在这里，路由域是指一个自治系统(Autonomous System，AS)，自治系统是指一组通过统一的路由政策或路由协议互相交换路由信息的网络。在这个 AS 中，所有的 OSPF 路由器都维护一个相同的描述这个 AS 结构的数据库，该数据库中存放的是路由域中相应链路的状态信息，OSPF 路由器正是通过这个数据库计算出其 OSPF 路由表的。

链路是路由器接口的另一种说法，因此 OSPF 也称为接口状态路由协议。OSPF 通过路由器之间通告网络接口的状态来建立链路状态数据库，生成最短路径树，每个 OSPF 路由器使用这些最短路径构造路由表。

作为一种链路状态的路由协议，OSPF 将链路状态组播数据(Link State Advertisement，LSA)传送给在某一区域内的所有路由器，这一点与距离向量路由协议不同。运行距离向量路由协议的路由器是将部分或全部的路由表传递给与其相邻的路由器。

OSPF 相对于 RIP，主要有以下三个特点：

(1) 每个路由器向本自治系统中相邻路由器发送信息，这里使用的方法是洪泛法。当路由器收到邻居节点发送的路由信息后，会再次转发该信息到自己的相邻节点(仅不再发送给刚刚发送信息来的路由器)。最终整个区域中所有路由器都收到该信息的一个副本。而 RIP 的信息交互到邻居节点即告结束。

(2) 发送的信息就是与本路由器相邻的所有路由器的链路状态，但这只是路由器所知道的部分信息。所谓“链路状态”就是说明本路由器都和哪些路由器相邻，以及该链路的“度量 (metric)”。OSPF 将这个度量用来表示距离、带宽、时延、开销等。而这些度量可以由网络管理员来决定，因此比较灵活。

(3) 只有当链路状态发生变化时,路由器才用洪泛法向所有相邻路由器发送此信息。而 RIP 是定期与相邻节点交换路由表信息。

各路由器频繁交换链路状态信息,形成的链路状态数据库实际上是一个全网的拓扑结构图。该拓扑在全网范围内是一致的,这被称为是链路状态数据库的同步。OSPF 的链路状态数据库能较快地进行更新,使各个路由器能及时更新其路由表。OSPF 的更新过程收敛得快是其重要优点。

2. OSPF 的区域

由于 OSPF 路由器之间会将所有的链路状态(LSA)相互交换,毫不保留,当网络规模达到一定程度时,LSA 将形成一个庞大的数据库,势必会给 OSPF 计算带来巨大的压力;为了能够降低 OSPF 计算的复杂程度,缓存计算压力,OSPF 采用分区域计算,将网络中所有 OSPF 路由器划分成不同的区域,每个区域负责各自区域精确的 LSA 传递与路由计算,然后再将一个区域的 LSA 简化和汇总之后转发到另外一个区域,这样一来,在区域内部,拥有网络精确的 LSA,而在不同区域,则传递简化的 LSA。区域的划分为了能够尽量设计成无环网络,所以采用了核心与分支的拓扑,如图 4.23 所示。

为了更好地标记每个区域,每一个区域都有一个类似 IP 地址的 32bit 区域标识符(用点分十进制表示)。当然,区域也不能太大,在一个区域内的路由器最好不超过 200 个。

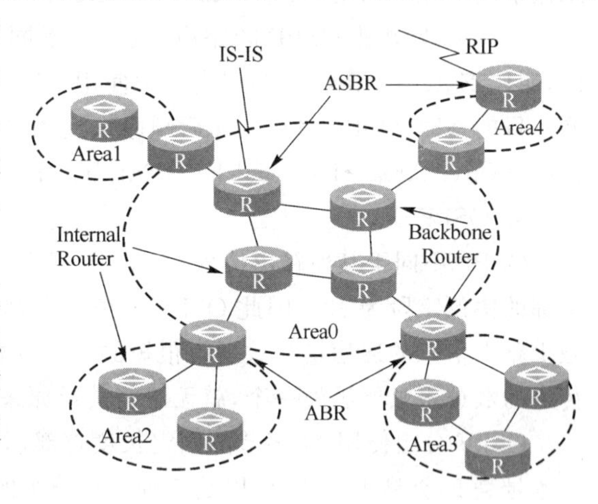

图 4.23 OSPF 区域的划分

划分区域的好处就是将利用洪泛法交换链路状态信息的范围局限于每一个区域而不是整个的自治系统,这就减少了整个网络上的通信量。在一个区域内部的路由器只知道本区域的完整网络拓扑,而不知道其他区域的网络拓扑情况。OSPF 使用层次结构的区域划分。在上层的区域叫作主干区域(backbone area)。主干区域的标识符规定为 0.0.0.0。主干区域的作用是用来连通其他在下层的区域,如图 4.23 所示。而其他区域称为常规区域(Normal area),在理论上,所有的常规区域应该直接和骨干区域相连,常规区域只能和骨干区域交换 LSA,常规区域与常规区域之间即使直连也无法互换 LSA,如图 4.23 所示,即使 Area1 和 Area2 之间有路由设备互连,它们之间的 LSA 也不直接交换,而是必须通过 Area0 转发。

OSPF 区域是基于路由器的接口划分的,而不是基于整台路由器划分的,一台路由器可以属于单个区域,也可以属于多个区域,如图 4.23 所示。如果一台 OSPF 路由器属于单个区域,即该路由器所有接口都属于同一个区域,那么这台路由器称为内部路由器(Internal Router,IR);如果一台 OSPF 路由器属于多个区域,即该路由器的接口不都属于一个区域,那么这台路由器称为区域边界路由器(Area Border Router,ABR),这些路由器运行多份基本路由选择算法,每份用于一个连接的区域,区域边界路由器浓缩它们所附属的区域的拓扑信息并散布到主干,主干反过来再将信息分发到其他区域;接口到主干区域的路由器称为主干路由器(Backbone Router,BR),包括所有连接到不止一个区域的路由器,以及主干区域的内部路由器;与属于其他 AS 的路由器交换路由信息的路由器称为 AS 边界路由器(Autonomous System Boundary Router,ASBR),这样的路由器将 AS 外部路由信息传遍本自治系统,AS 中的每个路由器都知道到每一 AS 边界路由器的路径。在区域中,可以配置任何 OSPF 路由器成为 ABR 或 ASBR。

一台路由器可以运行多个 OSPF 进程,不同进程的 OSPF,可视为没有任何关系,如需要获得相互的路由信息,需要重分布。每个 OSPF 进程可以有多个区域,而路由器的链路状态数据库是分进程和分区域存放的。

由于 OSPF 有着多种区域,所以 OSPF 的路由在路由表中也以多种形式存在,共分以下几种:(1) 如果是同区域的路由,叫作 Intra-Area Route,在路由表中使用 O 来表示;(2) 如果是不同区域的路由,叫作 Inter-Area Route 或 Summary Route,在路由表中使用 OIA 来表示;(3) 如果并非 OSPF 的路由,或者是不同 OSPF 进程的路由,只是被重分布到 OSPF 的,叫作 External Route,在路由表中使用 OE2 或 OE1 来表示。当存在多种路由可以到达同一目的地时,OSPF 将根据先后顺序来选择要使用的路由,所有路由的先后顺序为:Intra-Area→Inter-Area→External E1→External E2,即 O→OIA→OE1→OE2。

3. OSPF 分组

OSPF 不同于其他路由协议,它不用 UDP 而是直接用 IP 数据报传送(这时 IP 数据报首部的协议字段为 89),因此 OSPF 的位置在网络层。OSPF 构成的数据报很短,这样做可减少路由信息的通信量。数据报很短的另一好处是可以不必将长的数据报分片传送。分片传送的数据报只要丢失一个,就无法组装成原来的数据报,而整个数据报就必须重传。

OSPF 分组使用 24 字节的固定长度首部,如图 4.24 所示。其中版本字段 1 字节,当前版本号是 2;类型 1 字节,可以是 5 种类型分组的一种;分组长度 2 字节,指包括首部在内的分组长度,以字节为单位;路由器标识符占 4 字节,标志发送该分组的路由器的接口 IP 地址;区域标识符占 4 字节,用来标识该分组所属的区域;校验和 2 字节;鉴别类型 2 字节,目前只有 0(不用)和 1(口令)两种;鉴别 8 字节,如果鉴别类型为 0 则填入 0,如果鉴别类型为 1 则填入 8 个字符的口令。

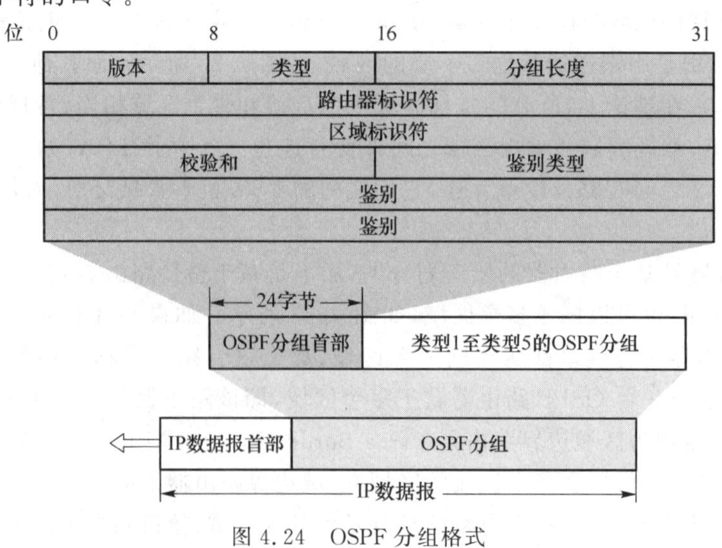

图 4.24 OSPF 分组格式

OSPF 共有五种分组类型：

(1) 类型 1，问候(Hello)分组，用来发现和维持邻站的可达性；

(2) 类型 2，数据库描述(Database Description，DD)分组，向邻站给出自己的链路状态数据库中所有链路状态项目的摘要信息；

(3) 类型 3，链路状态请求(Link State Request)分组，向对方请求发送某些链路状态项目的详细信息；

(4) 类型 4，链路状态更新(Link State Update)分组，用洪泛法对全网更新链路状态，这是 OSPF 中最复杂的分组，也是 OSPF 协议的核心；

(5) 类型 5，链路状态确认(Link State Acknowledgment)分组，用于对链路更新的确认。

4. OSPF 的工作方式

OSPF 规定一个路由器的路由表通过以下要点产生路由表：

(1) 每个区域运行单独一份 OSPF 基本路由选择算法，算法规定路由器之间如何通告链路状态；

(2) 一个区域中的所有路由器最终将有完全相同的链路状态数据库；

(3) 每个路由器根据数据库构建最短路径树；

(4) 最后由最短路径树得到路由表。

链路状态数据库同步过程的主要步骤：①HELLO 报文发现邻居；②主从关系协商；③DD报文交换；④LSA 请求；⑤LSA 更新。如图 4.25 所示。

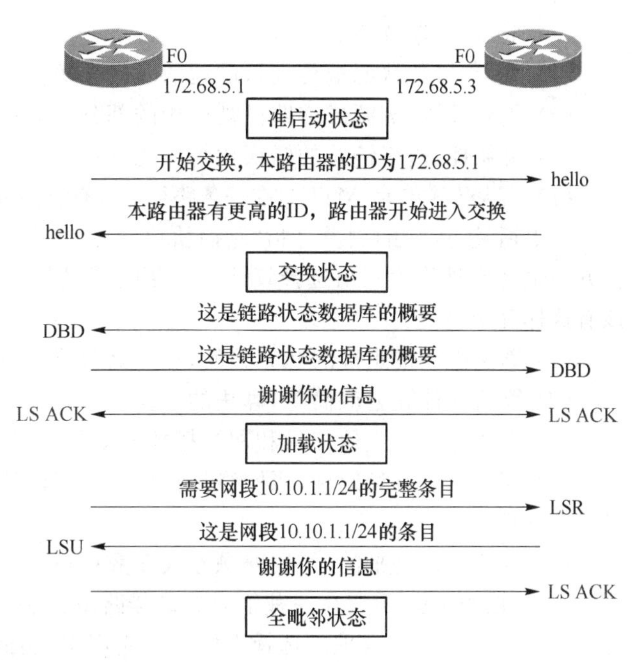

图 4.25 OSPF 链路状态同步的过程

以上过程是两台路由器由相互没有发现对方的存在到建立邻接关系的过程。或者可以理解为网络中新加入一台路由器时的处理情况。当两台路由器之间的状态机都已经达到全毗邻(Full)状态之后，如果此时网络中再有路由变化时，就无须重复以上的所有步骤。只由一方发送 LS Update 报文通知需要更新的内容，另一方发送 LS ACK 报文予以回应即可。双方的邻居状态机在此过程中不再发生变化。

由于 OSPF 对不同的链路可根据 IP 分组的不同服务类型 TOS 而设置成不同的代价，因此，OSPF 对于不同类型的业务可计算出不同的路由。在 OSPF 中规定，如果到同一个目的网络有多条相同代价的路径，那么可以将通信量分配给这几条路径，这叫作多路径间的负载平衡。OSPF 还规定，每隔一段时间，如 30 分钟，要刷新一次数据库中的链路状态。同时，每一个链路状态都带上一个 32 bit 的序号，序号越大状态就越新。由于一个路由器的链路状态只涉及与相邻路由器的连通状态，因而与整个互联网的规模并无直接关系。因此当互联网规模很大时，OSPF 协议要比距离向量协议 RIP 好得多。而且，OSPF 没有“坏消息传播得慢”的问题，据统计，其响应网络变化的时间小于 100 ms。OSPF 还具有其他的好处，比如，所有在 OSPF 路由器之间交换的分组都具有鉴别的功能，可以支持可变长度的子网划分和无分类编址 CIDR。

4.2.4 度量标准

一个“数据报文”到达一个目的地网络时可能会有很多条路径，则路由协议会为每条路径计算出一个数值，这个数值就是路径的度量值，这个度量值是没有单位的，然后路由协议会根据度量值的大小来判别哪条路径是到达目的地网络的最佳路径，度量值越小，则这条路径就越佳，每个路由协议计算度量值的标准都不相同，所以不同的路由协议选择出的最佳度量可能也是不一样的。

度量值的计算可以只考虑路径的一个特性，但更复杂的度量值是综合了路径的多个特性产生的。一些常用的度量值有以下几种。

(1) 跳数：报文到达目的网络要通过的路由器输出端口的个数；

(2) 代价：可以是一个任意的值，是根据带宽、费用或其他网络管理者定义的计算方法得到的；

(3) 带宽：数据链路的容量；

(4) 时延：报文从源端传到目的地的时间长短；

(5) 负载：网络资源或链路已被使用的部分的大小；

(6) 可靠性：网络链路的错误比特的比率；

(7) 最大传输单元(MTU)：在一条路径上所有链接可接受的最大消息长度(单位为字节)。

综上所述，度量的测量是指“路由协议”判别到达“目的地网络”的最佳路径的方法。这种方法也经常被称为路由选择算法。为了找到最佳度量，我们希望理想的路由选择算法应该有这样几个特点：

(1) 算法必须是正确的和完整的，至少路由算法应该能找到到达最终目的网络的主机；

(2) 算法在计算上应简单，算法的开销要小；

(3) 算法应能适应通信量和网络拓扑的变化，这就是说，要有自适应性；

(4) 算法应具有稳定性，当网络拓扑相对稳定的情况下，路由应该能稳定地收敛到一个可接收的解；

(5) 算法应是公平的，需要兼顾到大多数用户。

需要注意的是，不存在一种绝对的最佳路由算法。所谓“最佳”只能是相对于某一种特定要求下得出的较为合理的选择而已。在应用中，实际的路由选择算法应尽可能接近于理想的算法。

路由选择是个非常复杂的问题，它是网络中的所有节点共同协调工作的结果。而且，路由选择的环境往往是不断变化的，而这种变化有时无法事先知道。同时，在不同的要求下，对于各种不同因素的权值可能不同，度量的结果也不尽相同。

4.3 全球因特网

在今天看来，ARPANET 早期对 IP 地址的设计不够合理，主要体现在以下方面：

(1) IP 地址空间的利用率很低。每一个 A 类地址网络可以连接的主机超过 1 000 万，而 B 类地址的主机也超过 6 万，然而很多网络对连接在网络上的计算机数目很有限，比如 10BASE-T 以太网规定最大节点数只有 1 024 个，使用 C 类网络不够，B 类网络的 IP 地址利用率仅 2%；同时，很多组织为了考虑今后的发展会申请较大的网络地址而不在现在使用，造成 IP 地址的浪费。

(2) 由于每个网络都有其单独的网络号，在路由表中形成一条路由项目，路由表变得无比庞大，不仅需要路由器提供更多的存储空间，也会使查找路由的时间耗费更多，导致性能变坏。

(3) 两级的 IP 地址灵活性不够。当某个组织需要在新地点建立新的网络时，需要重新申请新 IP 地址，即使组织原来拥有的 IP 地址完全足够也无法交给新地点使用。

4.3.1 子网

为了解决以上问题，1985 年起在 IP 地址中又增加了“子网号字段”，使两级的 IP 地址变成了三级的 IP 地址，这种做法称为划分子网(subneting)[RFC 950]，或子网寻址或子网路由选择。

1. 划分子网的基本思路

当一个组织拥有许多的物理网络时，在组织内可以将物理网络划分为若干个子网(subnet)。而对外仍然表现为一个网络，网络外的其他主机并不能发现这个网络有多少个子网，也就是说，划分子网是一个组织内部的事情。

网络外的主机发给该组织某个主机的 IP 数据报，仍然根据 IP 数据报的目的网络号找到连接在本组织的路由器，但该路由器收到 IP 数据报后，需要按目的网络号和子网号找到目的子网，再将 IP 数据报交付给目的主机。

划分子网的方法是将网络的主机号 host-id 中借用若干位作为子网号 subnet-id，主机号减少相应的位数，将两级的 IP 地址变成三级 IP 地址，即 IP 地址＝网络号＋子网号＋主机号。

我们使用一个例子来说明如何划分子网。现在一个组织有一个 B 类地址 133.189.0.0(网络号为 133.189)，现在分别要给 5 个不同的部门划分子网，如果使用 8 位划分子网，则可以划分出 5 个子网为：133.189.139.0、133.189.182.0、133.189.188.0、133.189.185.0、133.189.186.0。在划分子网后，整个网络对外仍然表现为一个网络，其网络地址仍然是 133.189.0.0，但是连接网络的边界路由器在收到外来的数据报后，需要再根据数据报的目的地址把它转发到相应的子网。

划分子网并不改变原来 IP 地址的网络号 net-id，仅对主机号 host-id 再划分，将两级的 IP 地址结构变成三级结构。

2. 子网掩码

由于外部网络并不清楚子网的划分，且从 IP 数据报的目的主机 IP 地址本身或者数据报的首部都没有包含有关子网划分的信息，那么就需要提供一种机制来明确到达的 IP 数据报该交给哪个子网，这种机制称为子网掩码(subnet mask)。

子网掩码仍然是 32 位，由一串连续的 1 和跟随的一串连续的 0 组成，其中连续的 1 对应 IP 地址中的网络号和子网号，而连续的 0 对应于现在的主机号。

仍然用以上的例子，由于借用了 8 位的主机号用于划分子网，因此，子网掩码为对应网络号的 1、对应子网号的 1 与对应主机号的 0，二进制为 11111111 11111111 11111111 00000000，用点分十进制表示为 255.255.255.0。假设边界路由器收到目的地址为

133.189.188.10的数据报，则将该目的IP地址与子网掩码逐位相"逻辑与(AND)"运算，就可以得出所要找到的子网的网络地址133.189.188.0。如图4.26显示了该过程。

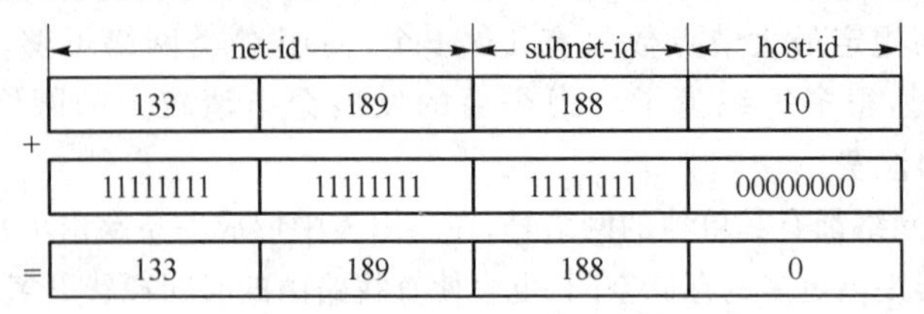

图4.26 IP地址和子网掩码

子网掩码是一个网络或一个子网的重要属性。在RFC 950称为正式标准后，路由器在和相邻路由交换路由信息时，必须告知子网掩码。路由器的路由表中的每一个项目，除了要给出目的网络地址外，还要同时给出该网络的子网掩码。若路由器连接在两个子网上就拥有两个网络地址和两个子网掩码。

使用子网掩码带来的好处是路由器处理分组可以采用同样的方法：只要把子网掩码和IP地址进行逻辑与运算，就可以立即得到网络地址。因此，因特网标准规定，即使不划分子网，也需要提供子网掩码，这时该网络的子网掩码使用默认子网掩码。显然，A类地址的子网掩码是255.0.0.0，B类地址的子网掩码是255.255.0.0，C类地址的子网掩码是255.255.255.0。

表4.4显示了C类地址的子网划分的选择。其中，子网数是根据子网号计算出来，若子网号有n位，则共有2^n种可能的排列，除去全0和全1两种情况，就得出子网数。同时，主机号一样不能有全0和全1的情况出现。

表4.4 C类地址的子网划分选择

借用位数	子网掩码	子网数	每个子网的主机数
2	255.255.255.192	2	62
3	255.255.255.224	6	30
4	255.255.255.240	14	14
5	255.255.255.248	30	6
6	255.255.255.252	62	2

使用子网掩码进行子网的划分增加了灵活性，但是这是以牺牲能够连接到网络上的主机总数为代价的。

3. 使用子网时的分组转发

采用子网编址方案时的IP数据报转发算法如下，其中数据报为DG，路由表为T。同时要注意，使用子网划分后，路由表必须包含：目的网络地址、子网掩码和下一跳地址这三项。

```
从数据报DG中取出目的IP地址ID;
for 表T中的每一表项 do
将ID与表项中的子网掩码按位相"与"，结果为N;
if N等于该表项中的目的网络地址，则
    if 下一跳指明应直接交付，则
        把DG直接交付给目的站
    else
        把DG发往本表项指明的下一跳地址
    return.
```

```
for_end
因没有找到匹配的表项，向 DG 的源站发送一个目的不可达差错报告。
```

4.3.2 无类路由选择(CIDR)

划分子网带来了 IP 地址管理的灵活性，但是它也带来了新的问题：由于每一个子网都需要一个路由项目，引起路由表中的项目急剧增长。为了解决这个问题，在变长子网掩码(Variable Length Subnet Mask，VLSM)的基础上提出了无分类编址的方法，其正式名称是无分类域间路由选择(Classless Inter-Domain Routing，CIDR)。

CIDR 是一个在 Internet 上创建附加地址的方法，这些地址提供给服务提供商(ISP)，再由 ISP 分配给客户。CIDR 将路由集中起来，使一个 IP 地址代表主要骨干提供商服务的几千个 IP 地址，从而减轻 Internet 路由器的负担。

1. CIDR 的基本思路

CIDR 消除了传统的 A 类、B 类和 C 类地址以及划分子网的概念，因而可以更加有效地分配 IPv4 的地址空间。CIDR 使用各种长度的“网络前缀”(network-prefix)来代替分类地址中的网络号和子网号。IP 地址从三级编址(使用子网掩码)又回到了两级编址。无分类的两级编址的 IP 地址变为：IP 地址＝网络前缀＋主机号。CIDR 还提供了一种“斜线记法”(slash notation)，它又称为 CIDR 记法，即在 IP 地址后面加上一个斜线“/”，然后写上网络前缀所占的比特数(这个数值对应于三级编址中子网掩码中比特 1 的个数)。

CIDR 对原来用于分配 A 类、B 类和 C 类地址的有类别路由选择进程进行了重新构建。CIDR 用 13～27 位长的前缀取代了原来地址结构对地址网络部分的限制(3 类地址的网络部分分别被限制为 8 位、16 位和 24 位)。在管理员能分配的地址块中，主机数量范围是 32～500 000，从而能更好地满足机构对地址的特殊需求。

CIDR 将网络前缀都相同的连续的 IP 地址组成“CIDR 地址块”。CIDR 建立于“超级组网”的基础上，“超级组网”是“子网划分”的派生词，可看作子网划分的逆过程。子网划分时，从地址主机部分借位，将其合并进网络部分；而在超级组网中，则是将网络部分的某些位合并进主机部分。这种无类别超级组网技术通过将一组较小的无类别网络汇聚为一个较大的单一路由表项，减少了 Internet 路由域中路由表条目的数量。

2. CIDR 的掩码

为了更方便地进行路由选择，CIDR 使用 32 位的地址掩码(address mask)，同样使用一串 1 和一串 0 组成，1 的个数就是网络前缀的长度。虽然 CIDR 不再使用子网，但由于历史原因，习惯上还会将地址掩码称为子网掩码。需要说明的是，CIDR 不使用子网是指在 CIDR的掩码中不能看出有多少位被借用于构建子网，并非在组织内部不能划分子网。

在 CIDR 的斜线记法中，“/”后的数字代表的是掩码开头有多少位的 1。比如前面的例子中的 B 类网络 133.189.0.0 可以简单地记为 133.189.0.0/16，这表示其掩码为二进制的 11111111 11111111 00000000 00000000，点分十进制是 255.255.0.0。在 CIDR 中点分十进制表示的网络号中连续的 0 可以省略，以上网络也可记为 133.189/16。现在希望将该网络划分为 5 个一般大小的网络，可以使用以上子网划分的方法，即网络划分为：133.189.32.0、133.189.64.0、133.189.96.0、133.189.128.0、133.189.160.0，子网掩码都是 255.255.224.0。如果使用 CIDR 的记法就可以记为 133.189.32/19、133.189.64/19、133.189.96/

19、133.189.128/19、133.189.160/19,其掩码跟以上的子网掩码一致。

由于 CIDR 不再使用子网,因此在掩码中并不反映子网的信息,原来子网号中需要规避的全 0 和全 1 的子网号部分就可以再拿来使用,也就是说,当以上的例子中,除了可以再使用 133.189.192/19 网络以外,133.189.0.0/19 和 133.189.224/19 网络也可以使用,相对于子网划分的方式大大节约了地址空间。

3. 路由聚合

斜线记法除了直观的好处外,还可以提供一些重要的信息,比如,网络 133.189.96/19,表示该网络的起始地址是 133.189.96.0,且掩码有 19 位的 1,则剩下的位数是主机号,网络可以容纳 $2^{(32-19)}-2=8190$ 台主机(主机号全 0 和全 1 的也不能使用),即 133.189.96.1～133.189.128.254。

因此,使用 CIDR 地址块可以表示很多地址,这种地址的聚合常称为路由聚合,它使得路由表中的一个项目可以表示很多个(例如上千个)原来传统分类地址的路由。路由聚合也称为构成超网(superneting)。这样,即可大幅度降低路由表中的项目数。

现在举一个例子来说明这个问题,假设南京邮电大学通达学院有 7 个系,分别需要连接到网络上的主机台数为一系 185 台、二系 503 台、三系 103 台、四系 231 台、五系 19 台、六系 61 台、七系 28 台。现在各网络之间希望互相独立,该如何规划网络呢?

如果使用分类的网络,由于 503(2)＞256＞185(1)、103(3)、231(4)、19(5)、61(6)、28(7),括号中数字分别表示系别。需要给二系申请一个 B 类地址网络,一系、三系、四系、五系、六系、七系分别申请一个 C 类地址网络,实际上很多地址无谓地浪费掉了。

如果使用子网划分的方法,二系仍然申请一个 B 类地址网络,四系申请一个 C 类地址网络,而 C 类地址划分的子网最多只能容纳 62 台主机,则一系、四系也必须各申请一个 C 类地址网络,剩下的六系最少需要一个 C 类网络划分的一半,另一半可以给五系或者七系,剩下的单独一个网络必须再申请一个 C 类地址网络,也就是说使用子网划分的方法仅比分类的网络少申请一个 C 类网络地址。

如果采用 CIDR,则可以看到 2×256＞503(2)＞256＞231(4)＞3×64＞185(1)＞128＞103(3)＞64＞61(6)＞32＞19(5)、28(7)＞16,所以二系可申请 2 个 C 类网络地址聚合、四系可以申请一个 C 类网络地址、一系可以单独申请一个 C 类网络地址或与某一个不大于 62 台主机的网络进行聚合成一个 C 类网络地址、三系可以与一个不大于 126 台主机的网络聚合成一个 C 类网络……现在假设信息中心按照从 202.119.224/24 开始申请网络地址,则二系申请的地址为 202.119.224/24 和 202.119.225/24,可以聚合为网络 202.119.224/23。四系申请的地址为 202.119.226/24,一系申请的网络为 202.119.227/24,三系可以使用网络 202.119.228/25,六系可以使用网络 202.119.228.128/26,五系可以使用网络 202.119.228.192/27,七系可以使用网络 202.119.228.224/27。合计申请 5 个 C 类地址网络就够用了。

4. CIDR 的分组转发

在使用 CIDR 时,由于采用了网络前缀这种记法,IP 地址由网络前缀和主机号这两个部分组成,因此在路由表中的项目也相应地变成:网络前缀＋下一跳地址。这样带来的问题是:在查找路由表的时候可能会得到不止一个匹配结果。这时路由器的做法是,从匹配结果中选择具有最长网络前缀的路由,这种做法称为最长前缀匹配(longest-prefix matching)。有时也称为最长匹配或者最佳匹配。实际上,网络前缀越长,其地址块就越小,因而路由就越具体。

同样举例说明，假设路由器收到分组的目的地址 D=206.0.71.130，而路由表中有项目 206.0.68.0/22 和 206.0.71.128/25。首先查找路由表中的第 1 个项目。由于第 1 个项目 206.0.68.0/22 的掩码 M 有 22 个连续的 1，即 M = 11111111 11111111 11111100 00000000，观察 M 可知只需把 D 的第 3 个字节转换成二进制，计算过程如图 4.27 所示，得到的结果与 206.0.68.0/22 匹配。同样，D AND(11111111 11111111 11111111 10000000) =206.0.71.128/25，也与第二条路由项目相匹配。这时，选择两个匹配的地址中更具体的一个，即选择最长前缀的地址 206.0.71.128/25，并查找其下一跳，将数据报转发出去。

	M =	11111111	11111111	111111	00	00000000
AND	*D* =	206.	0.	010001	11 .	130
		206.	0.	010001	00 .	0

图 4.27 掩码和目的地址相与的计算过程

使用 CIDR 后，由于要寻找最长前缀匹配，使路由表的查找过程变得更加复杂了。因此迫切需要一种减小路由表查找时间的方法。通常的做法是把 CIDR 的路由表存在在一种层次的数据结构中，自上而下地进行查找。最简单常用的就是二叉线索(binary trie)，这是一种特殊结构的树。IP 地址中从左到右的比特值决定了从根节点逐层向下层延伸的路径，而二叉线索中的各个路径就代表路由表中存放的各个地址。如图 4.28 是二叉线索的一个例子，加粗的圈表示有路由项。

网络前缀/前缀长	下一跳
128.10.0.0/16	10.0.0.2
128.10.2.0/24	10.0.0.4
128.10.3.0/24	10.1.0.5
128.10.4.0/24	10.0.0.6
128.10.4.3/32	10.0.0.3
128.10.5.0/24	10.0.0.6
128.10.5.1/32	10.0.0.3

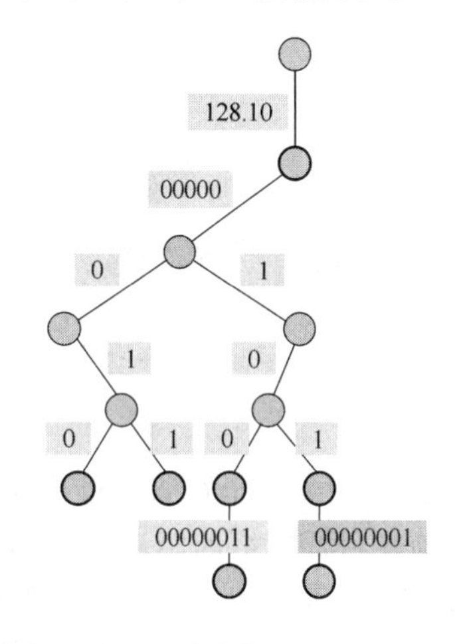

图 4.28 左边路由表构成右边的二叉线索树

4.3.3 域间路由选择(BGP)

在全球因特网的环境下，域内的路由选择协议显得不太合适，RIP 不能管理稍大规模的网络，OSPF 仅能对同一组织 AS 内部进行管理。实际上，由于因特网的规模太大，使得自治系统之间路由选择非常困难；同时，自治系统之间的路由选择必须考虑有关策略：比如说，有些安全性的数据不能通过无法监控的域。因此，需要一种适应域间的路由协议。需要指出的是，对于自治系统之间的路由选择，要寻找最佳路由是很不现实的。因此，域间路由选择只能是力求寻找一条能够到达目的网络且比较好的路由(不能兜圈子)，而并非要寻找一条最佳路由。

边界网关协议(Border Gateway Protocol，BGP)是运行于 TCP 上的一种自治系统的路由协议。BGP 是唯一一个用来处理像因特网大小的网络协议，也是唯一能够妥善处理好不相关路由域间的多路连接的协议。BGP 构建在 EGP 的经验之上。BGP 系统的主要功能是和其他的 BGP 系统交换网络可达信息。网络可达信息包括列出的 AS 的信息,这些信息有效地构造了 AS 互联的拓扑图并由此清除了路由环路,同时在 AS 级别上可实施策略决策。

1. BGP 的工作方式

BGP 协议运行在外部路由器上,如图 4.29 所示,这些路由器在网络拓扑上看就像裸露在内部网络边界,因此也被称为边界路由器。这些边界路由器通常也被称为 BGP 发言人。边界路由器之间如需交换信息,首先需要建立 TCP 连接(使用 179 号端口),然后在此连接上交换 BGP 报文以建立 BGP 会话(session),并利用该会话交换路由信息。BGP 使用 TCP 连接能提供可靠的服务,也简化了路由选择协议。使用 TCP 连接交换路由信息的两个边界路由器,彼此成为对方的邻站(neighbor)或对等站(peer)。

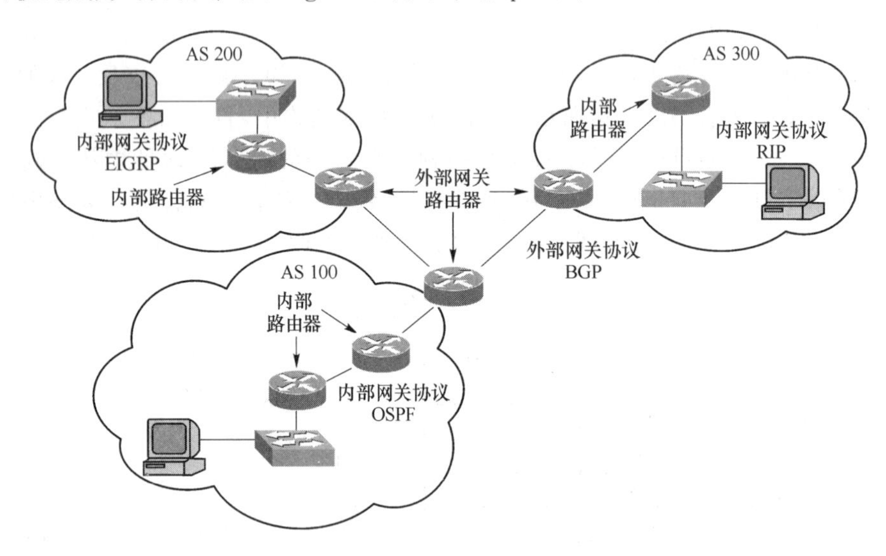

图 4.29 BGP 和 AS 之间的关系

BGP 的工作原理类似于距离矢量协议,它创建一个由网络和 AS 组成的数据库,再根据该数据库确定前往目标网络的距离和矢量。估计有 95%的 AS 使用 BGP,最新的 BGP 版本是第 4 版(BGP-4),RFC 4271 提供了有关它的最新描述。

如图 4.29 所示,假设 AS200 中的源主机将分组发送给位于另一个 AS 中的远程主机,该主机的地址为 192.168.32.1。由于该分组的目标 IP 地址不属于本地网络,因此内部路由器将沿默认路由传输分组,直至分组到达位于本地 AS 边缘的外部路由器。外部边界路由器维护着一个数据库,其中包含与其相连的所有自主系统。该可达性数据库向路由器提供了如下信息:(1) 网络 192.168.32.0 位于 AS300 中;(2) 前往该目标网络的路径穿越了多个自主系统;(3) 该路径的下一跳是邻接 AS 中的一台直接相连的外部路由器。外部路由器将分组转发到路径中的下一跳,即邻接 AS(AS 300)的外部路由器。分组到达邻接 AS,在这里,外部路由器将检查其可达性数据库,然后将分组转发到路径中的下一个 AS。每个 AS 都重复上述过程,直到目标 AS 的外部路由器发现分组的目标 IP 地址属于该 AS 中的内部网络。最后一台外部路由器将分组转发到其路由选择表中列出的下一跳内部路由器。此后,该分组将像本地分组一样由内部路由选择协议进行转换,它穿过一系列内部路由器,最终到达目标主机 192.168.32.1。

因此,可以看出,BGP 执行三类路由:(1) AS 间路由,指发生在不同 AS 的两个或多个

BGP路由器之间，通过相同的物理网络的路由，也被称为EBGP；(2) AS内部路由，指发生在同一AS内的两个或多个之间的对等路由器发生的路由，也称为IBGP；(3) 贯穿AS路由，一般发生在通过不运行BGP的AS交换数据的两个或多个BGP对等路由器之间。

BGP是一个路径向量协议，BGP所交换的网络可达性信息就是可到达的网络信息以及到达网络所要经过的一系列自治系统信息。而且，BGP协议交换路由信息的节点数量级是自治系统数的量级，这要比这些自治系统中的网络数少很多。每一个自治系统中BGP发言人(或边界路由器)的数目是很少的，这样就使得自治系统之间的路由选择不致过分复杂。

BGP支持CIDR，因此BGP的路由表也就应当包括目的网络前缀、下一跳路由器，以及到达该目的网络所要经过的各个自治系统序列。在BGP刚刚运行时，BGP的邻站是交换整个的BGP路由表。但以后只需要在发生变化时更新有变化的部分。这样做对节省网络带宽和减少路由器的处理开销方面都有好处。

2. BGP的报文

在RFC4271中规定了BGP-4的四种报文：

(1) open(打开)报文，用来建立最初的BGP连接，初始化通信。(包含hold-time，router-id等信息)。

(2) Keepalive(保活)报文，对等站之间用来周期性的交换这些消息以保持会话有效。(默认为60秒)。

(3) Update(更新)报文，对等站之间使用这些消息来交换网络层可达性信息。

(4) Notification(通知)报文，这些消息用来通知出错信息。

RFC2918中还增加了Route-Refresh报文，用来请求对等站刷新路由信息。

所有的BGP分组共享同样的公有首部，如图4.30所示，这个首部的字段为：① 标记，这个16字节标记字段保留给鉴别用；② 长度，这个2字节字段定义包括首部在内的报文总长度；③ 类型，这个1字节段定义分组的类型，用数值1～4定义BGP消息类型。

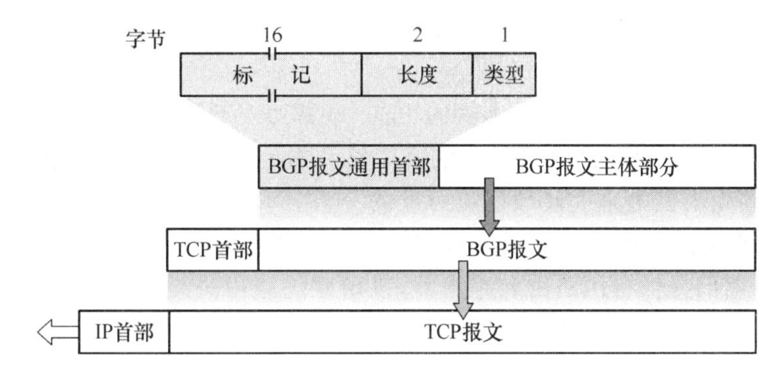

图4.30 BGP报文的格式

在首部的类型域中标识为open消息的BGP分组包含下列各域，这些域为两个BGP路由器建立对等关系提供了交换方案：(1) 版本，提供BGP版本号，使接收者可以确认它是否与发送者运行同一版本协议，该域为1字节，现在的值是4；(2) 自治系统，提供发送者的AS号，2字节；(3) 保持时间(Hold-time)，在发送者被认为失效前最长的不接收消息的秒数，2字节；(4) BGP标识，提供发送者的标识(IP地址)，在启动时决定，对所有本地接口和所有对等 BGP 路由器而言都是相同的,4 字节;(5) 可选参数长度,标识可选参数域的长度(如果存在的话),1 字节;(6) 可选参数,包含一组可选参数。目前只定义了一个可选参数类型:认证信息。认证信息含有下列两个域:① 认证码:标识使用的认证类型;② 认证数据:包含由认证机制使用的数据。

收到 Update 消息分组后,路由器就可以从其路由表中增加或删除指定的表项以保证路由的准确性。更新消息包含下列域:(1) 失效路由长度:标识失效路由域的总长度或该域不存在,2 字节;(2) 失效路由:包含一组失效路由的 IP 地址前缀;(3) 总路径属性长度:标识路径属性域的总长度或该域不存在,2 字节;(4) 路径属性:描述发布路径的属性,可能的值如下:① 源:必选属性,定义路径信息的来源;② AS 路径:必选属性,由一系列 AS 路径段组成;③ 下一跳:必选属性,定义了在网络层可达信息域中列出的应用到目的地下一跳的边缘路由器的 IP 地址;④ 多重出口区分:可选属性,用于在到相邻 AS 的多个出口间进行区分;⑤ 本地优先权:可选属性,用以指定发布路由的优先权等级;⑥ 原子聚合:可选属性,用于发布路由选择信息;⑦ 聚合:可选属性,包含聚合路由信息;⑧ 网络层可达信息:包含一组发布路由的 IP 地址前缀。

Notification 消息分组用于给对等路由器通知某种错误情况,包含 3 个字段:

(1) 错误码:标识发生的错误类型,1 字节。

下面为定义的错误类型:①消息头错,指出消息头出了问题,如不可接受的消息长度、标记值或消息类型;②始消息错,指出初始消息出了问题,如不支持的版本号,不可接受的 AS 号或 IP 地址或不支持的认证码;③更新消息错,指出更新消息出了问题,如属性列表残缺、属性列表错误或无效的下一跳属性;④保持时间过期,指出保持时间已过期,这之后 BGP 节点就被认为已失效;⑤有限状态机错,指示期望之外的事件;⑥终止,发生严重错误时根据 BGP 设备的请求关闭 BGP 连接。

(2) 错误子码:提供关于报告的错误的更具体的信息,1 字节。

(3) 错误数据:包含基于错误码和错误子码域的数据,用于检测通知消息发送的原因。

Keepalive 消息只有 BGP 的 19 字节长的通用首部。

3. 域间路由选择协议和 ISP

外部网关协议向 ISP 提供了很多有用的功能。外部协议不仅让数据流能够穿越 Internet 路由到远程目的地,还让 ISP 能够设置并实施策略和本地优先级,从而让数据流高效地穿越 ISP,避免内部路由器因处理中转数据流而过载。

企业客户都要求获得可靠的 Internet 服务,ISP 必须确保这些客户的 Internet 连接总是可用。为此,它们提供备用路由和路由器,以防常规路由失效。在正常情况下,ISP 向其他自主系统通告常规路由;如果常规路由失效,ISP 将发送一条外部协议更新消息,以通告备用路由。

我们 Internet 中的消息流称为数据流。Internet 数据流分两类:(1)本地数据流:源自当前 AS 或前往当前 AS 的数据流,就像街道内的车辆;(2)中转数据流:来自 AS 外部,并穿越 AS 前往外部的数据流,就像穿越街道的车辆。

必须严格控制自主系统之间传输的数据流。为确保安全或防止过载,必须限制甚至禁止特定类型的消息进入或离开 AS。很多自主系统不愿传输中转数据流。如果路由器无法处理大量数据流,中转数据流可能导致它们过载和出现故障。如图 4.31 所示,AS 300 允许来自 AS 100 的中转数据流穿越，但 AS 200 不允许。

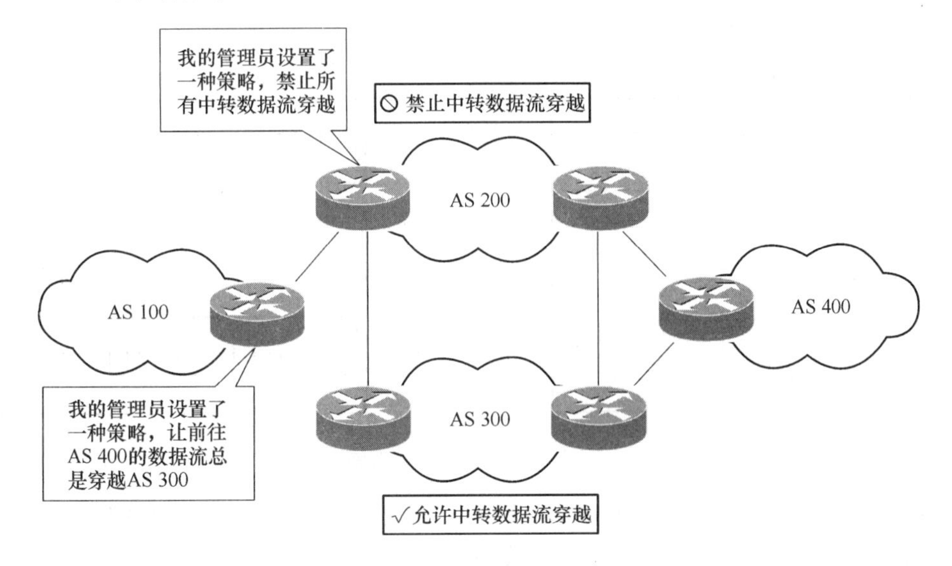

图 4.31 数据穿越 AS可能遇到的策略

4.3.4 网络地址转换(NAT)

由于网络地址紧缺，一个机构能够申请到的 IP 地址数目往往小于本机构所拥有的主机数，比如 CIDR 中的例题，一个学院就要申请 5 个 C 类网络地址，这还没有包括学院行政管理、学生实验等的需求，可以想象，IP 绝不敷使用。同时，考虑到因特网并不安全，一个机构也不需要将所有的主机接入到外部因特网。实际上，很多主机主要还是和机构内的其他主机进行通信。

在应用上，这些需要跟本机构主机进行通信的主机可以使用仅在本机构内有效的 IP 地址，这种地址称为本地地址，即表 4.2 中的私有 IP 地址。而需要向 ICANN 申请，可以直接接入因特网的地址称为全球地址。这些私有 IP 地址在不同的组织中可以被重新分配，因此，也经常被称为可重用地址(reuseable address)。在 4.1.8 中介绍的 VPN 中可以使用本地地址。

但是现在就有另一个问题，当机构内部使用本地地址的主机，又希望和因特网上的其他主机进行通信，又该如何解决呢？虽然简单的方法是为这些主机再申请一些全球地址，但在网络地址紧张的今天并不容易做到。目前使用最多的方法是采用网络地址转换(Network Address Translation，NAT)。

1. NAT 工作原理

从 NAT 的名称上看，它是一种把内部私有网络地址(IP 地址)翻译成合法网络 IP 地址的技术，如图 4.32 所示。因此我们可以认为，NAT 在一定程度上，能够有效地解决公网地址不足的问题。

简单地说，NAT 就是在局域网内部网络中使用内部地址，而当内部节点要与外部网络进行通信时，就在网关(可以理解为出口，打个比方就像院子的门一样)处，将内部地址替换成全球地址，从而在外部公网(Internet)上正常使用，NAT 可以使多台计算机共享 Internet 连接，这一功能很好地解决了公共 IP 地址紧缺的问题。通过这种方法，可以只申请一个合法 IP 地址，就把整个局域网中的计算机接入 Internet 中。这时，NAT 屏蔽了内部网络，所有内部网计算机对于公共网络来说是不可见的，而内部网计算机用户通常不会意识到 NAT 的存在，如图 4.32 所示。

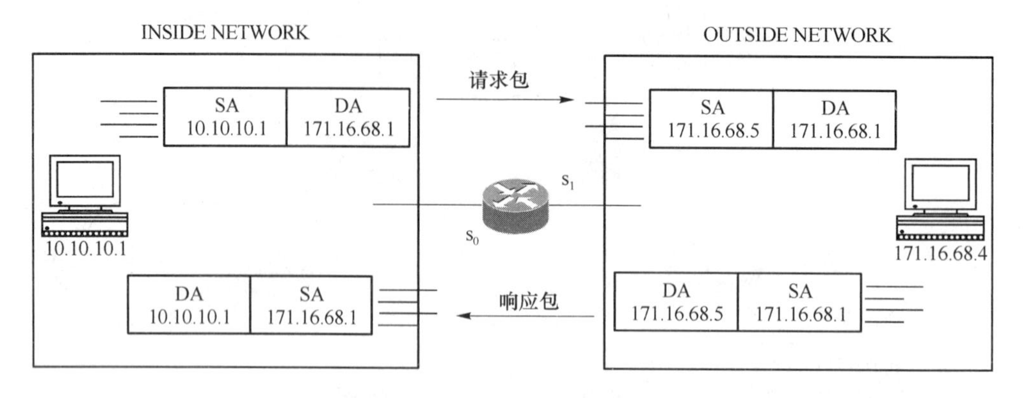

图 4.32　NAT 的工作原理

NAT 功能通常被集成到路由器、防火墙、ISDN 路由器或者单独的 NAT 设备中。比如 Cisco 路由器中已经加入这一功能，网络管理员只需在路由器的 IOS 中设置 NAT 功能，就可以实现对内部网络的屏蔽。再比如防火墙将 Web Server 的内部地址 192.168.1.1 映射为外部地址 202.96.23.11，外部访问 202.96.23.11 地址实际上就是访问 192.168.1.1。此外，对于资金有限的小型企业来说，现在通过软件也可以实现这一功能。需要注意的是，NAT 必须至少有一个全球 IP 地址，以实现对外的通信，图 4.32 中将该地址用在边界路由器上，该边界路由器必须有一个全球 IP 地址，同时安装了 NAT 软件。

需要注意的是，NAT 并不是一种有安全保证的方案，它不能提供类似防火墙、包过滤、隧道等技术的安全性，仅仅在包的最外层改变 IP 地址，这使得黑客可以很容易地窃取网络信息，危及网络安全。

2. 三种 NAT 类型

NAT 有三种类型：静态 NAT(static NAT)、NAT 池(pooled NAT)和端口 NAT(Port NAT,PAT)。其中静态 NAT 设置起来最为简单，内部网络中的每个主机都被永久映射成外部网络中的某个合法的地址。而 NAT 池则是在外部网络中定义了一系列的合法地址，采用动态分配的方法映射到内部网络。PAT 则是把内部地址映射到外部网络的一个 IP 地址的不同端口上。根据不同的需要，各种 NAT 方案都是有利有弊。

(1) 使用静态转换是指将内部网络的私有 IP 地址转换为公有 IP 地址，IP 地址是一对一的，是一成不变的，某个私有 IP 地址只转换为某个公有 IP 地址。借助于静态转换，可以实现外部网络对内部网络中某些特定设备(如服务器)的访问。

(2) 使用 NAT 池，可以从未注册的地址空间中提供被外部访问的服务，也可以从内部网络访问外部网络，而不需要重新配置内部网络中的每台机器的 IP 地址。例如，建立内部试验子网 192.168.0.0，其网络地址属于 C 类保留地址。作为企业网的一个子网，其 IP 地址不分配给企业网上的设备而仅仅局限在试验子网的设备上。为了使企业网能访问到这个内部网，在网络上增加一条静态路径，使信息能回传给路由器。其中的路由器可以把内部网和企业网连接起来，使之能相互访问。在内部网中不要使用 RIP 协议，因为使用 RIP 后，内部网络相对外部来说变得不可见了。

这样，本地信息可以相互访问了，但由于 192.168.0.0 属于保留地址，故不能直接访问 Internet。所以在路由器中设置一个 NAT 池，用来翻译来自内部网络的 IP 包，把它的 IP 地址映射成地址池(pooled addresses)中的合法 IP 地址。那么，内部网可以访问 Internet 上的任何服务器，Internet 上的任何主机也能通过 TCP 或 UDP 访问到内部网。

采用 NAT 池意味着可以在内部网中定义很多的内部用户，通过动态分配的办法，共享很少的几个外部 IP 地址。而静态 NAT 则只能形成一一对应的固定映射方式。该引起注意的是，NAT 池中动态分配的外部 IP 地址全部被占用后，后续的 NAT 翻译申请将会失败。庆幸的是，许多有 NAT 功能的路由器有超时配置功能。例如在上述的路由器中配置成开始 15 分钟后删除当前的 NAT 进程，为后续的 NAT 申请预留出外部 IP 地址。通过试验表明，一般的外部连接不会很长，所以短的时间阈值也可以接受。当然用户可以自行调节时间阈值，以满足各自的需求。

NAT 池提供很大灵活性的同时，也影响到网络原有的一些管理功能。例如，SNMP 管理站利用 IP 地址来跟踪设备的运行情况。但使用 NAT 之后，意味着那些被翻译的地址对应的内部地址是变化的，今天可能对应一台工作站，明天就可能对应一台服务器，这给 SNMP 管理带来了麻烦。一个可行的解决方案就是把划分给 NAT 池的那部分地址在 SNMP 管理平台上标记出来，对于这些不响应管理信号的地址不予报警，如同它们被关掉了一样。

(3) PAT 在远程访问产品中得到了大量的应用，特别是在远程拨号用户使用的设备中。PAT 可以把内部的 TCP/IP 映射到外部一个注册 IP 地址的多个端口上。PAT 可以支持同时连接 64 500 个 TCP/IP、UDP/IP，但实际可以支持的工作站个数会少一些。因为许多 Internet 应用如 HTTP，实际上由许多小的连接组成。

在 Internet 中使用 PAT 时，所有不同的 TCP 和 UDP 信息流看起来仿佛都来源于同一个 IP 地址。这个优点在小型办公室(SOHO)内非常实用，通过从 ISP 处申请的一个 IP 地址，将多个连接通过 PAT 接入 Internet。实际上，许多 SOHO 远程访问设备支持基于 PPP 的动态 IP 地址。

这样，ISP 甚至不需要支持 PAT，就可以做到多个内部 IP 地址共用一个外部 IP 地址上 Internet。虽然这样会导致信道的一定拥塞，但考虑到节省的 ISP 上网费用和易管理的特点，用 PAT 还是很值得的。

PAT 又分为 SNAT(源地址转换)和 DNAT(目的地址转换)，SNAT 主要是将内部网络对外部网络的访问通过 PAT 转换，而 DNAT 主要是实现内部网络服务对外部网络的发布。

需要注意的是，使用 PAT 的时候，NAT 路由器收到某一个外部网络对内部网络的响应之后，需要判断该响应应该转发给哪一个内部主机，这时候需要使用连接跟踪。连接跟踪的意思是当内部网络对外部网络的请求发生时，NAT 路由器需要记录下当前请求的连接及使用的端口等信息，当收到外部网络对该请求的响应时，就通过查找记录找到当时的连接请求信息，并根据该请求信息将数据报转发出去。

3. NAT 的功能

NAT 主要可以实现以下几个功能：数据包伪装、平衡负载、端口转发和透明代理。

数据伪装可以将内网数据包中的地址信息更改成统一的对外地址信息，不让内网主机直接暴露在因特网上，保证内网主机的安全，同时该功能也常用来实现共享上网。例如，内网主机访问外网时，为了隐藏内网拓扑结构，使用全局地址替换私有地址。

当内网主机对外提供服务时，由于使用的是内部私有 IP 地址，外网无法直接访问。因此，需要在网关上进行端口转发，将特定服务的数据包转发给内网主机。例如可以在自己的服务器上架设一个 Web 网站，其 IP 地址为 192.168.0.5，使用默认端口 80，现在想让局域网外的用户也能直接访问他的 Web 站点。利用 NAT 即可很轻松地解决这个问题，服务器的 IP 地址为 210.59.120.89，那么为该私有 Web 站点分配一个端口，例如 81，即所有访问 210.59.120.89:81 的请求都自动转向 192.168.0.5:80，而且这个过程对用户来说是透明的。

目的地址转换 NAT 可以重定向一些服务器的链接到其他随机选定的服务器，实现负载均衡。

目的地址转换 NAT 可以用来提供高可靠性的服务。如果一个系统有一台通过路由器访问的关键服务器，一旦路由器检测到该服务器，它可以使用目的地址转换 NAT 透明地把连接转移到一个备份服务器上，提高系统的可靠性。

例如自己架设的服务器空间不足，需要将某些链接指向存在另外一台服务器的空间；或者某台计算机上没有安装 IIS 服务，但是却想让网友访问该台计算机上的内容，这个时候利用 IIS 的 Web 站点重定向即可轻松地帮助我们搞定。

4. NAT 网关实现 DNAT

由本章项目提出的问题，可以使用 DNAT 的方式实现，这里同样在 Linux 下实现 DNAT。

首先确定要实现 NAT 的 Linux 主机安装了两块网卡，并配置网卡 eth0 为公网 IP 地址 202.100.1.100，配置网卡 eth1 为私有 IP 地址 192.168.1.1，而实现 WWW 服务的服务器有私有 IP 地址 192.168.1.100，网关为 192.168.1.1。

首先使用 /proc/sys/net/ipv4/ip_forward 命令开启路由转发功能。

在 NAT 主机中配置 DNAT 的 iptables 规则，命令为：

```
iptables  -t nat -A PREROUTING -d 202.100.1.1 -p tcp --dport 80 -j DNAT --to-destination 192.168.1.100:80
```

最后在实现 WWW 的服务器上使用命令 service iptables stop，关闭 iptables 规则。

如果要提供其他的服务，只要将 iptables 命令的地址和端口进行修改即可。

4.4 多点播送

4.4.1 多点播送概述

传统的 IP 通信有两种方式，一种是在源主机与目的主机之间点对点的通信，即单播；另一种是在源主机与同一网段中所有其他主机之间点对多点的通信，即广播。如果要将信息发送给多个主机而非所有主机，若采用广播方式实现，不仅会将信息发送给不需要的主机而浪费带宽，也不能实现跨网段发送；若采用单播方式实现，重复的 IP 包不仅会占用大量带宽，也会增加源主机的负载。所以，传统的单播和广播通信方式不能有效地解决单点发送、多点接收的问题。

多点播送是指在 IP 网络中将数据包以尽力传送的形式发送到某个确定的节点集合（即多点播送组），其基本思想是：源主机（即多点播送源）只发送一份数据，其目的地址为多点播送组地址；多点播送组中的所有接收者都可收到同样的数据拷贝，并且只有多点播送组内的主机可以接收该数据，而其他主机则不能收到。

多点播送技术有效地解决了单点发送、多点接收的问题，实现了 IP 网络中点到多点的高效数据传送，能够大量节约网络带宽、降低网络负载。作为一种与单播和广播并列的通信方式，多点播送的意义不仅在于此。更重要的是，可以利用网络的多点播送特性方便地提供一些新的增值业务，包括在线直播、网络电视、远程教育、远程医疗、网络电台、实时视频会议等互联网的信息服务领域。

4.4.2 多点播送技术实现

多点播送技术的实现需要解决以下几方面问题：

多点播送源向一组确定的接收者发送信息，而如何来标识这组确定的接收者？——这需要用到多点播送地址机制；

接收者通过加入多点播送组来实现对多点播送信息的接收，而接收者是如何动态地加入或离开多点播送组的？——即如何进行组成员关系管理；

多点播送报文在网络中是如何被转发并最终到达接收者的？——即多点播送报文转发的过程；

多点播送报文的转发路径(即多点播送转发树)是如何构建的？——这是由各多点播送路由协议来完成的。

1. 多点播送地址机制

IP 多点播送地址用于标识一个 IP 多点播送组。IANA 把 D 类地址空间分配给多点播送使用，范围为 224.0.0.0～239.255.255.255。IP 多点播送地址前四位均为“1110”，而整个 IP 多点播送地址空间的划分则如图 4.33 所示。224.0.0.0 到 224.0.0.255 被 IANA 预留，地址 224.0.0.0 保留不做分配，其他地址供路由协议及拓扑查找和维护协议使用。该范围内的地址属于局部范畴，不论 TTL 为多少，都不会被路由器转发；224.0.1.0～238.255.255.255 为用户可用的多点播送地址，在全网范围内有效；239.0.0.0～239.255.255.255 为本地管理多点播送地址，仅在特定的本地范围内有效。使用本地管理组地址可以灵活定义多点播送域的范围，以实现不同多点播送域之间的地址隔离，从而有助于在不同多点播送域内重复使用相同多点播送地址而不会引起冲突。

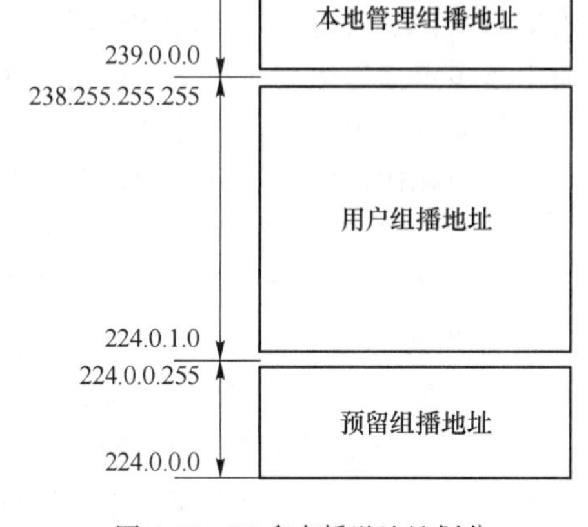

图 4.33 IP 多点播送地址划分

2. IP 多点播送地址到链路层的映射

IANA 将 MAC 地址范围 01:00:5E:00:00:00～01:00:5E:7F:FF:FF 分配给多点播送使用，这就要求将 28 位的 IP 多点播送地址空间映射到 23 位的多点播送 MAC 地址空间中，具体的映射方法是将多点播送地址中的低 23 位放入 MAC 地址的低 23 位，如图 4.34 所示。

由于 IP 多点播送地址的后 28 位中只有 23 位被映射到多点播送 MAC 地址，这样会有 32 个 IP 多点播送地址映射到同一多点播送 MAC 地址上。

主机参与 IP 组播通信的方式有 3 种级别。

- 0：不能发送也不能接收 IP 组播数据报

- 1:能发送但不能接收 IP 组播数据报
- 2:既能发送也能接收 IP 组播数据报

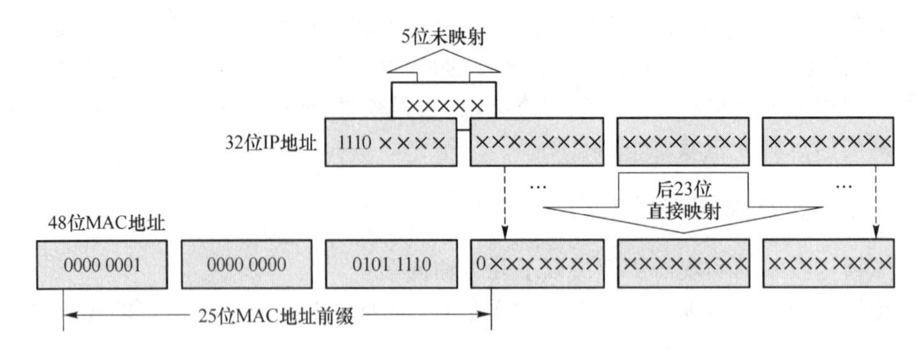

图 4.34 IP 多点播送地址到多点播送 MAC 地址的映射

为了使主机具有发送、接收组播数据报的能力,需要对原主机 IP 软件进行扩展。

为了加入跨越物理网络的 IP 组播,主机另外还必须事先通知本地组播路由器有关自己加入某组播组的信息,即组成员信息。

3. 组成员关系管理

组成员关系管理是指在路由器/交换机上建立直联网段内的组成员关系信息,具体说,就是各接口/端口下有哪些多点播送组的成员。

IGMP 运行于主机和与主机直连的路由器之间,其实现的功能是双向的:一方面,主机通过 IGMP 通知路由器希望接收某个特定多点播送组的信息;另一方面,路由器通过 IGMP 周期性地查询局域网内的多点播送组成员是否处于活动状态,实现所联网段组成员关系的收集与维护。通过 IGMP,在路由器中记录的信息为某个多点播送组是否在本地有组成员,而不是多点播送组与主机之间的对应关系。

目前 IGMP 有以下三个版本:

- IGMPv1(RFC1112)中定义了基本的组成员查询和报告过程;
- IGMPv2(RFC2236)在 IGMPv1 的基础上添加了组成员快速离开的机制等;
- IGMPv3(RFC3376)中增加的主要功能是成员可以指定接收或拒绝来自某些多点播送源的报文,以实现对 SSM 模型的支持。

本书着重介绍 IGMPv2 的原理。

如图 4.35 所示,当同一个网段内有多个 IGMP 路由器时,IGMPv2 通过查询器选举机制从中选举出唯一的查询器。查询器周期性地发送普遍组查询消息进行成员关系查询,主机通过发送报告消息来响应查询。而作为组成员的路由器,其行为也与普通主机一样,响应其他路由器的查询。

当主机要加入多点播送组时,不必等待查询消息,而是主动发送报告消息;当主机要离开多点播送组时,也会主动发送离开组消息,查询器收到离开组消息后,会发送特定组查询消息来确定该组的所有组成员是否都已离开。

通过上述机制,在路由器里建立起一张表,其中记录了路由器各接口所对应子网上都有哪些组的成员。当路由器收到发往组 G 的多点播送数据后,只向那些有 G 的成员的接口转发该数据。至于多点播送数据在路由器之间如何转发则由多点播送路由协议决定,而不是 IGMP 的功能。

IGMP 是针对 IP 层设计的,只能记录路由器上的三层接口与 IP 多点播送地址的对应

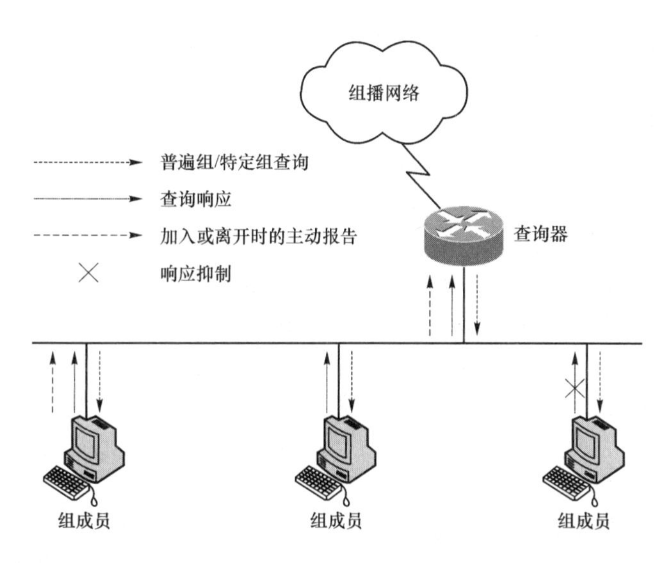

图 4.35　IGMPv2 的工作原理

关系。但在很多情况下,多点播送报文不可避免地要经过一些交换机,如果没有一种机制将二层端口与多点播送 MAC 地址对应起来,多点播送报文就会转发给交换机的所有端口,这显然会浪费大量的系统资源。

IGMPSnooping 的出现就可以解决这个问题,其工作原理为:主机发往 IGMP 查询器的报告消息经过交换机时,交换机对这个消息进行监听并记录下来,为端口和多点播送 MAC 地址建立起映射关系;当交换机收到多点播送数据时,根据这样的映射关系,只向连有组成员的端口转发多点播送数据。

IGMP 协议的报文如图 4.36 所示。

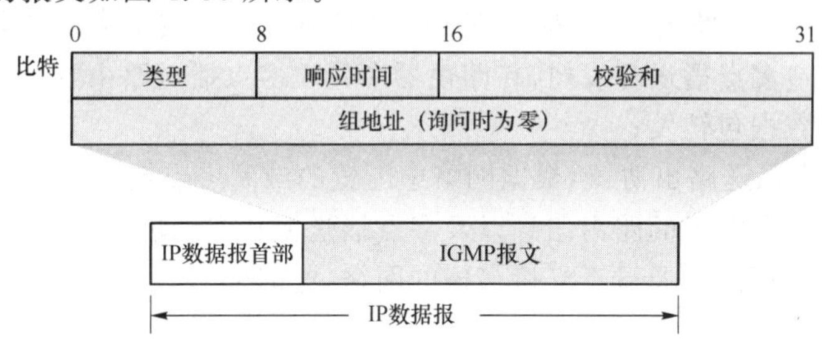

图 4.36　IGMP 报文格式

4. 多点播送报文转发

多点播送报文在网络中沿着树型转发路径进行转发,该路径称为多点播送转发树。它可分为源树(SourceTree)和共享树(RPT)两大类。

源树是指以多点播送源作为树根,将多点播送源到每一个接收者的最短路径结合起来构成的转发树。由于源树使用的是从多点播送源到接收者的最短路径,因此也称为最短路径树(SPT)。对于某个组,网络要为任何一个向该组发送报文的多点播送源建立一棵树。

源树的优点是能构造多点播送源和接收者之间的最短路径,使端到端的延迟达到最小。但付出的代价是,在路由器中必须为每个多点播送源保存路由信息,这样会占用大量的系统资源,路由表的规模也比较大。

以某个路由器作为路由树的树根,该路由器称为汇集点(RP),共享树就是由 RP 到所有接收者的最短路径所共同构成的转发树。使用共享树时,对应某个组网络中只有一棵树。所有的多点播送源和接收者都使用这棵树来收发报文,多点播送源先向树根发送数据报文,之后报文又向下转发到达所有的接收者。

共享树的最大优点是路由器中保留的路由信息可以很少,缺点是多点播送源发出的报文要先经过 RP,再到达接收者,经由的路径通常并非最短,而且对 RP 的可靠性和处理能力要求很高。

当路由器收到多点播送数据报文时,根据多点播送目的地址查找多点播送转发表,对报文进行转发。与单播报文的转发相比,多点播送报文的转发相对复杂。在单播报文的转发过程中,路由器并不关心报文的源地址,只关心报文的目的地址,通过其目的地址决定向哪个接口转发;而多点播送报文是发送给一组接收者的,这些接收者用一个逻辑地址(即多点播送地址)标识,路由器在收到多点播送报文后,必须根据报文的源地址确定其正确的入接口(指向多点播送源方向)和下游方向,然后将其沿着远离多点播送源的下游方向转发——这个过程称为逆向路径转发(RPF)。

在 RPF 执行过程中会利用原有的单播路由表确定上、下游的邻接节点,只有报文从上游节点所对应的接口(称为 RPF 接口,即路由器上通过单播方式向该地址发送报文的出接口)到达时,才向下游转发。RPF 的主体是 RPF 检查,通过 RPF 检查除了可以正确地按照多点播送路由的配置转发报文外,还可以避免可能出现的环路。路由器收到多点播送报文后先对其进行 RPF 检查,只有检查通过才执行转发。

RPF 检查的过程为:路由器在单播路由表中查找多点播送源或 RP 对应的 RPF 接口(使用 SPT 时查找多点播送源对应的 RPF 接口,使用 RPT 时查找 RP 对应的 RPF 接口),如果多点播送报文是从 RPF 接口接收下来的,则 RPF 检查通过,报文向下游接口转发;否则,丢弃该报文。

5. 多点播送路由协议

与单播路由一样,多点播送路由协议也分为域内和域间两大类。

(1) 域内多点播送路由协议:根据 IGMP 协议维护的组成员关系信息,运用一定的多点播送路由算法构造多点播送分发树,在路由器中建立多点播送路由状态,路由器根据这些状态进行多点播送数据包转发;

(2) 域间多点播送路由协议:根据网络中配置的域间多点播送路由策略,在各自治系统间发布具有多点播送能力的路由信息以及多点播送源信息,使多点播送数据能在域间进行转发。域间多播时可能会通过不支持多播的网络,这时候可以使用隧道技术来通过不支持多播的网络,如图 4.37 所示。

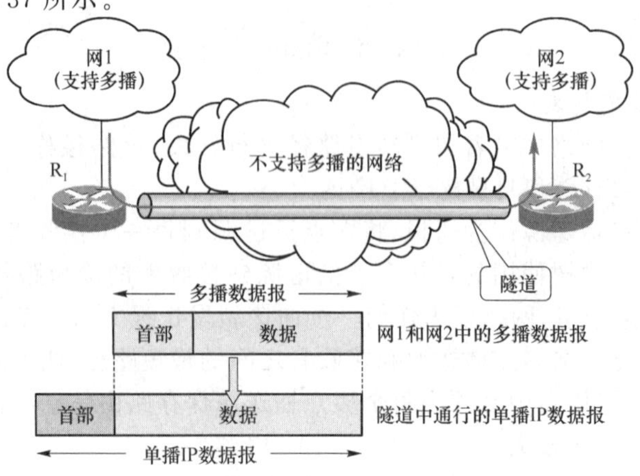

图 4.37　使用隧道技术进行多播路由

4.4.3 典型多点播送网应用

IP 多播应用大致可以分为三类：点对多点应用、多点对点应用和多点对多点应用。

1. 点对多点应用

点对多点应用是指一个发送者，多个接收者的应用形式，这是最常见的多播应用形式。典型的应用包括：媒体广播、媒体推送、信息缓存、事件通知和状态监视。

(1) 媒体广播：如演讲、演示、会议等按日程进行的事件。其传统媒体分发手段通常采用电视和广播。这一类应用通常需要一个或多个恒定速率的数据流，当采用多个数据流(如语音和视频)时，往往它们之间需要同步，并且相互之间有不同的优先级。它们往往要求较高的带宽、较小的延时抖动，但是对绝对延时的要求不是很高。

(2) 媒体推送：如新闻标题、天气变化、运动比分等一些非商业关键性的动态变化的信息。它们要求的带宽较低、对延时也没有什么要求。

(3) 信息缓存：如网站信息、执行代码和其他基于文件的分布式复制或缓存更新。它们对带宽的要求一般，对延时的要求也一般。

(4) 事件通知：如网络时间、组播会话日程、随机数字、密钥、配置更新、有效范围的网络警报或其他有用信息。它们对带宽的需求有所不同，但是一般都比较低，对延时的要求也一般。

(5) 状态监视：如股票价格、传感设备、安全系统、生产信息或其他实时信息。这类带宽要求根据采样周期和精度有所不同，可能会有恒定速率带宽或突发带宽要求，通常对带宽和延时的要求一般。

2. 多点对点的应用

多点对点应用是指多个发送者，一个接收者的应用形式。通常是双向请求响应应用，任何一端(多点或点)都有可能发起请求。典型应用包括：资源查找、数据收集、网络竞拍、信息询问等。

(1) 资源查找：如服务定位，它要求的带宽较低，对时延的要求一般。

(2) 数据收集：它是点对多点应用中状态监视应用的反向过程。它可能由多个传感设备把数据发回给一个数据收集主机。带宽要求根据采样周期和精度有所不同，可能会有恒定速率带宽或突发带宽要求，通常这类应用对带宽和延时的要求一般。

(3) 网络竞拍：拍卖者拍卖产品，而多个竞拍者把标价发回给拍卖者。

(4) 信息询问：询问者发送一个询问，所有被询问者返回应答。通常这对带宽的要求较低，对延时不太敏感。

3. 多点对多点的应用

多点对多点应用是指多个发送者和多个接收者的应用形式。通常，每个接收者可以接收多个发送者发送的数据，同时，每个发送者可以把数据发送给多个接收者。典型应用包括：多点会议、资源同步、并行处理、协同处理、远程学习、讨论组、分布式交互模拟(DIS)、多人游戏等。

(1) 多点会议：通常音/视频和文本应用构成多点会议应用。在多点会议中，不同的数据流拥有不同的优先级。传统的多点会议采用专门的多点控制单元来协调和分配它们，采用多播可以直接由任何一个发送者向所有接收者发送，多点控制单元用来控制当前发言权。这类应用对带宽和延时要求都比较高。

(2) 资源同步：如日程、目录、信息等分布数据库的同步。它们对带宽和延时的要求一般。

(3) 并行处理:如分布式并行处理。它对带宽和延时的要求都比较高。

(4) 协同处理:如共享文档的编辑。它对带宽和延时的要求一般。

(5) 远程学习:这实际上是媒体广播应用加上对上行数据流(允许学生向老师提问)的支持。它对带宽和延时的要求一般。

(6) 讨论组:类似于基于文本的多点会议,还可以提供一些模拟的表达。

(7) 分布式交互模拟(DIS):它对带宽和时延的要求较高。

(8) 多人游戏:多人游戏是一种带讨论组能力的简单分布式交互模拟。它对带宽和时延的要求都比较高。

4.4.4 多点播送技术小结

多点播送技术从1988年提出至今已经历了20多年的发展,许多国际组织对多点播送的技术研究和业务开展进行了大量的工作。在IP网络中多媒体业务日渐增多的情况下,多点播送技术为多媒体业务的开展提供了传输基础。

多点播送技术涵盖了从地址方案、成员管理和路由建立等各个方面,其中多点播送地址的分配方式、域间多点播送路由以及多点播送安全等仍是研究的热点。从目前的情况看,组成员管理技术普遍采用IGMPv2。

IP多播带入了许多新的应用并减少了网络的拥塞和服务器的负担。目前IP多播的应用范围还不够大,但它能够降低占用带宽,减轻服务器负荷,并能改善传送数据的质量,尤其适用于需要大量带宽的多媒体应用,如音频、视频等。这项新技术已成为当前网络界的热门话题,并将从根本上改变网络的体系结构。

4.5 移动IP

使用传统IP技术的主机使用固定的IP地址和TCP端口号进行相互通信,在通信期间它们的IP地址和TCP端口号必须保持不变,否则IP主机之间的通信将无法继续。而移动IP的基本问题是IP主机在通信期间可能需要在网络上移动,它的IP地址也许经常会发生变化。而IP地址的变化最终会导致通信的中断。

为了解决因节点移动(即IP地址的变化)而导致通信中断的问题,其思路借鉴了蜂窝移动电话技术,使用漫游、位置登记。隧道技术、鉴权等技术,从而使移动节点使用固定不变的IP地址,一次登录即可实现在任意位置(包括移动节点从一个IP(子)网漫游到另一个IP(子)网时)上保持与IP主机的单一链路层连接,使通信持续进行。

4.5.1 基本原理

基于IPv4的移动IP定义三种功能实体:移动节点(mobile node)、归属代理(home agent)和外部代理(foreign agent)。归属代理和外部代理又统称为移动代理。移动IP技术的基本通信流程如下:

(1) 远程通信实体通过标准IP路由机制,向移动节点发出一个IP数据包;

(2) 移动节点的归属代理截获该数据包,将该包的目标地址与自己移动绑定表中移动节点的归属地址比较,若与其中任一地址相同,继续下一步,否则丢弃;

(3) 归属代理用封装机制将该数据包封装,采用隧道操作发给移动节点的转发地址;

(4) 移动节点的拜访地代理收到该包后,将包封装,采用空中信道发给移动节点;

(5) 移动节点收到数据后,用标准 IP 路由机制与远程通信实体建立连接。

在移动 IP 协议中,每个移动节点在“归属链路”上都有一个唯一的“归属地址”。与移动节点通信的节点称为“通信节点”,通信节点可以是移动的,也可以是静止的。与移动节点通信时,通信节点总是把数据包发送到移动节点的归属地址,而不考虑移动节点的当前位置情况。

在归属链路上,每个移动节点必须有一个“归属代理”,用于维护自己的当前位置信息。这个位置由“转交地址”确定,移动节点的归属地址与当前转交地址的联合称为“移动绑定”(简称“绑定”)。每当移动节点得到新的转交地址时,必须生成新的绑定,向归属代理注册,以使归属代理及时了解移动节点的当前位置信息。一个归属代理可同时为多个移动节点提供服务。

当移动节点连接在归属链路上(即链路的网络前缀与移动节点位置地址的网络前缀相等)时,移动节点就和固定节点或路由器一样工作,不必运用任何其他移动 IP 功能;当移动节点连接在外埠链路上时,通常使用“代理发现”协议发现一个“外埠代理”,然后将此外埠代理的 IP 地址作为自己的转交地址,并通过注册规程通知归属代理。当有发往移动节点归属地址的数据包时,归属代理便截取该包,并根据注册的转交地址,通过隧道将数据包传送给移动节点;由移动节点发出的数据包则可直接选路到目的节点上,无须隧道技术。

为了支持移动分组数据业务,移动 IP 应解决代理发现、注册和隧道封装三项技术。

4.5.2 代理发现

移动 IP 通过扩展现有的“ICMP 路由器发现”机制来实现代理发现。代理发现机制检测移动节点是否从一个网络移动到另一个网络,并检测它是否返回归属链路。当移动节点移动到一个新的外埠链路时,代理发现机制也能帮助它发现合适的外埠代理。

1. 代理布告(agent advertisement)

在所连接的网络上,归属代理和外埠代理定期广播“代理布告”消息,以宣告自己的存在。代理布告消息是 ICMP 路由器布告消息的扩展,它包含路由器 IP 地址和代理布告扩展信息。移动节点时刻监听代理布告消息,以判断自己是否漫游出本地网络。若移动节点从自己的归属代理接收到一个代理布告消息,它就能推断已返回归属,并直接向归属代理注册,否则移动节点将选择是保留当前的注册,还是向新的外埠代理进行注册。

2. 代理请求(agent solicitation)

拜访地代理周期性地发送代理布告消息,若移动节点只需获得代理信息,它可发送一个ICMP“代理请求”消息。任何代理收到代理请求消息后,应立即发送。代理请求与 ICMP 路由器请求消息格式相同,只是它要求将 IP 的 TTL 域置为 1。

4.5.3 注册

移动节点发现自己的网络接入点从一条链路切换到另一链路时,就要进行注册。另外,由于注册信息有一定的生存时间,所以移动节点在没有发生移动时也要注册。移动 IP 的注册功能是:移动节点可得到外埠链路上外埠代理的路由服务;可将其转交地址通知归属代理;可使要过期的注册重新生效。另外,移动节点在回到归属链路时,需要进行反注册。移动主机注册的过程如图 4.38 所示。

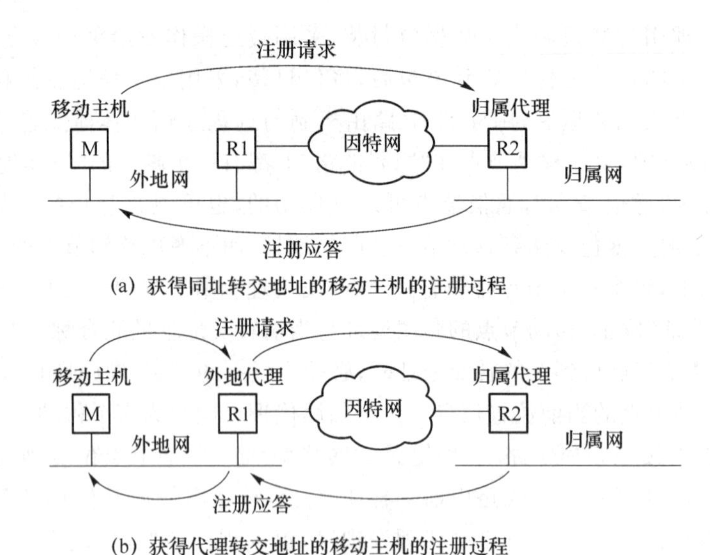

(a) 获得同址转交地址的移动主机的注册过程

(b) 获得代理转交地址的移动主机的注册过程

图 4.38 移动主机的注册过程

注册的其他功能是:可同时注册多个转交地址,此时归属代理通过隧道,将发往移动节点归属地址的数据包发往移动节点的每个转交地址;可在注销一个转交地址的同时保留其他转交地址;在不知道归属代理的情况下,移动节点可通过注册,动态获得归属代理地址。

移动 IP 的注册过程一般在代理发现机制完成之后进行。当移动节点发现已返回归属链路时,就向归属代理注册,并开始像固定节点或路由器那样通信,当移动节点位于外埠链路时,能得到一个转交地址,并通过外埠代理向归属代理注册这个地址。

移动 IP 的注册操作使用 UDP 数据报文,包括注册请求和注册应答两种消息。移动节点通过这两种注册消息,向归属网络注册新的转发地址。

4.5.4 隧道技术

隧道技术在移动 IP 中非常重要。移动 IP 使用 IP 的 IP 封装、最小封装和通用路由封装(GRE)三种隧道技术。

1. IP 的 IP 封装

由 RFC 2003 定义,用于将 IPv4 包放在另一个 IPv4 包的净荷部分。其过程非常简单,只需把一个 IP 包放在一个新的 IP 包的净荷中。采用 IP 的 IP 封装的隧道对穿过的数据包来说,犹如一条虚拟链路。移动 IP 要求归属代理和外埠代理实现 IP 的 IP 封装,以实现从归属代理到转交地址的隧道。

2. IP 的最小封装

由 RFC 2004 定义,是移动 IP 中的一种可选隧道方式。目的是减少实现隧道所需的额外字节数,通过去掉 IP 的 IP 封装中内层 IP 报头和外层 IP 报头的冗余部分完成。与 IP 的 IP 封装相比,它可节省字节(一般 8byte)。但当原始数据包已经过分片时,最小封装就无能为力了。在隧道内的每台路由器上,由于原始包的生存时间域值都会减小,以使归属代理在采用最小封装时,移动节点不可到达的概率增大。

3. 通用路由封装(GRE)

由 RFC 1701 定义,是移动 IP 采用的最后一种隧道技术。除了 IP 协议外,GRE 还支持其他网络层协议,它允许一种协议的数据包封装在另一种协议数据包的净荷中。在某些应用中,GRE防止递归封装的机制也非常有吸引力。

4.5.5 移动IP的不足与改进

(1) 解决移动节点在子网间漫游时在寻径上却存在如下不足:

考虑一个漫游至外地网的用户A,正与用户B进行通信,根据以上寻径方式,用户A的数据必将按照传统IP寻径方法,以某种最佳寻径方式达到用户B;而从用户B发出的数据,由于目的地址是用户A,数据必将先到达用户A的归属代理,在由归属代理传到外地代理,最后才到达用户A。这显然不是最佳路径,特别是当用户A漫游到用户B所在的归属网时,这种寻径方式的传输延迟很大,对实时语音、图像等会造成极大的损害,也增加了网络负担,数据包在网络中运行的时间大大增加。产生三角路由的原因如图4.39所示。

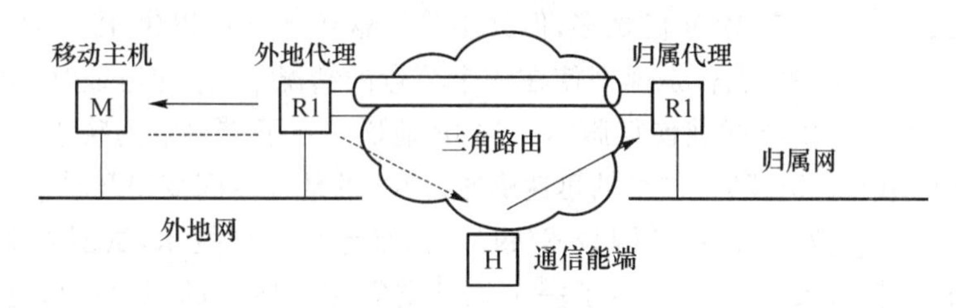

图4.39 数据报传送的三角路由问题

为了解决这个不足,可以引入一种新的代理——通信代理,它是与移动节点通信的IP节点的路由器。新结构的工作过程如下:三个代理都发送代理通告报文声明自己的存在,不同的是,通信代理针对的是本范围内的所有用户。用户B要发数据给用户A,他并不知道用户A已移动,仍向用户A所在的子网发数据,被本地代理截获,本地代理一方面将该数据包转发到外区代理;另一方面分析源地址,向数据包源端反向发送一条消息,该消息包括用户A目前的状态,如它的关联地址等,用户B收到本地代理发来的消息后,得知用户A已移动,则向通信代理进行登记,告诉其关于用户A的关联地址,请求建立通信代理至外区代理的通道,建立成功后,由于这是通信两点直接建立的,所以路径最佳,然后用户B把发往用户A的数据包发给通信代理,通信代理截获后由"隧道"发往外区代理,再由外区代理发给用户A。示意图如图4.39所示。

通过这种改进,大大减小了时延,更好地满足了第三代移动通信系统IMT-2000中对于传输和寻径时延的要求。

(2) 由于采用了IP隧道封装技术,使得封装后的数据包大于源路由数据包,这样不但增加了路由上的负担,还必然增加了消息处理时延。为了解决这一问题,就要对数据包的首部进行合理的设计或是对首部进行压缩。

(3) 移动IP节点的成本要高于有线IP网的节点成本,而目前Internet上的大多数设备和ISP不支持移动IP业务。增设外区代理、归属代理、通信代理都需要更大的资金投入,且技术含量更高。

(4) 移动IP的接入对Internet网的安全性提出了更高的要求;反过来,Internet网中的防火墙检验每个数据包的源地址时,当发现数据包的归属地址与外区网的网络地址不一样时,会阻截IP隧道数据包。

(5) IPv4 和 IPv6。在安全性方面,在移动 IPv4 中必须依赖自己的安全机制,通过静态地配置“移动安全关联”来完成这些功能,增加了负担。移动 IPv6 使用 IPSec 来满足更新绑定时的所有安全需求(发送者认证、数据完整性保护、重传保护等),也就是说移动 IPv6 的安全性是建立在 IPv6 的安全机制之上的,这样对移动 IPv6 就可以省去很多用来应付安全性的工作。IPv6 在解决路由的低效性、入口过滤等问题方面也较 IPv4 有自己考虑的解决方案。

4.6 IPv6

在我们现有的网络中,几乎所有网络都使用 IP 协议作为通信的地址协议,我们的网络使用 IP 来表示地址信息,每一个节点都应该分配一个唯一的地址,才能保证通信正常。现在正常使用的 IP 协议为版本 4,用 32 位来表示,地址空间为 65 536×65 536,结果约为 42.9 亿,需要说明的是,虽然地址共有 42.9 亿之多,但并不表示这些地址可以供 42.9 亿个节点使用,因为我们的地址是分网段的,也就是说即使在一个节点的情况下,分配地址时,也是分配一个网段而不是一个地址,所以这样就使得版本 4 的 IP 地址一下子变得空间狭小,再加上有相当一部分地址是不可用的,那么随着网络的迅速膨胀,IPv4 的地址空间变得几乎快耗尽了。在这样的情况下,出现了一些如 VLSM 子网技术、NAT 网络地址翻译技术,试图来缓和地址空间的快速消耗。与此同时,人们也开发出了一个地址空间更为庞大的 IP 协议,这个协议拥有比 IPv4 多出数倍的地址空间,来解决网络地址匮乏的问题,这个 IP 协议就是 IP 版本 6,即 IPv6。

4.6.1 IPv6 地址格式

IPv6 拥有更为庞大的地址空间,是因为 IPv4 只是采用 32 位来表示,而 IPv6 采用 128 位来表示,这样大的一个地址空间,几乎可以容纳无数个节点。正因为 IPv6 使用了 128 位来表示地址,在表示和书写上面具有相当的困难,原来的 IPv4 使用十进制来表示,而 IPv6 由于地址太长,则采用 16 进制来表示,但无论我们如何表示,计算机都是处理二进制。

由于 IPv6 拥有 128 位的长度,所以不能直接表示,必须像 IPv4 那样进行分段表示。IPv6 将整个地址分为 8 段来表示,每段之间用冒号隔开,每段的长度为 16 位,表示为:

××××:××××:××××:××××:××××:××××:××××:××××

IPv6 中每一个段是 16 位,每段共四个×,其中×使用 4 bit 表示,一个×就表示一个数字或字母,一个完整的地址共 128 bit。一个×使用 4 bit 表示,那么××××的取值范围就应该从 0000 到 FFFF。

对于一个完整的 IPv6 地址,需要写 128 位,已经被分成了 8 段,每段 4 个字符,也就是说完整地表示一个 IPv6 地址,需要写 32 个字母,这是相当长的,并且容易混淆和出错,所以 IPv6 在地址的表示方法上,是有讲究的。到目前为止,IPv6 地址的表示方法分为首选格式、压缩表示、IPv4 内嵌在 IPv6 中这样三种。

1. 首选格式

首选格式的表示方法其实没有任何讲究,就是将 IPv6 中的 128 位,也就是共 32 个字符完完整整,一个不漏地全写出来,每一个地址都将 32 个字符全部写出来,即使地址中有许多个 0,或者有许多个 F,也都一个不漏地写了出来,由此可见,首选格式只需要将地址完整写出即可,没有任何复杂的变化,但是容易出错。

2. 压缩格式

从前面一个 IPv6 地址表示方法首选格式表示方法中可以看出，一个完整的 IPv6 地址中，会经常性地出现许多个 0。许多时候，0 是毫无意义的，那么就可以考虑能否将不影响地址结果的 0 给省略不写，这样就可以大大节省时间，也方便人们阅读和书写，这样的将地址省略 0 的表示方法，称为压缩格式。而压缩格式的表示中，分三种情况。

(1) 在 IPv6 中，地址分为 8 个段来表示，每个段共 4 个字符，但是一个完整的 IPv6 地址会经常碰到整个段 4 个字符全部都为 0，所以我们将整个段 4 个字符全部都为 0 的使用双冒号::来表示。如果连续多个段全都为 0，那么也可以同样将多个段都使用双冒号::来表示。如果是多个段，并不需要将双冒号写多次，只需要写一次即可，比如一个地址 8 个段，其中有三个段全都为 0，那么我们就将这全为 0 的三个段共 48 位用::来表示，再将其他 5 个段照常写出即可，当计算机读到这样一个不足 128 位的地址时，比 128 位少了多少位，就在::的地方补上多少个 0，比如上面的::代替为 48 位，那么计算机就会在这个地址的::位置补上 48 位的 0，这样就正确地将地址还原回去了。例如 0000:0000:0000:0000:0000:0000:0000:0001 可以写为::0001，而 2001:0410:0000: 0000:FB00:1400:5000:45FF 可以写为 2001:0410::FB00:1400:5000:45FF。但是要注意的是，当 IPv6 的地址多处出现连续的 0 的时候，只能出现一个::，例如 IPv6 地址为：3ffe:0000:0000:0000:1010:2a2a:0000:0001 可以写为：3ffe::1010:2a2a: 0000:0001 或者 3ffe:0000:0000:0000:1010:2a2a::0001，但不能写为 3ffe::1010:2a2a::0001。

(2) 在压缩格式的第一种情况的表示中，是在地址中整个段 4 个字符都为 0 时，才将其压缩为::来表示，但是在使用第一种情况压缩之后，仍然可以看见地址中还存在许多毫无意义的 0，比如 0001、0410。0001 中，虽然前面有三个 0，但是如果我们将前面的 0 全部省略掉，写为 1，结果是等于 0001 的，而 0410 也是一样，我们将前面的 0 省略掉，写成 410，也同样等于 0410 的，所以我们在省略数字前面的 0 时，是不影响结果的，那么这个时候，表示 IPv6 地址时，允许将一个段中前导部分的 0 省略不写，因为不影响结果。但是需要注意的是，如果 0 不是前导 0，比如 2001，我们就不能省略 0 写成 21，因为 21 不等于 2001，所以在中间的 0 不能省略，只能省略最前面的 0。例如：3ffe:0000:0000:0000:1010:2a2a:0000:0001 可压缩为 3ffe:0:0:0:1010:2a2a:0:1，从结果中可以看出，计算机根本就不需要对这样的地址还原，压缩后的结果和压缩前的结果是相等的。

(3) 在前面两种 IPv6 地址的压缩表示方法中，第一种是在整段 4 个字符全为 0 时，才将其压缩后写为::，而第二种是将无意义的 0 省略不写，可以发现两种方法都能节省时间，方便阅读；第三种压缩方法就是结合前两种方法，既将整段 4 个字符全为 0 的部分写成::；也将无意义的 0 省略不写，结果就可以出现最方便的表示方法。例如 2001:0410:0000:0000:FB00:1400:5000:45FF 可以写为 2001:410:: FB00:1400:5000:45FF。

3. IPv4 内嵌在 IPv6 中

在网络还没有全部从 IPv4 过渡到 IPv6 时，就可能出现某些设备即连接了 IPv4 网络，又连接了 IPv6 网络，对于这样的情况，就需要一个地址既可以表示 IPv4 地址，又可以表示 IPv6 地址。

因为一个 IPv4 地址为 32 位，一个 IPv6 地址为 128 位，要让一个 IPv4 地址表示为 IPv6 地址，明显已经少了 96 位，那么就将一个正常的 IPv4 地址通过增加 96 位，结果变成 128 位，来与 IPv6 通信。在表示时，是在 IPv4 原有地址的基础上，增加 96 个 0，结果变成 128 位，增加的 96

个0再结合原有的IPv4地址,表示方法为0:0:0:0:0:0:A.B.C.D或者::A.B.C.D。例如IPv4地址为138.1.1.1,表示IPv6地址为0:0:0:0:0:0:138.1.1.1。需要说明的是,IPv6中没有广播地址,IPv6不建议划子网,如果需要划子网,网络位请不要低于48位。

4.6.2 IPv6地址类型

在IPv4地址中,地址分许多类型,比如代表节点自己的127.0.0.0/8、私有地址段、组播地址段、广播地址,以及一些不可用的地址。在IPv6中,同样地址也像IPv4那样分了许多类型,需要了解的有3种类型,为Unicast(单播),Anycast(任播)和Multicast(组播)。

1. Unicast(单播)

即使是在IPv4中,单播地址的类型也分好多种,就是我们常用的也分私有、公有和回环地址,在IPv6中,单播地址也分好几种,我们需要知道的有:Link-Local Address(链路本地地址)、Unique Local Address(本地站点地址)、Aggregatable Global Address(可聚合全球)、回环地址。

(1) 链路本地地址

即使网络再大,每两点之间,都有链路相连,在一个节点将数据包发给下一个节点时,必须在数据包中封装三层IP地址,再封装下一节点的二层链路地址(如以太网中的MAC地址),才能将数据包发给下一节点,并且只有当封装的二层链路地址确实为下一节点的真实链路地址时,对方才能接收,这就是普通二层链路地址的功能,这样的地址在一条链路的范围内明确了每个节点,并且这样的地址是不能被路由的。

而在IPv6网络中,两个IPv6的节点通过链路相连,必须在这条链路之间为各自确立一个Link-Local Address(即链路本地地址),在一条链路上,IPv6节点能够确定对方节点的身份,能够将数据包发向对方节点,必须知道对方节点的链路本地地址,如果不知道,将是不能通信的,所以一条链路中的IPv6节点要通信,必须拥有链路本地地址,并且这个链路本地地址只在一条链路中有效,也不能被路由,而不同链路的链路本地地址是可以重复的。当一个节点上正常启动了IPv6之后,链路本地地址是不需要人工干预,会自己生成,但也可以自己手工配置链路本地地址。

自动生成的链路本地地址有默认的特殊格式,是以FE80::/10 (1111 1110 10)打头,再加54个0,还差64位,这后面的64位,再使用EUI-64来填充,如图4.40所示。EUI-64其实就是接口的MAC地址,而MAC地址共长度为48位,要填充64位的EUI-64,还少16位。一个完整的EUI-64是将MAC地址的48位平均分成两部分,前面24位,后面24位,然后在中间补上FFFE(16位),如一个MAC地址为00:12:33:5C:82:E1,将其变为EUI-64的结果如图4.40所示。

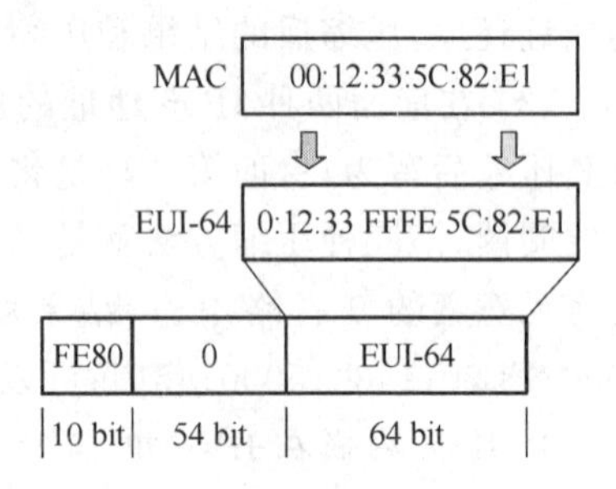

图4.40 链路本地地址的自动生成格式

EUI-64不仅在产生链路本地地址时可以使用,在正常配置IPv6地址时,同样可以使用EUI-64来填充后64位。

(2) 本地站点地址

本地站点地址是单播中一种受限制的地址,只在一个站点内使用,不会默认启用,这个地址不能在公网上路由，只能在一个指定的范围内路由，需要手工配置。IPv6 中的本地站点地址类似 IPv4 中私有地址。得不到合法 IPv6 地址的机构可配置本地站点地址，表示方法为：

FC00::/7 + 41bit 子网标识 + 16bit 链路标识 + EUI-64

(3) 可聚合全球单播地址

可聚合全球单播地址相当于 IPv4 的公网地址，可以被路由的，可以正常使用的地址，但网络位最少为 48 位。可聚合全球单播地址的范围是 2000::到 3FFF:FFFF:FFFF:FFFF:FFFF:FFFF:FFFF:FFFF。

可聚合全球单播地址也就是以 2 和 3 开头的地址，因为 IPv6 使用 16 进制来表示，一个字符的取值范围从 0～F 共 16 个，而可聚合全球单播地址占了 2 和 3，由此说明，可聚合全球单播地址占 IPv6 总地址空间的 1/8，也就是说，所有 IPv6 地址中，只有 1/8 是可以给网络正常使用的。

(4) 回环地址

回环地址表示节点自身，类似 IPv4 的 127.0.0.0/8，在 IPv6 中回环地址表示为::1。

2. 任播地址

任播地址表示一组接口，当一个发向某个任播地址的数据包，只被最近的接口收到，这个地址是由路由协议定义的，不能手工配置，但是我们无法看到一个地址就能区别出到底是单播地址还是任播地址，因为任播地址的表示格式和单播地址是一样的，也就是说任播地址就是用普通的单播地址来表示的。任播地址只能出现在路由器上，并且不能作为数据包的源地址来使用。

3. 组播地址

组播地址就是一个目标为组播地址的数据包将被多个节点收到，地址以 FF00::/8 (1111 1111)开头，表示为 FF00::/8。

4.6.3 IPv6 的数据报格式

IPv6 数据报由 IPv6 首部、扩展首部和上层协议数据单元三部分组成，如图 4.41 所示。

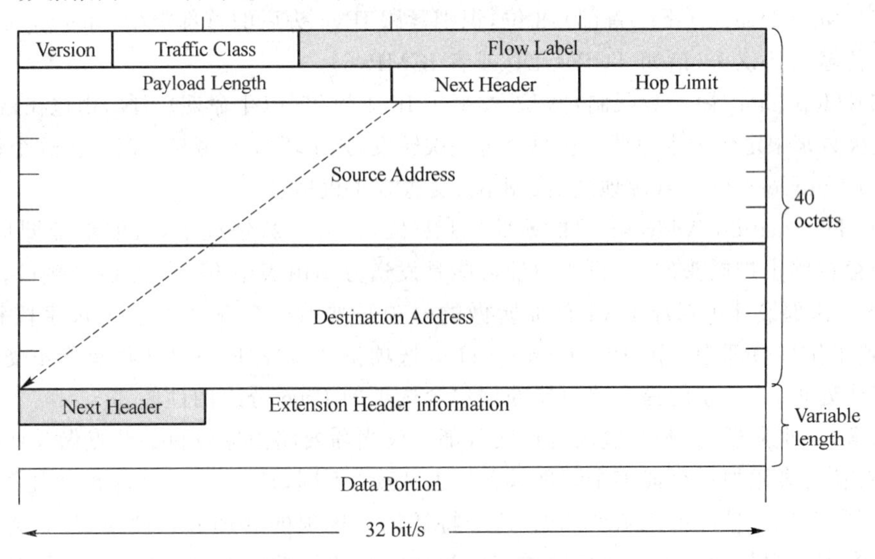

图 4.41 IPv6 报文格式

IPv6 首部长度固定为 40 字节，去掉了 IPv4 中一切可选项，只包括 8 个必要的字段，因此尽管 IPv6 地址长度为 IPv4 的四倍，IPv6 首部长度仅为 IPv4 首部长度的两倍。其中的各个字段分别为：

(1) Version(版本号)：4 位，IP 协议版本号，值为 6。

(2) Traffic Class(通信类别)：8 位，指示 IPv6 数据流通信类别或优先级。功能类似于 IPv4 的服务类型(TOS)字段。

(3) Flow Label(流标签)：20 位，IPv6 新增字段，标记需要 IPv6 路由器特殊处理的数据流。该字段用于某些对连接的服务质量有特殊要求的通信，诸如音频或视频等实时数据传输。在 IPv6 中，同一信源和信宿之间可以有多种不同的数据流，彼此之间以非“0”流标记区分。如果不要求路由器做特殊处理，则该字段值置为“0”。

RFC 2460 对 IPv6 流标签的特征进行了说明：①一对源和目的之间有可能有多个激活的流，也可能有不属于任何一个流的流量，一个流由源地址和流标签的组合唯一确定；②所携带的流标签值为 0 的数据包不属于任何一个流；③需要发送流的源节点赋给其流标签特定的值。流标签是一个随机数，目的是使所产生的流标签都能作为哈希关键字。对那些不支持流标签处理的设备节点和应用把流标签值赋值为 0，或者不对该字段处理；④一个流标签的所有数据包产生时必须具有相同的属性，包括源地址、目的地址、非 0 的流标签；⑤如果其中任何一个数据包包含逐跳选项报头，那么流的每一个包都必须包含相同的逐跳选项报头(逐跳选项报头的下一个报头字段除外)；⑥流路径中流处理状态的最大生命周期要在状态建立机制中说明；⑦当一个节点重启时，例如死机后的恢复运行，必须小心使用流标签，因为该流标签有可能在前面仍处于最大生存周期内的流中使用；⑧不要求所有或至少大多数数据包属于某一个流，即都携带有非 0 的流标签。

(4) Payload Length(负载长度)：16 位负载长度。负载长度包括扩展头和上层 PDU，16 位最多可表示 65 535 字节负载长度。超过这一字节数的负载，该字段值置为“0”，使用扩展头逐个跳段(Hop-by-Hop)选项中的巨量负载(Jumbo Payload)选项。

(5) Next Header(下一首部)：8 位，识别紧跟 IPv6 头后的首部类型，如扩展头(有的话)或某个传输层协议头(诸如 TCP、UDP 或者 ICMPv6)。

(6) Hop Limit(跳段数限制)：8 位，类似于 IPv4 的 TTL(生命期)字段，用包在路由器之间的转发次数来限定包的生命期。包每经过一次转发，该字段减 1，减到 0 时就把这个包丢弃。

(7) Source Address(源地址)：128 位，发送方主机地址。

(8) Destination Address(目的地址)：128 位，在大多数情况下，目的地址即信宿地址。但如果存在路由扩展头的话，目的地址可能是发送方路由表中下一个路由器接口。

IPv6 首部设计中对原 IPv4 首部所做的一项重要改进就是将所有可选字段移出 IPv6 首部，置于扩展首部中。由于除 Hop-by-Hop 选项扩展首部外，其他扩展首部不受中转路由器检查或处理，这样就能提高路由器处理包含选项的 IPv6 分组的性能。

通常，一个典型的 IPv6 包没有扩展首部。仅当需要路由器或目的节点做某些特殊处理时，才由发送方添加一个或多个扩展首部。与 IPv4 不同，IPv6 扩展首部长度任意，不受 40 字节限制，以便于日后扩充新增选项，这一特征加上选项的处理方式使得 IPv6 选项能得以真正的利用。但是为了提高处理选项首部和传输层协议的性能，扩展首部总是 8 字节长度的整数倍。RFC 2460 中定义了以下 6 个 IPv6 扩展头：Hop-by-Hop(逐个跳段)选项首部、目的地选项首部、路由首部、分段首部、认证首部和 ESP 协议首部。

Hop-by-Hop 选项首部包含分组传送过程中，每个路由器都必须检查和处理的特殊参数选项。其中的选项描述一个分组的某些特性或用于提供填充。这些选项有：① Pad1 选项(选项类型为 0)，填充单字节；② PadN 选项(选项类型为 1)，填充 2 个以上字节；③ Jumbo Payload 选项(选项类型为 194)，用于传送超大分组，使用 Jumbo Payload 选项，分组有效载荷长度最大可达 4 294 967 295 字节，负载长度超过 65 535 字节的 IPv6 包称为“超大包”；④ 路由器警告选项(选项类型为 5)，提醒路由器分组内容需要做特殊处理，路由器警告选项用于组播收听者发现和 RSVP(资源预定)协议。此选项头被转发路径所有节点处理。目前在路由告警(RSVP 和 MLDv1)与 Jumbo 帧处理中使用了逐跳选项头。路由告警需要通知到转发路径中所有节点，需要使用逐跳选项头。Jumbo 帧是长度超过 65 535 的报文，传输这种报文需要转发路径中所有节点都能正常处理，因此也需要使用逐跳选项头功能。

目的地选项首部指名需要被中间目的地或最终目的地检查的信息，有两种用法：① 如果存在路由扩展首部，则每一个中转路由器都要处理这些选项；② 如果没有路由扩展首部，则只有最终目的节点需要处理这些选项。

路由首部类似于 IPv4 的松散源路由。IPv6 的源节点可以利用路由扩展首部指定一个松散源路由，即分组从信源到信宿需要经过的中转路由器列表。路由扩展选项 Type 0 已在 RFC 5095 中建议不再使用，目前其他类型主要应用于移动。

分段首部提供分段和重装服务。当分组大于链路最大传输单元(MTU)时，源节点负责对分组进行分段，并在分段扩展首部中提供重装信息。IPv6 包扩展首部中的分段首部(下文详述)中指明了 IPv6 包的分段情况。其中不可分段部分包括：IPv6 首部、Hop-by-Hop 选项首部、目的地选项首部(适用于中转路由器)和路由首部；可分段部分包括：认证首部、ESP 协议首部、目的地选项首部(适用于最终目的地)和上层协议数据单元。但是需要注意的是，在 IPv6 中，只有源节点才能对负载进行分段，并且 IPv6 超大包不能使用该项服务。

认证首部提供数据源认证、数据完整性检查和反重播保护。认证首部不提供数据加密服务，需要加密服务的数据包，可以结合使用 ESP 协议。

ESP 协议首部提供加密服务。

IPv6 数据包是上层协议数据单元。上层数据单元由传输首部及其负载(如 ICMPv6 消息或 UDP 消息等)组成。而 IPv6 包有效负载则包括 IPv6 扩展首部和 PDU，通常所能允许的最大字节数为 65 535 字节，大于该字节数的负载可通过使用扩展首部中的 Jumbo Payload 选项进行发送。

4.6.4 IPv6 路由机制

IPv6 的优点之一就是提供灵活的路由机制。由于分配 IPv4 网络 ID 所用的方式，要求位于 Internet 中枢上的路由器维护大型路由表。这些路由器必须知道所有的路由，以便转发可能定向到 Internet 上的任何节点的数据包。通过其聚合地址能力，IPv6 支持灵活的寻址方式，大大减小了路由表的规模。在这一新的寻址结构中，中间路由器必须只跟踪其网络的本地部分，以便适当地转发消息。

邻居发现协议是 IPv6 协议的一个基本的组成部分，它实现了在 IPv4 中的地址解析协议(ARP)、控制报文协议(ICMP)中的路由器发现部分、重定向协议的所有功能，并具有邻居不可达检测机制。

邻居发现协议实现了路由器和前缀发现、地址解析、下一跳地址确定、重定向、邻居不可达检测、重复地址检测等功能，可选实现链路层地址变化、输入负载均衡、泛播地址和代理通告等功能。邻居发现协议采用5种类型的IPv6控制信息报文(ICMPv6)来实现邻居发现协议的各种功能。

节点向目的地发送数据包时，使用目的地缓存、前缀列表、默认路由器列表确定合适的下一跳的IP地址，然后路由器查询邻居缓存确定邻居的链路层地址。

IPv6单播地址的下一跳确定操作如下：发送者使用前缀列表中的前缀进行最长前缀匹配，确定包的目的地是在连接的还是非连接的。如果下一跳是在连接的，下一跳地址就和目的地地址相同，否则发送者从默认路由器列表中选择下一跳。如果默认路由器列表为空，则发送者认为目的地是在连接的。

一跳确定的信息存储在目的地缓存中，下一个包可以使用这些信息。当路由器发送包时，首先检查目的地缓存，如果目的地缓存没有相关信息存在，就激活下一跳确定过程。

学习到下一跳路由器的IPv6地址后，发送者检查邻居缓存以决定链路层地址。如果没有下一跳IPv6地址的表项存在，路由器的工作如下：① 创建一个新表项，并设置其状态为不完全；② 开始进行地址解析；③ 对传送的包进行排队。

当地址解析结束时，获得链路层地址，存储在邻居缓存中。此时表项到达新的可达状态，排队的包能够传送。

对于组播包，下一跳总是认为在连接，确定组播IPv6地址的链路层地址取决于链路类型。当邻居缓存开始传送单播包时，发送者根据邻居不可达检测算法检测相关的可达性信息，验证邻居的可达性。当邻居不可达时，再次执行下一跳确定，验证到达目的地的另一条路径是否是可达的。

如果知道了下一跳节点的IP地址，发送方就检查邻居缓存中有关邻居的链路层信息。如果没有表项存在，发送方就创建一条，并设置其状态为“不完整性”，同时启动地址解析，然后对没有完成地址解析的数据包进行排队。对具有组播功能的接口来说，地址解析的过程是发送一个邻居请求信息以及等待一个邻居通告。当收到一个邻居通告应答时，链路层地址的表项在邻居缓存中，同时发送排队的数据包。

在传输单播数据包期间每次读取邻居发现缓存的表项，发送方根据邻居不可达性检测的算法检查邻居不可达性检测的相关信息，但不可达性检测会使发送方发出单播邻居请求，以验证该邻居还是可达的。

数据流第一次送往目的地时就执行下一跳确定的操作，随后该目的地如果仍能正常通信，目的地缓存的表项就可以继续使用。如果邻居不可达算法决定在某一点终止通信，则需要重新执行下一跳确定，例如故障路由器的流量应该切换到正常工作的路由器，流向移动节点的数据流可能要重新路由到“移动代理”。

当节点重做下一跳确定时，不需要丢弃整个目的地缓存的表项，其中PMTU和往返计时器值的信息是很有用的。

4.6.5 IPv4向IPv6过渡

由于Internet的规模以及网络中数量庞大的IPv4用户和设备，IPv4到IPv6的过渡不可能一次性实现。而且，许多企业和用户的日常工作越来越依赖于 Internet，它们无法容忍在协议过渡过程中出现的问题，所以 IPv4 到 IPv6 的过渡必须是一个循序渐进的过程，在体验 IPv6 带来的好处的同时仍能与网络中其余的 IPv4 用户通信。能否顺利地实现从 IPv4 到 IPv6 的过渡也是 IPv6 能否取得成功的一个重要因素。

实际上，IPv6 在设计的过程中就已经考虑到了 IPv4 到 IPv6 的过渡问题，并提供了一些特性使过渡过程简化。例如，IPv6 地址可以使用 IPv4 兼容地址，自动由 IPv4 地址产生；也可以在 IPv4 的网络上构建隧道，连接 IPv6 孤岛。

对于 IPV4 向 IPV6 技术的演进策略，业界提出了许多解决方案，主流技术大致可分如下几类：

1. 双栈策略

实现 IPv6 节点与 IPv4 节点互通的最直接的方式是在 IPv6 节点中加入 IPv4 协议栈。具有双协议栈的节点称作"IPv6/IPv4 节点"，这些节点既可以收发 IPv4 分组，也可以收发 IPv6 分组。它们可以使用 IPv4 与 IPv4 节点互通，也可以直接使用 IPv6 与 IPv6 节点互通。双栈技术不需要构造隧道，但后文介绍的隧道技术中要用到双栈。IPv6/IPv4 节点可以只支持手工配置隧道，也可以既支持手工配置也支持自动隧道，如图 4.42 所示。

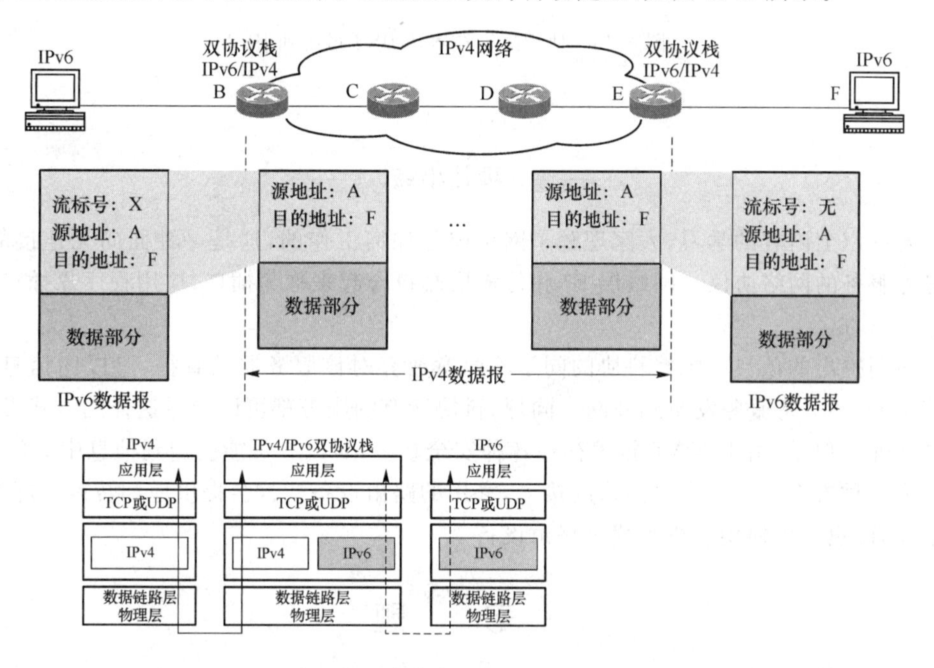

图 4.42 在路由器上运行双协议栈

2. 隧道技术

在 IPv6 发展初期，必然有许多局部的纯 IPv6 网络，这些 IPv6 网络被 IPv4 骨干网络隔离开来，为了使这些孤立的"IPv6 岛"互通，就采取隧道技术的方式来解决。利用穿越现存 IPv4 因特网的隧道技术将许多个"IPv6 孤岛"连接起来，逐步扩大 IPv6 的实现范围。其原理是，在 IPv6 网络与 IPv4 网络间的隧道入口处，路由器将 IPv6 的数据分组封装入 IPv4 中，IPv4 分组的源地址和目的地址分别是隧道入口和出口的 IPv4 地址。在隧道的出口处再将 IPv6 分组取出转发给目的节点，如图 4.43 所示。

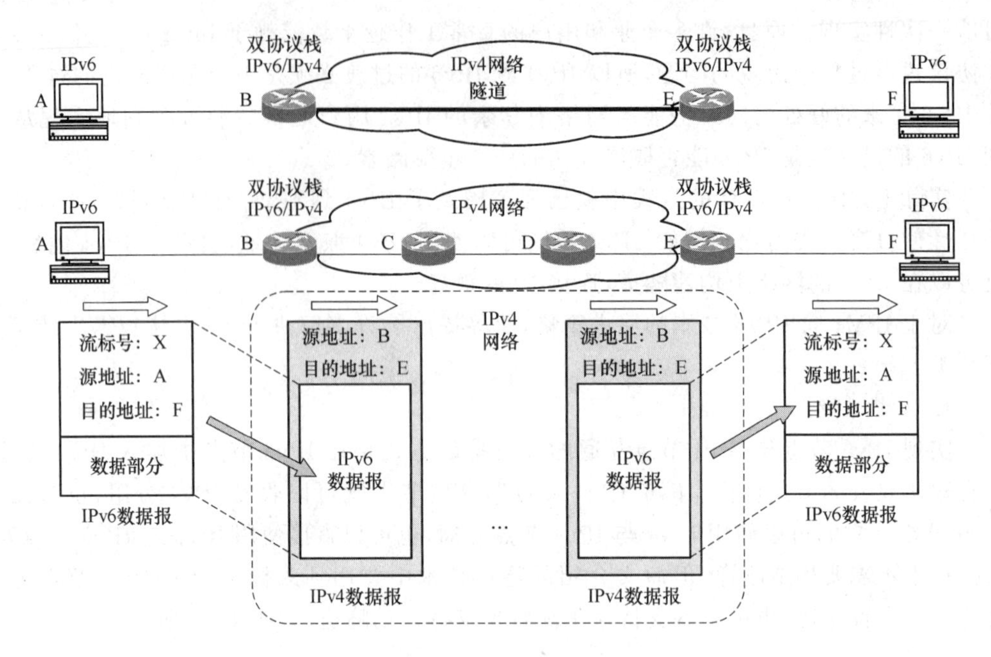

图 4.43　使用隧道技术从 IPv4 过渡到 IPv6

项目小结

通过以上内容的学习，大家理解了网络层是如何工作的，这是一种面向无连接的，尽最大努力服务的网络协议。网络层 IP 和传输层端口合起来称为插口，应用程序靠插口来识别通信的双方。

回到提出的项目。既然科协的同学不愿意放弃对该服务器的管控，可以向信息中心申请使用 DNAT 将服务发布到外网。同理，科协所有的服务都可以通过这样的方式发布到校园网之外。但是，由于 NAT 技术存在各种安全缺陷，所以有可能会遭到信息中心的拒绝。

另一种方案类似于家庭网络的接入，家用的路由设备通常会提供地址转换的配置服务，如果没有，也可以使用主机来代替路由设备。

习　　题

1. 数一下学校内部互联网有多少个物理网络？使用了多少个路由器？画出学校的互联网草图，标识每个网络的 IP 前缀，并给出每个路由器的 IP 地址。

2. 画一个由一个路由器连接的两个网络构成的 TCP/IP 互联网。画出连接到各个网络的一台计算机，画出计算机使用的协议栈和路由器使用的协议栈。

3. IP 可以重新设计为使用硬件地址而不是当前所用的 32 位二进制地址吗？为什么？

4. 写一个计算机程序，使其能在 32 位二进制数和点分十进制形式之间互相转换。

5. 写一个计算机程序，使其能用点分十进制形式读一个 IP 地址，判定该地址是 A 类、B 类还是 C 类，并打印网络部分和主机部分。

6. 写一个计算机程序，输入一个如图4.5(b)的IP路由表以及一系列的目的地址。对每一个目的地址，该程序顺序搜索路由表，找到正确的下一站作为输出。再使用hashing代替顺序搜索。比较两个程序的速度，看看hashing到底快多少。

7. 写一个计算机程序，从一个IP数据报中取出源地址和目的地地址，以点分十进制表示法输出。

8. 假设两个路由器被错误地配置，以至对某些目的地D产生了路由环。解释一下为什么目的地为D的数据报不会永远地在环中传送。

9. 假设一个数据报在穿过一个互联网的过程中经过N个路由器，则数据报会被封装几次？

10. 尽管可以使用小数据报来避免分段的发生，但发送方几乎不这么做，为什么？

11. 一个数据报最多可分为多少段？解释一下。

12. IP规定任何数据报都可能被延迟，意味着数据报到达的次序可能与它们发送的次序不同。如果一个数据报的某一段在前一数据报的所有段全部到达之前到达，目的地如何知这些段属于哪一个数据报？

13. 在数据报从一个广域网经路由器进入一个局域网，或由局域网经路由器进入一个广域网的时候，是否会有分段发生？为什么？

14. ARP只允许在单个网上进行地址解析，ARP能否在一个IP数据报中向远程服务器发送一个请求？为什么？

15. 假设一台计算机发出ARP请求之后，收到两个应答。第一个应答声明硬件地址是H1，第二个应答声明硬件地址是H2，那么ARP软件会怎样处理？

16. DHCP与ARP有什么关系？试说明DHCP为何可以跨网运行。

17. 在Linux环境下配置部署DHCP服务，并说明如何设置DHCP中继。

18. 考虑一种路由跟踪程序的修改版本，其中在每一数据报中用ICMP回应请求代替UDP数据报。路由跟踪程序可能会收到什么信息？

19. 举例说明一种VPN的方案。付款的网页是否使用了隧道？如果是，是用的哪一层隧道？NAT又是什么情况？举例说明一种NAT方案。

20. 试说明为何RIP"好消息传播快，坏消息传播慢"。为何RIP工作在网络层上，而报文是应用层的？

21. 图4.44所示的子网中使用了距离矢量路由算法，如下的矢量刚刚到达路由器C：来自B的矢量为(5,0,8,12,6,2)；来自D的矢量为(16,12,6,0,9,10)；来自E的矢量为(7,6,3,9,0,4)。经测量C到B,D,E的延迟分别为6,3和5。请问C的新路由表将是怎样？给出使用的输出线路及期望(预计)的延迟。

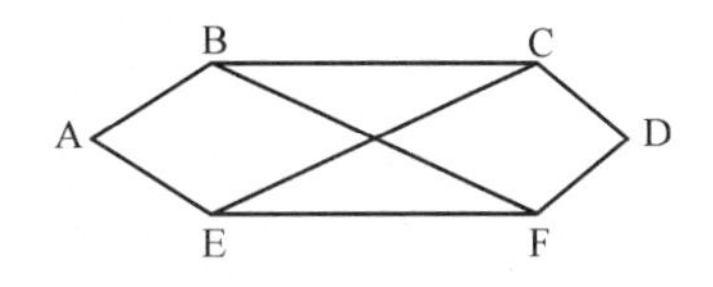

图4.44 题21图

22. 对比RIP与OSPF，简述两者间的优缺点。OSPF中规定了一种称为末梢区域(STUB)的区域，在这个区域内一般使用唯一的出口路由，且其外部的链路状态信息不需要洪泛到该区域内，请问，该区域内使用RIP有可能吗？

23. 在表 4.3 中,为何没有子网号 0、1、7、8 的情况?

24. 一个公司有一个总部和三个下属部门。公司分配到的网络前缀是 192.77.33/24。公司的网络布局如图 4.45 所示。总部共有五个局域网,其中 LAN_1 ~ LAN_4 都连接到路由器 R1 上,R1 再通过 LAN_5 与路由器 R2 相连。R5 和远地的三个部门的局域网 LAN_6 ~ LAN_8 通过广域网相连。每个局域网旁边标明的数字是局域网上主机数。试给每个局域网分配一个合适的网络前缀。

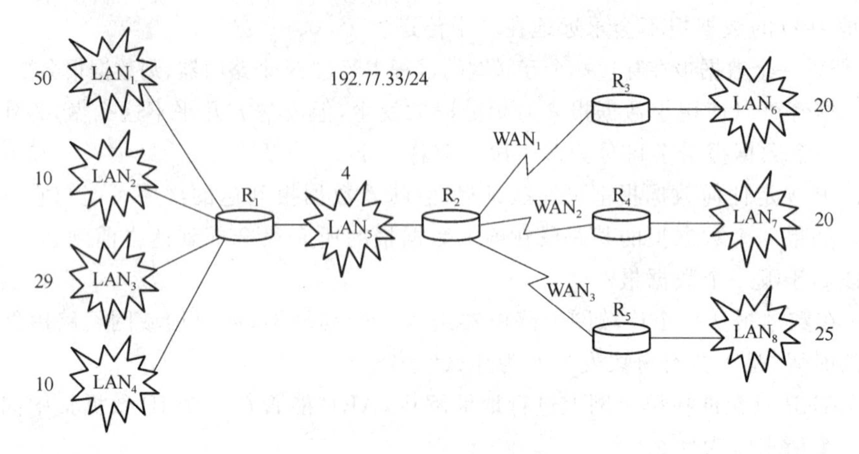

图 4.45 题 24 图

25. BGP 和 IGP 最大的区别是什么?为何 BGP 一般运行在边界路由器之间?

26. 比较 VPN 和 NAT 技术的异同。举例说明使用 NAT 可能会带来哪些问题。

27. 配置 SNAT 服务实现多主机共享一个 IP 地址上网。

28. 在 Linux 上实现一个视频点播的应用,并说明该服务有没有使用多播技术。

29. 举例说明移动 IP 使用的环境。

30. IPv6 相对于 IPv4 的改进体现在哪些方面?

31. 配置一台 Linux 双穴主机,实现 SNAT。

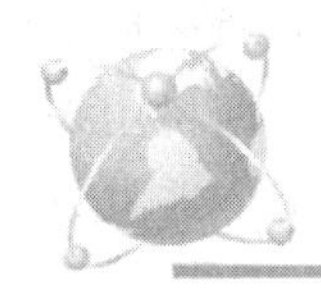

第5章　直连的网络

问题的提出

学校开学后为新生准备了一场迎新晚会，可惜的是大学生活动中心的剧场仅能容纳400人，于是校学生会请求信息中心网络直播晚会。遗憾的是，信息中心以可能影响教学保障拒绝了，于是科协的同学只好自己动手。

由于大学生活动中心并没有预留高速的网络链路，而摄像、采集、切播设备只能放在大学生活动中心的现场，而架设好的流媒体服务器在科协的机房，虽然在同一个建筑内，也只能通过拉了一条78米长的双绞线连接两端。

在调试的过程中，科协的同学发现，这一条连接两端的双绞线预留不能过长，否则无法实现两端的通信，这是为什么呢？如果不用双绞线，该用什么链路？

5.1　以　太　网

直连的网络中最著名的就是以太网(EtherNet)，1973年美国Xeror公司提出并实现了初始的以太网模型，1980年9月DEC-Intel-Xeror(DIX)发布了10 Mbit/s以太网标准(DIX80)。IEEE802委员会于1981年成立IEEE802.3分委员会，专门从事以太网标准制定工作。1982—1990年，以太网得到了较大的发展，出现了10Base5(粗同轴电缆总线以太网)、10Base2(细同轴电缆总线以太网)、10Base-F(光纤以太网)和10Base-T(双绞线星状以太网)等。1992—1997年是快速以太网发展时期，提出了100Base-T(即IEEE802.3u)和100Base-VG(100VG-Any-LAN，也即IEEE802.12)，前者得到了广泛应用。1996年至21世纪初，开发了1000 Mbit/s的千兆以太网(即IEEE802.3ab)并得到了广泛应用，2002年开始出现了万兆以太网(10 Gbit/s和1 Tbit/s，IEEE802.3ae)。

5.1.1　物理特性

以太网中只使用了OSI参考模型的低3层：物理层、数据链路层、网络层。

其中物理层协议可定义电气信号、符号、线的状态和时钟要求、数据编码和数据传输用的连接器。中继器就是物理层中的设备，因为它只重新发送信号而不对它们译码。所有比它高的层都通过事先定义的接口而与物理层通话。如在10Base-5以太网中，通过一个附属单元接口(AUI)来连接物理层和数据链路层。在100 Mbit/s以太网中，通过一个介质无关性接口(MII)与上层连接。与真正电缆的物理层接口是通过介质有关性接口(MDI)来完成的。例如，10Base-T用的MDI是RJ-45连接器。

数据链路层实际上由两个独立的部分组成，介质存取控制层(MAC)和逻辑链路控制层(LLC)。LLC层的功能在更高的层中要涉及由软件译码成实际的数据。MAC用来描述在共享介质环境中如何进行站的调度、发送和接收数据。MAC确保信息跨链路的可靠传输，对数据传输进行同步，识别错误和控制数据的流向。一般地讲，MAC只在共享介质环境中才是重要的，因为只有在共享介质环境中多个节点才能连接到同一传输介质上。网桥用来连接相同MAC型的不同LAN。例如，10Base-2可以通过网桥连到10Base-T上。这类数据传输发生在MAC级，因此经常称它们为第2层功能。

网络层负责在源和终点之间建立连接。较大型的网络通常由不同类型的MAC标准组成，例如，一个公司可能在它的工程技术部中配置的都是以太网，而在财会部门配置的却是令牌环网。网络层的软件会知道如何在以太网和令牌环网之间建立最好的连接。一般情况下，在不同的MAC标准之间的数据传输都要涉及网络层，此功能称之为路由定向或第3层功能。这在前面的章节已经介绍过。

正如高速公路和街道提供汽车通行的基础一样，网络介质亦是数据发送的物理基础。众所周知，网络介质处于OSI模型的最底层。最初的网络是通过又粗又重的同轴电缆发送数据的。目前，大部分网络介质则如同电话线一样，具有易弯曲的外部，内部则是绞接的铜线。由于网络要求更高的速度、更多的用途为更高的可靠，网络介质也随之不断地更新。现代网络不仅使用铜线，还可能使用光缆、红外线、无线电波或其他介质。

当需要决定使用哪一种传输介质时，必须将联网需求与介质特性进行匹配。通常说来，选择数据传输介质时必须考虑五种特性(根据重要性粗略地列举)：吞吐量和带宽、成本、尺寸和可扩展性、连接器以及抗噪性。当然，每种联网情况都是不同的：一个机构至关重要的特性对另一个机构来说可能是无关重要的，需要判断哪一方面对你的机构是最重要的。

以太网是在许多商业局域网中发现的基带系统的一个例子。在以太网中的每个设备都能通过电缆传输数据，但一次仅只有一台设备可以传输数据。与此相对的宽带系统，信号被调制到不同的频率范围，因此宽带系统可以同时使用几个信道，能够比基带系统传输更多的数据，但宽带系统也有信号仅能单项传输，并且使用额外的硬件而增加成本的缺点。

在20世纪80年代，同轴电缆是以太网的基础，并且多年来是一种最流行的传输介质。然而，随着时间的推移，大部分现代局域网中，双绞线电缆逐渐取代了同轴电缆。同轴电缆包括：有绝缘体包围的一根中央铜线、一个网状金属屏蔽层以及一个塑料封套，如图5.1所示。

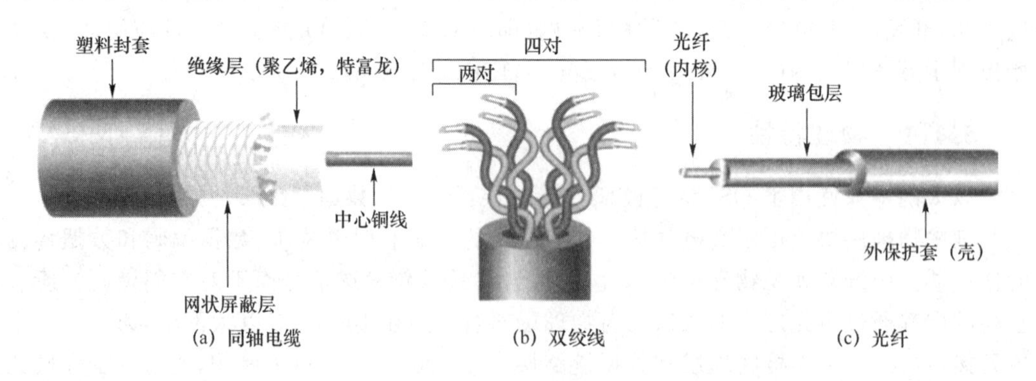

图5.1　有线传输介质

双绞线(TP)电缆类似于电话线，由绝缘的彩色铜线对组成，每根铜线的直径为0.4～0.8毫米，两根铜线互相缠绕在一起，如图5.1(b)所示。双绞线对中的一根电线传输信号信息，另一根被接地并吸收干扰。由于双绞线被广泛用于许多不同的领域以及不同的目的，它形成了上百种不同的设计形式。这些设计的不同之处在于它们的缠绕率、它们所包含的电线对的数目、所使用的铜线级别、屏蔽类型(若有)以及屏蔽使用的材料。一根双绞线电缆可以包括 1～4 200 对电线对,早期的网络电缆合并了两对电线对:一对负责发送数据,一对负责接收数据,现代网络一般使用包含 2～4 对电线对的电缆,从而可有多根电线同时发送和接收数据。

光导纤维简称为光缆。在它的中心部分包括了一根或多根玻璃纤维,通过从激光器或发光二极管发出的光波穿过中心纤维来进行数据传输。在光纤的外面是一层玻璃称之为包层。它如同一面镜子,将光反射回中心,反射的方式根据传输模式而不同。这种反射允许纤维的拐角处弯曲而不会降低通过光传输的信号的完整性。在包层外面,是一层塑料的网状的聚合纤维,以保护内部的中心线。最后一层塑料封套覆盖在网状屏蔽物上,如图 5.1(c)所示。如同双绞线电缆,光缆也存在许多不同的类型,各种类型的光缆最终分成两大类:单模式和多模式。单模光缆携带单个频率的光将数据从光缆的一端传输到另一端。通过单模光缆,数据传输的速度更快,并且距离也更远。但是这种光缆开销较大。相反,多模光缆可以在单根或多根光缆上同时携带几种光波。

空气提供了一种无法触摸的网络传输数据方式。几十年来,广播电台和电视塔都使用空气以模拟信号的形式传输信息。空气也能传输数字信号,通过空气传输信号的网络称为无线网络。

5.1.2　以太网的版本和拓扑结构

以太网存在许多不同的实现形式。每种以太网版本都服从一个略微不同的 IEEE802.3 规范。该规范概括了以太网不同版本的速度、拓扑结构和电缆特征。

从以太网发展历史看,传统以太网有以下两种:

粗同轴电缆网是基于 RG-8 50 Ω 粗同轴电缆为传输介质的总线以太网络(10 Base5),其传输速率为 10 Mbit/s,基带传输,单段最大传输距离 500 米。组网设备及其连接结构如图 5.2 所示。

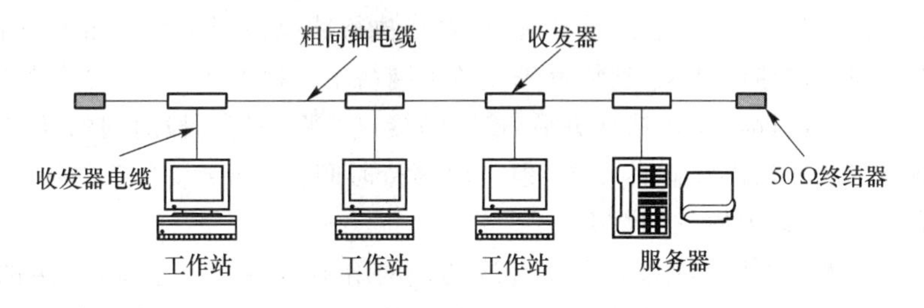

图 5.2　粗缆以太网

细同轴电缆网是基于 RG-58 50Ω 细同轴电缆为传输介质的总线以太网络(10 Base 2),其传输速率为 10 Mbit/s,基带传输,单段最大传输距离 185 米。组网设备及其连接结构如图 5.3 所示。

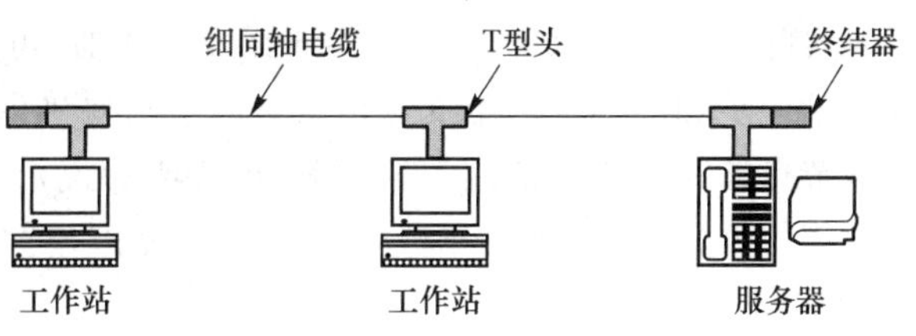

图 5.3　细缆以太网

粗缆以太网和细缆以太网除了传输介质的物理电器特性不同外,其网卡的接入方式也有不同。粗缆以太网使用 AUI 接口,而细缆以太网使用 BNC-T 型接口。

从图 5.2 和图 5.3 可以看出,粗缆以太网和细缆以太网都是总线型拓扑。

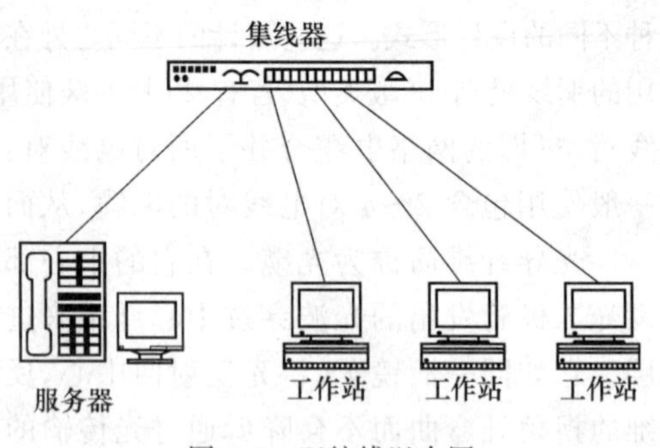

图 5.4　双绞线以太网

双绞线以太网是采用无屏蔽双绞线(UTP)作为传输介质,集线器作为网络中心连接设备,使用带 RJ-45 接口的以太网卡的以太网络(10Base-T 标准)。其物理结构是星状的,而逻辑结构是总线式的,介质访问控制方式还采用 CSMA/CD 方式。其网络结构如图 5.4 所示。为了扩展 10Base-T 网络节点数目,可以采用集线器级联或采用可堆叠的集线器进行堆叠。

集线器级联可通过双绞线连接集线器上的 RJ-45 级联接口,也可以通过集线器上的 AUI、BNC 或光纤级联接口进行级联。使用集线器级联的计算机共享一个接入的带宽(同属一个冲突域)。

传统以太网几乎很少用到环形拓扑,但是在城域网中经常使用环形结构的以太网,这种方式主要用于电信级的以光纤为介质的以太网。但是需要注意的是,这些网络虽然在物理拓扑上是环形,但是在逻辑拓扑上仍然是总线型或者星形(树形)。

5.1.3　访问协议 CSMA/CD

以太网遵从一套称之为具有冲突检测的载波侦听多路访问/冲突检测(CSMA/CD)的通信规则。所有的以太网,不论其速度或帧类型是什么,都使用 CSMA/CD。“载波侦听”是指以太网的网络接口卡侦听网络,直到检测到没有其他节点正在发送数据时,它们才开始发送数据。“多路访问”是指多个以太网节点连接到同一个网络上,并能同时检测信道。当判定线路空闲时任何节点都能发送数据。假如两个节点检测到一个空闲电路并同时开始发送数据,这时会发生数据冲突。在这种情况下,网络执行冲突检测例程。如果一个站的网络接口卡判断出它的数据遇到冲突,它将首先在整个网络中传播冲突(也称之为阻塞),以确保没有其他站试图发送数据。在传播冲突后,该网络接口卡将保持一段时间的静默(时间的长短依赖于网络接口卡的软件和硬件设置,但一般等待时间为 9 ms),等待之后,一旦节点判断线路可再次获得,它将重发它的数据。

在通信业务繁忙的网络中,冲突是普遍的。网络中传输节点越多,发生的冲突也越多(虽然冲突速率超过所有通信业务 1% 是不寻常的,有可能是网络中网络接口卡的问题)。当一个以太网发展成包括巨大数目节点时,网络性能可能由于冲突而下降。这个“临界数量”依赖于网络定期发送数据的类型和容量。冲突能够破坏数据或截去数据帧的一部分,因此网络检测和抵消冲突是非常重要的。图 5.5 描绘了 CSMA/CD 的过程。

实际上 CSMA/CD 与人际间通话非常相似,可以用以下 7 步来说明。

第一步:载波监听,想发送信息包的节点要确保现在没有其他节点在使用共享介质,所以该节点首先要监听信道上的动静(即先听后说)。

第二步:如果信道在一定时段内寂静无声(称为帧间缝隙 IFG),则该节点就开始传输(无声则讲)。

第三步:如果信道一直很忙碌,就一直监视信道,直到出现最小的 IFG 时段时,该节点才开始发送它的数据(有空就说)。

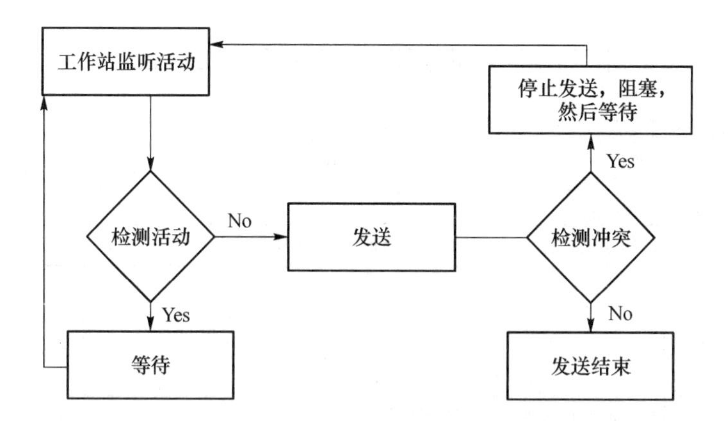

图 5.5 CSMA/CD 过程

第四步：冲突检测，如果两个节点或更多的节点都在监听和等待发送，然后在信道空时同时决定立即（几乎同时）开始发送数据，此时就发生碰撞。这一事件会导致冲突，并使双方信息包都受到损坏。以太网在传输过程中不断地监听信道，以检测碰撞冲突（边听边说）。

第五步：如果一个节点在传输期间检测出碰撞冲突，则立即停止该次传输，并向信道发出一个“拥挤”信号，以确保其他所有节点也发现该冲突，从而摒弃可能一直在接收的受损的信息包（冲突停止，即一次只能一人讲）。

第六步：多路存取，在等待一段时间（称为后退）后，想发送的节点试图进行新的发送。这时采用一种叫二进制指数退避策略（Binary Exponential Back off Policy）的算法来决定不同的节点在试图再次发送数据前要等待一段时间（随机延迟）。

第七步：返回到第一步。

实际上，冲突是以太网电缆传输距离限制的一个因素。例如，如果两个连接到同一总线的节点间距离超过 2 500 米，数据传播将发生延迟，这种延迟将阻止 CSMA/CD 的冲突检测例程正确进行。

5.1.4 以太网的帧

常见的以太网帧格式有两种标准，一种是 DIX Ethernet V2 标准，另一种是 IEEE 802.3 标准，其区别如图 5.6 所示。可以看出，以太网 V2 标准较 802.3 标准更为简单，不再考虑 LLC 子层。

以太网 V2 是用得比较多的帧格式，它由 5 个字段组成：

前两个字段是 6 字节长度的目的地址和原地址字段，这里的地址是指的硬件 MAC 地址。

第三个字段是 2 字节的类型字段，用来标识上一层使用什么协议，以便将收到的 MAC 帧的数据交给上层的协议，对于 IP 报文来说，该字段值是 0×0800。对于 ARP 信息来说，以太类型字段的值是 0×0806。对于 RARP 信息来说，其类型字段的值是 0×0835。

第四字段是数据字段，其长度在 46～1 500 字节。由一个上层协议的协议数据单元 PDU 构成。可以发送的最大有效负载是 1 500 字节。由于以太网的冲突检测特性，有效负载至少是 46 个字节。如果上层协议数据单元长度少于 46 个字节，必须增补到 46 个字节。图中假定是 IP 数据报，但是这里可以是其他协议数据报。

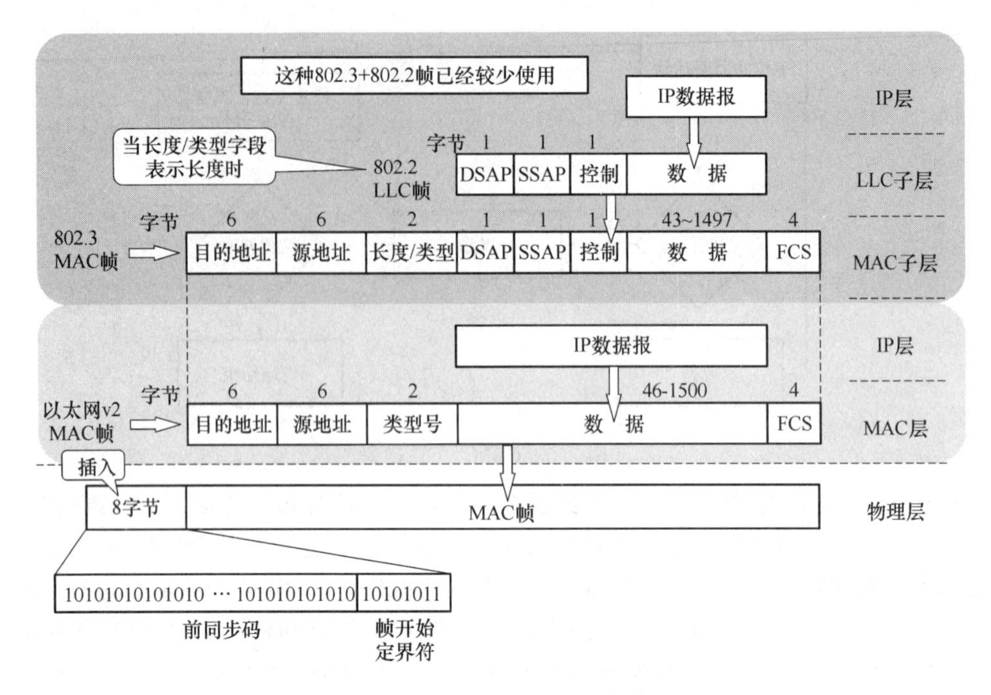

图 5.6 以太网的帧格式

最后一个字段是 4 字节的帧检验序列 FCS,该检验序列使用 CRC 校验。

从图 5.6 中可以看出,不管是 802.3 还是 V2 的帧首部中并没有一个长度字段来标识可变长度的数据字段,因此,在首部之前引入了一个 8 字节的前导码。在每种格式的以太网帧的开始处都有 64 比特(8 字节)的前导字符。其中,前 7 个字节称为前同步码(Preamble),内容是二进制 10101010(16 进制数 0×AA),最后 1 字节为帧起始标志符,内容为二进制 10101011(16 进制的 0×AB),它标识着以太网帧的开始。前导字符的作用是使接收节点进行同步并做好接收数据帧的准备。

再回到帧首部的前两个字段,分别是 6 字节的地址,这个地址显然不是 4 字节的 IP 地址,而是标识以太网接口卡(Network Interface Card,NIC)的硬件地址,也称为介质访问控制(Medium/Media Access Control,MAC)地址。MAC 地址也叫物理地址、硬件地址或链路地址,由网络设备制造商生产时写在硬件内部。MAC 地址是由 48bit 长(6 字节)16 进制的数字组成。0～23 位叫作组织唯一标志符(organizationally unique),是识别局域网节点的标识。24～47 位是由厂家自己分配,其中第 40 位是组播地址标志位。网卡的物理地址通常是由网卡生产厂家烧入网卡的 EPROM(一种闪存芯片,通常可以通过程序擦写),它存储的是传输数据时真正赖以标识发出数据的计算机和接收数据的主机的地址。

也就是说,在网络底层的物理传输过程中,是通过物理地址来识别主机的,它一般也是全球唯一的。比如,著名的以太网卡,其物理地址是 48bit(比特位)的整数,如:44-45-53-54-00-00,以机器可读的方式存入主机接口中。以太网地址管理机构 IEEE 将以太网地址,也就是 48 比特的不同组合,分为若干独立的连续地址组,生产以太网网卡的厂家就购买其中一组,具体生产时,逐个将唯一地址赋予以太网卡。

形象地说,MAC 地址就如同我们身份证上的身份证号码,具有全球唯一性。

IP 地址就如同一个职位，而 MAC 地址则好像是去应聘这个职位的人才，职位既可以让甲坐，也可以让乙坐，同样的道理一个节点的 IP 地址对于网卡是不做要求，基本上什么样的厂家都可以用，也就是说 IP 地址与 MAC 地址并不存在着绑定关系。本身有的计算机流动性就比较强，正如同人才可以给不同的单位干活的道理一样的，人才的流动性是比较强的。职位和人才的对应关系就有点像是 IP 地址与 MAC 地址的对应关系。比如，如果一个网卡坏了，可以被更换，而无须取得一个新的 IP 地址。如果一个 IP 主机从一个网络移到另一个网络，可以给它一个新的 IP 地址，而无须换一个新的网卡。当然 MAC 地址除了仅仅只有这个功能还是不够的，就拿人类社会与网络进行类比，通过类比，我们就可以发现其中的类似之处，更好地理解 MAC 地址的作用。无论是局域网，还是广域网中的计算机之间的通信，最终都表现为将数据包从某种形式的链路上的初始节点出发，从一个节点传递到另一个节点，最终传送到目的节点。数据包在这些节点之间的移动都是由 ARP 负责将 IP 地址映射到 MAC 地址上来完成的。其实人类社会和网络也是类似的，试想在人际关系网络中，甲要捎个口信给丁，就会通过乙和丙中转一下，最后由丙转告给丁。在网络中，这个口信就好比是一个网络中的数据包。数据包在传送过程中会不断询问相邻节点的 MAC 地址，这个过程就好比是人类社会的口信传送过程。

5.1.5 以太网组网

现在的以太网已经很少用同轴电缆作为介质，因此以太网的组网仅以 10 Base-T 为例说明。

1. 组网的主要硬件

10Base-T 网络使用一个或多个 10Base-T 集线器(Hub)组建局域网络。10Base-T 集线器实际是一个具有多个 RJ-45 端口的转发器，是这类网络的中心节点。集线器将从某一端口收到的帧发送到其上的所有端口，若是广播帧，则所有端口的站点都响应；若是非广播帧，则只有地址与帧的 MAC 地址相同的站点响应。

每个站点需要一块带 RJ-45 接口的网络接口卡，俗称网卡。

10Base-T 网络一般采用 100 Ω 的 3 类(CAT3)UTP，也可使用 CAT3 以上的 UTP(市场上更多的是 CAT5)，每段最大长度 100 m。标准双绞线电缆至少要有 8 芯线，10Base-T 网络实际使用两对(4 芯)，其中一对用于信号发送，一对用于信号接收。双绞线两端用压接 RJ-45 接头，用于集线器与网卡、集线器与集线器、网卡与网卡等之间的连接。

最后需要准备一些 RJ-45 连接器。RJ-45 连接器也称 RJ-45 头(或水晶头)，有 8 针，用于连接 8 芯双绞线。但由于 10Base-T 标准中只用两对双绞线，所以 RJ-45 头只用 4 针，即 1、2、3、6。

2. 双绞线与 RJ-45 头的连接技术

双绞线与 RJ-45 头连接有许多标准，最常用的有美国电子工业协会(EIA)和电信工业协会(TIA)1991 年公布的 EIA/TIA 568 规范，包括 TIA/EIA 568A 和 TIA/ EIA 568B。

TIA/EIA 568A 的线序为：1-绿白，2 -绿，3-橙白，4-蓝，5-蓝白，6-橙，7-棕白，8-棕。

TIA/EIA 568B 的线序为：1-橙白，2-橙，3-绿白，4 -蓝，5-蓝白，6-绿，7-棕白，8-棕。

在同一个网络系统中，选择同一个标准，如常用 TIA/EIA568B 标准；同一条双绞线两端，一般使用同一标准，如用于集线器到网卡的连接线；当双绞线用于连接网卡到网卡时，则线的一端使用 TIA/EIA568A，另一端则要使用 TIA/EIA568B；用于集线器或交换机之间级联的双绞线，其接线标准要看具体的集线器或交换机，有些要求使用平行线，有些要求使用交叉线。

如制作 TIA/EIA568B 线，步骤如下：

第一步，用 RJ-45 线钳将双绞线电缆套管从端头剥去约 20 mm，剥出 4 对线。

第二步，排好线序，即 1 和 2(橙白和橙)、3 和 6(绿白和绿)、4 和 5(蓝和蓝白)、7 和 8(棕白和棕)。

第三步，整齐排线，铰齐线头。导线修整后距套管的长度为 14 mm，从头开始，至少 10±1 mm之内导线之间不能有交叉，导线 6 应在距套管 4 mm 之内跨过导线 4 和 5。

第四步，将整理好铰齐的导线插入 RJ-45 头，并在 RJ-45 头部能看见铜芯，套管内导线应该平整，套管应伸入 RJ-45 头至少 6 mm，以固定双绞线。

第五步，用 RJ-45 线钳压实 RJ-45 头，让每根铜针分别插入每根导线。

第六步，使用双绞线测试工具测试线缆的导通性。

3. 在计算机上安装网络接口卡和相应的驱动

4. 使用做好的网络连接线连接计算机与集线器

5.1.6 以太网的链路长度限制和信道利用率

实际上，在 CSMA/CD 协议中，虽然每一个站在发送数据之前已经监听到信道“空闲”，但还是会出现数据在总线上的碰撞，这是因为电磁波在总线上的速度是有限的。

为了要说明该问题，首先要知道在总线上的站不可能同时进行发送和接收，以太网是进行双向交替通信(半双工通信)的。与此相对的，单工通信指只能向一个方向通信，类似于单行道路，半双工通信类似于该道路单行，但一段时间是从 A→B 方向单行，另一段时间是从 B→A 单行，全双工通信是可以双向通信，类似于双向可行的道路。

假设现在总线的长度是 L，两端各有站点 A 和 B，而电磁波在该总线的传输速度是 S，线路的带宽为 C，则可知其链路端到端的传播时延为 $\tau=L/S$。如果在 $t=0$ 时，A 站检测到线路空闲，于是发送数据，而在 $t=\tau-\delta$ 时刻，A 的数据尚未到 B 站，B 站检测到链路空闲，于是也发送数据，则在 $t=\tau$ 时刻，B 检测到发生碰撞，在 $t=2\tau-\delta$ 时刻，A 也能知道发生了碰撞，当 $\delta\rightarrow 0$ 时，则 A 检测到发生碰撞的时间应该是 $t=2\tau$，这个时间间隔常常被称为争用期。

应当注意到，成功发送一个长度为 l 的帧所需要占用的信道的时间是 $T_0+\tau$，比帧的发送时间要多一个传播时延 τ，这是因为当一个站发送完最后一个比特的时候，这个比特还要在以太网上传播。

而 CSMA/CD 规定，当发生碰撞的时候，两个站都必须规避一段时间再进行数据的发送，这个时间通常是争用期 2τ 的倍数。

为了让链路不至于空闲，这段链路希望 A 发送的数据在 B 接收到数据之前能够总是有数据传送，因此可以认为发送一段长度为 l 的数据需要大于等于传播时延的 2 倍，也就是说 $2\tau\leqslant T_0=l/C$，T_0 是发送数据所用的时间。

由于以太网规定最短帧长为 $l=64$ 字节，而带宽是 $C=10$ Mbit/s，则 $2\tau\leqslant l/C=51.2\ \mu s$。而一般情况下，电磁波在 1 km 电缆的传播时延约为 5 μs，理想的状况是链路的长度能够达到 5.12 km。但实际上，以太网进行中继的时候，会产生处理时延，因此以上距离应该再缩短到算出的一半为 2.56 km，约等于 2 500 m，即为 10 M 以太网的链路的最大距离。

5.2 高速以太网

传统以太网虽然还有组织和个人在使用，但是在市场上已经很少见，更常见的是各种不同的高速以太网。

5.2.1 快速以太网

随着网络的发展，传统标准的以太网技术已难以满足日益增长的网络数据流量速度需求。在1993年10月以前，对于要求10 Mbit/s以上数据流量的LAN应用，只有光纤分布式数据接口(FDDI)可供选择，但它是一种价格非常昂贵的、基于100 Mbit/s光缆的LAN。1993年10月，Grand Junction公司推出了世界上第一台快速以太网集线器FastSwitch10/100和网络接口卡FastNIC100，快速以太网技术正式得以应用。随后Intel、SynOptics、3Com、BayNetworks等公司亦相继推出自己的快速以太网装置。与此同时，IEEE802工程组亦对100 Mbit/s以太网的各种标准，如100Base-TX、100Base-T4、MII、中继器、全双工等标准进行了研究。1995年3月IEEE宣布了IEEE802.3u 100Base-T快速以太网标准(Fast Ethernet)，就这样开始了快速以太网的时代。

快速以太网与原来在100 Mbit/s带宽下工作的FDDI相比，它具有许多优点，最主要体现在快速以太网技术可以有效地保障用户在布线基础实施上的投资，它支持3、4、5类双绞线以及光纤的连接，能有效地利用现有的设施。

100 Mbit/s以太网系统比10 Mbit/s系统规范，在位传输率上增加了十倍，这也使相应的以太网上帧传输速率提高了十倍。100Base-T标准不只是在传输率上进行了提高，它在系统传输的帧格式以及共享介质的访问控制机制上都进行了改动。

高速以太网规范中加入了自动协商(Auto-Negotiation)介质传输速度的控制机制。在这个机制上，网络生产商可以自动提供10 Mbit/s和100 Mbit/s两种以太网传输服务接口，具有很好的向下兼容性。

100Base-T标准中，100的意思是100 Mbit/s的介质传输速率。Base表示基带信号传输，在这个标准中规范了三种类型的以太网传输介质种类。标记中第三部分的内容是对具体信号类型的指派。

快速以太网的不足其实也是以太网技术的不足，那就是快速以太网仍是基于载波侦听多路访问和冲突检测(CSMA/CD)技术，当网络负载较重时，会造成效率的降低，当然这可以使用交换技术来弥补。

100 Mbit/s快速以太网标准又分为：100Base-TX、100Base-FX、100Base-T4、100Base-SX四个子类。

(1) 100Base-TX：使用两对5类UTP(Unshielded Twisted Pair)或者是IBM的1类STP(Shielded Twisted Pair)双绞线。其中的一对用于数据的传输，另外一对用于冲突的检测。5类UTP中有四对线，因为只使用了两对，另外两对空闲可作为以后的扩展。在传输中使用4B/5B编码方式，信号频率为125 MHz。符合EIA586的5类布线标准和IBM的SPT1类布线标准。使用同10Base-T相同的RJ-45连接器。它的最大网段长度为100 m，如果使用了平接面板(faceplate)，则建议不超过90 m，为平接面板到通信节点预留10 m，通信节点之间的最大距离不超过 200 m。它支持全双工的数据传输。

(2) 100Base-FX:是一种使用光缆的快速以太网技术,是以太网光纤电缆的实现标准,特别适合于构建主干网络。可使用单模和多模光纤(62.5 和 125 μm),多模光纤连接的最大距离为 550 m,单模光纤连接的最大距离为 3 000 m。在传输中使用 4B/5B 编码方式,信号频率为 125 MHz。它使用 MIC/FDDI 连接器、ST 连接器或 SC 连接器。它的最大网段长度为 150 m、412 m、2 000 m 或更长至 10 km,这与所使用的光纤类型和工作模式有关,它支持全双工的数据传输。100Base-FX 特别适合于有电气干扰的环境、较大距离连接或高保密环境等情况下的适用。

(3) 100Base-T4:T4 表示介质类型是 4 对 3 类或 5 类的无屏蔽双绞线,是一种可使用 3、4、5 类无屏蔽双绞线或屏蔽双绞线的快速以太网技术,这是为了兼顾已使用 UTP3 类线的大量用户。它使用 4 对双绞线,3 对用于传送数据,1 对用于检测冲突信号。在传输中使用 8B/6T 编码方式,信号频率为 25 MHz,符合 EIA586 结构化布线标准。它使用与 10Base-T 相同的 RJ-45 连接器,100Base-T4 规定了通信节点到 HUB 的单段最大距离为 100 米,通信节点间的最长距离为 250 米,当然也可以使用中继器进行扩展。100Base-T4 采用 EIA568 的布线标准,编码方式为曼彻斯特 8B/6T-NRZ 不归零编码法。

(4) 100Base-SX:100Base-SX 被称为短波高速以太网标准,是一个正在筹划中的标准。主要针对 850 纳米的高速光缆以太网。

5.2.2 100VG-AnyLAN 标准

100VG-AnyLAN 是一种全新的网络技术,在 IEEE 802.12 标准中定义。它使用四对 3 类(音频级)、4 类、5 类 UTP,将来的实现也包括对两对 UTP 或两对 STP 的,以及光缆的支持。100VG-AnyLAN 支持 10Base-T 以太网中的所有设计规则和拓扑结构,以及令牌环网技术。这些特点非常适合于在升级网络速度的同时,保持对已有网络和设施的兼容。

不同于共享传输介质访问控制,100VG-AnyLAN 使用的是集中管理介质的访问控制机制,被称为"按需优先级分配(Demand Priority)"。这种介质控制方法比较简单,它根据需要最大化发挥网络传输的效率,消除了 CSMA/CD 中的冲突和令牌轮转的延迟,是一种无冲突的调配方式。另外,"按需优先级调配"协议对用户请求使用两级优先级划分,这样就保证了对有紧急临界时间要求的多媒体应用,比如事实视频传输、视频会议等,时间敏感的用户要求。

100VG-AnyLAN 还提供与 IEEE 802.3 以太网和 802.5 令牌环网兼容的消息帧,这种兼容性使得用户在融合已有的网络系统进入 100VG-AnyLAN 时,能透明地实现自动兼容和均衡。同时,这也使得可以采用网桥这类转换设备就能很容易地将以太网、令牌环网与 100VG-AnyLAN 网络连接起来。

100VG-AnyLAN 的一般组织结构如图 5.7 所示,它有一个中心集线器/中继器,也被称为一级的根集线器,并将它连接到每一个星形拓扑结构的子节点。

集线器是一个智能控制中心,管理着整个网络。它通过时间片轮转迅速地扫描子节点端口到达的请求,以及检测是从哪一个附着节点发出的服务请求。集线器接收到达的数据报文,并且只向匹配的目的地址端口进行转发,这一点与 CSMA/CD 的广播方式不同,使内部节点网络具有较高的安全性。

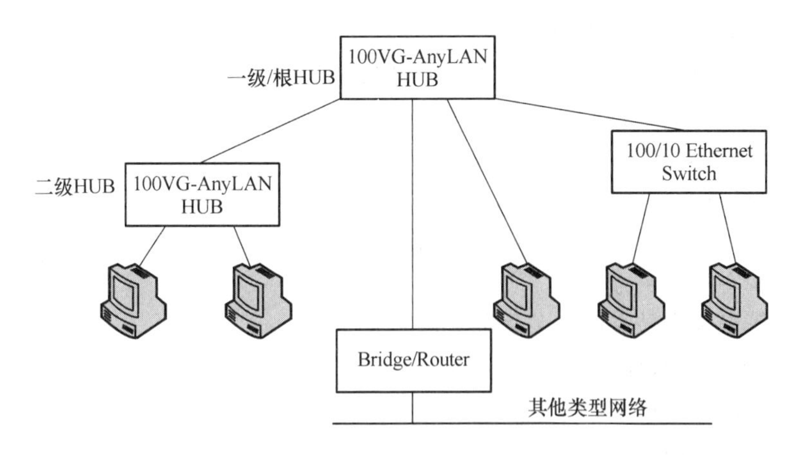

图 5.7 100VG-AnyLAN 的网络结构

每个集线器可以被配置来支持 802.3 以太网帧格式和 802.5 令牌环帧格式。同一个网段中的集线器都要配置为支持相同的帧格式,网桥则可以使用 IEEE 802.3 的帧用以连接 100VG-AnyLAN 网络和以太网,路由器用来连接 100VG -AnyLAN 网络、FDDI 网络、ATM 网络以及广域网。

集线器的每个端口都可配置成普通模式或监测模式。普通模式端口工作时只向和目的地址有关联的节点递送分组,监测模式端口工作时会递送集线器所有收到的分组。普通模式或监测模式的配置可以从级联端口自动学习,也可以通过与端口相连的检测设备进行人工配置。

5.2.3 千兆以太网

随着以太网技术的深入应用和发展,企业用户对网络连接速度的要求越来越高,1995 年 11 月,IEEE802.3 工作组委任了一个高速研究组(HigherSpeedStudy Group),研究将快速以太网速度增至更高。该研究组研究了将快速以太网速度增至 1 000 Mbit/s 的可行性和方法。1996 年 6 月,IEEE 标准委员会批准了千兆位以太网方案授权申请(Gigabit Ethernet Project Authorization Request)。随后 IEEE802.3 工作组成立了 802.3z 工作委员会。IEEE802.3z 委员会的目的是建立千兆位以太网标准,包括在 1 000 Mbit/s 通信速率的情况下的全双工和半双工操作,802.3 以太网帧格式,载波侦听多路访问和冲突检测(CSMA/CD)技术,在一个冲突域中支持一个中继器(Repeater),10Base -T 和 100Base -T 向下兼容技术,千兆位以太网具有以太网的易移植、易管理特性。千兆以太网在处理新应用和新数据类型方面具有灵活性,它是在赢得了巨大成功的 10 Mbit/s 和 100 Mbit/s IEEE802.3 以太网标准的基础上的延伸,提供了 1 000 Mbit/s 的数据带宽,这使得千兆位以太网成为高速、宽带网络应用的战略性选择。

IEEE 802.3 为千兆以太网制定了 5 条标准:

(1) 对现有市场的广泛支持

① 支持已有的众多的应用程序集。

② 对不同生产商和用户的支持。

③ 价值与成本均衡,对原有局域网和通信节点的支持。

（2）与 IEEE 802.3 标准兼容

① 与 CSMA/CD 的介质访问控制协议兼容并扩展。

② 与 802.2 标准兼容。

③ 与 802 FR 标准兼容。

（3）保持自身的独特性

① 与其他的 802.3 规范有本质的区别。

② 提供特有的解决方案。

③ 为使用者提供易查的相关规范文档。

（4）技术上的可行性

① 实际已使用的技术。

② 被证明可行的技术。

③ 可靠性的置信度高。

（5）经济可行性

① 成本因素已知，可靠的数据支持。

② 合理的价格下能够获得期望的性能。

③ 对整个安装费用的考虑。

以太网中有两类工作在千兆传输率下的标准，IEEE802.3z 标准是对 1000Base-X 光缆千兆以太网系统的描述，IEEE802.3ab 标准是对 1000Base-T 双绞线千兆以太网系统的规则描述。

1. 1000Base-X 技术标准

IEEE802.3 的千兆以太网标准之一是 1000Base-X，使用光纤作为传输介质，主要对三种光纤介质进行了规范：

（1）1000Base-SX 使用多模光纤介质和 850 纳米激光器，一般情况下的单段传输距离为 300～550 m；

（2）1000Base-LX 使用单模光纤或多模光纤介质和 1300 nm 的激光器，其中单模光纤的单段传输距离为 3 km；

（3）1000Base-CX 使用短距离屏蔽铜电缆，传输距离 25 m。

2. 1000Base-T 技术标准

另一种千兆以太网标准是 1000Base-T，以双绞线作为传输介质，最初是从 100Base-TX 高速以太网的基础上发展起来。

1000Base-T 支持对共享介质的 CSMA/CD 访问控制协议，也支持 1 000 Mbit/s 的全双工数据传输，它的位传输错误率(Bit Error Rate)小于 10^{-10}，达到甚至超过了 FCC 的 A 级要求。

1000Base-T 是如何实现千兆的传输率的呢？1000Base-T 工作在四对 5 类 UTP 双绞线传输介质上，使用了其中两对，一对用于发送，另一对用于接收。使用 4B5B 和 MLT-3 的编码方式，3 级方式使传输率可达到 125 Mbit/s。

（1）4B5B 编码传输可达 125 Mbit/s。

（2）分别可以从 100Base-T4 或 100Base-T2 的基础发展上发展起来。100Base-T4 标准使用四对双绞线同时进行传输，传输率可以达到 500 Mbit/s；100Base-T2 标准使用四对双绞线，但使用全双工方式，这样传输率也可以达到 500 Mbit/s。

(3) 使用5级符号而不是3级符号,并对每个符号使用2比特编码,全双工就达到了1 000 Mbit/s。

如今已有众多的厂商加入到1000Base高速千兆以太网技术的发展研究行列,事实上千兆以太网已广泛应用于高速主干网的建设,获得了巨大商业价值。

5.2.4 10G以太网

现在10 Gbit/s的以太网标准已经由IEEE 802.3工作组于2000年正式制定,10 G以太网仍使用与以往10 Mbit/s和100 Mbit/s以太网相同的形式,它允许直接升级到高速网络。同样使用IEEE 802.3标准的帧格式、全双工业务和流量控制方式。在半双工方式下,10 G以太网使用基本的CSMA/CD访问方式来解决共享介质的冲突问题。此外,10 G以太网使用由IEEE 802.3小组定义了和以太网相同的管理对象。总之,10 G以太网仍然是以太网,只不过更快。

计算机技术的高速发展促使了计算机通信技术的进一步发展,计算性能和处理能力的极大提高,使得网络数据的传输成为限制计算机通信发展的主要问题。这对局域网提出了更高的要求,短短十几年的时间,以太网的带宽已从10 Mbit/s发展为100 Mbit/s,进而发展到Gigabit以太网和10Gigabit以太网,以太网的传输速度实现了跨数量级的飞跃。

随着新技术的发展,IEEE 802.3对高速以太网的新标准也迅速形成,这些标准中不仅包含对原有技术的增强,也增加了一些全新的技术实现规范。

IEEE 802.3以太网系统中,通常把传输速率达到或者超过100 Mbit/s的称为高速以太网。事实上有两类局域网标准都能实现对100 Mbit/s的以太网帧传输的支持。

IEEE标准化小组在制定高速以太网系统标准时,采用了两种思路。一种是将原有的以太网系统提速到100 Mbit/s,仍然使用对共享介质的CSMA/CD介质访问控制机制,这种思路发展形成现在的100Base-T高速以太网标准。另一种则采用全新的介质访问控制机制。新的介质访问机制是基于集线器使用按需优先级分配"demand priority",它以新的介质访问控制协议来传输标准的以太网帧,并进一步扩展为对其他类型帧的传输支持,比如令牌环帧。这种思路发展形成100VG-AnyLAN标准。

IEEE对这两种途径都进行了定义,100Base-T高速以太网标准成为最初的IEEE 802.3标准中的扩展组成部分,而100VG-AnyLAN系统发展成为一个新的成员IEEE 802.12。

5.3 无线网络

前面介绍的直连的计算机网络组成,一般采用铜缆或光缆等有线传输介质,构成有线局域网。但是有线网络在某些场合将受到布线的限制,如布线、改线工程量大;线路容易损坏;网络中的各节点一般不可移动;特别是当要把相距较远的节点连接起来时,敷设专用通信线路的布线施工难度大、费用高、耗时长。无线局域网可以弥补有线网络的这些问题。

无线局域网(Wireless Local Area Network,WLAN)是计算机网络与无线通信技术结合的产物,是以无线信道作为传输媒介的计算机局域网。其传输技术主要采用微波扩频技术和红外线技术两种,其中,红外线技术仅适用于近距离无线传输,微波扩频技术覆盖范围较大,是较为常见的无线传输技术。

5.3.1 物理特性

无线传输介质主要有无线电波(短波、超短波或微波)和光波(激光和红外线),常用的传输技术主要有微波扩频技术和红外线技术两种。红外线局域网采用小于 1 μm 波长的红外线作为传输媒体,有较强的方向性,受太阳光的干扰大,支持 1～2 Mbit/s 数据速率,适于近距离通信。微波扩频通信技术覆盖范围大,具有较强的抗干扰、抗噪声和抗衰减能力,隐蔽性、保密性强,不干扰同频的系统等性能特点,具有很高的可用性。无线局域网技术主要采用微波扩频通信技术。

扩频技术(Spread Spectrum,SS)是通过对传送数据进行特殊编码调制,使其扩展为频带很宽的信号,其带宽远大于传输信号所需的带宽(数千倍),并用已扩频信号去调制载波。这样,信号能量就均匀地分布于整个宽带上,对于每一个窄频段而言,其分配的功率极小,所以干扰小,不会影响各种无线电信号的传播,且数据保密性好,是目前国际上无线通信领域中备受瞩目的技术。

扩频技术主要有直接序列扩频技术和跳频扩频技术两种。

所谓直接序列扩频,就是使用具有高码率的扩频序列在发射端扩展信号的频谱,而在接收端用相同的扩频码序列进行解扩,把展开的扩频信号还原成原来的信号。直接序列扩频局域网可在很宽的频率范围内进行通信,支持 1～2 Mbit/s 数据传输速率,在发送端和接收端都以窄带方式进行,传输过程则以宽带方式通信。

跳频扩频技术与直接序列扩频技术原理完全不同。跳频的载波受一个伪随机码的控制,在其工作带宽范围内,其频率按随机规律不断改变。接收端的频率也按随机规律变化,并保持与发射端的变化规律一致。跳频速率的高低直接反映跳频系统的性能,跳频速率越高,抗干扰的性能越好。军用的跳频系统可以达到每秒上万跳。实际上移动通信 GSM 系统也是跳频系统。出于成本的考虑,商用跳频系统跳速都较慢,一般在 50 跳/秒以下。由于慢跳频系统实现简单,因此低速 WLAN 常常采用这种技术。

与窄带微波数据通信相比,微波扩频通信技术总造价低、组网简单灵活、建造周期短。与短波、超短波数据通信比较,其传输速率、抗干扰能力、保密性及频率许可证等方面性能高。与红外、激光通信相比,其可靠性、抗干扰能力强。

扩频技术具有速度快、保密性好、传输距离长、抗干扰性强、误码率低、可与窄带无线通信共享及安装方便、成本低等优点,适用于数字语音和数据的传输,以及高速文件传输、图像传输等。

5.3.2 冲突避免

传统的以太网是由 IEEE 802.3 的标准定义的,每条以太网的链接都必须在严格的条件下运行,尤其是物理链路本身。例如,链路状态、链路速度和双工模式都必须符合标准的规定,无线局域网使用类似的协议,由 IEEE 802.11 标准定义。

有线以太网设备必须采用载波侦听多路访问/冲突检测(CSMA/CD)方法来传输和接收以太网帧。在共享的以太网网段上,计算机以半双工模式工作,每台计算机都可以先“发言”,然后侦听是否同其他正在发言的设备发生冲突。整个检测冲突的过程是基于有线连接的最大长度,从网段的一端发送到另一端,检测到冲突之间的最大延迟是确定的。

在全双工或交换型以太网链路上,不存在冲突或争取带宽的问题,但它们必须遵循相同的规范。例如,在全双工链路上,必须在预期的时间内发送或接收以太网帧,这要求全双工双绞线的最大长度与半双工链路相同。

虽然无线局域网也基于一组严格的标准，但无线介质本身难以控制，一般而言，当计算机连接到有线网络时，与其共享网络连接的其他设备的数量是已知的，而当计算机使用无线网络时，使用的传输介质为空气，由于接入层没有电缆和插口，因此，无法限制其他最终用户使用相同频率无线电波。

无线局域网实际上是一种共享型网络，且争用相同频率电波的主机数量不是固定的。在无线局域网中，冲突犹如家常便饭，因为每条无线连接都是半双工模式的，IEEE 802.11 WLAN 总是半双工模式的，因为传输站和接收站使用的频率相同。双方不能同时传输，否则将发生冲突。要实现全双工模式，必须在一个频率进行传输，在另一个频率进行接收，这类似于全双工以太网链路的工作原理，虽然这完全可行，但 IEEE 802.11 标准不允许采用全双工模式。

无线局域网却不能简单地搬用 CSMA/CD 协议。其原因是：CSMA/CD 协议要求一个站点在发送本站数据的同时还必须不间断地检测信道，但在无线局域网中要实现这种功能就花费过大。即使我们能够实现碰撞检测的功能，并且当我们在发送数据时检测到信道是空闲的，在接收端仍然有可能发生碰撞，这个问题称为“Near/Far”现象。如图 5.8 所示，当 A 和 C 检测不到无线信号时，都以为 B 是空闲的，因而都向 B 发送数据，结果发生碰撞，这种是隐蔽站问题；B 向 A 发送数据，而 C 又想和 D 通信，C 检测到媒体上有信号，于是就不敢向 D 发送数据，其实 B 向 A 发送数据并不影响 C 向 D 发送数据，这就是暴露站问题。

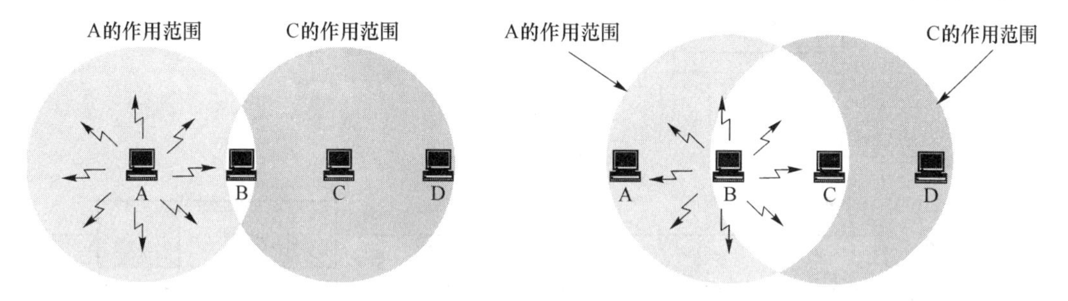

图 5.8　隐蔽站和暴露站问题

当多个无线工作站同时传输时，它们的信号将相互干扰，接收站收到的将是混乱的数据、噪声或错误信息。如果没有明确的方式来确定是否发生了冲突，传输站也无法知道发生了冲突，因为传输时将关闭其接收器，作为一个基本的反馈机制，每当无线工作站传输一帧后，接收工作站必须发送一个确认，确认已正确地收到该帧。确认帧充当了基本的冲突检测工具，然而它并不能预先防止冲突的发生。

IEEE 802.11 标准使用一种名为载波侦听多路访问/冲突避免(CSMA/CA)的方法来避免冲突。注意，IEEE 802.3 有线网络是检测冲突，而 IEEE 802.11 网络是尽可能避免冲突。

为实现冲突避免，要求所有工作站在传输每帧前进行侦听，当工作站有帧需要发送时，面临的将是下列情况之一：

(1) 没有其他设备在传输数据，工作站可立刻传输其帧，接收工作站必须发送一个确认帧，确认原始帧已在没有发生冲突的情况下到达。

(2) 另一台设备正在传输，工作站必须等待，等到当前帧传输完毕后，它再等待一段随机时间，然后传输自己的帧。

无线帧的长度不是固定的，一个工作站传输其帧时，其他工作站如何知道该帧已传输完毕，可以使用无线介质呢？显然，工作站可以进行侦听，等待静默期的到来，但这样做并非总是有效的，其他工作站也在侦听，可能同时决定开始传输。IEEE 802.11 标准要求所有工作站在开始传输前等待一段时间，这段时间被称为 DCF 帧间间隔(DCF Interframe Space，DIFS)。

传输工作站可以在 IEEE 802.11 报头中包含一个持续时间值，以指出传输完当前帧所需的大概时间。持续时间值包含传输完当前帧所需要的时隙数(单位通常为毫秒)，其他无线工作站必须查看持续时间值，并在考虑传输数据前等待相应的时间。

由于每个侦听站在传输的帧中看到的持续时间值相同，因此它们都可能在这段时间过去后决定传输自己的帧，这可能导致冲突。在实际中，除持续定时器外，每个无线工作站还必须实现一个随机后退定时器，传输帧之前，工作站必须选择一个要等待的随机时隙数，这个数字位于 0 和最大争用窗口值之间。这里的基本思想是，准备传输的工作站必须等待一段随机时间，以减少试图立即传输的工作站数量。

这个过程被称为分布式协调功能(Distributed Coordination Function，DCF)，图 5.9 对其进行了说明。三位无线用户都有一个帧需要发送，它们所需的时间各不相同。发生的情况如下所述。

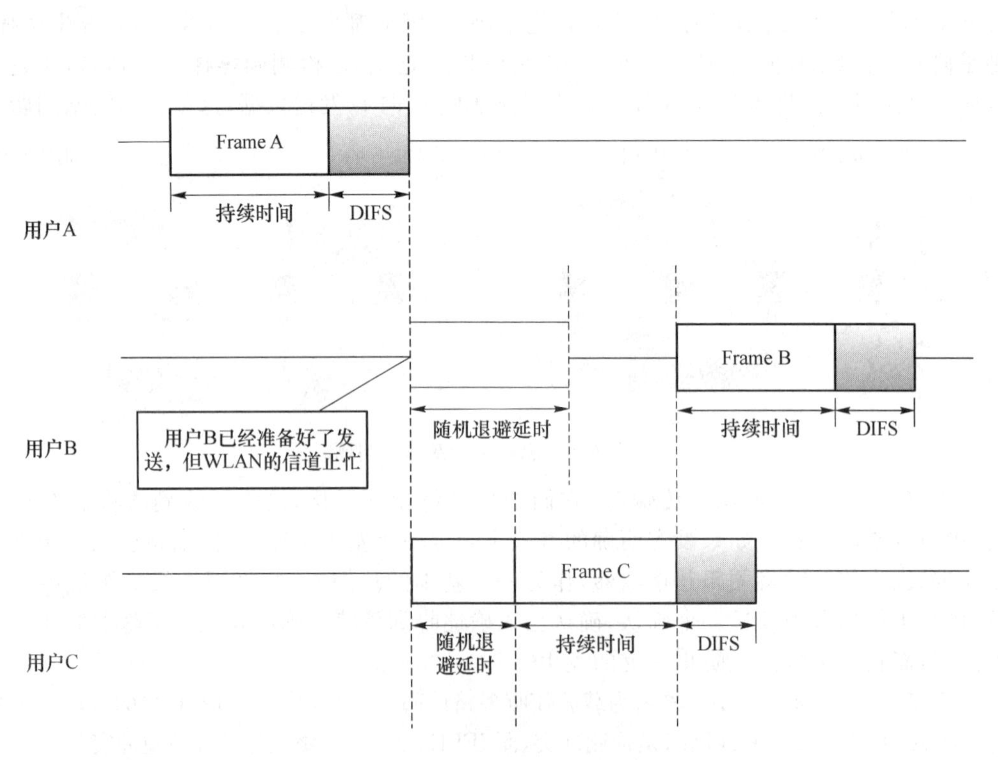

图 5.9　三个无线用户争用信道

① 用户 A 侦听并确定没有其他用户在传输，因此，传输自己的帧并通告持续时间。

② 用户 B 有一个帧需要传输，他必须等待用户 A 的帧传输完毕，再等待 DIFS 时间过去。

③ 用户 B 在传输前等待一段随机退避时间。

④ 在用户 B 等待期间，用户 C 有一个帧需要传输，他通过侦听发现没有人在传输，用户 C 等待一段随机时间，但比用户 B 的随机时间短。

⑤ 用户 C 传输一个帧，并通告其持续时间。

⑥ 用户 B 传输前必须等待该持续时间加上 DIFS 时间。

由于后退定时器是随机的，多台工作站仍可能选择相同的退避时间，因此无法防止这些工作站同时传输数据，进而导致冲突。这样，在无线网络中将会出现传输错误，而接收站不会返回确认，为此发送站必须考虑重新发送其帧。

最后，工作站在其随机后退定时器过期后并准备传输数据时，如果发现有人正在传输，该如何办呢？它必须再等待当前正在传输的帧的持续时间、DIFS 时间和随机后退时间。

除了确认机制外，802.11 还允许要发送数据的站对信道进行预约。在图 5.9 中，源站 A 在发送数据帧之前可以先发送一个短的控制帧，叫作请求发送(RTS，Request To Send)，它包括源地址、目的地址和这次通信(包括相应的确认帧)所需的持续时间。若媒体空闲，则目的站 B 就发送一个响应控制帧，叫作允许发送(CTS，Clear To Send)，它包括这次通信所需的持续时间(从 RTS 帧中将此持续时间复制到 CTS 帧中)。

5.3.3　无线局域网的组成

从最底层说，无线介质没有固定的组织结构，例如，具有无线功能的计算机可以随时随地启动其无线适配器并与其他设备进行通信。

在 IEEE 802.11 中，一组无线设备被称为服务集(Service Set)。这些设备的服务集标识符(SSID)必须相同，服务集标识符是一个文本字符串，包含在发送的每帧中，如果发送方和接收方的 SSID 相同，这两台设备将能够通信。作为最终用户工作站，计算机为无线网络的客户端，它必须有无线网络适配器和支持程序(同无线协议交互的软件)。

IEEE 802.11 标准让多个无线客户端能够彼此直接通信，而无须其他网络连接方式，这被称为对等无线网络(Ad Hoc)或独立基本服务集(Independent Basic Service Set，IBSS)，如图 5.10(a)所示。

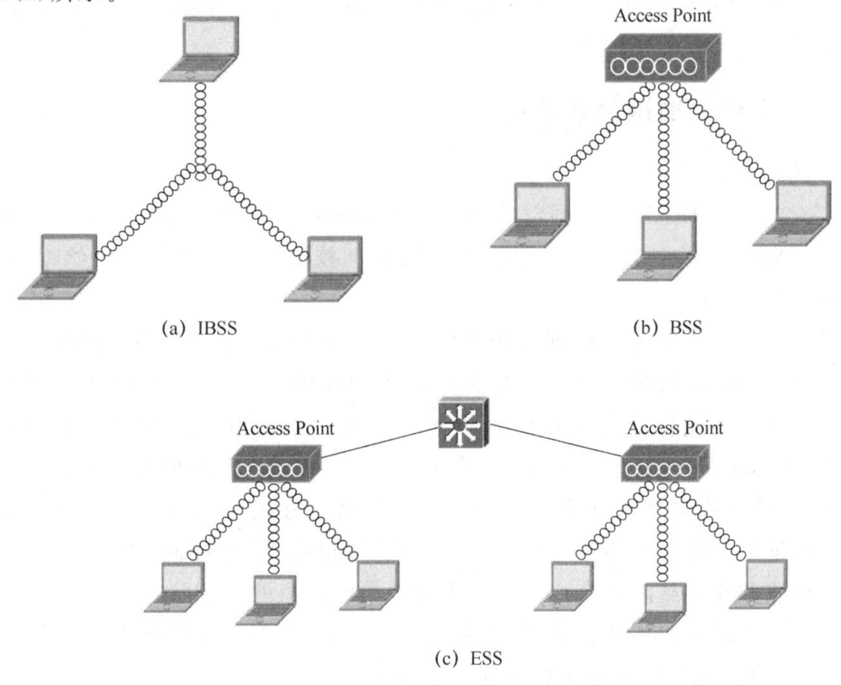

图 5.10　无线局域网的组成方式

对于可通过无线介质进行传输和接收帧的设备数量没有限制，一个无线工作站能否接收来自其他工作站的数据以及向它们发送数据取决于很多因素，这使得人们难以为所有的工作站提供可靠的无线接入。

IEEE 802.11 基本服务集(BBS)包含一个接入点(AP)，它充当该服务集的集线器，负责集中控制一组无线设备的接入，要使用无线网络的无线客户端都必须向 AP 申请成员资格，AP 要求客户端满足下述条件才允许其加入：① 匹配的 SSID；② 兼容的无线速率；③ 身份验证凭证。

向 AP 申请成员资格被称为关联(Association)，客户端必须发送一条关联请求消息，AP 通过发送关联应答消息来批准或拒绝请求。关联后，前往和来自该客户端的数据都必须经过 AP，如图 5.10(b)所示。客户端之间不能像对等网络或 IBSS 那样直接通信。

无论关联状态如何，任何 PC 都能够侦听和接收通过无线介质传输的帧，在无线电波的覆盖范围内，任何人都可以接收通过它们传输的帧。

然而，无线 AP 并不像以太网集线器那样属于被动设备，AP 负责管理其无线网络，通告自己的存在让客户端能够与之关联，并控制通信过程。例如，前面介绍过，通过无线介质成功发送(没有发生冲突)的每个数据帧都必须得到确认，AP 负责将确认帧发回给发送工作站。

这时，一个 BSS 只包含一个 AP，且没有连接到常规以太网，在这种设置中，AP 及其关联的客户端组成一个独立的网络。

AP 也可以连接到以太网，因为它同时具备无线和有线功能，对于位于不同地方的 AP，可以通过交换型基础设施将它们连接起来，这被称为 IEEE 802.11 扩展服务集(ESS)，如图 5.10(c)所示。

在 ESS 中，无线客户端可同其附近的 AP 相关联，如果该客户端移到其他地方，可同另一个位于附近的 AP 相关联。IEEE 802.11 标准还定义了一种支持客户端漫游(当客户端移动时，可调整其关联的 AP)的方法。

5.3.4 无线局域网协议标准

1. IEEE802.11 标准

IEEE802.11 是 IEEE 最初制定的一个无线局域网标准，工作在 2.4 GHz 频带上，传输速率为 1～2 Mbit/s，主要用于解决办公室局域网和校园网中用户与用户终端的无线接入，业务主要限于数据存取。

IEEE802.11 标准定义了物理层和介质访问控制 MAC 协议规范。物理层定义了数据传输的信号特征和调制方法，定义了两个射频(Radio Frequency，RF)传输方法和一个红外线传输方法。RF 传输标准是直接序列扩频和跳频扩频。由于无线网络中冲突检测较困难，故 MAC 层采用冲突避免(Collision Avoid，CA)协议，即以 CSMA/CA(载波监听多路访问/冲突避免)的方式共享无线介质。CSMA/CA 通信方式将时间域的划分与帧格式紧密联系起来，保证某一时刻只有一站点发送，实现了网络的集中控制。CSMA/CA 通过能量检测、载波检测和能量载波混合检测三种方法来检测信道的空闲状态。

由于 802.11 的传输速率低，传输距离有限(100 m 范围内)，不能满足快速、远距离通信的应用需要。为此，IEEE 小组又相继推出了 802.11b 和 802.11a 两个新标准。三者之间主要差别在于 MAC 子层和物理层。

2. IEEE802.11b 标准

IEEE802.11b 标准采用 2.4 GHz 频带和补偿编码键控(Complementary Code Keying, CCK)调制方式,物理层支持 5.5 Mbit/s 和 11 Mbit/s 两个速率,可以传输数据和图像。在环境变化时,速率可在 11 Mbit/s、5.5 Mbit/s、2 Mbit/s 和 1 Mbit/s 之间切换,且在 2 Mbit/s、1 Mbit/s 速率时与 802.11 兼容。

在这个频率上还有 IEEE802.11g,传输速度主要有 54 Mbit/s、108 Mbit/s,可向下兼容 802.11b;IEEE802.11n 草案,传输速度可达 300 Mbit/s,标准尚为草案,但产品已层出不穷。目前 IEEE802.11b 最常用,但 IEEE802.11g 更具下一代标准的实力,802.11n 也在快速发展中。

3. IEEE802.11a 标准

IEEE802.11a 扩充了标准的物理层,工作在 5 GHz 频带上,采用四相频移键控(Quadrature Frequency Shift Keying, QFSK)调制方式,物理层速率为 6 Mbit/s 到 54 Mbit/s,传输层可达 25 Mbit/s。采用正交频分复用(Orthogonal Frequency Division Multiplex, OFDM)的独特扩频技术,可提供 25 Mbit/s 的无线 ATM 接口和 10 Mbit/s 的以太无线帧结构接口,支持语音、数据、图像业务;一个扇区可接入多个用户,每个用户又可带多个用户终端。

5.3.5 Wi-Fi 与 3G

1. Wi-Fi

Wi-Fi(WirelessFidelity,无线相容性认证)属于在办公室和家庭中使用的短距离无线技术,这项技术目前在 IEEE,有三个标准,分别为:802.11a、802.11b、802.11g。Wi-Fi 的覆盖范围可达 300 英尺左右(约合 90 m),Wi-Fi 无线保真技术,其传输速度快,802.11b 的带宽可以达到 11 Mbit/s,而 802.11a 及 802.11g 更可达 54 Mbit/s。该技术可以组建无线局域网,特别在同一层楼内的办公室可以使用无线办公,其传输速率可以有效地满足宽带联网的需求。

从安全性看,Wi-Fi 的安全性不是很好,存在一定的安全隐患,Wi-Fi 采用的是射频(RF)技术,通过空气发送和接收数据。由于无线网络使用无线电波传输数据信号,所以非常容易受到来自外界的攻击,黑客可以比较轻易地在电波的覆盖范围内盗取数据甚至进入未受保护的公司内部局域网。

从成熟度看,Wi-Fi 的技术和产品已经相当成熟,而且大批量生产。有很多网络设备厂家都推出了此类产品,利用其便捷简单的布线,作为有线网络的延伸,适合办公室或宾馆的室内环境应用。

从应用前景看,该技术适用于无线局域网,对于特殊地点宽带应用,例如设置在家中、机场、旅馆和商店的 Wi-Fi 无线接入"热点"来接入网络,应用中可以将 Wi-Fi 市场细分,针对特定用户,推出相应的应用解决方案。

2. WiMAX

WiMAX(World Interoperability for Microwave Access)意即全球微波接入互操作性,是基于 IEEE802.16 标准的无线城域网技术,有 802.16d 和 802.16e 两个标准,无线信号传输距离最远可达 50 公里。WiMAX 是一项新兴的无线通信技术,能提供面向互联网的高速连接,适用于静止和半静止状态访问网络,其传输速率可达 10～70 Mbit/s 左右,能完全满足宽带上网的需求。802.16e 标准定义了空中的物理层与 MAC 层,802.16e 接入 IP 核心网,也可以提供 VoIP 业务,支持一点对多点的结构。

从安全性看,WiMAX 提供了加密机制,它在介质访问层(MAC)中定义了一个加密子层，支持128位、192位及256位加密系统，通过使用数字证书的认证方式，确保了无线网络内传输的信息得到安全保护。

从成熟度看，WiMAX是一个先进的技术，推出相对较晚，存在频率复用性小、利用率低的问题，而且质量无法得到保证，不够成熟，目前大规模应用还是有些阻碍。

从应用前景看，该技术可以在较大范围内满足上网要求，覆盖可以包括室外和室内，可以进行大面积的信号覆盖，甚至只要少数基站就可以实现全城覆盖。WiMAX由于其技术的先进性和超远的传输距离，一直被业界看好是未来移动技术的发展方向，提供优良的"最后一公里"网络接入服务。

3. 3G

3G即第三代移动通信技术，由IMT-2000组织提出的速率高达2 Mbit/s的无线通信技术，无线业务涉及话音、数据、图像和多媒体，无线信号覆盖范围达5千米。3G技术，属于蜂窝无线通信技术，是现在使用的二代无线通信技术的发展，在快速移动环境，最高速率达144 bit/s；室外到室内或步行环境，最高速率达到384 bit/s；室内环境，速率达到2 Mbit/s。它能支持从话音到分组数据的多媒体业务，可以根据需求提供带宽。目前，主流的3G技术有三种制式，分别为WCDMA、CDMA2000和TD-SCDMA。

从安全性看，3G采用了很多种加密技术，保证通话和数据的安全，比目前使用的GSM网络更加的安全。不管是话音还是数据都具备很强的保密性，通过多层的协议控制，数据在网络中可以非常安全的传输。

从成熟度看，3G于1996年提出标准，2000年完成包括上层协议在内的完整标准的制订工作。3G网络部署已具备相当的实践经验，有一成套建网的理论，包括对网络的链路预算，传播模型预算，以及计算机仿真等。

从商用前景看，目前，3G在部分地区已得到大规模的商业应用，比如欧洲很多国家、日本、韩国等都已经建设了3G的网络。3G技术已经进入可以实用的阶段，还有很多国家和地区正在建设或将要建设3G网络。

4. 三种技术的应用比较

Wi-Fi、WiMAX和3G三种技术，从技术标准角度来比较，它们有相似的，大部分是不同的，表5.1从技术参数和性能上对它们进行了比较。

表5.1 Wi-Fi、WiMAX、3G技术参数和性能比较

技术名称	Wi-Fi(以802.11b为例)	WiMAX	3G(以WCDMA为例)
多址方式	MAC地址识别	OFDM/FDD TDD	CDMA/FDD
通信机制	IP	IP	电路交换或IP
数据速率	11 Mbit/s	15 Mbit/s	2 Mbit/s
频宽	固定20 MHz	1.5 M～5 M	5 M
语音能力	差	差	强
移动性	低速	中速120 km/h	高速500 km/h
QoS	不支持	固定和承诺带宽	4类
终端	智能终端设备、PC卡等	智能终端设备、PC卡等	手机、PDA、PC卡等
成熟度	较好	标准未定	很好

从网络架构上看，Wi-Fi可以作为以太网在无限领域的延伸，其拓扑结构相对简单，有着"无线版本以太网"的美称。Wi-Fi覆盖范围较小，决定了只能主要用于室内办公，而WiMAX覆盖范

围能够在室外进行大面积组网，达到室外空间的网络覆盖，可以为无线城域网使用。Wi-Fi 可以作为 WiMAX 的网络补充，特别是已经建成的 Wi-Fi 仍然会得到很好的利用。

虽然 Wi-Fi 是 WiMAX 的发展，但从建网费用看，Wi-Fi 建网费用低，而 WiMAX 投入成本还相当高，有专家估计如果建成覆盖全国的网络，每用户成本相当于 3 000 美元。所以在相当长时期内，Wi-Fi 不会被 WiMAX 取代。

由于 Wi-Fi 技术传播距离的局限性，它可能只是作为其他无线技术组网的补充，而且无法成为主导的无线组网技术，它在很多方面具备的优势还无法被其他技术完全替代，它在一定情况下还会长期使用。

WiMAX 作为一种无线城域网技术，它可以将 Wi-Fi 热点连接到互联网，也可作为 DSL 等有线接入方式的无线扩展，实现最后一公里的宽带接入，但它的规模化应用仍存在很多难点问题有待解决：首先其标准尚未统一，不同厂家都有自己的一些特殊协议与接口；其次互联互通方面还有待解决。

3G 技术，相对前两种技术，提出更早，很多国内外厂家都已投入相当多的人力和技术，产品也达到了商用的标准。它和现有的 GSM、CDMA 网络有着很强的互操作性，目前，很多国内外设备制造商都对该类技术进行相当多资金的投入，特别是由我国提出的 TD-SCDMA 技术，从研发到能够商用进行了很多人力、物力的投资，估计在 2008 年前我国的 3G 必然会有一个成熟的 3G 网络覆盖。

3G 的最高 2M 带宽可能会无法满足用户对带宽的更进一步要求，虽然其 HSDPA 技术可以提供到 10 Mbit/s 的速率，但是和 WiMAX 的 70 Mbit/s 速率还是有差距的，所以在一些对带宽需求强烈的地区 WiMAX 将得到更好的使用，在一些对带宽不敏感的地区，目前的 3G 已经能满足需求，就不需要建设 WiMAX 网络了，以提高投资效益。

WiMAX 使用频段在 10 GHz 和 66 GHz 范围内，3G 使用频段在 2 000 Hz 左右，由 ITU 制定的相应制式和标准。看出 WiMAX 技术应用了 IEEE 的标准，而 3G 是 ITU 制定的标准，IEEE 从 IP 的角度来规范技术参数和应用，而 ITU 是从传统的电信技术角度来规范制式。从技术标准看，3G 更是从可以商业运营的角度，在已经成熟的 2G 技术基础上的发展，而且考虑了 2G 的不足和短处，从技术上进行了很多创新和改进，提供了新的、合理的和可操作的商业模式，为用户提供更周到的服务。WiMAX 只是从技术角度考虑，还没有完善合理的可运营的商业模式，要让其成为无线技术的主角，还有待时日。

项目小结

为了将切播设备与直播服务器之间互联起来，科协的同学使用了直连的方式，用双绞线将切播设备连入科协的以太网。实际上，这条链路可以使用光纤，但是需要科协机房有交换机支持光纤连接，并且需要在两端使用光纤收发器。使用无线网络也并非不可以，但是直播服务对该链路的性能会有要求，需要慎重选择网络连接的方式。

习 题

1. 什么是局域网？局域网有哪些特征？
2. 局域网中有哪些拓扑结构？试比较各自的优缺点。
3. 试说出本章中介绍的常见几种传输介质工作原理并比较它们的优缺点？

4. 试说明为何光纤连接的城域网经常使用环网的方式。

5. 比较共享式介质访问控制技术和集中式介质访问控制技术的差异和各自的优缺点。

6. 如果在一个最长距离是 100 m 的总线上，数据传输率为 10 Mbit/s，使用 CSMA/CD 技术，问最长的冲突检测时延为多少？

7. 考察学校校园网情况，规划设计一个小型校园网络。

8. 安装配置无线网卡、无线网桥(AP)，构建无线局域网，测试网络连通性，并进行网络互访。

9. 假定 1 km 长的 CSMA/CD 网络的数据率为 1 Gbit/s，设信号在网络上的传播速率为 200 000 km/s，求能够使用此协议的最短帧长。

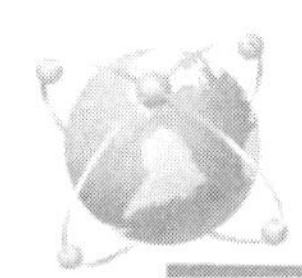

第6章　分组交换

问题的提出

既然可以通过直连的方式将计算机连接起来，那么为什么校园网内还有不同的网络存在呢？除了使用路由器互联的网络，能不能通过其他的方式对局域网进行扩展呢？

实际上，由于以太网都存在链路长度限制的问题，所以必须使用某些设备才能进行以太网的扩展。直接对物理链路的扩展可以使用中继器，一般表现为集线器(Hub)；在数据链路层上的扩展需要使用网桥(bridge)设备，一般表现为交换机(switch)；而在网络层上的扩展需要使用路由器，在应用层上的扩展需要使用网关(gateway)。

6.1　交换和转发

在第1章内提到了交换(switching)的概念，实际上，在理解计算机网络的时候，交换是由转发动作完成的，也就是数据报到达一个中继节点后，由中继节点转发到下一个链路的过程。因此，计算机网络中的交换主要是存储和转发的两个过程。

交换是按照通信两端传输信息的需要，用人工或设备自动完成的方法，把要传输的信息送到符合要求的相应路由上的技术的统称。根据工作位置的不同，可以分为广域网交换机和局域网交换机。广义的交换机(switch)就是一种在通信系统中完成信息交换功能的设备。

在计算机网络中实现的交换主要有数据报交换和虚电路交换。

6.1.1　数据报

数据报分组交换技术就是通信双方间至少要存在一条数据传输通路，这些通路可能要跨越多个中间节点，信源节点在通信以前将所要传输和交换的数据包准备好，并最终以分组的形式进行传输和交换。如果信源和信宿是相邻节点，则信源方可将数据直接投递给信宿。若信源信宿间通过中心节点连接，则信源通过合适的路由机制将分组传递给合适的中间节点，中间节点再经过数次的路由选择，选取合适的路径将分组数据传递到信宿处。

数据报交换是一种具备容错能力的网络体系结构。为了解决容错能力的问题，网络发展成了包交换无连接网络。在包交换网络里，单个消息被划分为多个数据块，这些数据块称为包，它包含发送者和接收者的地址信息，在一个或多个网络中传输，并且在目的地重新组合。

在数据报分组交换中，每个分组的传送是被单独处理的。每个分组称为一个数据报，每个数据报自身携带足够的地址信息。一个节点收到一个数据报后，根据数据报中的地址信息和节点所存储的路由信息，找出一个合适的出路，把数据报原样地发送到下一节点。由于各数据报所走的路径不一定相同，因此不能保证各个数据报按顺序到达目的地，有的数据报甚至会中途丢失。整个过程中，没有虚电路建立，但要为每个数据报做路由选择，如图6.1所示。

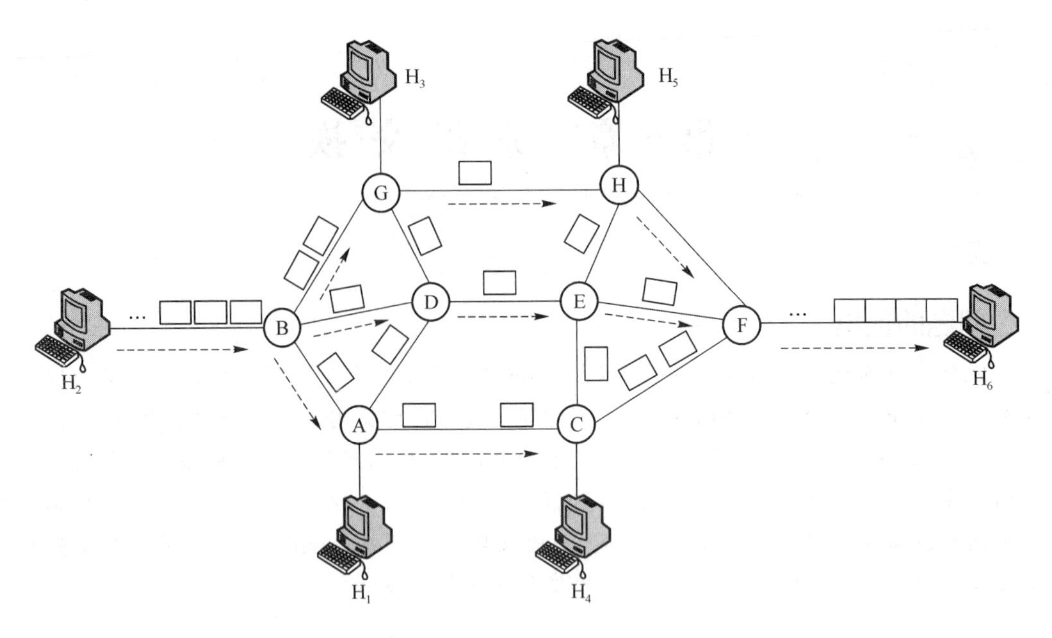

图 6.1 数据报分组交换不需要建立固定连接

这些包的传输彼此独立，互不影响，并且通常沿着不同的路由到达目的地。消息通常被划分为数千个包，通常其中的一些包在传输中丢失。协议允许这种情况的发生，并且包含了要求重发在传输中丢失的数据包的方法。

包交换技术是无连接的，因为它不需要为呼叫建立一个动态连接。这个比电路交换网络更加高效，因为多个用户可以使用网络电路。包交换技术具备容错能力，因此它避免了依靠单一电路为服务提供可靠性的危险。如果一条网络路径失败，其他线路就能保证传送，从而使消息完整。

包交换是标准的 Internet，但是电路交换网络仍有一部分市场份额，现代电路网络允许电路故障和会话恢复，并且一些消费者喜欢现代专用电路的可靠性和安全性。但是电路交换连接比数据包交换连接费用更昂贵，许多机构需要这个持续有效安全的电路并且愿意支付额外的价钱。

数据报文工作方式的特点是：

(1) 同一报文的不同分组可以由不同的传输路径通过通信子网；

(2) 同一报文的不同分组到达目的节点时可能出现乱序、重复与丢失现象；

(3) 每一个分组在传输过程中都必须带有目的地址与源地址；

(4) 数据报方式报文传输延迟较大，适用于突发性通信，不适用于长报文、会话式通信。

6.1.2 虚电路交换

与数据报交换相对应的是虚电路(Virtual Circuit)交换。虚电路又称为虚连接或虚通道，是分组交换的两种传输方式中的一种。在通信和网络中，虚电路是由分组交换通信所提供的面向连接的通信服务。虚电路交换是在两个节点或应用进程之间建立起一个逻辑上的连接或虚电路后，就可以在两个节点之间依次发送每一个分组，接收端收到分组的顺序必然与发送端的发送顺序一致，因此接收端无须负责在收集分组后重新进行排序。虚电路协议向高层协议隐藏了将数据分割成段、包或帧的过程。

在虚电路分组交换中，为了进行数据传输，网络的源节点和目的节点之间要先建一条逻辑通路。每个分组除了包含数据之外还包含一个虚电路标识符。在预先建好的路径上的每个节点都知道把这些分组引导到哪里去，不再需要路由选择判定。最后，由某一个站用清除请求分组来结束这次连接。它之所以是“虚”的，是因为这条电路不是专用的，其过程如图 6.2所示。

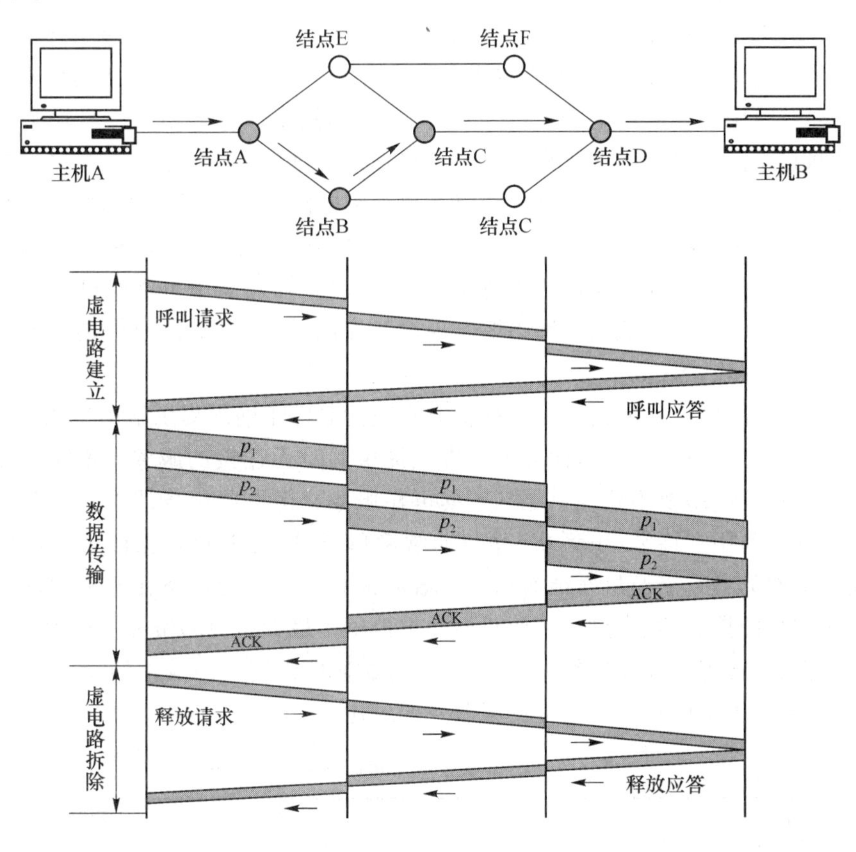

图 6.2　虚电路交换

虚电路分组交换技术的特点是：

(1) 在分组发送之前，必须在发送方与接收方之间建立一条专用的逻辑连接(虚电路)；

(2) 一次通信的所有分组都通过这条虚电路顺序传送，因此报文分组不必带目的地址、源地址等辅助信息。分组到达目的节点时不会出现丢失、重复与乱序的现象；

(3) 分组通过虚电路上的每个中间节点时，中间节点只需要做差错检测，而不需要做路径选择；

(4) 在数据存储的基础上，通信子网中每个节点可以和任何节点建立多条虚电路连接。

虚电路分组交换技术是一种面向连接的交换技术，在数据传输之前，通信双方必须通过中间交换节点建立一条专用的类似于电路交换技术所用的物理电路连接的逻辑电路连接，由于其不是实际存在的，故被称为“虚电路”。虚电路完全不同于物理电路的连接，虽然它也是独占使用，但它却采用了一种类似信道复用的技术，通过分组存储与转发的原理，使得一个节点可以同时建立多条虚电路，同时为多个通信过程服务。

6.1.3 虚电路和数据报的比较

到底是采用虚电路方式还是数据报方式，涉及的因素比较多。主要从两个方面来比较这两种结构：一方面是从网络内部来考察；另一方面是从用户的角度（即用户需要网络提供什么服务）来考察。

在网络内部，虚电路和数据报之间有好几个需要权衡的因素。一个因素是交换机的内存空间与线路带宽的权衡。虚电路方式允许数据报文只含位数较少的虚电路号，而并不需要完整的目的地址，从而节省交换机输入/输出线路的带宽。虚电路方式的代价是在交换机中占用内存空间用于存放虚电路表，而同时交换机仍然要保存路由表。另一个因素是虚电路建立时间和路由选择时间的比较。在虚电路方式中，虚电路的建立需要一定的时间，这个时间主要是用于各个交换机寻找输出线路和填写虚电路表，而在数据传输过程中，报文的路由选择却比较简单，仅仅查找虚电路表即可。数据报方式不需要连接建立过程，每一个报文的路由选择单独进行。虚电路还可以避免拥塞，原因是在建立虚电路时已经对资源进行了预先分配（如缓冲区）。而数据报网络要实现拥塞控制就比较困难，原因是数据报网络中的交换机不存储网络状态。

网络内部使用虚电路方式还是数据报方式正是对应于网络提供给用户的服务。虚电路方式提供的是面向连接的服务，而数据报方式提供的是无连接的服务。不同的集团支持不同的观点，焦点是网络要不要提供端到端的可靠服务。虚电路服务的思路来源于传统的电信网，电信网将其用户终端（电话机）做得非常简单，而电信网负责保证可靠通信的一切措施，因此电信网的节点交换机复杂而昂贵。数据报服务力求使网络在恶劣的环境下仍可工作，并使对网络的控制功能分散，因而只能要求提供尽最大努力的服务。这种网络要求使用较复杂且有相当智力的计算机作为用户终端，可靠通信由用户终端中的软件（即 TCP）来保证。表 6.1 给出了虚电路服务与数据报服务的对比。

表 6.1　虚电路服务与数据报服务的对比

对比的方面	虚电路	数据报
思路	可靠通信由网络来保证	可靠通信由用户主机来保证
连接的建立	必须有	不要
目的站地址	仅在连接建立阶段使用，每个分组使用短的虚电路号	每个分组都有目的站的全地址
路由选择	在虚电路建立时进行，所有分组均按同一路由	每个分组独立选择路由
当路由器出故障时	所有通过出故障的路由器的虚电路均不能工作	出故障的路由器可能会丢失分组，一些路由可能发生变化
分组的顺序	总是按照发送顺序到达目的站	到达目的站时不一定按发送顺序
端到端的差错处理和流量控制	由通信子网负责	由用户主机负责

支持虚电路方式（如 X.25）的人认为，网络本身必须解决差错和拥塞控制问题，提供给用户完善的传输功能。而虚电路方式在这方面做得比较好，虚电路的差错控制是通过在相邻交换机之间“局部”控制来实现的。也就是说，每个交换机发出一个报文后要启动定时器，

如果在定时器超时之前没有收到下一个交换机的确认,则它必须重发数据。而拥塞避免是通过定期接收下一站交换机的“允许发送”信号来实现的。这种在相邻交换机之间进行差错和拥塞控制的机制通常叫作“跳到跳”(hop-by-hop)控制。

而支持数据报方式(如 IP)的人认为,网络最终能实现什么功能应由用户自己来决定,试图通过在网络内部进行控制来增强网络功能的做法是多余的。也就是说,即使是最好的网络也不要完全相信它。可靠性控制最终要通过用户来实现,利用用户之间的确认机制去保证数据传输的正确性和完整性,这就是所谓的“端到端”(end-to- end)控制。

以前支持相邻交换机之间实现“局部”控制的唯一理由是,传输差错可以迅速得到纠正。然而现在网络的传输介质误码率非常低,例如微波介质的误码率通常少于 10^{-7},而光纤介质的误码率通常低于 10^{-9},因传输差错而造成报文丢失的概率极小,可见“端到端”的数据重传对网络性能影响不大。既然用户总是要进行“端到端”的确认以保证数据传输的正确性,若再由网络进行“跳到跳”的确认只能是增加网络开销,尤其是增加网络的传输延迟。与偶尔的“端到端”数据重传相比,频繁的“跳到跳”数据重传将消耗更多的网络资源。实际上,采用不合适的“跳到跳”过程只会增加交换机的负担,而不会增加网络的服务质量。

由于在虚电路方式中,交换机保存了所有虚电路的信息,因而虚电路方式在一定程度上可以进行拥塞控制。但如果交换机由于故障丢失了所有路由信息,则将导致经过该交换机的所有虚电路停止工作。与此相比,在数据报网络中,由于交换机不存储网络路由信息,交换机的故障只会影响到目前在该交换机排队等待传输的报文。因此从这点来说,数据报网络比虚电路方式更强壮些。

总而言之,数据报广域网无论在性能、健壮以及实现的简单性方面都优于虚电路方式。基于数据报方式的广域网将得到更大的发展。

OSI 在网络层采用了虚电路服务,Internet 在网络层采用了数据报服务。因特网能够发展到今天这样的规模,充分说明了在网络层提供数据报服务是非常成功的。

6.1.4 源路由选择

1. 分层的地址方案

为了更加有效地进行转发,许多互相连接的网络使用层次的寻址机制,最简单的层次方案是将一个地址分为两部分:第一部分标识交换机;第二部分标识该交换机上所连接的计算机。从所连计算机的角度来看,互相连接的网络的操作类似于局域网。每种网络技术都精确定义了计算机在收发数据时使用的帧格式,并为连到网络上的每台计算机分配了一个物理地址。当发送帧到另外一台计算机时,发送者必须给出目的计算机的地址。在实际应用中是用一个二进制数来表示地址的:二进制数的一些位表示地址的第一部分,其他位则表示第二部分。由于每个地址用一个二进制数来表示,用户和应用程序可将地址看成一个整数,而用户和应用程序不必知道这个地址是分层的。

2. 包的转发

包交换机必须选择一条路径来转发包。如果包的目的地是一台直接相连的计算机,包交换机就将包发往该计算机。如果包的目的地是另一个包交换机上的计算机,包应通过通往该交换机的高速连接转发。要做出这种选择,包交换机就要使用包中的目的地址。

包交换机不必保存怎样到达所有可能目的地的完整信息。相反,一个给定的交换机仅包含为使该包最终到达目的地所应发送的下一站的信息。下一站转发这个概念类似于飞机航班表。假定一个从扬州飞往拉萨的旅客发现路线有三段:第一段从扬州到南京,第二段从南京到成都,第三段从成都到拉萨。整个旅行的目的地都一样——拉萨,然而在每个机场的下一站都不一样。当这个旅客在扬州时,下一站是南京;当旅客在南京时,下一站是成都;当在成都时,下一站是拉萨。图 6.3 表示了在包交换网络中的下一站转发技术。每个交换机都有不同的下一站信息。

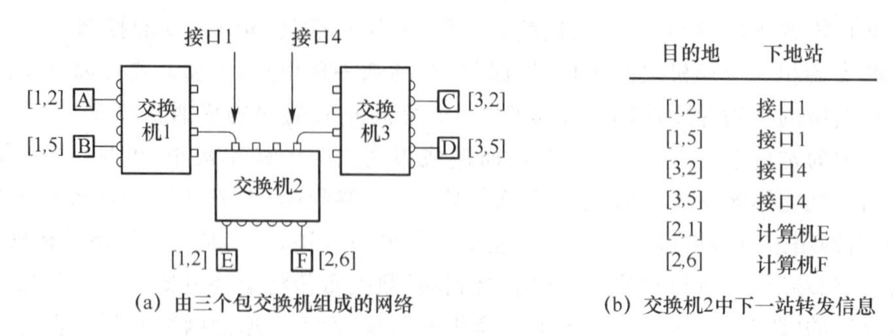

图 6.3 包的转发

如图 6.3 所示,下一站信息可以制成一张表,表中每一项列出了一个目的地址以及对应的下一站。当向前转发包时,交换机检查包的目的地址,搜索与之相匹配的项,然后将该包发往项中所标出的下一站。图 6.3 中列表显示了包交换机 2 是如何转发包的。当它收到目的地址为[3,5]的包后,该交换机把此包发往接口 4(包交换机中的软件通常为每个接口指派一个小整数,这个数值在交换机外没有任何意义,也不在包中出现。图 6.3 中交换机 2 的接口是从左到右数),而接口 4 通往交换机 3。当包的目的地址为[2,1]时,交换机直接把该包发往计算机 E。

交换机在转发分组时,只与分组的目的地址有关,与分组的源地址以及分组在到达交换机之前所经过的路径无关,这就是所谓的源独立特性。如同坐火车旅行,乘客来自哪里,怎么来的,都无关紧要;只要是去同一目的地,就都乘同一趟车。

正是因为源独立特性,才使得计算机网络中的转发机制更为简洁有效,只需要一张表即可完成所有分组的路由选择,而且只需从分组中提取目的地址即可。

3. 分层的地址和路由的关系

存储下一站信息的表通常称为路由表(routing table),转发一个包到下一站的过程称为路由(routing)。两段式层次地址的优点在图 6.3 的路由表中明显地体现出来了。表中多个项具有相同的下一站,更进一步的观察表明:第一部分地址相同的目的地址会转发到同一个包交换机。因此,当转发包时,包交换机仅需检查层次地址的第一部分。

仅使用层次地址的一部分来转发包有两个重要的实际意义。第一,因为路由表可用索引建立而不用搜索列表,从而减少了转发包所需的计算时间。第二,整个路由表可用目的交换机而不用目的计算机来表示,从而大大缩小了路由表的规模。规模的缩小对一个有许多计算机连接到包交换机的大型广域网而言具有实际意义。实际上,如果有 K 台计算机连接到每台包交换机,那么简化了的路由表只有完整路由表的 K 分之一大小。

除了最后的包交换机外,两段式层次地址方案使得转发时仅使用第一部分地址。当包到达目的计算机所连的包交换机时,交换机才检查第二部分地址并选择目的计算机。

算法可概括为：使用两段式层次地址转发包时，首先检查包的目的地址中与包交换机相应的那部分 p。如果 p 与本交换机相一致，就利用第二部分地址定位一台本地计算机。否则，利用 p 在路由表中选择下一站。实际上，当包要转发到本地计算机时，交换机就使用地址的第二部分来选择目的计算机。

6.1.5　实现和性能

当有另外的计算机连入时，网络的容量必须能相应扩大。当有少量计算机加入时，可通过增加输入/输出接口硬件或更换更快的 CPU 来扩大单个交换机的容量。这些改变能适应网络小规模的扩大，更大的扩充就需要增加包交换机。这一基本概念使得建立一个具有较大可扩展性的广域网成为可能，因为可不增加计算机而使交换容量增加。特别是在网络内部可加入包交换机来处理负载，这样的交换机无须连接计算机。一般称这些包交换机为内部交换机（interior switch），而把与计算机直接连接的交换机称为外部交换机（exterior switch）。

为使广域网能正确地运行，内、外部交换机都必须有一张路由表，并且都能转发包。路由表中的数据必须符合以下条件：

（1）完整的路由。每个交换机的路由表必须包含有所有可能目的地的下一站；

（2）路由优化。对于一个给定的目的地而言，交换机路由表中下一站的值必须是指向目的地的最短路径。

对广域网而言，最简单的方法是把它看作图来考虑，图中每个站点（node）代表一个交换机。如果网络中一对交换机直接相连，则在图中的相应站点间有一条边（edge）或链接（link）（由于图论和计算机网络之间的关系非常紧密，所以连在网上的一台机器叫作网络站点（network node），连接两台机器的串行数字线路叫作一条链接（link）。这种思路和网络层上实现路由的思路完全一致。

6.2　网桥和局域网交换机

回到本章开始提出的问题，既然直连的网络可以将计算机之间连接起来，为什么还要使用其他设备来进行局域网的扩展呢？

实际上，第 5 章就说明了以太网本身对于连入网络的计算机的数目和以太网中继的数目都会有限制。首先，用中继器（Hub）连接物理链路，虽然可以使原来属于不同碰撞域的局域网上的计算机能够进行跨碰撞域的通信，并且扩大了局域网覆盖的地理范围。但本质上，这几个碰撞域仅仅是合并成一个共享信道的 LAN 而已，使用 CSMA/CD 的网络的碰撞域虽然增大了，但网络中的计算机（节点）也增加了，造成的结果就是冲突现象更为严重；同时使用共享网络，而网络拥有的总带宽并没有增加，而增加越多的主机也会使得主机所拥有的平均带宽更少。更不用说不同的碰撞域网络可能还存在数据率不同、所使用的协议不同造成帧的格式不同等问题。

解决这个问题的方法，第一种可以想办法提高网络的传输速率，但这并没有从根本上解决以上问题；第二种方法是将网络分段，以减少每个网段中站点的数量，使冲突的概率减小。

网络分段的设备有路由器、网桥和交换机。但是使用路由器将网络分段很不经济，同时从用户的角度上看，很多时候我们需要扩展(分段)后的网络表现得还是逻辑上统一的网络，这时候就需要使用网桥或交换机。

6.2.1 网桥及其局限性

1. 网桥的原理

同中继器一样，网桥(bridge)也是连接两个网段的设备。但和中继器不一样，网桥能处理一个完整的帧，并使用和一般计算机相同的接口设备。网桥以一种混合方式侦听每个网段上的信号，当它从一个网段接收到一个帧时，网桥会检查并确认该帧是否已完整地到达(例如在传输中局域网内无电子干扰)，如果需要的话就把该帧传输到其他网段。这样，两个局域网网段通过网桥连接后，就像一个局域网一样。网中任何一台计算机可发送帧到任何其他连在这两个网段中的计算机。由于每个网段都支持标准的网络连接并使用标准的帧格式，计算机并不知道它们是连接在一个局域网中还是连接在一个桥接局域网中。图 6.4 说明了这个概念。

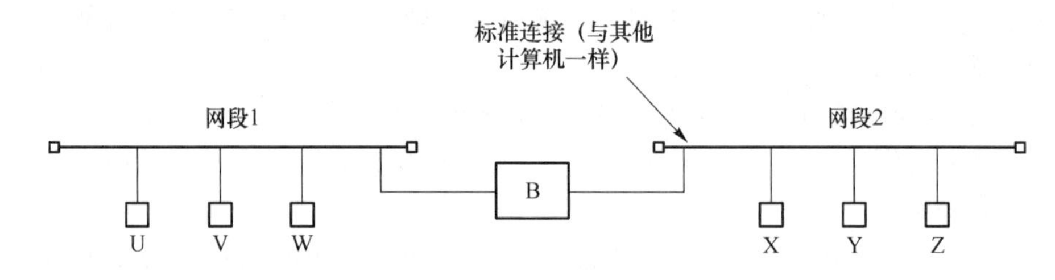

图 6.4 网桥连接的两个网段

由于网桥能隔离一些故障，所以使用比中继器更广泛。两个网段通过中继器相连，如果由于闪电而导致其中一个网段上有电干扰，中继器会把它传输到另一个网段。相反，如果干扰发生在通过网桥相连的网段中，网桥会接收到一个不正确的帧。这时，网桥就简单地丢弃掉该帧，像普通计算机接收到包含错误的帧时一样。类似地，网桥不会把一个网段上的冲突信号传输到另一个网段。因此，网桥会把故障隔离在一个网段中而不会影响到另一个网段。

大多数网桥并不仅只是从一个网段向另一个网段转发帧。实际上，一个典型的网桥是包括具有 CPU、存储器和两个网络接口的计算机。网桥不运行应用软件，它只完成一个功能：CPU 仅执行只读存储器中的代码。网桥最有用的功能是帧过滤(frame filtering)，在需要时网桥才转发帧。特别地，如果一台计算机向同一网段上的另一台计算机发送帧，网桥就无须向另一网段转发该帧。当然，如果局域网支持广播或组播，网桥就必须传输每一个广播帧或组播帧，使这个扩展桥接局域网像单个较大的局域网。

为决定是否要转发帧，网桥使用帧头部的物理地址。网桥知道网中每台计算机的位置。当帧从一个网段到达时，网桥就取出并检查目标地址。如果目的计算机所在网段与该帧所到达的网段相同，网桥不转发而把它丢弃。如果目的计算机不在该帧所到达的网段上，则网桥把该帧转发到另一网段。

2. 学习型网桥

网桥怎么知道哪台计算机位于哪个网段上呢？大多数网桥能自动了解计算机的位置，可以称它为自适应的(adaptive)或可学习(learning)的网桥。为做到这一点，网桥以混合模式侦听所连接的各个网段，并形成一张每个网段所连计算机的表。当帧到达时，网桥完成两步工作。首先,网桥从帧头中取出源物理地址,并把它加入到该网段所连计算机列表中。其次,从帧中取出目标地址,根据目标地址决定是否继续转发该帧。因此只要一台计算机发送了一个帧,所有连接在该网段上的网桥都能知道该计算机的存在。图 6.4 中的网桥 B 学习网络上的计算机是否存在的过程如表 6.2 所示。

表 6.2 图 6.4 中网桥学习主机地址的过程

步骤	事件	网段 1 列表	网段 2 列表
1	网桥启动	—	—
2	U 发送给 V	U	—
3	V 发送给 U	U,V	—
4	Z 广播	U,V	Z
5	Y 发送给 V	U,V	Z,Y
6	Y 发送给 X	U,V	Z,Y
7	X 发送给 W	U,V	Z,Y,X
8	W 发送给 Z	U,V,W	Z,Y,X

在连接到桥接局域网网段上的每台计算机发出帧后,连到该网段上的网桥就知道了所有计算机的位置,并用这些信息来过滤帧。这样,已运行较长时间的桥接网络能把帧限制在必须要发送的网段中。

3. 网桥环和生成树

由于网桥能发送和接收帧,所以桥接网络能连接许多网段。广播方式也能在桥接网中工作,因为网桥总是转发发送到广播地址的帧。

并不是所有的网桥都应该转发广播帧,因为网桥环会带来一些问题。在图 6.5 中,四个网桥连接四个网段。考虑网段 a 上的一台计算机广播一个帧,网桥 B_1 将帧转发到网段 b,而网桥 B_2 将帧转发到网段 c。网桥 B_4 接收到 B_2 转发的副本后,再转发到网段 d。相似地,当网桥 B_3 接收到 B_1 转发的副本时,同样转发到网段 d。这样,连接在网段 d 上的计算机将接收到多个副本。更重要的是,当 B_4 发送的副本通过网段 d 到达 B_3,B_3 又会将其转发到网段 b。同样地,B_3 发送的副本通过网段 d 到达 B_4,B_4 也会将其转发到网段 c。实际上,除非某些网桥禁止转发广播帧,否则广播帧的副本将永远在网桥环中传播,而网桥环中的每台计算机将会收到无穷多个副本。

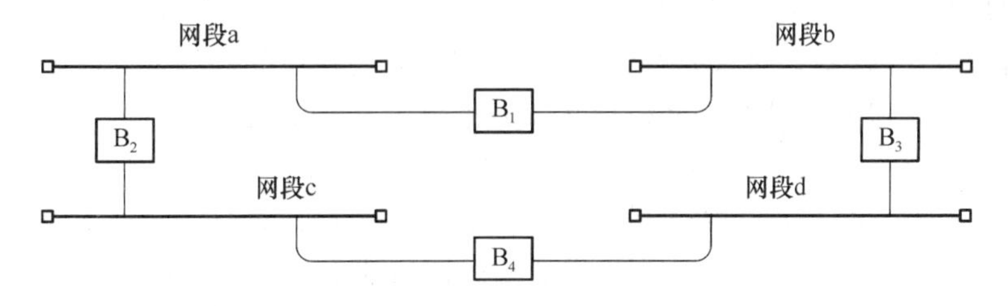

图 6.5 网桥环问题

为防止无限循环的问题,桥接网必须保证这两种情况不同时发生:(1) 所有网桥转发所有帧;(2) 桥接网包含有一个网桥环。

实际应用中,一个分散在组织内部并且很大的桥接网中很难保证不发生环状连接的情况。而且，一些组织会选择在网络中放置一些冗余的网桥来保证网桥在故障发生时仍能正常运行。为防止循环，桥接网中的一些网桥必须保证不转发帧。

桥接网中为防止循环的方案是比较有趣的，因为它必须能自动实现。在一个站点内应该能够任意连接网桥，而无须手工配置哪些网桥转发广播帧，即网桥应该能够实现自动配置。

网桥怎么知道是否应该转发帧？当网桥第一次启动时，它会和所在网段上的其他网桥相互通信(在大多数技术中都给网桥保留了一个特殊的硬件地址。例如，以太网专门为网桥间的通信保留了一个独占的组播地址)。网桥执行一种称为分布生成树(Distributed Spanning Tree，DST)的算法来决定哪些网桥转发帧，DST 算法能使网桥知道如果允许转发是否会形成一个环。如果网桥发现与之相连的每个网段都已经包含一个允许转发帧的网桥时，它就不会转发帧。当 DST 算法完成后，同意转发帧的网桥形成一个无环图(即树)。

生成树算法的网桥协议(Spanning Tree Protocol，STP)，它通过生成生成树保证一个已知的网桥在网络拓扑中沿一个环动态工作。网桥与其他网桥交换 BPDU 消息来监测环路，然后关闭选择的网桥接口取消环路。生成树协议的主要功能有两个：一是在利用生成树算法，在以太网络中创建一个以某台交换机的某个端口为根的生成树，避免环路。二是在以太网络拓扑发生变化时，通过生成树协议达到收敛保护的目的。

生成树协议拓扑结构的思路是：无论网桥(交换机)之间采用怎样物理连接，网桥(交换机)能够自动发现一个没有环路的拓扑结构的网路，这个逻辑拓扑结构的网路必须是树形的。生成树协议还能够确定有足够的连接通向整个网络的每一个部分。所有网络节点要么进入转发状态，要么进入阻塞状态，这样就建立了整个局域网的生成树。当首次连接网桥或者网络结构发生变化时，网桥都将进行生成树拓扑的重新计算。为稳定的生成树拓扑结构选择一个根桥，从一点传输数据到另一点，出现两条以上条路径时只能选择一条距离根桥最短的活动路径。生成树协议这样的控制机制可以协调多个网桥(交换机)共同工作，使计算机网络可以避免因为一个接点的失败导致整个网络连接功能的丢失，而且冗余设计的网络环路不会出现广播风暴。

4. 透明网桥

透明网桥(transparent bridge)其标准为 IEEE802.1d。透明的含义是指以太网上的源站点向目的站点所发送的帧不知道经过几个网桥转发，站点都看不见网桥。透明网桥是一种即插即用设备(plug-and-play device)，只要网桥接入局域网，网桥的转发表自动建立。网桥是按照自学习算法处理收到的帧，并按转发表转发帧。它接收与之连接的所有 LAN 传送的每一帧。当一帧到达时，网桥必须决定将其丢弃还是转发。如果要转发，则必须决定发往哪个 LAN。这需要通过查询网桥中转发表做出决定。该表可列出每个可能的目的地，以及它属于哪一条输出线路(LAN)。在插入网桥之初，所有的转发表均为空。由于网桥不知道任何目的地的位置，因而采用扩散算法(flooding algorithm)把每个到来的、目的地不明的帧输出到连在此网桥的所有 LAN 中(除了发送该帧的 LAN)。随着时间的推移，网桥将了解每个目的地的位置。一旦知道了目的地位置，发往该处的帧就只放到适当的 LAN 上，而不再散发。透明网桥工作过程如下：

(1) 地址学习。

① 到达某个端口的帧其源地址域指明了来自那个入境 LAN 方向；

② 网桥根据该 MAC 地址更新过滤数据库；

③ 当往数据库增加一新条目时设置该计时器(300 秒);

④ 计时器超时从库中删去该条目;

⑤ 每当接收一个帧时将其源地址与 DB 作比较;

⑥ if 已存在相应的条目 then 更新 DB(当方向有变时)并重置计时器;

⑦ else 在 DB 中创建一新条目,设置计时器。

(2) 转发帧。过滤数据库(filtering database) 给定 port 号列出那些与该 port 在同一边的站。假设在端口 X 收到一个 MAC 帧,则转发规则:

① 搜索数据库,确定 MAC 地址是否列在某个 port 上;

② 如果没找到,则将该帧转发到所有端口(除 X 外);

③ 如果目标地址列在某个端口 y(≠x) 上,则检查端口 y 处于阻塞还是转发状态;

④ 如果 y 不阻塞,则将帧转发到与 y 相连的 LAN 上;

⑤ 为防止网桥转发帧形成环路,使用生成树算法(Spanning Tree Algorithm)。

5. 源路由网桥

透明网桥的优点是易于安装,只需插进电缆即大功告成。但是从另一方面来说,这种网桥并没有最佳地利用带宽,因为它们仅仅用到了拓扑结构的一个子集(生成树)。

源路由选择的核心思想是假定每个帧的发送者都知道接收者是否在同一 LAN 上。当发送一帧到另外的 LAN 时,源站点将目的地址的高位设置成 1 作为标记。另外,它还在帧头加进此帧应走的实际路径。源路由选择网桥只关心那些目的地址高位为 1 的帧,当见到这样的帧时,它扫描帧头中的路由,寻找发来此帧的那个 LAN 的编号。如果发来此帧的那个 LAN 编号后跟的是本网桥的编号,则将此帧转发到路由表中自己后面的那个 LAN。如果该 LAN 编号后跟的不是本网桥,则不转发此帧。这一算法有 3 种可能的具体实现:软件、硬件、混合。这三种具体实现的价格和性能各不相同。第一种没有接口硬件开销,但需要速度很快的 CPU 处理所有到来的帧。最后一种实现需要特殊的 VLSI 芯片,该芯片分担了网桥的许多工作,因此,网桥可以采用速度较慢的 CPU,或者可以连接更多的 LAN。

源路由选择的前提是互联网中的每台机器都知道所有其他机器的最佳路径。获得这些路由是源路由选择算法的重要部分。获取路由算法的基本思想是:如果不知道目的地地址的位置,源站点就发布一广播帧,询问它在哪里。每个网桥都转发该查找帧(discovery frame),这样该帧就可到达互联网中的每一个 LAN。当答复回来时,途经的网桥将它们自己的标识记录在答复帧中,于是,广播帧的发送者就可以得到确切的路由,并可从中选取最佳路由。

虽然此算法可以找到最佳路由(它找到了所有的路由),但同时也面临着广播风暴的问题。透明网桥也会发生有点类似的状况,但是没有这么严重。其扩散是按生成树进行,所以传送的总帧数是网络大小的线性函数,而不像源路由选择是指数函数。一旦主机找到至某目的地的一条路由,它就将其存入到高速缓冲器之中,无须再作查找。虽然这种方法大大遏制广播风暴,但它给所有的主机增加了事务性负担,而且整个算法肯定是不透明的。两种网桥比较如表 6.3 所示。

源路由选择网桥则一般用于连接令牌环网段，而透明网桥一般用于连接以太网段。

表 6.3　透明网桥和源路由网桥的区别

	透明网桥	源路由网桥
服务类型	无连接	面向连接
透明性	完全透明	不透明
配置、管理	自动配置，容易管理	人工配置
最佳路由	不一定最优	优化
路由的确定	逆向学习	探测帧
故障处理及拓扑变化	网桥负责	主机负责
复杂性及开销	网桥负担	主机负担

6. 网桥的局限性

网桥虽然解决了局域网扩展的问题，但其本身还是有一定局限性的：

(1) 由于网桥需要对接收的帧进行存储转发，并且还需要与一般计算机一样执行CSMA/CD算法，这样就增加了时延。

(2) 由于MAC层并没有流量控制功能，当网络负载很大时，网桥中的缓存可能因为存储空间不够而产生溢出，导致帧丢失的现象。

(3) 网桥仅适合于用户数不太多(不超过几百个)和通信量不太大的以太网，否则有时还会应为传播过多的广播信息而产生网络拥塞，形成广播风暴。

(4) 网桥仅能连接两个对等的网络，这一点和路由器不同，路由器可以在为不同目的或不同组织的网络间进行互联。网桥工作在数据链路层上，而路由器工作在网络层上。这也是网络互联和互连的区别：一般网桥连接的网络称为互连，路由器连接的网络称为互联。

6.2.2　交换机

桥接的概念可以帮助解释一种应用越来越广的机制：交换(switching)。一般而言，如果网络硬件包括这样一种电子设备，它能连接一台或多台计算机并允许它们收发数据，那么这种网络技术被称为交换的(switched)。进一步地，一个交换局域网(switched LAN)包括单台电子设备，它能在多台计算机间传输帧。

从物理上来看，交换机(switch)类似于集线器，由一个多端口的盒子组成，每个端口连接一台计算机。集线器和交换机的区别在于它们的工作方式：集线器类似于共享的介质，而交换机类似于每台计算机组成一个网段的桥接局域网。实际上，交换机并不是由独立的网桥构成的，而是由多个处理器和一个中央互联器(例如一个电子交叉开关)组成。各个处理器检查输入帧的地址，并通过互联器把该帧转发到相应的输出端口。

显然，使用交换机代替集线器构成局域网的主要优点类似于用桥接网来代替单个网段：并行性。因为集线器类似于由所有计算机共享的单个网段，所以在一个给定的时间内，最多只有两台计算机能通过集线器进行通信。因此集线器系统的最大带宽是 R：单台计算机通过局域网网段发送数据的速率。而在一个交换局域网中，每台计算机都相当于有一个自己的局域网网段——仅当计算机收发帧时，网段才处于忙的状态。结果，连到交换机上的一半的计算机能同时发送数据(如果它们分别发送给一台不正在发送数据的计算机)。因此交换

机的最大带宽是 $R \times N/2$,此处 R 表示单台计算机发送数据的速率,N 是连到交换机上的计算机数目。

1. 工作原理

交换是按照通信两端传输信息的需要,用人工或设备自动完成的方法,把要传输的信息送到符合要求的相应路由上的技术的统称。交换机有多个端口,每个端口都具有桥接功能,可以连接一个局域网或一台高性能服务器或工作站。实际上,交换机有时被称为多端口网桥。

在计算机网络系统中,交换概念的提出改进了共享工作模式。而 Hub 集线器就是一种物理层共享设备,Hub 本身不能识别 MAC 地址和 IP 地址,当同一局域网内的 A 主机给 B 主机传输数据时,数据包在以 Hub 为架构的网络上是以广播方式传输的,由每一台终端通过验证数据报头的 MAC 地址来确定是否接收。也就是说,在这种工作方式下,同一时刻网络上只能传输一组数据帧的通信,如果发生碰撞还得重试,这种方式就是共享网络带宽。

交换机工作在数据链路层。交换机拥有一条很高带宽的背部总线和内部交换矩阵。交换机所有的端口都挂接在这条背部总线上,控制电路收到数据包以后,处理端口会查找内存中的地址对照表以确定目的 MAC(网卡的硬件地址)的 NIC(网卡)挂接在哪个端口上,通过内部交换矩阵迅速将数据包传送到目的端口,目的 MAC 若不存在,广播到所有的端口,接收端口回应后交换机会"学习"新的 MAC 地址,并把它添加入内部 MAC 地址表中。使用交换机也可以把网络"分段",通过对照 IP 地址表,交换机只允许必要的网络流量通过交换机。通过交换机的过滤和转发,可以有效地减少冲突域,但它不能划分网络层广播,即广播域。

交换机在同一时刻可进行多个端口对之间的数据传输。每一端口都可视为独立的物理网段(注:非 IP 网段),连接在其上的网络设备独自享有全部的带宽,无须同其他设备竞争使用。当节点 A 向节点 D 发送数据时,节点 B 可同时向节点 C 发送数据,而且这两个传输都享有网络的全部带宽,都有着自己的虚拟连接。假使这里使用的是 10 Mbit/s 的以太网交换机,那么该交换机这时的总流通量就等于 2×10 Mbit/s=20 Mbit/s,而使用 10 Mbit/s 的共享式 Hub 时,一个 Hub 的总流通量也不会超出 10 Mbit/s。总之,交换机是一种基于 MAC 地址识别,能完成封装转发数据帧功能的网络设备。交换机可以"学习"MAC 地址,并把其存放在内部地址表中,通过在数据帧的始发者和目标接收者之间建立临时的交换路径,使数据帧直接由源地址到达目的地址。

交换机的传输模式有全双工、半双工、全双工/半双工自适应。

交换机的全双工是指交换机在发送数据的同时也能够接收数据,两者同步进行,这好像我们平时打电话一样,说话的同时也能够听到对方的声音。交换机都支持全双工。全双工的好处在于迟延小、速度快。

2. 交换机的分类

交换机根据工作位置的不同,可以分为广域网交换机和局域网交换机。广域网的交换机(switch)就是一种在通信系统中完成信息交换功能的设备,它应用在数据链路层。广域网交换机主要应用于电信领域,提供通信用的基础平台。而局域网交换机则应用于局域网络,用于连接终端设备,如 PC 及网络打印机等。

从传输介质和传输速度上可分为以太网交换机、快速以太网交换机、千兆以太网交换机、FDDI 交换机、ATM 交换机和令牌环交换机等。

从规模应用上又可分为企业级交换机、部门级交换机和工作组交换机等。各厂商划分的尺度并不是完全一致的，一般来讲，企业级交换机都是机架式，部门级交换机可以是机架式(插槽数较少)，也可以是固定配置式，而工作组级交换机为固定配置式(功能较为简单)。另外，从应用的规模来看，作为骨干交换机时，支持500个信息点以上大型企业应用的交换机为企业级交换机，支持300个信息点以下中型企业的交换机为部门级交换机，而支持100个信息点以内的交换机为工作组级交换机。

本章主要介绍的交换机指的是局域网交换机。

随着计算机及其互联技术(也即通常所谓的“网络技术”)的迅速发展，以太网成了迄今为止普及率最高的短距离二层计算机网络。而以太网的核心部件就是以太网交换机。

3. 以太网交换机

近年来，在以太网的扩展上广泛应用交换机(交换式集线器)，并显著提高以太网的性能。交换机是个技术宽泛的概念，从功能上可能混杂网桥和路由器的功能。在应用交换机时，应对不同型号的交换机提供的功能进行具体界定。

以太网交换机实质上是一个多接口的网桥。前面介绍的透明网桥、源路由网桥其接口很少(一般只有2～4个)，而交换机其接口在8～24，并且每个接口都直接与站点或另一个集线器相连，网桥接口连接的是以太网的一个网段。同时接口以全双工方式工作，在主机通信时，交换机能同时连通许多对接口，使每一对相互通信的主机以独占通信媒体带宽，无冲突地传输数据。

交换机通过内部的交换矩阵把网络划分为多个网段——每个端口为一个冲突域。

交换机能够同时在多对端口间无冲突地交换帧。

工作原理与网桥类似，表现在：(1) 学习源地址构造转发表；(2) 过滤本网段帧隔离冲突域；(3) 转发异构网络的帧实现帧交换；(4) 广播未知帧寻找目的站点。

交换机也是一种即插即用设备，其内部的帧转发表也是通过自学习算法自动建立起来的。以太网交换机使用专用芯片提高数据交换速率，在以太网交换机的接口中，一般具有多种速率的接口，以方便用户对不同设备的需求。

以太网交换机的优点有：(1) 分割冲突(碰撞)域，减少了冲突；(2) 允许建立多个连接，提高了网络总体带宽；(3) 减少每个网段中的站点数，提高了站点平均拥有带宽；(4) 允许全双工连接，提高带宽；(5) 能够连接不同速度的网段。

以太网桥/交换机为核心的网络的特点如下：

(1) 每个网段独享带宽，最佳可达到每台主机独享带宽。

(2) 可以限制冲突，但不能限制广播风暴。

(3) 适用于小型网络到大型园区网络，大型网络中需解决广播风暴问题。

因为交换机比集线器能同时发送更多的数据，所以每个连接的花费通常比集线器要贵。为了节省费用，一些组织采取了一个折中方案：并不把每台计算机都连到交换机的端口上，而是把集线器连到每个端口上，然后把计算机连到集线器上。这样，就与传统的桥接局域网较相似：每个集线器看上去就像一个局域网网段，而交换机看上去像连接所有网段的网桥。系统的功能也像一个一般的桥接局域网：虽然计算机必须和连到同一个集线器上的其他计算机共享带宽，但是分别连接到不同集线器上的两对计算机可同时进行通信。

以太网交换机厂商根据市场需求，推出了三层甚至四层交换机。但无论如何，其核心功能仍是二层的以太网数据包交换，只是带有了一定的处理 IP 层甚至更高层数据包的能力。网络交换机是一个扩大网络的器材，能为子网提供更多的连接端口，以便连接更多的计算机。随着通信业的发展以及国民经济信息化的推进，网络交换机市场呈稳步上升态势。它具有性能价格比高、高度灵活、相对简单、易于实现等特点。

4. 以太网交换机的三种转发方式

以太网交换机提供三种分组转发的方式。

(1) 直通式(Cut-Through)：直通方式的以太网交换机可以理解为在各端口间是纵横交叉的线路矩阵电话交换机。它在输入端口检测到一个数据包时，检查该包的包头，获取包的目的地址，启动内部的动态查找表转换成相应的输出端口，在输入与输出交叉处接通，把数据包直通到相应的端口，实现交换功能。由于不需要存储，延迟非常小、交换非常快，这是它的优点。它的缺点是，因为数据包内容并没有被以太网交换机保存下来，所以无法检查所传送的数据包是否有误，不能提供错误检测能力。由于没有缓存，不能将具有不同速率的输入/输出端口直接接通，而且容易丢包。这种交换方式还不能用于两个不同速率端口间的转发，比如，100 Mbit/s 网段的信息直通转发到 10 Mbit/s 网段，必定会产生阻塞。

(2) 存储转发：存储转发方式是计算机网络领域应用最为广泛的方式。它把输入端口的数据包先存储起来，然后进行 CRC(循环冗余码校验)检查，在对错误包处理后才取出数据包的目的地址，通过查找表转换成输出端口送出包。正因如此，存储转发方式在数据处理时延时大，这是它的不足，但是它可以对进入交换机的数据包进行错误检测，有效地改善网络性能。尤其重要的是它可以支持不同速度的端口间的转换，保持高速端口与低速端口间的协同工作。

(3) 碎片隔离(Fragment-free Cut-Through)：或称为无碎片直通方式。这是介于前两者之间的一种解决方案。由于以太网的最小帧的长度为 64 字节(含帧头、尾)，碎片隔离针对这一特征，检查数据包的长度是否够 64 字节，如果小于 64 字节，说明是假包，则丢弃该包；如果大于 64 字节，则立即根据目的地址发送该包，而不管该包是否已经全部到达交换机端口，这种方式也不提供数据校验。它的数据处理速度比存储转发方式快，但比直通式慢。

5. 以太网交换机的发展

以太网交换机由其产生历史来看，应该是工作在 OSI 模型的第二层——数据链路层上，但是随着技术的不断进步和用户需求，也产生了三层甚至四层交换机。

(1) 二层交换

二层交换技术的发展比较成熟，二层交换机属数据链路层设备，可以识别数据包中的 MAC 地址信息，根据 MAC 地址进行转发，并将这些 MAC 地址与对应的端口记录在自己内部的一个地址表中。

(2) 三层交换

首先来通过一个简单的网络来看看三层交换机的工作过程。

现在有使用 IP 的设备 A 和使用 IP 的设备 B 通过三层交换机连接起来。如果 A 要给 B 发送数据，已知目的 IP，那么 A 就用子网掩码取得网络地址，判断目的 IP 是否与自己在同一网段。如果在同一网段，但不知道转发数据所需的 MAC 地址，A 就发送一个 ARP 请求，B 返回其 MAC 地址，A 用此 MAC 封装数据包并发送给交换机，交换机起用二层交换模块，查找 MAC 地址表，将数据包转发到相应的端口。

如果目的IP地址显示不是同一网段的，那么A要实现和B的通信，在流缓存条目中没有对应MAC地址条目，就将第一个正常数据包发送向一个默认网关，这个默认网关一般在操作系统中已经设好，这个默认网关的IP对应第三层路由模块，所以对于不是同一子网的数据，最先在MAC表中放的是默认网关的MAC地址（由源主机A完成）；然后就由三层模块接收到此数据包，查询路由表以确定到达B的路由，将构造一个新的帧头，其中以默认网关的MAC地址为源MAC地址，以主机B的MAC地址为目的MAC地址。通过一定的识别触发机制，确立主机A与B的MAC地址及转发端口的对应关系，并记录进流缓存条目表，以后的A到B的数据（三层交换机要确认是由A到B而不是到C的数据，还要读取帧中的IP地址，就直接交由二层交换模块完成）。这就通常所说的一次路由多次转发。

可以看出三层交换的特点：

① 由硬件结合实现数据的高速转发。这就不是简单的二层交换机和路由器的叠加，三层路由模块直接叠加在二层交换的高速背板总线上，突破了传统路由器的接口速率限制，速率可达几十Gbit/s。算上背板带宽，这些是三层交换机性能的两个重要参数。

② 简洁的路由软件使路由过程简化。大部分的数据转发，除了必要的路由选择交由路由软件处理，都是由二层模块高速转发，路由软件大多都是经过处理的高效优化软件，并不是简单照搬路由器中的软件。

实际上，二层交换机通常用于小型的局域网络。在小型局域网中，广播包影响不大，二层交换机的快速交换功能、多个接入端口和低廉价格为小型网络用户提供了很完善的解决方案。

三层交换机的优点在于接口类型丰富，支持的三层功能强大，路由能力强大，适合用于大型的网络间的路由，它的优势在于选择最佳路由，负荷分担，链路备份及和其他网络进行路由信息的交换等路由器所具有功能。

三层交换机的最重要的功能是加快大型局域网络内部的数据的快速转发，加入路由功能也是为这个目的服务的。如果把大型网络按照部门、地域等因素划分成一个个小局域网，这将导致大量的网际互访，单纯地使用二层交换机不能实现网际互访；如单纯地使用路由器，由于接口数量有限和路由转发速度慢，将限制网络的速度和网络规模，采用具有路由功能的快速转发的三层交换机就成为首选。

一般来说，在内网数据流量大、要求快速转发响应的网络中，如全部由三层交换机来做这个工作，会造成三层交换机负担过重，响应速度受影响，将网间的路由交由路由器去完成，充分发挥不同设备的优点，不失为一种好的组网策略，当然，前提是客户的腰包很鼓，不然就退而求其次，让三层交换机也兼为网际互联。

（3）四层交换

第四层交换的一个简单定义是：它是一种功能，它决定传输不仅仅依据MAC地址（第二层网桥）或源/目的IP地址（第三层路由），而且依据TCP/UDP（第四层）应用端口号。第四层交换功能就像是虚IP，指向物理服务器。它所传输的业务服从各种各样的协议，有HTTP、FTP、NFS、Telnet或其他协议。这些业务在物理服务器基础上，需要复杂的负载均衡算法。

在第四层交换中的应用区间则由源端和终端IP地址、TCP和UDP端口共同决定。在第四层交换中为每个供搜寻使用的服务器组设立虚IP地址（VIP），每组服务器支持某种应用。在域名服务器(DNS)中存储的每个应用服务器地址是VIP,而不是真实的服务器地址。当某用户申请应用时,一个带有目标服务器组的VIP连接请求(例如一个TCP SYN包)发给服务器交换机。服务器交换机在组中选取最好的服务器,将终端地址中的VIP用实际服务器的IP取代,并将连接请求传给服务器。这样,同一区间所有的包由服务器交换机进行映射,在用户和同一服务器间进行传输。

TCP/UDP端口号提供的附加信息可以为网络交换机所利用,这是第四层交换的基础。具有第四层功能的交换机能够起到与服务器相连接的"虚拟IP(VIP)"前端的作用。每台服务器和支持单一或通用应用的服务器组都配置一个VIP地址。这个VIP地址被发送出去并在域名系统上注册。在发出一个服务请求时,第四层交换机通过判定TCP开始,来识别一次会话的开始,然后它利用复杂的算法来确定处理这个请求的最佳服务器。一旦做出这种决定,交换机就将会话与一个具体的IP地址联系在一起,并用该服务器真正的IP地址来代替服务器上的VIP地址。

每台第四层交换机都保存一个与被选择的服务器相配的源IP地址以及源TCP端口相关联的连接表,然后第四层交换机向这台服务器转发连接请求。所有后续包在客户机与服务器之间重新影射和转发,直到交换机发现会话为止。在使用第四层交换的情况下,接入可以与真正的服务器连接在一起来满足用户制定的规则,诸如使每台服务器上有相等数量的接入或根据不同服务器的容量来分配传输流。

6.3 虚拟局域网与中继链路

有了交换机(网桥)以后,网络可以分为一个个网段进行管理,通常这些网段都跟所在的地理位置有关。但是这又带来了新的问题,比如,公司每一个不同的部门都有一个独立的财务员,但是这些财务员都属于公司财务处管理,财务处经常要跟不同部门的财务员进行数据交换,但是直接通过扩展的局域网显然并不安全,别忘了该局域网毕竟是将数据包广播出去的。再比如,软件公司经常会抽调不同部门的员工成立新的项目组,如果每成立一个新项目组就需要程序员在公司内搬家显然不现实,而且参加新的项目组并不意味着原来的工作已经终结。

那么,就需要提供一种方式,将不同网段的特定计算机纳入同一个广播域而且其他计算机不能加入。这样就有了虚拟局域网(Virtual Local Area Network,VLAN)的概念。

6.3.1 虚拟局域网

1. VLAN的概念和标准

VLAN是一种将局域网设备从逻辑上划分成一个个网段,从而实现虚拟工作组的新兴数据交换技术。这一新兴技术主要应用于交换机和路由器中,主流应用还是在交换机之中。但又不是所有交换机都具有此功能,只有VLAN协议的第二层以上交换机才具有此功能。

IEEE于1999年颁布了用于标准化VLAN实现方案的802.1Q协议标准草案。VLAN技术的出现,使得管理员根据实际应用需求,把同一物理局域网内的不同用户逻辑地划分成不同的广播域,每一个VLAN都包含一组有着相同需求的计算机工作站,与物理上形成的LAN有着相同的属性。由于它是从逻辑上划分,而不是从物理上划分,所以同一个VLAN内的各个工作站没有限制在同一个物理范围中,即这些工作站可以在不同物理

LAN 网段。由 VLAN 的特点可知，一个 VLAN 内部的广播和单播流量都不会转发到其他 VLAN 中，从而有助于控制流量、减少设备投资、简化网络管理、提高网络的安全性。

VLAN 除了能将网络划分为多个广播域，从而有效地控制广播风暴的发生，以及使网络的拓扑结构变得非常灵活的优点外，还可以用于控制网络中不同部门、不同站点之间的互相访问。

VLAN 是为解决以太网的广播问题和安全性而提出的一种协议，它在以太网帧的基础上增加了 VLAN 头，用 VLAN ID 把用户划分为更小的工作组，限制不同工作组间的用户互访，每个工作组就是一个虚拟局域网。虚拟局域网的好处是可以限制广播范围，并能够形成虚拟工作组，动态管理网络。

2. VLAN 的特点

VLAN 与 LAN 在原理上没有什么不同，VLAN 是基于 LAN 的一种逻辑网络划分，它并不局限于某一网络或物理范围，可以根据网络用户或节点的需要进行静态或动态的划分，所以 VLAN 有其独特的优势。

(1) 增加网络连接的灵活性和可扩展性。在 VLAN 中，网络管理员对网络上的节点或用户可以按业务功能进行分组，可以方便地在网络中实现用户或节点的增加、删除、移动等。便于网络维护和管理，这正是现代局域网设计必须实现的两个基本目标，在局域网中有效利用虚拟局域网技术能够提高网络运行效率。VLAN 通过交换技术将通信量进行有效分离，从而更好地利用带宽，并可从逻辑上将 LAN 分成多个子网，它允许各个局域网具有不同应用协议和拓扑结构。

(2) 增加控制网络上广播风暴的可能性。VLAN 相当于 OSI 参考模型的第二层的广播域，能够将广播风暴控制在一个 VLAN 内部。使用 VLAN，可以将某个交换端口或用户赋予某一个特定的 VLAN 组，该 VLAN 组可以在一个交换网中或跨接多个交换机，在一个 VLAN 中的广播风暴不会送到该 VLAN 之外，相邻端口也不会收到其他 VLAN 产生的广播风暴。由于广播域的缩小，网络中广播包消耗带宽所占的比例大大降低，网络的性能得到显著的提高。

(3) 增加网络的安全性。在网络中不使用 VLAN，网络中的成员都可以访问整个网络的相关资源，网络安全性不高。使用 VLAN，网络管理员可以限制 VLAN 中的用户数量，禁止未经许可而访问 VLAN 的应用。交换端口可以基于应用类型和访问特权来进行分组，被限制的应用程序和资源一般置于安全的 VLAN 中。VLAN 能限制个别用户的访问，控制广播组的大小和位置，甚至能锁定某台设备的 MAC 地址。

(4) 增加集中化的管理控制。VLAN 的一个明显的优点就是可以通过 VLAN 的集中化管理程序，实现 VLAN 的集中管理。网络管理员可以确定 VLAN 组，分配特定的用户和交换端口给 VLAN 组，设置安全性等级，限制广播域大小，通过冗余链路负载分担网络流量，跨越交换机配置 VLAN 通信，监控通信流量和 VLAN 使用的网络带宽。VLAN 的集中化管理，提高了网络程序的可控性、灵活性和监视功能，减少了管理费用，提高了管理效率。

3. VLAN 的分类

(1) 按端口划分 VLAN。许多 VLAN 厂商都利用交换机的端口来划分 VLAN 成员，被设定的端口都在同一个广播域中。例如，一个交换机的 1、2、3、4、5 端口被定义为虚拟网

AAA,同一交换机的6、7、8端口组成虚拟网BBB,这样做允许各端口之间的通信,并允许共享型网络的升级。但是,这种划分模式将虚拟网限制在了一台交换机上。第二代端口VLAN技术允许跨越多个交换机的多个不同端口划分VLAN,不同交换机上的若干个端口可以组成同一个虚拟网。以交换机端口来划分网络成员,其配置过程简单明了。因此,从目前来看,这种根据端口来划分VLAN的方式仍然是最常用的一种方式。这种划分方式是建立在物理层上。

(2) 按MAC地址划分VLAN。这种划分VLAN的方法是根据每个主机的MAC地址来划分,即对每个MAC地址的主机都配置它属于哪个组。这种划分VLAN方法的最大优点就是当用户物理位置移动时,即从一个交换机换到其他的交换机时,VLAN不用重新配置,因此,可以认为这种根据MAC地址的划分方法是基于用户的VLAN,这种方法的缺点是初始化时,所有的用户都必须进行配置,如果有几百个甚至上千个用户的话,配置是非常累的,而且这种划分的方法也导致了交换机执行效率的降低,因为在每一个交换机的端口都可能存在很多个VLAN组的成员,这样就无法限制广播包了。另外,对于使用笔记本计算机的用户来说,他们的网卡可能经常更换,这样VLAN就必须不停地配置。这种划分方式是建立在数据链路层上。

(3) 按网络层划分VLAN。这种划分VLAN的方法是根据每个主机的网络层地址或协议类型(如果支持多协议)划分的,虽然这种划分方法是根据网络地址,比如IP地址,但它不是路由,与网络层的路由毫无关系。这种方法的优点是用户的物理位置改变了,不需要重新配置所属的VLAN,而且可以根据协议类型来划分VLAN,这对网络管理者来说很重要。还有,这种方法不需要附加的帧标签来识别VLAN,这样可以减少网络的通信量。这种方法的缺点是效率低,因为检查每一个数据包的网络层地址是需要消耗处理时间的(相对于前面两种方法),一般的交换机芯片都可以自动检查网络上数据包的以太网帧头,但要让芯片能检查IP帧头,需要更高的技术,同时也更费时。当然,这与各个厂商的实现方法有关。

(4) 按IP组播划分VLAN。IP组播实际上也是一种VLAN的定义,即认为一个组播组就是一个VLAN,这种划分的方法将VLAN扩大到了广域网,因此这种方法具有更大的灵活性,而且也很容易通过路由器进行扩展,当然这种方法不适合局域网,主要是效率不高。这种划分方式与按网络层划分方式一样是建立在网络层上。

(5) 基于规则划分VLAN。也称为基于策略的VLAN。这是最灵活的VLAN划分方法,具有自动配置的能力,能够把相关的用户连成一体,在逻辑划分上称为"关系网络"。网络管理员只需在网管软件中确定划分VLAN的规则(或属性),那么当一个站点加入网络中时,将会被"感知",并被自动地包含进正确的VLAN中,同时对站点的移动和改变也可自动识别和跟踪。采用这种方法,整个网络可以非常方便地通过路由器扩展网络规模。有的产品还支持一个端口上的主机分别属于不同的VLAN,这在交换机与共享式Hub共存的环境中显得尤为重要。自动配置VLAN时,交换机中软件自动检查进入交换机端口的广播信息的IP源地址,然后软件自动将这个端口分配给一个由IP子网映射成的VLAN。

(6) 按用户划分VLAN。基于用户定义、非用户授权来划分VLAN,是指为了适应特别的VLAN网络,根据具体的网络用户的特别要求来定义和设计VLAN,而且可以让非VLAN群体用户访问VLAN,但是需要提供用户密码,在得到VLAN管理的认证后才可以加入一个VLAN。

6.3.2 中继链路

中继链路(Trunk Link)是只承载标记数据(即具有 VLAN ID 标签的数据包)的干线链路,只能支持那些理解 VLAN 帧格式和 VLAN 成员资格的 VLAN 设备。中继链路最通常的实现就是连接两个 VLAN 交换机的链路。与中继链路紧密相关的技术就是链路聚合(Trunking)技术,该技术采用 VTP(VLAN Trunking Protocol)协议,即在物理上每台 VLAN 交换机的多个物理端口是独立的,多条链路是平行的,采用 VTP 技术处理以后,逻辑上 VLAN 交换机的多个物理端口为一个逻辑端口,多条物理链路为一条逻辑链路。这样,VLAN 交换机上使用生成树协议 STP(Spanning Tree Protocol)就不会将物理上的多条平行链路构成的环路中止掉,而且带有 VLAN ID 标签的数据流可以在多条链路上同时进行传输共享,实现数据流的高效快速平衡传输。

VTP 是 VLAN 中继协议,也被称为虚拟局域网干道协议。它是思科私有协议。作用是十几台交换机在企业网中,配置 VLAN 工作量大,可以使用 VTP 协议,把一台交换机配置成 VTP Server,其余交换机配置成 VTP Client,这样它们可以自动学习到 Server 上的 VLAN 信息。

VTP 是一个 OSI 参考模型第二层的通信协议,主要用于管理在同一个域的网络范围内 VLANs 的建立、删除和重命名。在一台 VTP Server 上配置一个新的 VLAN 时,该 VLAN 的配置信息将自动传播到本域内的其他所有交换机。这些交换机会自动地接收这些配置信息,使其 VLAN 的配置与 VTP Server 保持一致,从而减少在多台设备上配置同一个 VLAN 信息的工作量,而且保持了 VLAN 配置的统一性。

VTP 通过网络(ISL 帧或 Cisco 私有 DTP 帧)保持 VLAN 配置统一性。VTP 在系统级管理增加、删除、调整的 VLAN,自动地将信息向网络中其他的交换机广播。此外,VTP 减小了那些可能导致安全问题的配置,便于管理。只要在 VTP Server 做相应设置,VTP Client 会自动学习 VTP Server 上的 VLAN 信息:(1) 当使用多重名字 VLAN 能变成交叉一连接;(2) 当它们是错误地映射在一个和其他局域网,VLAN 能变成内部断开。

VTP 有三种工作模式:VTP Server、VTP Client 和 VTP Transparent。新交换机出厂时的默认配置是预配置为 VLAN1,VTP 模式为服务器。一般地,一个 VTP 域内的整个网络只设一个 VTP Server。VTP Server 维护该 VTP 域中所有 VLAN 信息列表,VTP Server 可以建立、删除或修改 VLAN,发送并转发相关的通告信息,同步 VLAN 配置,会把配置保存在 NVRAM 中。VTP Client 虽然也维护所有 VLAN 信息列表,但其 VLAN 的配置信息是从 VTP Server 学到的,VTP Client 不能建立、删除或修改 VLAN,但可以转发通告,同步 VLAN 配置,不保存配置到 NVRAM 中。VTP Transparent 相当于是一项独立的交换机,它不参与 VTP 工作,不从 VTP Server 学习 VLAN 的配置信息,而只拥有本设备上自己维护的 VLAN 信息。VTP Transparent 可以建立、删除和修改本机上的 VLAN 信息,同时会转发通告并把配置保存到 NVRAM 中。

6.3.3 VLAN 配置实例

本例选择 Cisco Catalyst 3560 作为以太网交换机进行配置和 VLAN 划分。这是一种 26 口 10/100/1000 Mbit/s 三层可管理交换机,其中有 2 个光口。

1. 准备工作

先保持交换机断电状态；使用调试串口线连接笔记本计算机的串口与交换机背面的Console接口；打开超级终端；开始-所有程序-附件-超级终端；配置超级终端为：名称-cisco、选择 com1 或 com2(请依照实际情况进行选择)、修改每秒位数为 9600、应用-确定-回车。

2. 初始配置

给交换机通电；片刻后会看到交换机的启动信息，直到出现以下配置选项：

```
Would you like to terminate autoinstall? [yes]:no
Would you like to enter the initial configuration dialog? [yes/no]:no
Would you like to terminate autoinstall? [yes]:no
```

3. 出现命令窗口后，备份出厂配置

```
Switch>en          /* 进入特权模式 */
Switch# copy running-config sfbak-config
Destination filename [sfbak-config]?
```

片刻后会出现：

```
1204 bytes copied in 0.529 secs (2276 bytes/sec)
```

表示文件备份成功。

4. 配置账号密码

```
Switch# configure terminal   /* 进入配置子模式 */
Switch(config) # enable password cisco   /* 设置 PASSWORD 密码为 cisco */
Switch(config) # enable secret cisco   /* 设置 SECRET 密码为 cisco */
Switch(config) # exit
```

片刻后会出现：

```
00:11:26: %SYS-5-CONFIG_I: Configured from console by console
```

表示将配置保存到了内存中，在后面的配置过程中会出现类似的信息，属于正常现象。

5. 创建 VLAN

```
Switch# show vlan      /* 查看 VLAN 信息，默认有一个 VLAN 1，并且所有端口都属于它 */
Switch# vlan database   /* 进入 VLAN 子模式 */
```

片刻后会出现：

```
% Warning: It is recommended to configure VLAN from config mode,
as VLAN database mode is being deprecated. Please consult user
documentation for configuring VTP/VLAN in config mode.
```

属于正常的警告信息。

```
Switch(vlan) # vlan 2      /* 创建 VLAN2 */
```

片刻后会出现：

```
VLAN 2 added:
Name: VLAN0002
```

表示 VLAN 创建成功。

```
Switch(vlan) # vlan 3      /* 创建 VLAN3 */
Switch(vlan) # exit
```

6. 为 VLAN 设置 IP 地址

```
Switch# configure terminal      /* 进入配置子模式 */
Switch(config) # interface vlan 2      /* 为 VLAN2 设置 IP 地址 */
Switch(config-if) # ip address 133.37.125.5 255.255.255.0   /* 设置交换机 IP */(具体 IP 请依照实际情况设置)
```

```
Switch(config-if)#exit
Switch(config)#interface vlan 3   /*为 VLAN3 设置 IP 地址*/
Switch(config-if)#ip address 192.168.1.5 255.255.255.0   /*设置交换机 IP*/(具体 IP 请依照实际情况设置)
Switch(config-if)#exit
```

7. 为 VLAN 划分交换机接口

配置 1～12 号电口为 VLAN2

```
Switch(config)#interface range fastEthernet 0/1-12       /*进入 F0/1 到 F0/12*/
Switch(config-if)#Switchport mode access       /*设成静态 VLAN 访问模式*/
Switch(config-if)#Switchport access vlan 2     /*将此口分给 VLAN2*/
Switch(config-if)#exit
```

配置 13～24 号电口为 VLAN3

```
Switch(config)#interface range fastEthernet 0/13-24     /*进入 F0/13 到 F0/24*/
Switch(config-if)#Switchport mode access       /*设成静态 VLAN 访问模式*/
Switch(config-if)#Switchport access vlan 3     /*将此口分给 VLAN3*/
Switch(config-if)#exit
```

配置 1 号光口为 VLAN-2

```
Switch(config)#interface GigabitEthernet 0/1      /*进入 G0/1*/
Switch(config-if)#Switchport mode access      /*设成静态 VLAN 访问模式*/
Switch(config-if)#Switchport access vlan 2   /*将此口分给 VLAN2*/
Switch(config-if)#exit
```

配置 2 号光口为 VLAN-3

```
Switch(config)#interface GigabitEthernet 0/2          /*进入 G0/2*/
Switch(config-if)#Switchport mode access      /*设成静态 VLAN 访问模式*/
Switch(config-if)#Switchport access vlan 3   /*将此口分给 VLAN3*/
Switch(config-if)#exit
Switch(config)#exit
```

8. 关闭 VLAN1

```
Switch#configure terminal   /*进入配置子模式*/
Switch(config)#interface vlan 1   /*配置 VLAN1*/
Switch(config-if)#shutdown   /*关闭 VLAN1*/
Switch(config-if)#exit
Switch(config)#exit
Switch#show interface fastethernet0/1 status   /*查看 F0/1 网口状态*/
Switch#show interface fastethernet0/1   /*查看 F0/1 网口详细配置*/
Switch#show running-config   /*查看全局配置*/
```

9. 配置默认网关

```
Switch#configure terminal   /*进入配置子模式*/
Switch(config)#ip default-gateway 133.37.125.4
Switch(config)#exit
```

10. 保存当前配置

```
Switch#copy running-config startup-config
Destination filename [startup-config]?
```

片刻后出现：

```
Building configuration...
[OK]
```

表示当前配置保存成功。

配置完成后,整个交换机配置情况如图 6.6 所示。

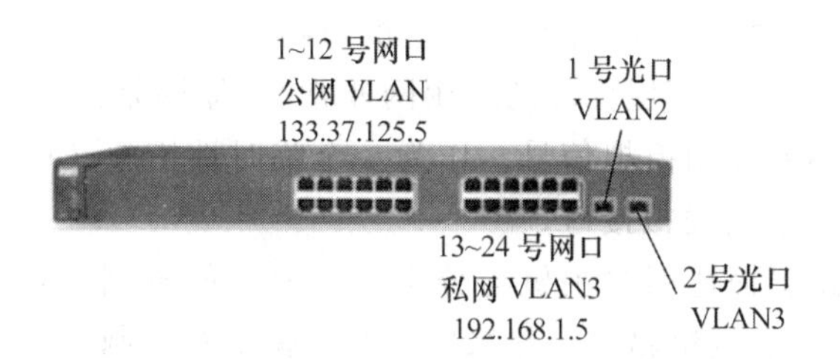

图 6.6 配置了 VLAN 的交换机工作情况

6.4 广域网

使用以太网可以建立局域网,在使用了交换机以后,局域网得到了很大的扩展空间。实际上随着以太网技术的不断发展,使用以太网建立城域网成了建立 IP 网络的新的选择,这时整个城域网可以看作是一个超大规模的 LAN。如果使用路由器连接不同的网络,还能够形成基于 IP 的广域网。

但计算机网络的发展过程中并不只有 IP 网络,由于历史原因,还存在着各种不同的广域网技术。

6.4.1 PSTN

公共电话交换网(Public Switched Telephone Network,PSTN)是以电路交换技术为基础的,用于传输模拟话音的网络。目前,全世界的电话数目早已达几亿部,而且还在不断增长。

要将如此之多的电话连在一起并能很好地工作,唯一可行的办法就是采用分级交换方式。电话网概括起来主要由三个部分组成:本地回路、干线和交换机。其中干线和交换机一般采用数字传输和交换技术,而本地回路(也称用户环路)基本上采用模拟线路。由于 PSTN 的本地回路是模拟的,因此当两台计算机想通过 PSTN 传输数据时,中间必须经双方 Modem 实现计算机数字信号与模拟信号的相互转换。

PSTN 是一种电路交换的网络,可看作是物理层的一个延伸,在 PSTN 内部并没有上层协议进行差错控制。在通信双方建立连接后电路交换方式独占一条信道,当通信双方无信息时,该信道也不能被其他用户所利用。

用户可以使用普通拨号电话线或租用一条电话专线进行数据传输,使用 PSTN 实现计算机之间的数据通信是最廉价的。但由于 PSTN 线路的传输质量较差,而且带宽有限,再加上 PSTN 交换机没有存储功能,因此 PSTN 只能用于对通信质量要求不高的场合。目前通过 PSTN 进行数据通信的最高速率不超过 56 kbit/s。

6.4.2 X.25

X.25 是在 20 世纪 70 年代由国际电报电话咨询委员会(CCITT)制定的“在公用数据网上以分组方式工作的数据终端设备(DTE)和数据电路设备(DCE)之间的接口”。X.25 于 1976 年 3 月正式成为国际标准,1980 年和 1984 年又经过补充修订。从 ISO/OSI 体系结构观点看,X.25 对应于 OSI 参考模型底下 3 层,分别为物理层、数据链路层和网络层。

X.25 的物理层协议是 X.21,用于定义主机与物理网络之间物理、电气、功能以及过程特性。实际上目前支持该物理层标准的公用网非常少,原因是该标准要求用户在电话线路上使用数字信号,而不能使用模拟信号。作为一个临时性措施,CCITT 定义了一个类似于大家熟悉的 RS-232 标准的模拟接口。

X.25 的数据链路层描述用户主机与分组交换机之间数据的可靠传输,包括帧格式定义、差错控制等。X.25 数据链路层一般采用高级数据链路控制(High-level Data Link Control,HDLC)协议。

X.25 的网络层描述主机与网络之间的相互作用,网络层协议处理诸如分组定义、寻址、流量控制以及拥塞控制等问题。网络层的主要功能是允许用户建立虚电路,然后在已建立的虚电路上发送最大长度为 128 个字节的数据报文,报文可靠且按顺序到达目的端。X.25 网络层采用分组级协议(Packet Level Protocol,PLP)。

X.25 是面向连接的,它支持交换虚电路(Switched Virtual Circuit,SVC)和永久虚电路(Permanent Virtual Circuit,PVC)。交换虚电路是在发送方向网络发送请求建立连接报文要求与远程机器通信时建立的。一旦虚电路建立起来,就可以在建立的连接上发送数据,而且可以保证数据正确到达接收方。X.25 同时提供流量控制机制,以防止快速的发送方淹没慢速的接收方。永久虚电路的用法与交换虚电路的用法相同,但它是由用户和长途电信公司经过商讨而预先建立的,因而它时刻存在,用户不需要建立链路而可直接使用它。永久虚电路的用法类似于租用的专用线路。

由于许多的用户终端并不支持 X.25 协议,为了让用户哑终端(非智能终端)能接入 X.25网络,CCITT 制定了另外一组标准。用户终端通过一个称为分组装拆器(Packet Assembler Disassembler,PAD)的“黑盒子”接入 X.25 网络。用于描述 PAD 功能的标准协议称为 X.3;而在用户终端和 PAD 之间使用 X.28 协议;另一个协议是用于 PAD 和 X.25 网络之间的,称为 X.29。

X.25 网络是在物理链路传输质量很差的情况下开发出来的。为了保障数据传输的可靠性,它在每一段链路上都要执行差错校验和出错重传;这种复杂的差错校验机制虽然使它的传输效率受到了限制,但确实为用户数据的安全传输提供了很好的保障。

X.25 网络的突出优点是可以在一条物理电路上同时开放多条虚电路供多个用户同时使用;网络具有动态路由功能和复杂完备的误码纠错功能。X.25 分组交换网可以满足不同速率和不同型号的终端与计算机、计算机与计算机间以及局域网 LAN 之间的数据通信。X.25 网络提供的数据传输率一般为 64 kbit/s。

6.4.3 DDN

数字数据网(Digital Data Network,DDN)是一种利用数字信道提供数据通信的传输网,它主要提供点到点及点到多点的数字专线或专网。

DDN 由数字通道、DDN 节点、网管系统和用户环路组成。DDN 的传输介质主要有光纤、数字微波、卫星信道等。DDN 采用了计算机管理的数字交叉连接(Data Cross Connection,DXC)技术,为用户提供半永久性连接电路,即 DDN 提供的信道是非交换、用户独占的永久虚电路。一旦用户提出申请,网络管理员便可以通过软件命令改变用户专线的路由或专网结构,而无须经过物理线路的改造扩建工程,因此 DDN 极易根据用户的需要,在约定的时间内接通所需带宽的线路。

DDN 为用户提供的基本业务是点到点的专线。从用户角度来看,租用一条点到点的专线就是租用了一条高质量、高带宽的数字信道。用户在 DDN 上租用一条点到点数字专线与租用一条电话专线十分类似。DDN 专线与电话专线的区别在于:电话专线是固定的物理连接,而且电话专线是模拟信道,带宽窄、质量差、数据传输率低;而 DDN 专线是半固定连接,其数据传输率和路由可随时根据需要申请改变。另外,DDN 专线是数字信道,其质量高、带宽宽,并且采用热冗余技术,具有路由故障自动迂回功能。

从对比来看,X.25 是一个分组交换网,X.25 网本身具有 3 层协议,用呼叫建立临时虚电路。X.25 具有协议转换、速度匹配等功能,适合于不同通信规程、不同速率的用户设备之间的相互通信。而 DDN 是一个全透明的网络,它不具备交换功能,利用 DDN 的主要方式是定期或不定期地租用专线。从用户所需承担的费用角度看,X.25 是按字节收费,而 DDN 是按固定月租收费,所以 DDN 适合于需要频繁通信的 LAN 之间或主机之间的数据通信。DDN 网提供的数据传输率一般为 2 Mbit/s,最高可达 45 Mbit/s,甚至更高。

6.4.4 帧中继

帧中继(Frame Relay,FR)技术是由 X.25 分组交换技术演变而来的。FR 的引入是由于过去 20 年来通信技术的改变。20 年前,人们使用慢速、模拟和不可靠的电话线路进行通信,当时计算机的处理速度很慢且价格比较昂贵。结果是在网络内部使用很复杂的协议来处理传输差错,以避免用户计算机来处理差错恢复工作。

随着通信技术的不断发展,特别是光纤通信的广泛使用,通信线路的传输率越来越高,而误码率却越来越低。为了提高网络的传输率,帧中继技术省去了 X.25 分组交换网中的差错控制和流量控制功能,这就意味着帧中继网在传送数据时可以使用更简单的通信协议,而把某些工作留给用户端去完成,这样使得帧中继网的性能优于 X.25 网,它可以提供 1.5 Mbit/s的数据传输率。

可以把帧中继看作一条虚拟专线。用户可以在两节点之间租用一条永久虚电路并通过该虚电路发送数据帧,其长度可达 1 600 字节。用户也可以在多个节点之间通过租用多条永久虚电路进行通信。

实际租用专线(DDN 专线)与虚拟租用专线的区别在于:对于实际租用专线,用户可以每天以线路的最高数据传输率不停地发送数据;而对于虚拟租用专线,用户可以在某一个时间段内按线路峰值速率发送数据,当然用户的平均数据传输速率必须低于预先约定的水平。换句话说,长途电信公司对虚拟专线的收费要少于物理专线。

帧中继技术只提供最简单的通信处理功能,如帧开始和帧结束的确定以及帧传输差错检查。当帧中继交换机接收到一个损坏帧时只是将其丢弃,帧中继技术不提供确认和流量控制机制。

帧中继网和 X.25 网都采用虚电路复用技术,以便充分利用网络带宽资源,降低用户通信费用。但是,由于帧中继网对差错帧不进行纠正,简化了协议,因此,帧中继交换机处理数据帧所需的时间大大缩短,端到端用户信息传输时延低于 X.25 网,而帧中继网的吞吐率也高于 X.25 网。帧中继网还提供一套完备的带宽管理和拥塞控制机制,在带宽动态分配上比 X.25 网更具优势。帧中继网可以提供从 2 Mbit/s 到 45 Mbit/s 速率范围的虚拟专线。

6.4.5 ATM

ATM是一个用于传输数据、语音、视频以及多媒体应用程序的高速网络传输方法。ATM包括一个接口和一个协议,该协议能够在一个常规的传输信道上,在比特率不变及变化的通信量之间进行切换。ATM也包括硬件、软件以及与ATM协议标准一致的介质。它是一个集成的网络访问方法,能够向各种机构提供速度非常快的网络,所付出的代价与服务的速度有关。ATM提供了一个可伸缩的主干基础设施,能够适应不同规模、速度以及寻址技术的网络。

ATM的开发始于20世纪70年代后期,采用信元交换来替代包交换,信元交换的速度是非常快的。ATM最初是与B-ISDN一起开发的。当初,信元交换技术称为异步时分多路复用(ATDM)。几年以后,ITU-T选择此技术作为B-ISDN的首选传输方法,并将其重新命名为异步传输模式(Asynchronous Transfer Mode,ATM)。最开始时,ATM基础是根据B-ISDN指定的。

1. ATM工作原理

ATM采用面向连接的传输方式,将数据分割成固定长度的信元,通过虚连接进行交换。ATM集交换、复用、传输为一体,在复用上采用的是异步时分复用方式,通过信息的首部或标头来区分不同信道。

ATM真正具有电路交换和分组交换的双重性:(1) ATM面向连接,它需要在通信双方向建立连接,通信结束后再由信令拆除连接。但它摒弃了电路交换中采用的同步时分复用,改用异步时分复用,收发双方的时钟可以不同,可以更有效地利用带宽。(2) ATM的传送单元是固定长度53byte的CELL(信元),其中5B为信元头,用来承载该信元的控制信息;48byte为信元体,用来承载用户要分发的信息。信头部分包含了选择路由用的VPI(虚通道标识符)/VCI(虚通路标示符)信息,因而它具有分组交换的特点。它是一种高速分组交换,在协议上它将OSI第二层的纠错、流控功能转移到智能终端上完成,降低了网络时延,提高了交换速度。

交换设备是ATM的重要组成部分,它能用作组织内的Hub,快速将数据分组从一个节点传送到另一个节点;或者用作广域通信设备,在远程LAN之间快速传送ATM信元。以太网、光纤分布式数据接口(FDDI)、令牌环网等传统LAN采用共享介质,任一时刻只有一个节点能够进行传送,而ATM提供任意节点间的连接,节点能够同时进行传送。来自不同节点的信息经多路复用成为一条信元流。在该系统中,ATM交换器可以由公共服务的提供者所拥有或者是组织内部网的一部分。

由于ATM网络由相互连接的ATM交换机构成,存在交换机与终端、交换机与交换机之间的两种连接。因此交换机支持两类接口:用户与网络的接口UNI(通用网络接口)和网络节点间的接口NNI。对应两类接口,ATM信元有两种不同的信元头。

在ATM网络中引入了两个重要概念:VPI(虚路径标识符)和VCI(虚通道标识符),它们用来描述ATM信元单向传输的路由。一条物理链路可以复用多条虚通道,每条虚通道又可以复用多条虚通路,并用相同的标识符来标识,即VPI和VCI。VPI和VCI独立编号,VPI和VCI一起才能唯一地标识一条虚通路。

相邻两个交换节点间信元的VPI/VCI值不变,两节点之间形成一个VP链和VC链。当信元经过交换节点时,VPI和VCI做相应的改变。一个单独的VPI和VCI是没有意义的,只有进行链接之后,形成一个VP链和VC链,才形成一个有意义的链接。在ATM交换机中，有一个虚连接表，每一部分都包含物理端口、VPI、VCI 值，该表是在建立虚电路的过程中生成的。

2. ATM 参考模型

在 ITU-T 的 I.321 建议中定义了 B-ISDN 协议参考模型，如图 6.7 所示。它包括三个面：用户面、控制面和管理面，而在每个面中又是分层的，分为物理层、ATM 层、AAL 层和高层。协议参考模型中的三个面分别完成不同的功能。

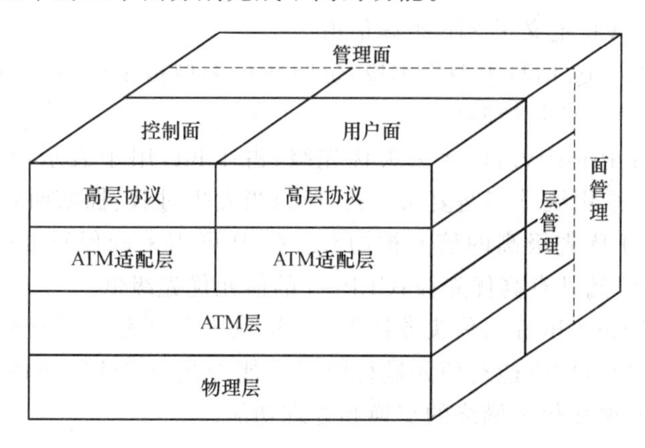

图 6.7　ATM 参考模型

(1) 用户平面：采用分层结构，提供用户信息流的传送，同时也具有一定的控制功能，如流量控制、差错控制等；

(2) 控制平面：采用分层结构，完成呼叫控制和连接控制功能，利用信令进行呼叫和连接的建立、监视和释放；

(3) 管理平面：包括层管理和面管理。其中层管理采用分层结构，完成与各协议层实体的资源和参数相关的管理功能，如元信令。同时，层管理处理与各层相关的 OAM 信息流；面管理不分层，完成与整个系统相关的管理功能，并对所有平面起协调作用。

3. 信元格式

在 ATM 层，有两个接口是非常重要的，即用户-网络接口（User-Network Interface，UNI）和网络-网络接口（Network-Network Interface，NNI）。前者定义了主机和 ATM 网络之间的边界（在很多情况下是在客户和载体之间），后者应用于两台 ATM 交换机（ATM 意义上的路由器）之间。两种格式的 ATM 信元头部如图 6.8 所示。信元传输最左边的字节优先，在一个字节内部最左边的比特优先。

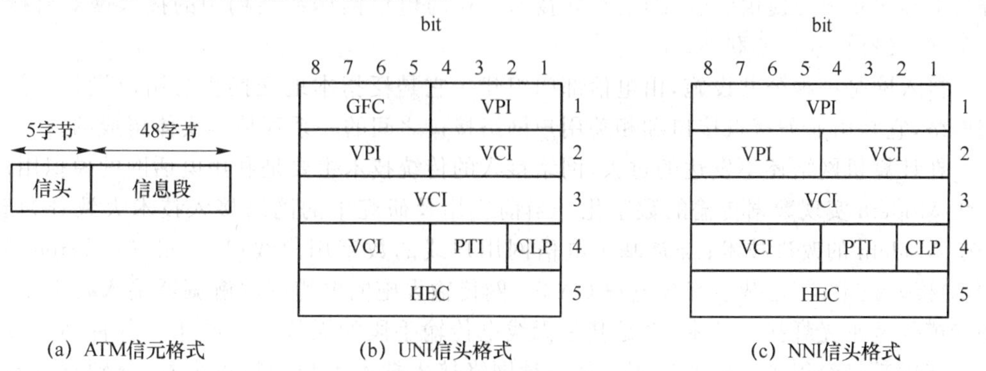

(a) ATM信元格式　(b) UNI信头格式　(c) NNI信头格式

图 6.8　ATM 信元和信头格式

ATM 信元头各部分功能为：

GFC(Generic Flow Control)：一般流量控制，占 4 bit。为了控制共享传输媒体的多个终端的接入而定义了 GFC，由 GFC 控制用户终端方向的信息流量，减小用户侧出现的短期过载。

VPI：虚通路标识码。UNI 和 NNI 中的 VPI 字段分别是 8 bit 和 12 bit，可分别标识 28 条和 212 条虚通路。

VCI：虚信道标识码。用于虚信道路由选择，它既适用于 UNI，也适用于 NNI。该字段有 16 bit，故对每个 VP 定义了 216 条虚信道。

PT(Payload Type)：信息类型指示段，也叫净荷类型指示段，占 3 bit，用来标识信息字段中的内容是用户信息还是控制信息。

CLP(Cell Loss Priority)：信元丢失优先级，占 1 bit，用于表示信元的相对优先等级。在 ATM 网中，接续采用统计多路复用方式，所以当发生过载、拥塞而必须扔掉某些信元时，优先级低的信元先于优先级高的信元被抛弃。CLP 可用来确保重要的信元不丢失。具体应用是 CLP=0 的信元具有高优先级；CLP=1 的信元优先级低。

EC(Header Error Check)：信头差错控制，占 8bit，用于信头差错的检测、纠正及信元定界。这种无须任何帧结构就能对信元进行定界的能力是 ATM 特有的优点。ATM 由于信头的简化，从而大大地简化了网络的交换和处理功能。

4. ATM 的特点

ATM 能够以非常快的速度传输各种各样的信息，其采用的方法是将数据划分为多个等大的信元，并给这些信元附上一个头，以保证每一个信元能够发送到目的地去。这种 ATM 信元结构能够传输声音、视频以及数据。

由于 ATM 是一个基于交换的技术，所以它能够很容易地伸缩。当通信负载增加或者当网络大量增加时，只要给网络添加更多的 ATM 交换机就可以了。ATM 物理链接对许多电缆类型都能够进行操作，包括双绞线、同轴电缆，以及多模式和单模式的光纤电缆(对每一种电缆而言，都具备适当的速度)。可用的 ATM 传输速度是 25 Mbit/s、51 Mbit/s、155 Mbit/s、622 Mbit/s、1.2 Gbit/s 以及 2.4 Gbit/s。比较低的速度，如 622 Mbit/s 及以下，用于 LAN；而 622 Mbit/s 以上的速度是用于 WAN 的。

6.5 接入技术

网络接入技术是指计算机主机和局域网接入广域网技术。在因特网中，也就是用户终端与 Internet 服务提供商(ISP)的互联技术。这与电信网体系结构中的接入网既有概念上的不同，又有技术上的联系。

接入网是一种公共设施，由电信部门组建。它是泛指本地交换机与用户设备之间的实施网络，它是由业务接点接口和相关用户网络接口之间的一系列传送实体组成的。

在计算机网络还不发达的过去，网络接入的传统技术主要是利用电话网的模拟用户线，采用 Modem 实现数据传输的数字化。当前应用及研究中的网络接入技术大致分为五类：一是 Modem 的改进技术；二是基于电信网用户线的数字用户线(Digital Subscriber Line，DSL)接入技术；三是基于有线电视 CATV 网传输设施的电缆调制解调器接入技术；四是基于光缆的宽带光纤接入技术；五是基于无线电传输手段的无线接入技术。各种网络接入技术在我国都已经得到一定的应用。从各种网络接入技术本身的特点来看，分别有着不同的应用场合和前景。HDSL需要采用2～3对线路,因此不适合于终端用户,而适合于用作中继线应用或数据专线。Modem在当前骨干网络速度不很高的情况下,使分散用户拨号上网的速率得到一定改善。ISDN为资源的进一步开发提供了手段,将会成为用户高速率、低成本上网的一种有效途径。ADSL为集团用户局域网互联和上网提供"最后一公里服务"。无线接入技术作为一种重要的补充,在一些无法或不便于敷设电缆的特殊地理环境下,具有独特的应用价值。在一些需要移动接入的情况下,则更具有灵活方便的优点。因此无论现在还是将来,都会有一定的市场空间。

6.5.1 传统Modem的接入技术

传统Modem的接入方式是最为普及的一种用户接入方式,通常也称为拨号上网。拨号上网接入简单方便,接入费用也较低,比较适合个人和业务量小的单位使用。用户所需的设备,只需要配备一台计算机、一个普通通信软件、一个Modem和一条电话线,再到ISP申请一个账号就可以了。

基于传统的Modem接入有两种使用方式:一种是一线一机,另一种是一线多机。一线一机是利用串行线Internet协议SLIP或点到点协议PPP把计算机和主机连接起来。这种方法的优点是终端有独立的IP地址,因而电子邮件可以直接送到计算机上,可以使用高级用户接口。而现在,不少家庭或办公室有多台计算机,已组成一个小局域网。当这些计算机要求上网时,使用一线多机方式是一种最经济的接入方案。一线多机上网,仍然是使用一对电话线拨号上网,使用一个Modem,使用同一个ISP账号,但要使用一台共享主机。

6.5.2 基于双绞线的ADSL技术

非对称数字用户线系统(ADSL)是充分利用现有电话网络的双绞线资源,实现高速、高带宽的数据接入的一种技术。ADSL是DSL的一种非对称版本,它采用FDM(频分复用)技术和DMT调制技术,在保证不影响正常电话使用的前提下,利用原有的电话双绞线进行高速数据传输。

从实际的数据组网形式上看,ADSL所起的作用类似于窄带的拨号Modem,担负着数据的传送功能。按照OSI七层模型的划分标准,ADSL的功能从理论上应该属于七层模型的物理层。它主要实现信号的调制、提供接口类型等一系列底层的电气特性。同样,ADSL的宽带接入仍然遵循数据通信的对等层通信原则,在用户侧对上层数据进行封装后,在网络侧的同一层上进行拆封。因此,要实现ADSL的各种宽带接入,在网络侧也必须有相应的网络设备相结合。

ADSL的接入模型主要由中央交换局端模块和远端模块组成,中央交换局端模块包括中心ADSL Modem和接入多路复用系统DSLAM,远端模块由用户ADSL Modem和滤波器组成。

ADSL能够向终端用户提供8 Mbit/s的下行传输速率和1 Mbit/s的上行速率,比传统的28.8 kbit/s模拟调制解调器将近快200倍,这也是传输速率达128 kbit/s的ISDN(综合业务数据网)所无法比拟的。与电缆调制解调器(Cable Modem)相比,ADSL具有独特的优势是:它是针对单一电话线路用户的专线服务,而电缆调制解调器则要求一个系统内的众多用户分享同一带宽。尽管电缆调制解调器的下行速率比ADSL高,但考虑到将来会有越来越多的用户在同一时间上网,电缆调制解调器的性能将大大下降。另外,电缆调制解调器的上行速率通常低于ADSL。

不容忽视的是，目前，全世界有将近7.5亿铜制电话线用户，而享有电缆调制解调器服务的家庭只有1 200万。ADSL无须改动现有铜缆网络设施就能提供宽带业务，由于技术成熟，产量大幅上升，ADSL已开始进入大力发展阶段。

目前，众多ADSL厂商在技术实现上，普遍将先进的ATM服务质量保证技术融入ADSL设备中，DSLAM（ADSL的用户集中器）的ATM功能的引入，不仅提高了整个ADSL接入的总体性能，为每一用户提供了可靠的接入带宽，为ADSL星形组网方式提供了强有力的支撑，而且完成了与ATM接口的无缝互联，实现了与ATM骨干网的完美结合。

6.5.3 基于HFC网的Cable Modem技术

基于HFC网（光纤和同轴电缆混合网）的Cable Modem技术是宽带接入技术中最先成熟和进入市场的，其巨大的带宽和相对经济性使其对有线电视网络公司和新成立的电信公司很具吸引力。

Cable Modem的通信和普通Modem一样，是数据信号在模拟信道上交互传输的过程，但也存在差异，普通Modem的传输介质在用户与访问服务器之间是独立的，即用户独享传输介质，而Cable Modem的传输介质是HFC网，将数据信号调制到某个传输带宽与有线电视信号共享介质；另外，Cable Modem的结构较普通Modem复杂，它由调制解调器、调谐器、加/解密模块、桥接器、网络接口卡、以太网集线器等组成，它无须拨号上网，不占用电话线，可提供随时在线连接的全天候服务。

目前Cable Modem产品有欧、美两大标准体系，DOCSIS是北美标准，DVB/DAVIC是欧洲标准。

欧、美两大标准体系的频道划分、频道带宽及信道参数等方面的规定，都存在较大差异，因而互不兼容。北美标准是基于IP的数据传输系统，侧重于对系统接口的规范，具有灵活的高速数据传输优势；欧洲标准是基于ATM的数据传输系统，侧重于DVB交互信道的规范，具有实时视频传输优势。从目前情况看，兼容欧洲标准的Euro DOCSIS1.1标准前景看好，我国信息产业部——CM技术要求（征求意见稿）类似于这一标准。

Cable Modem的工作过程是：以DOCSIS标准为例，Cable Modem的技术实现一般是从87～860 MHz电视频道中分离出一条6 MHz的信道用于下行传送数据。通常下行数据采用64QAM（正交调幅）调制方式或256QAM调制方式。上行数据一般通过5～65 MHz的一段频谱进行传送，为了有效抑制上行噪音积累，一般选用QPSK调制（QPSK比64QAM更适合噪音环境，但速率较低）。CMTS（Cable Modem的前端设备）与CM（Cable Modem）的通信过程为：CMTS从外界网络接收的数据帧封装在MPEG-TS帧中，通过下行数据调制（频带调制）后与有线电视模拟信号混合输出RF信号到HFC网络，CMTS同时接收上行接收机输出的信号，并将数据信号转换成以太网帧给数据转换模块。用户端的Cable Modem的基本功能就是将用户计算机输出的上行数字信号调制成5～65 MHz射频信号进入HFC网的上行通道，同时，CM还将下行的RF信号解调为数字信号送给用户计算机。

Cable Modem的前端设备CMTS采用10Base-T、100Base-T等接口通过交换型HUB与外界设备相连，通过路由器与Internet连接，或者可以直接连到本地服务器，享受本地业务。CM（Cable Modem）是用户端设备，放在用户的家中，通过10Base-T接口，与用户计算机相连。

6.5.4 基于五类线的以太网接入技术

从20世纪80年代开始以太网就成为最普遍采用的网络技术，根据IDC的统计，以太网的端口数约为所有网络端口数的85%。1998年以太网卡的销售是4 800万端口，而令牌网、FDDI网和ATM等网卡的销售量总共才是500万端口，只是整个销售量的10%。而以太网的这种优势仍然有继续保持下去的势头。

传统以太网技术不属于接入网范畴，而属于用户驻地网(CPN)领域。然而其应用领域却正在向包括接入网在内的其他公用网领域扩展。历史上，对于企事业用户，以太网技术一直是最流行的方法，利用以太网作为接入手段的主要原因是：(1) 以太网已有巨大的网络基础和长期的经验知识；(2) 目前所有流行的操作系统和应用都与以太网兼容；(3) 性能价格比好、可扩展性强、容易安装开通以及可靠性高；(4) 以太网接入方式与IP网很适应，同时以太网技术已有重大突破，容量分为10/100/1000 Mbit/s三级，可按需升级，10 Gbit/s以太网系统也成功商用。

基于以太网技术的宽带接入网由局侧设备和用户侧设备组成。局侧设备一般位于小区内，用户侧设备一般位于居民楼内；或者局侧设备位于商业大楼内，而用户侧设备位于楼层内。局侧设备提供与IP骨干网的接口，用户侧设备提供与用户终端计算机相接的10/100BASE-T接口。局侧设备具有汇聚用户侧设备网管信息的功能。

宽带以太网接入技术具有强大的网管功能。与其他接入网技术一样，能进行配置管理、性能管理、故障管理和安全管理；还可以向计费系统提供丰富的计费信息，使计费系统能够按信息量、按连接时长或包月制等计费方式。

基于五类线的高速以太网接入无疑是一种较好的选择方式。它特别适合密集型的居住环境，非常适合中国国情。因为中国居民的居住情况不像西方发达国家，个人用户居住分散，中国住户大多集中居住，这一点尤其适合发展光纤到小区，再以快速以太网连接到户的接入方式。在局域网中IP协议都是运行在以太网上，即IP包直接封装在以太网帧中，以太网协议是目前与IP配合最好的协议之一。以太网接入手段已成为宽带接入的新潮流，它将快速进入家庭。目前大部分的商业大楼和新建住宅楼都进行了综合布线，布放了5类UTP(非屏蔽双绞线)，将以太网插口布到了桌边。以太网接入能给每个用户提供10 Mbit/s或100 Mbit/s的接入速率，它拥有的带宽是其他方式的几倍或者几十倍。完全能满足用户对带宽接入的需要。ADSL虽然比56K速度快，但与以太网相比，还有很大差距，它只是人们迈向宽带过程中的一个过渡技术。ADSL和Cable Modem的费用都很高，造价和成本平均每一户将超过1 000元，而以太网每户费用在几百元左右。所以以太网接入方式，在性能价格比上既适合中国国情，又符合网络未来发展趋势。在商业大楼和新建高档住宅楼，以太网接入将会是最有前途的宽带接入手段。

6.5.5 光纤接入技术

光纤通信具有通信容量大、质量高、性能稳定、防电磁干扰、保密性强等优点。在干线通信中，光纤扮演着重要角色，在接入网中，光纤接入也将成为发展的重点。光纤接入网指的是接入网中的传输媒质为光纤的接入网。光纤接入网从技术上可分为两大类：即有源光网络(Active Optical Network，AON)和无源光网络(Passive OpticalNetwork，PON)。有源光网络又可分为基于SDH的AON和基于PDH的AON，这里只讨论SDH(同步光网络)系统。

1. 接入网用 SDH 系统

有源光网络的局端设备(CE)和远端设备(RE)通过有源光传输设备相连,传输技术是骨干网中已大量采用的 SDH 和 PDH 技术,但以 SDH 技术为主。远端设备主要完成业务的收集、接口适配、复用和传输功能。局端设备主要完成接口适配、复用和传输功能。此外,局端设备还向网络管理系统提供网管接口。在实际接入网建设中,有源光网络的拓扑结构通常是星型或环型。在接入网中应用 SDH(同步光网络)的主要优势在于:SDH 可以提供理想的网络性能和业务可靠性;SDH 固有的灵活性使对于发展极其迅速的蜂窝通信系统采用 SDH 系统尤其适合。当然,考虑到接入网对成本的高度敏感性和运行环境的恶劣性,适用于接入网的 SDH 设备必须是高度紧凑,低功耗和低成本的新型系统,其市场应用前景看好。

接入网用 SDH 的最新发展趋势是支持 IP 接入,目前至少需要支持以太网接口的映射,于是除了携带话音业务量以外,可以利用部分 SDH 净负荷来传送 IP 业务,从而使 SDH 也能支持 IP 的接入。支持的方式有多种,除了现有的 PPP 方式外,利用 VC12 的级联方式来支持 IP 传输也是一种效率较高的方式。总之,作为一种成熟可靠提供主要业务收入的传送技术,在可以预见的将来仍然会不断改进支持电路交换网向分组网的平滑过渡。

2. 无源光网络 PON

无源光网络(PON)是一种纯介质网络,避免了外部设备的电磁干扰和雷电影响,减少了线路和外部设备的故障率,提高了系统可靠性,同时节省了维护成本,是电信维护部门长期期待的技术。PON 的业务透明性较好,原则上可适用于任何制式和速率信号。特别是一个 ATM 化的无源光网络(APON)可以通过利用 ATM 的集中和统计复用,再结合无源分路器对光纤和光线路终端的共享作用,使成本可望比传统的以电路交换为基础的 PDH/SDH 接入系统低 20%～40%。

APON 的业务开发是分阶段实施的:第一步主要是 VP 专线业务。相对普通专线业务,APON 提供的 VP 专线业务设备成本低、体积小、省电、系统可靠稳定、性能价格比有一定优势。第二步实现一次群和二次群电路仿真业务,提供企业内部网的连接和企业电话及数据业务。第三步实现以太网接口,提供互联网上网业务和 VLAN 业务。以后再逐步扩展至其他业务,成为名副其实的全业务接入网系统。

APON 能否大量应用的一个重要因素是价格问题。目前第一代的实际 APON 产品的业务供给能力有限,成本过高,其市场前景由于 ATM 在全球范围内的受挫而不确定,但其技术优势是明显的。特别是综合考虑运行维护成本,在新建地区、高度竞争的地区或需要替代旧铜缆系统的地区,此时敷设 PON 系统,无论是 FTTC,还是 FTTB 方式都是一种有远见的选择。在未来几年能否将性能价格比改进到市场能够接受的水平是 APON 技术生存和发展的关键。

光纤接入技术与其他接入技术(如铜双绞线、同轴电缆、五类线、无线等)相比,最大优势在于可用带宽大,而且还有巨大潜力可以开发,在这方面其他接入技术根本无法与其相比。光纤接入网还有传输质量好、传输距离长、抗干扰能力强、网络可靠性高、节约管道资源等特点。另外,SDH 和 APON 设备的标准化程度都比较高,有利于降低生产和运行维护成本。

当然,与其他接入技术相比,光纤接入网也存在一定的劣势。最大的问题是成本还比较高，尤其是光节点离用户越近，每个用户分摊的接入设备成本就越高。另外，与无线接入相比，光纤接入网还需要管道资源。这也是很多新兴运营商看好光纤接入技术，但又不得不选择无线接入技术的原因。

根据光网络单元的位置，光纤接入方式可分为如下几种：FTTR（光纤到远端接点）、FTTB（光纤到大楼）、FTTC（光纤到路边）、FTTZ（光纤到小区）、FTTH（光纤到用户）。光网络单元具有光/电转换、用户信息分接和复接，以及向用户终端馈电和信令转换等功能。当用户终端为模拟终端时，光网络单元与用户终端之间还有数/模和模/数的转换器。

6.5.6 无线接入技术

无线接入同任何其他接入方式相类似，首先必须有公共设施无线接入网。无线接入网是指部分或全部采用无线电波作为传输媒体连接用户与交换中心的一种接入技术。当一些地区的线路无法架设、建设速度慢、投资较大时，使用无线接入技术是最好的选择。要实现无线接入，要求在接入的计算机内插上无线接入网卡，如果是接入 Internet，要得到无线接入网的 ISP 的服务，便可实现 Internet 的接入。前文介绍的无线局域网其实属于无线接入技术的一种。无线接入技术按照使用方式大体分为移动式接入和固定式接入两大类。

1. 移动式接入技术

此类技术主要指用户终端在较大范围内移动的通信系统的接入技术。这类通信系统主要包括以下几种。

集群移动无线电话系统：它是专用调度指挥无线电通信系统，它在我国得到了较为广泛的应用。集群系统是从一对一的对讲机发展而来的，从单一信道一呼百应的群呼系统，到后来具有选呼功能的系统，现在已是多信道基站多用户自动拨号系统，它们可以与市话网相连，并于该系统外的市话用户通话。

蜂窝移动电话系统：70 年代初由美国贝尔实验室提出的，在给出蜂窝系统的覆盖小区的概念和相关理论之后，该系统得到迅速的发展。其中第一代蜂窝移动电话系统：指陆上模拟蜂窝移动电话系统，主要特征是用无线信道传输模拟信号。第二代则指数字蜂窝移动电话系统，它以直接传输和处理数字信息为主要特征，因此具有一切数字系统所具有的优点，代表性的是泛欧蜂窝移动通信系统 GSM。

卫星通信系统：采用低轨道卫星通信系统是实现个人通信的重要途径之一，现在有美国 Motorola 公司的"铱星"计划、日本 NTT 计划、欧洲 RACE 计划。整个系统由三个部分构成：系统的主要部分是卫星及地面控制设备、关口站、终端。

2. 固定式无线技术

其英文名为 Fixed Wireless Access，简称 FWA，它是指能把从有线方式传来的信息（语音、数据、图像）用无线方式传送到固定用户终端或是实现相反传输的一种通信系统，也有人用 FRA（Fixed Radio Access）一词，还有人习惯与有线本地环路相反应，采用无线本地环路（Wireless Local Loop，WLL）的名字。按上述定义，它应该包括了所有来自公共电话网的业务并用无线作传输方式送到固定用户终端的系统，与移动通信相比，固定无线接入系统的用户终端是固定的，或者是在极小范围内。

由于 FMA 主要是解决用户环路部分，所以国内外各大公司的系统方案各不相同。从覆盖区看，其覆盖面积的半径从 50 米至 50 千米不等。从频率角度看，从几十赫到几千赫不等;从寻址方式看,有频分多址(FDMA)、时分多址(TDMA),也有码分多址(CDMA)等。

虽然各种 FWA 系统的结构不完全一样,但如果按照服务对象和覆盖面积的不同,则可以归成三大类。

第一种情况是中心局到用户端机之间全部用无线电传输取代有线连接的方式。这样做在某些场合从经济上是十分合算的,安装也是很方便;但由于这种系统覆盖区太大,所以在同一频率和同一多址复用技术下其用户数量太少。

第二种情况是采用 FWA 系统多使用较低功率的系统,以解决中等范围的通信。这种情况下的用户容量可比第一种情况多 20 倍以上。

第三种情况是只用 FWA 系统。这种情况下使用低功率系统,覆盖区为微微区,用户区只在一个很小的范围内。这种系统采用的是 CT2、CT2+、PACS、DECT、PJS 等技术,因此研制费用低,而用户容量是三种情况中最大的。

项目小结

使用交换机可以对局域网进行有限度的扩展,而且能够表现为一个网络。但是有时候为了安全和细分广播域的原因也会划分虚拟局域网。最终校园网会得到一个类似于图 6.9 的网络拓扑结构。

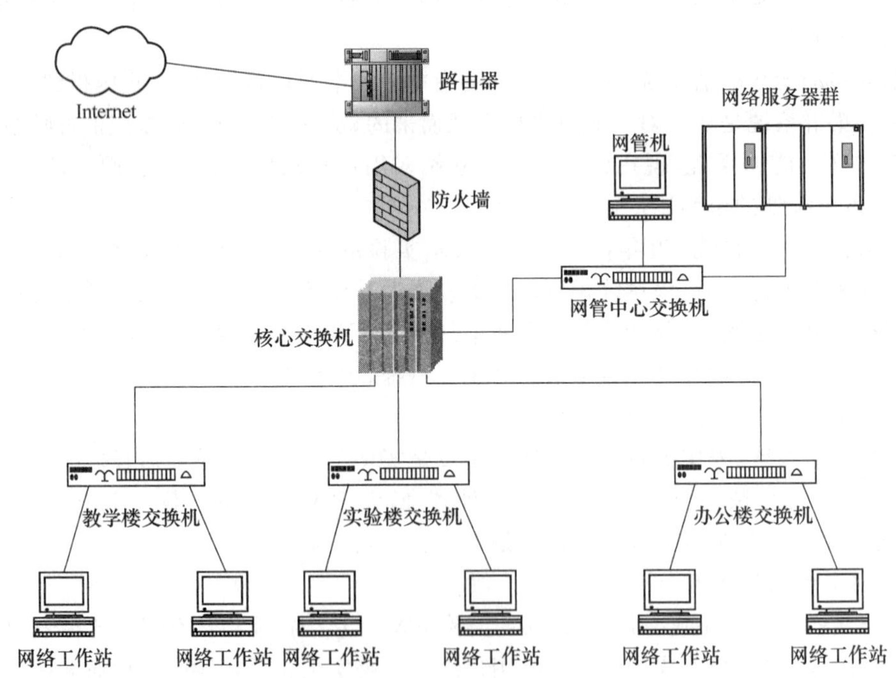

图 6.9　校园网拓扑结构图

使用以太网技术的话,可以将网络扩展到城域网范围,但是如果要扩展到广域网,就必须要使用路由器及其他的广域网技术。

习 题

1. 数据报的交换模式有哪些？它们的特点如何？

2. 为什么要在数据链路层上使用分层的地址方案？还有哪些地方用到了分层的地址方案？

3. 试根据 OSI 的不同层次说明有哪些方式和设备能实现网络的扩展。

4. 为什么要在网桥中使用生成树算法？

5. 以太网交换机与网桥的联系和区别是什么？有哪些种类的交换机？

6. 交换机对数据的转发方式有哪些？试说明碎片隔离如何融合了其他两种数据转发方式的优点。

7. 试画出校园网的网络拓扑图，并说明哪些是企业级交换机，哪些使用了部门级交换机，哪些是工作组交换机？

8. 划分 VLAN 的好处有哪些？根据以上拓扑，校园网哪些地方建议使用 VLAN？如果使用你的方案，需要使用中继链路吗？

9. 二层交换机和三层交换机的区别是什么？又主要在网络中起到什么样的作用？

10. PSTN 专线和 DDN 专线有何不同？

11. 试比较 X.25 和帧中继技术各自的特点。

12. DDN 租用专线与帧中继虚拟专线有何不同？

13. 试解释 ATM 网的主要目的是什么，如何实现。

14. 试说明 ATM 能否承载 IP，如果反过来又怎样？

15. 使用宽带路由器，以 ADSL/VDSL 方式接入广域网，进行配置，测试网络连通性，并实际访问 Internet。

16. 使用 Boson Network Designer 软件创建一个局域网接入广域网的环境(类似图 6.9)，在 Boson NetSim 环境下进交换机及路由器的配置，并进行测试。

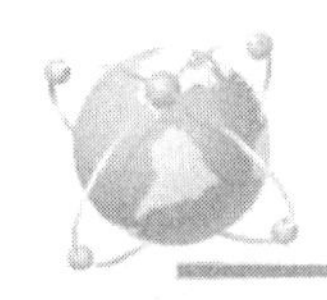

第7章 网络安全

问题的提出

校科协的邮件服务器设立以后，很受同学欢迎，很快就有同学利用邮件服务器来存储自己的私人资料，网管的同学不堪重负，在科协的网站上发表声明，要求大家自负安全责任。在这则声明上也同时说明，科协的网络是一个实验性的网络，安全性不能保障，因此也希望同学不要在该网络中传输私密性的数据。针对这一情况，很多同学就发出疑问：校园网是不是安全的网络？该如何改造一个网络才能称为安全的网络呢？

7.1 网络安全的概念和标准

网络安全是指网络系统的硬件、软件及其系统中的数据受到保护，不受偶然的或者恶意的原因而遭到破坏、更改、泄露，系统连续可靠正常地运行，网络服务不中断。网络安全从其本质上来讲就是网络上的信息安全。从广义来说，凡是涉及网络上信息的保密性、完整性、可用性、真实性和可控性的相关技术和理论都是网络安全的研究领域。网络安全是一门涉及计算机科学、网络技术、通信技术、密码技术、信息安全技术、应用数学、数论、信息论等多种学科的综合性学科。网络安全的具体含义会随着“角度”的变化而变化。比如，从用户（个人、企业等）的角度来说，他们希望涉及个人隐私或商业利益的信息在网络上传输时受到机密性、完整性和真实性的保护，避免其他人或对手利用窃听、冒充、篡改、抵赖等手段侵犯用户的利益和隐私。

计算机网络没有绝对的安全，不能只靠一种类型的安全为一个组织的信息提供保护；也不能依赖一种安全产品向我们提供计算机和网络系统所需要的所有完全性。安全是一个过程而不是某一个产品所能够提供的。

7.1.1 网络安全的定义

网络安全从其本质上来讲就是网络上的信息安全。它涉及的领域相当广泛。这是因为在目前的公用通信网络中存在各种各样的安全漏洞和威胁。从广义来说，凡是涉及网络上信息的保密性、完整性、可用性、真实性和可控性的相关技术和理论，都是网络安全所要研究的领域。下面给出网络安全的一个通用定义。

网络安全是指网络系统的硬件、软件及其系统中的数据受到保护，不因偶然或者恶意的原因而遭到破坏、更改、泄露，系统连续可靠正常地运行，网络服务不中断。

网络安全在不同的环境和应用会得到不同的解释：

（1）运行系统安全，即保证信息处理和传输系统的安全。包括计算机系统机房环境的保护，法律、政策的保护，计算机结构设计上的安全性考虑，硬件系统的可靠安全运行，计算机操作系统和应用软件的安全，数据库系统的安全，电磁信息泄露的防护等。它侧重于保证系统正常的运行，避免因为系统的崩溃和损坏而对系统存储、处理和传输的信息造成破坏和损失，避免由于电磁泄漏，产生信息泄露，干扰他人（或受他人干扰），本质上是保护系统的合法操作和正常运行。

（2）网络上系统信息的安全。包括用户口令鉴别，用户存取权限控制，数据存取权限、方式控制，安全审计，安全问题跟踪，计算机病毒防治，数据加密。

（3）网络上信息传播的安全，即信息传播后果的安全。包括信息过滤，不良信息的过滤等。它侧重于防止和控制非法、有害的信息进行传播后的后果。避免公用通信网络上大量自由传输的信息失控。本质上是维护道德、法律或国家利益。

（4）网络上信息内容的安全，即我们讨论的狭义的“信息安全”。它侧重于保护信息的保密性、真实性和完整性。避免攻击者利用系统的安全漏洞进行窃听、冒充、诈骗等有损于合法用户的行为。本质上是保护用户的利益和隐私。

显而易见，网络安全与其所保护的信息对象有关。本质是在信息的安全期内保证其在网络上流动时或者静态存放时不被非授权用户非法访问，但授权用户却可以访问。显然，网络安全、信息安全和系统安全的研究领域是相互交叉和紧密相连的。下面给出本书所研究和讨论的网络安全的含义。

网络安全的含义是通过各种计算机、网络、密码技术和信息安全技术，保护在公用通信网络中传输、交换和存储的信息的机密性、完整性和真实性，并对信息的传播及内容具有控制能力。网络安全的结构层次包括：物理安全、安全控制和安全服务。

7.1.2 网络安全的内容

网络安全的内容大致上包括：网络实体安全、软件安全、数据安全和网络安全管理4个方面。

1. 网络实体安全

网络实体安全指诸如计算机机房的物理条件、物理环境及设施的安全，计算机硬件、附属设备及网络传输线路的安装及配置等。

2. 软件安全

软件安全是指诸如保护网络系统不被非法侵入，系统软件与应用软件不被非法复制、不受病毒的侵害等。

3. 数据安全

网络中的数据安全是指诸如保护网络信息数据的安全、数据库系统的安全，保护其不被非法存取，保证其完整、一致等。

4. 网络安全管理

网络安全管理诸如运行时突发事件的安全处理等，包括采取计算机安全技术、建立安全管理制度、开展安全审计、进行风险分析等内容。

7.1.3 计算机网络安全的基本措施及安全意识

在通信网络安全领域中，保护计算机网络安全的基本措施主要有：

（1）改进、完善网络运行环境，系统要尽量与公网隔离，要有相应的安全链接措施。

（2）不同的工作范围的网络既要采用安全路由器、保密网关等相互隔离，又要在正常循序时保证互通。

(3) 为了提供网络安全服务,各相应的环节应根据需要配置可单独评价的加密、数字签名、访问控制、数据完整性、业务流填充、路由控制、公证、鉴别审计等安全机制,并有相应的安全管理。

(4) 远程客户访问中的应用服务要由鉴别服务器严格执行鉴别过程和访问控制。

(5) 网络和网络安全部件要经受住相应的安全测试。

(6) 在相应的网络层次和级别上设立密钥管理中心、访问控制中心、安全鉴别服务器、授权服务器等,负责访问控制以及密钥、证书等安全材料的产生、更换、配置和销毁等相应的安全管理活动。

(7) 信息传递系统要具有抗侦听、抗截获能力,能对抗传输信息的篡改、删除、插入、重放、选取明文密码破译等主动攻击和被动攻击,保护信息的紧密性,保证信息和系统的完整性。

(8) 涉及保密的信息在传输过程中,在保密装置以外不以明文形式出现。

(9) 堵塞网络系统和用户应用系统的技术设计漏洞,及时安装各种安全补丁程序,不给入侵者有可乘的机会。

(10) 定期检查病毒并对引入的软盘或下载的软件和文档加以安全控制。

除了要制定和实施一系列的安全管理制度,采取必要的安全保护措施外,还要增强人员的安全意识和职位敏感性识别,加强雇员筛选过程,进行安全性训练,不能存在“重应用、轻安全”的倾向,使制度不能得到真正的落实。

7.2 加　　密

信息安全的主要目标通常可以概括为解决信息的以下问题。保密性(confidentiality):保证信息不被泄露给未经授权的任何人;完整性(integrity):防止信息被未经授权的人篡改;可用性(availability):保证信息和信息系统确实为授权者所用;可控性(controllability):对信息和信息系统实施安全监控,防止非法利用信息和信息系统。

利用密码变换保护信息是密码最原始的能力,然而,随着信息和信息技术发展起来的现代密码学,不仅被用于解决信息的保密性,而且也被用于解决信息的完整性、可用性和可控性。可以说,密码是解决信息安全的最有效手段,密码技术是解决信息安全的核心技术。

7.2.1 一般的数据加密模型

密码编码学是密码体制的设计学,而密码分析学则是在未知密钥的情况下从密文推演出明文或密钥的技术。密码编码学与密码分析学合起来即为密码学。

一般的数据加密模型如图 7.1 所示。明文 X 用加密算法 E 和加密密钥 K 得到密文 $Y=E_K(X)$。在传送过程中可能出现密文截取者。到了收端,利用解密算法 D 和解密密钥 K,解出明文为 $D_K(Y)$:$D_K[E_K(X)]=X$。截取者又称为攻击者,或入侵者。在这里假定加密密钥和解密密钥都是一样的。但实际上可以不一样(即使不一样,这两个密钥也必然有某种相关性)。密钥通常由一个密钥源提供。当密钥需要向远地传送时,一定要通过另一个安全信道。

如果无论截取者获得了多少密文,但在密文中都没有足够的信息来唯一确定对应的明

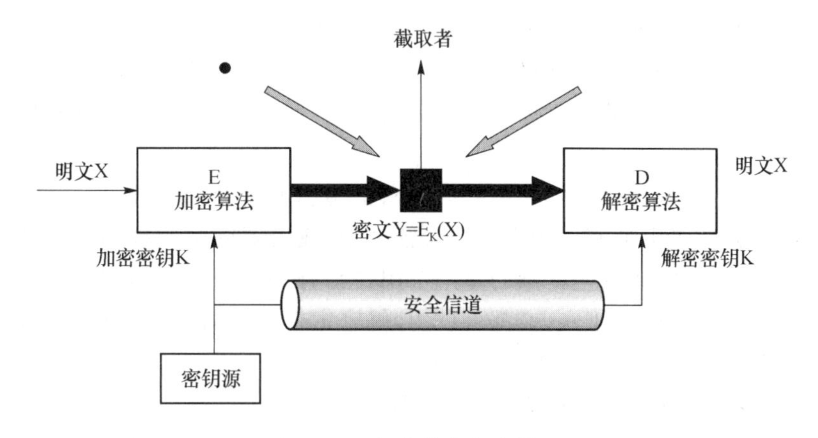

图 7.1 一般的数据加密模型

文,则这一密码体制称为无条件安全的,或称为理论上是不可破的。在无任何限制的条件下,目前几乎所有实用的密码体制均是可破的。因此,人们关心的是要研制出在计算上(而不是在理论上)不可破的密码体制。如果一个密码体制中的密码不能被可以使用的计算资源破译,则这一密码体制称为在计算上是安全的。

7.2.2 数据加密的方法

在传统的加密技术中,加密方法可分成两类:替换密码和变位密码。前者将明文的每个或每组字母替换成另一个或另一组伪装字母;后者则要对明文字母作重新排序,但不隐蔽它们。

如果一个加密系统的加密密钥和解密密钥相同,或者虽不相同,但可以由其中一个推导出另一个,则是对称密钥密码体制。传统密钥密码系统属于对称密钥密码体制。

1. 私钥密码体制

对称密钥加密算法的代表是数据加密标准 DES(US Federal Data Encryption Standard),此标准现在由美国国家安全局和国家标准与技术局管理。另一个标准是国际数据加密算法(IDEA),它比 DES 的加密性能好,而且需要的计算机功能也不那么强。IDEA 加密标准被电子邮件安全软件包(Pretty Good Privacy,PGP)采用。

DES 是一种数据分组的加密算法,它将数据分成长度为 64 位的数据块,其中 8 位作为奇偶校验,有效的密码长度为 56 位。首先将明文数据进行初始置换,得到 64 位的混乱明文组,再将其分成两段,每段 32 位。然后进行乘积变换,在密钥的控制下,做 16 次迭代,最后进行逆初始变换而得到密文。

IDEA 使用 128bit 的密钥,这就使它具有很强的抗攻击能力,目前还没有哪种技术或机器能够破解 IDEA。该算法的基本结构模仿 DES,也是输入 64bit 的明文块,经过一系列带参数的迭代,生成 64bit 的加密输出块。

对称密码体制也称为私钥加密法。收发加密信息双方使用同一个私钥对信息进行加密和解密。对称密码体制的优点是具有很高的保密强度,但它的密钥必须按照安全途径进行传递,根据“一切秘密寓于密钥当中”的公理,密钥管理成为影响系统安全的关键性因素。

2. 公开密钥密码体制

在对称密钥密码体制中,使用的加密算法比较简便高效,密钥简短,破译极其困难。其主要缺点是密钥的传递渠道解决不了安全性问题。Diffie 和 Hellman 是为解决密钥管理问题，于 1976 年提出的一种密钥交换协议，它是允许在不安全的媒体上通信双方交换信息，安全地达成一致的密钥。在此新思想的基础上，很快出现了“不对称密钥密码体制”，即“公开密钥密码体制”。

公开密钥密码体制将一个加密系统的加密密钥和解密密钥分开，加密和解密分别由两个密钥来实现，并使得由加密密钥推导出解密密钥(或由解密密钥推导出加密密钥)在计算上不可行。采用公开密钥密码体制的每一个用户都有一对选定的密钥，其中加密密钥不同于解密密钥，加密密钥公之于众，谁都可以用，解密密钥只有解密人自己知道，分别称为“公开密钥”(Public-key)和“私用密钥”(Private-key)。

公开密钥加密方法的典型代表是 RSA 算法。

1978 年出现的 RSA(Rivest Shamir Adleman)算法是第一个既能用于数据加密也能用于数字签名的算法。算法的名字以发明者的名字命名：Rivest、Shamir 和 Adleman。但 RSA 的安全性一直未能得到理论上的证明。

RSA 的安全性建立在难于对大数提取因子的基础上。300 多年来，虽然数学家们已对大数因式分解的问题做了大量研究，但并没有取得什么进展。

3. RSA 算法

找两个很大的质数，一个作为“公钥”公开给世界，一个作为“私钥”不告诉任何人。这两个密钥是互补的，即用公钥加密的密文可以用私钥解密，反过来也可以。

设甲要给乙发送信息，他们互相知道对方的公钥。甲就用乙的公钥加密信息发出，乙收到后就可以用自己的私钥解密出甲的原文。由于没别人知道乙的私钥，从而解决了信息保密问题。另外由于每个人都可以知道乙的公钥，他们都能给乙发送信息。乙需要确认的确是甲发送的信息，于是产生了认证的问题，这时候就要用到数字签名。

在一定的条件下，采用公开加密技术有助于解决数字签名的问题。公开加密算法有 3 个条件需要满足：(1) D(E(P))＝P；(2) 从 E 导出 D 极其困难；(3) 由一段明文不可能破译出 E。

这里的 E 表示一个加密算法，D 表示一个解密算法。为了用公开密钥加密技术来发送报文，加密和解密算法除了要满足 D(E(P))＝P 以外，还应满足 E(D(P))＝P。假定此条件成立，A 就可以通过传送 EB(DA(P))来给 B 发送已签名的明文报文。注意，A 知道自己保密的解密密钥 DA 和 B 的公开密钥 EB。

假定 A 后来否认给 B 发送过报文。如果 A 所签发的是一个订货合同，并且此案被诉诸法庭，那么 B 可以出示 P 和 DA(P)，法官可以通过对 DA(P)应用 EA 而很容易地判断 B 确实收到过用 DA 加密的有效报文。由于 B 不知道 A 的秘密密钥，因而只有当 A 确实发送过报文时 B 才可能得到该报文。

如果采用一个众所周知的中央权威，如 Big Brother(简称 BB)集中控制管理密钥的方案，那么就可以用常规的加密技术实现保密和数字签名。实现保密的一种办法是让每个用户选定一个秘密密钥，亲手交给 BB 办公室。这样就只有 BB 和用户 A 自己知道 A 的秘密密钥 KA。当 A 与 B 会话时，A 请求 BB 选一个会话密钥 Ks，BB 发送给 A 两个 Ks 拷贝，一个用 KA 加密，一个用 KB 加密。然后，A 把后者连同要 B 用 KB 将其解密的指令发送给 B；双方用 Ks 作为本会话的密钥。

7.2.3 数字签名

数字签名是通过一个单向函数对要传送的报文进行处理得到的用以认证报文来源并核实报文是否发生变化的一个字母数字串。用几个来代替书写签名或印章，起到与书写签名同样的法律效用。在国际上，已经开始制定相应的法律、法规，把数字签名作为执法的依据。

数字签名特征为：(1) 必须是不可伪造的；(2) 必须是真实的；(3) 是不可变的；(4) 是不可重用的。

在以上的例子中，BB也可以提供签名服务。要做到这一点，需要有一个特殊的对每个用户都保密的密钥X。为了使用此签名服务，接收方(比方说是一家银行)可能会坚持：发送给它的每一签名加密的明文邮件都必须遵守下列规程。

(1) 顾客A发送KA(P)给BB；

(2) BB解密KA(P)，得到P，然后构造一个新的报文，它包括A的名字、地址和日期(用D表示)以及原来的报文。这个新报文A+D+P用X加密，生成X(A+D+P)，并将其送回A。值得注意的是，BB可以证明请求确实来自A，因为只有A和BB知道KA。冒名者不可能给BB发送一段用KA解密后有任何意义的报文；

(3) 顾客A发送X(A+D+P)给银行B；

(4) 银行B向BB发送X(A+D+P)，请求送回KB(A+D+P)；

(5) 最后，银行对KB(A+D+P)解密，得到明文A、D以及P。

如果顾客A否认向银行发送过P，银行可向法官出示X(A+D+P)。法官让BB将其解密。当法官看到A、D、P时，即知顾客A在撒谎，因为银行并不知道X，B不可能伪造X(A+D+P)。

7.2.4 认证技术与密钥分配

在使用对称加密时，每个用户都拥有两个密钥。其中一个就是大家共知的公钥；另一个就是该用户自己知道的私钥。这样用户A和用户B的通信过程可以描述为A利用B的公钥加密明文，然后将密文传输给B，B再利用自己的私钥进行解密。为了管理公钥，需要建立一个权威的认证中心CA，由它来发布证书。所谓的证书就是由CA进行了数字签名的信息，内容为公钥和持有者的认证信息。在以上的例子中，CA就是BB。

由于加密和解密的算法是公开的，并且有自己相应的标准，所以网络的安全就在于密钥的保密，密钥的管理包括密钥的产生、分配、注入、验证、使用等方面，在其中最重要的是密钥的分配。密钥分配包括网外分配和网上分配。网上分配主要通过密钥分配中心KDC或认证中心CA来完成。

7.3 IP安全

Internet作为互联的最大的、开放的网络，充斥着各种各样的人和应用，因此，想在这样的环境下沟通一项秘密显然异常困难。而且随着两人(或计算机)之间的距离的增大，别人偷听他们之间的对话的概率也会迅速增大。幸而有加密技术，才可以有针对性地实现安全的对话。在网络的不同层次上，加密技术的应用会带来不同的解决方案，如图7.2所示。

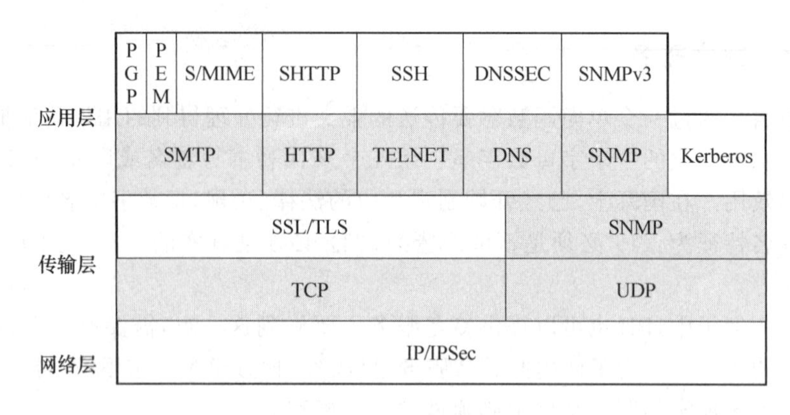

图 7.2 从网络层到应用层的安全方案

暂且不考虑应用层和传输层的安全问题，仅从网络层的安全来看，IP 的安全是用 IPSec 实现的。

实际上，IP 包本身并不继承任何安全特性。很容易便可伪造出 IP 包的地址、修改其内容、重播以前的包以及在传输途中拦截并查看包的内容。因此，我们不能担保收到的 IP 数据报：(1) 来自原先要求的发送方(IP 头内的源地址)；(2) 包含的是发送方当初放在其中的原始数据；(3) 原始数据在传输中途未被其他人看过。针对这些问题，IPSec 可有效地保护 IP 数据报的安全。它采取的具体保护形式包括：数据起源地验证、无连接数据的完整性验证、数据内容的机密性(是否被别人看过)、抗重播保护，以及有限的数据流机密性保证。

7.3.1 IPSec 的概念和特点

IPSec(IP Security)是 IETF 制定的三层隧道加密协议，它为 Internet 上传输的数据提供了高质量的、可互操作的、基于密码学的安全保证。特定的通信方之间在 IP 层通过加密与数据源认证等方式，提供了以下的安全服务。

(1) 数据机密性(Confidentiality)：IPSec 发送方在通过网络传输包前对包进行加密。

(2) 数据完整性(Data Integrity)：IPSec 接收方对发送方发送来的包进行认证，以确保数据在传输过程中没有被篡改。

(3) 数据来源认证(Data Authentication)：IPSec 在接收端可以认证发送 IPSec 报文的发送端是否合法。

(4) 防重放(Anti-Replay)：IPSec 接收方可检测并拒绝接收过时或重复的报文。

IPSec 具有以下优点：

(1) 支持 IKE(Internet Key Exchange，因特网密钥交换)，可实现密钥的自动协商功能，减少了密钥协商的开销。可以通过 IKE 建立和维护 SA 的服务，简化了 IPSec 的使用和管理。

(2) 所有使用 IP 协议进行数据传输的应用系统和服务都可以使用 IPSec，而不必对这些应用系统和服务本身做任何修改。

(3) 对数据的加密是以数据包为单位的，而不是以整个数据流为单位，这不仅灵活而且有助于进一步提高 IP 数据包的安全性，可以有效防范网络攻击。

IPSec 为保障 IP 数据报的安全，定义了一个特殊的方法，它规定了要保护什么通信、如何保护它以及通信数据发给何人。IPSec 可保障主机之间、网络安全网关(如路由器或防火墙)之间或主机与安全网关之间的数据包的安全。由于受 IPSec 保护的数据报本身不过是另一种形式的 IP

包,所以安全可以嵌套提供安全服务,同时在主机之间提供像端到端这样的验证,并通过一个通道,将那些受 IPSec 保护的数据传送出去(通道本身也通过 IPSec 受到安全网关的保护)。

要想对 IP 数据报或上层协议进行保护,方法是使用某种 IPSec 协议:"封装安全载荷(ESP)"或者"验证头(AH)"。其中,AH 可证明数据的起源地、保障数据的完整性以及防止相同数据包的不断重播。ESP 则更进一步,除具有 AH 的所有能力之外,还可选择保障数据的机密性,以及为数据流提供有限的机密性保障。由于 ESP 具有 AH 的全部功能,有人会问了:"为何还要设计 AH 呢?"事实上,这个问题在数据安全领域已辩论了很久。两者间一项细微的差异是验证所覆盖的范围。应注意的是,AH 或 ESP 所提供的安全保障完全依赖于它们采用的加密算法。针对一致性测试,以及为保证不同实施方案间的互通性,定义了一系列需要强制实行的加密算法。这些算法可提供常规性质的安全保障,然而加密技术的最新进展以及摩尔定律的连续证明(观察家认为每隔 18 个月,计算能力便增加一倍),使得默认的加密算法(采用 CBC 模式的 DES)不适合高度密集的数据,也不适合需要必须超长时期保密的数据。

IPSec 提供的安全服务需要用到共享密钥,以执行它所肩负的数据验证以及(或者)机密性保证任务。在此,强制实现了一种机制,以便为这些服务人工增加密钥,这样便可确保基本 IPSec 协议间的互通性(相互间可以操作)。当然,采用人工增加密钥的方式,未免会在扩展(伸缩)能力上大打折扣。因此,还定义了一种标准的方法,用以动态地验证 IPSec 参与各方的身份、协商安全服务以及生成共享密钥等。这种密钥管理协议称为 IKE——亦即"Internet 密钥交换(Internet Key Exchange)"。

随 IPSec 使用的共享密钥既可用于一种对称加密算法(在需要保障数据的机密性时),也可用于经密钥处理过的 MAC(用于确保数据的完整性),或者同时应用于两者。IPSec 的运算速度必须够快,而现有公共密钥技术(如 RSA 或 DSS)的速度均不够快,以至于无法流畅地、逐个数据包地进行加密运算。目前,公共密钥技术仍然限于在密钥交换期间完成一些初始的验证工作。

7.3.2 IPSec 的结构

IPSec 的结构文档(或基本架构文档)为 RFC2401,其定义了 IPSec 的基本结构,所有具体的实施方案均建立在它的基础之上。它定义了 IPSec 提供的安全服务、它们如何使用以及在哪里使用、数据包如何构建及处理,以及 IPSec 处理同策略之间如何协调等。

IPSec 协议(包括 AH 和 ESP)既可用来保护一个完整的 IP 载荷,亦可用来保护某个 IP 载荷的上层协议。这两方面的保护分别是由 IPSec 两种不同的"模式"来提供的,如图 7.3 所示。

Mode / Protocol	Transport	Tunnel
AH	IP | AH | Data	IP | AH | IP | Data
ESP	IP | ESP | Data | ESP-T	IP | ESP | IP | Data | ESP-T
AH-ESP	IP | AH | ESP | Data | ESP-T	IP | AH | ESP | IP | Data | ESP-T

图 7.3 安全协议的数据封装格式

其中,传送模式用来保护上层协议;而通道模式用来保护整个 IP 数据报。在传送模式中，IP头与上层协议头之间需插入一个特殊的IPSec头；而在通道模式中，要保护的整个IP包都需封装到另一个IP数据报里，同时在外部与内部IP头之间插入一个IPSec头。两种IPSec协议(AH和ESP)均能同时以传送模式或通道模式工作。

由构建方法所决定，对传送模式所保护的数据包而言，其通信终点必须是一个加密的终点。有时可用通道模式来取代传送模式，而且也许能由安全网关使用，来保护与其他联网实体(比如一个虚拟专用网络)有关的安全服务。在后一种情况下，通信终点便是由受保护的内部头指定的地点，而加密终点则是那些由外部IP头指定的地点。在IPSec处理结束的时候，安全网关会剥离出内部IP包，再将那个包转发到它最终的目的地。

IPSec既可在终端系统上实现，也可在某种安全网关上实现(如路由器及防火墙)。典型情况下，这是通过直接修改IP堆栈来实现的，以便从最基本的层次支持IPSec。但倘若根本无法访问一部机器的IP堆栈，便需将IPSec实现成为一个“堆栈内的块(Bump in the Stack，BITS)”或者“线缆内的块(Bump in the Wire，BITW)”。前者通常以一个额外的“填充物”的形式出现，负责从IP堆栈提取数据包，处理后再将其插入；而后者通常是一个外置的专用加密设备，可单独设定地址。

为正确封装及提取IPSec数据包，有必要采取一套专门的方案，将安全服务/密钥与要保护的通信数据联系到一起；同时要将远程通信实体与要交换密钥的IPSec数据传输联系到一起。换言之，要解决如何保护通信数据、保护什么样的通信数据以及由谁来实行保护的问题。这样的构建方案称为“安全联盟(Security Association，SA)”。IPSec的SA是单向进行的。也就是说，它仅朝一个方向定义安全服务，要么对通信实体收到的包进行“进入”保护，要么对实体外发的包进行“外出”保护。具体采用什么方式，要由三方面的因素决定：(1)“安全参数索引(SPI)”，该索引存在于IPSec协议头内；(2) IPSec协议值；(3) 要向其应用SA的目标地址——它同时决定了方向。通常，SA是以成对的形式存在的，每个朝一个方向。既可人工创建它，亦可采用动态创建方式。SA驻留在“安全联盟数据库(SADB)”内。

若用人工方式加以创建，SA便没有“存活时间”的说法。除非再用人工方式将其删除，否则便会一直存在下去。若用动态方式创建，则SA有一个存活时间与其关联在一起。这个存活时间通常是由密钥管理协议在IPSec通信双方之间加以协商而确立下来的。存活时间(TTL)非常重要，因为受一个密钥保护的通信量(或者类似地，一个密钥保持活动以及使用的时间)必须加以谨慎地管理。若超时使用一个密钥，会为攻击者侵入系统提供更多的机会。

IPSec的基本架构定义了用户能以多大的精度来设定自己的安全策略。这样一来，某些通信便可大而化之，为其设置某一级的基本安全措施；而对其他通信则可谨慎对待，为其应用完全不同的安全级别。举个例子来说，我们可在一个网络安全网关上制订IPSec策略，对在其本地保护的子网与远程网关的子网间通信的所有数据，全部采用DES加密，并用HMAC-MD5进行验证；另外，从远程子网发给一个邮件服务器的所有Telnet数据均用3DES进行加密，同时用HMAC-SHA进行验证；最后对于需要加密的、发给另一个服务器的所有Web通信数据，则用IDEA满足其加密要求，同时用HMAC-RIPEMD进行验证。

IPSec策略由“安全策略数据库(Security Policy Database，SPD)”加以维护。在SPD这个数据库中，每个条目都定义了要保护的是什么通信、怎样保护它以及和谁共享这种保护。对于进入或离开IP堆栈的每个包，都必须检索SPD数据库，调查可能的安全应用。对一个SPD条目来说，它可能定义了下述几种行为：丢弃、绕过以及应用。其中，“丢弃”表示不让这个包进入或外出;“绕过”表示不对一个外出的包应用安全服务,也不指望一个进入的包进行了保密处理;而“应用”是指对外出的包应用安全服务,同时要求进入的包已应用了安全服务。对那些定义了“应用”行为的 SPD 条目,它们均会指向一个或一套 SA,表示要将其应用于数据包。

IPSec 通信到 IPSec 策略的映射关系是由“选择符(Selector)”来建立的。选择符标识通信的一部分组件,它既可以是一个粗略的定义,也可以是一个非常细致的定义。IPSec 选择符包括:目标 IP 地址、源 IP 地址、名字、上层协议、源和目标端口以及一个数据敏感级(假如也为数据流的安全提供了一个 IPSec 系统)。这些选择符的值可能是特定的条目、一个范围或者是一个“不透明”。在策略规范中,选择符之所以可能出现“不透明”的情况,是由于在那个时刻,相关的信息也许不能提供给系统。举个例子来说,假定一个安全网关同另一个安全网关建立了 IPSec 通道,它可指定在该通道内传输的(部分)数据是网关背后的两个主机之间的 IPSec 通信。在这种情况下,两个网关都不能访问上层协议或端口,因为它们均被终端主机进行了加密。“不透明”亦可作为一个通配符使用,表明选择符可为任意值。

假定某个 SPD 条目将行为定义为“应用”,但并不指向 SADB 数据库内已有的任何一个 SA,那么在进行任何实际的通信之前,首先必须创建那些 SA。如果这个规则用于自外入内的“进入(Inbound)”通信,而且 SA 尚不存在,则按照 IPSec 基本架构的规定,数据包必须丢弃。假如该规则用于自内向外的“外出(Outbound)”通信,则通过 Internet 密钥交换,便可动态地创建 SA。

IPSec 结构定义了 SPD 和 SADB 这两种数据库之间如何沟通,这是通过 IPSec 处理功能—封装与拆封来实现的。此外,它还定义了不同的 IPSec 实施方案如何共存。然而,它却没有定义基本 IPSec 协议的运作方式。这方面的信息包含在另外两个不同的文件中,一个定义了“封装安全载荷(RFC2406)”,另一个对“验证头(RFC2401)”进行了说明。

两种 IPSec 协议均提供了一个抗重播服务(Antireplay)。尽管它并非 IPSec 基本结构明确定义的一部分内容,但却是两种协议中非常重要的一环。为此,我在此有必要重点讲述一下。为了抵抗不怀好意的人发起重播攻击,IPSec 数据包专门使用了一个序列号,以及一个“滑动”的接收窗口。在每个 IPSec 头内,都包含了一个独一无二,且单调递增的序列号。创建好一个 SA 后,序列号便会初始化为零,并在进行 IPSec 输出处理前,令这个值递增。新的 SA 必须在序列号回归为零之前创建——由于序列号的长度为 32 位,所以必须在 2^{32} 个数据包之前。接收窗口的大小可为大于 32 的任何值,但推荐为 64。从性能考虑,窗口大小最好是最终实施 IPSec 的那台计算机的字长度的整数倍。

窗口最左端对应于窗口起始位置的序列号,而最右端对应于将来的第“窗口长度”个数据包。接收到的数据包必须是新的,且必须落在窗口内部,或靠在窗口右侧。否则,便将其丢弃。那么,如何判断一个数据库是“新”的呢?只要它在窗口内是从未出现过的,我们便认为它是新的。假如收到的一个数据包靠在窗口右侧,那么只要它未能通过真实性测试,也会将其丢弃。如通过了真实性检查,窗口便会向右移动,将那个数据包包括进来。

注意数据包的接收顺序可能被打乱,但仍会得到正确的处理。还要注意的是那些接收迟的数据包(也就是说,在一个有效的数据包之后接收,但其序列号大于窗口的长度),这种数据包会被丢弃。

重播窗口的结构如图 7.4 所示。尽管由于长度仅为 16 位,所以是不符合规定的,但如仅出于演示之目的,它还是非常适合我们的。图 7.4 窗口最左端的序列号为 N,最右端的序列号自然为 N+15。编号为 N、N+7、N+9、N+16 和 N+18 以及之后的数据包尚未收到(以阴影表示)。如果最近收到的数据包 N+17 通过了真实性检查,窗口便会向右滑动一个位置,使窗口左侧变成 N+2,右侧变成 N+17。这样便会造成数据包 N 无可挽回地丢弃,因为它现在变成靠在滑动接收窗口的左侧。但要注意的是,倘若包 N+23 未接收到,而且事先通过了真实性检查,N+7 这个包仍会被收到。

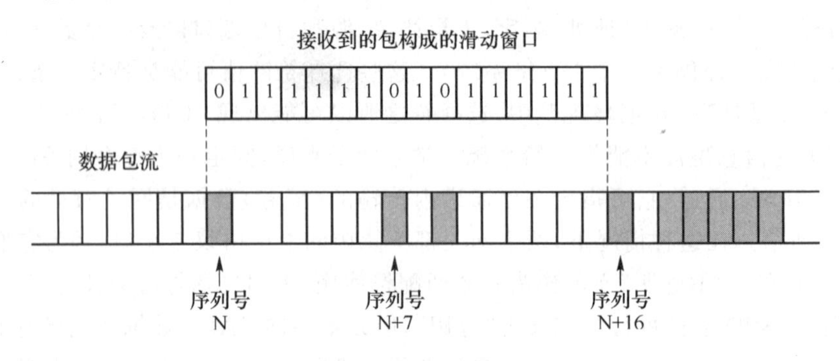

图 7.4　16 位的滑动窗口

要注意的一个重点是,除非造成窗口向前滑动的那个包通过了真实性检查,否则窗口是不会真的前进的。否则的话,攻击者便可生成伪造的包,为其植入很大的序列号,令窗口错误移至有效序列号的范围之外,造成我们将有效的数据包错误地丢失。

7.3.3　封装安全载荷

ESP(Encapsulating Security Payload)属于 IPSec 的一种协议,可用于确保 IP 数据包的机密性(未被别人看过)、数据的完整性以及对数据源的身份验证。此外,它也要负责对重播攻击的抵抗。具体做法是在 IP 头(以及任何 IP 选项)之后,并在要保护的数据之前,插入一个新头,亦即 ESP 头。受保护的数据可以是一个上层协议,或者是整个 IP 数据报。最后,还要在最后追加一个 ESP 尾。ESP 是一种新的 IP 协议,对 ESP 数据包的标识是通过 IP 头的协议字段来进行的。假如它的值为 50,就表明这是一个 ESP 包,而且紧接在 IP 头后面的是一个 ESP 头。在 RFC2406 文件中,对 ESP 进行了详细的定义。

此外,RFC1827 还定义了一个早期版本的 ESP。该版本的 ESP 没有提供对数据完整性的支持,IPSec 工作组现在强烈反对继续使用它。以 RFC1827 为基础,目前已有几套具体的实施方案。但它们都会被最新的 ESP 定义所取代。

由于 ESP 同时提供了机密性以及身份验证机制,所以在其 SA 中必须同时定义两套算法——用来确保机密性的算法叫作一个 cipher(加密器),而负责身份验证的叫作 authenticator(验证器)。每个 ESP SA 都至少有一个加密器和一个验证器。我们亦可定义 NULL 加密器或 NULL 验证器,分别令 ESP 不作加密和不作验证。但在单独一个 ESP SA 内,假如同时定义了一个 NULL 加密器和一个 NULL 验证器,却是非法的。因为这样做不仅为系统带来了无谓的负担,也毫无安全保证可言。在此要特别强调一点,假如拿一种安全协议来做不安全的事情,甚至比一开始就不用安全协议还要糟,因为这可能造成安全的假象,松懈人的警惕性。ESP 具有安全保密特性,所以千万不要以明显不安全的形式使用。

ESP 头并未加密,但 ESP 尾的一部分却进行了加密。然而,要使一个接收端能对包进行正常处理,使用明文便已足够了。由于采用了 SPI,同时这个包的 IP 头还附有目标 IP 地址,所以为标识一个 SA,它必须采用明文形式。除此以外,序列号和验证数据也必须是明文,不可加密。这是由 ESP 包的指定处理顺序所决定的:首先查验序列号,然后查验数据的完整性,最后对数据进行解密。由于解密放在最后一步进行,所以序列号和验证数据自然要采取明文形式。

ESP 使用的所有加密算法必须以"加密算法块链(CBC)"模式工作。CBC 要求加密的数据量刚好是加密算法(加密器)的块长度的整数倍。进行加密时,可在数据尾填充适当的数据,来满足这项要求。随后,填充数据会成为包密文的一部分,并在完成了 IPSec 处理后,由接收端予以剔除。假如数据已经是加密器的块长度的一个整数倍,便无须增加填充内容。注意这里要采用恰当的实施方案,来提供对"数据加密标准(DES)"的支持。

CBC 模式中的加密器也要求一个初始矢量(IV)来启动加密过程。这个 IV 包含在载荷字段内,通常是第一批字节。然而,最终还是要由特定的算法规范来做出决定,定义 IV 包含在什么地方,同时定义 IV 的大小。对 DES-CBC 来说,IV 是受保护数据字段的头 8 个字节。

如前所述,ESP 既有一个头,也有一个尾——其间封装了要保护的数据。其中,头部分包含了 SPI 和序列号;而尾部则包含了填充数据(如果有的话)、与填充数据的长度有关的一个指示符、ESP 后的数据采用的协议以及相关的验证数据。验证数据的长度取决于采用的是何种验证器。此时需采用恰当的实施方案,以同时提供对 HMAC-MD5 和 HMAC-SHA 这两种"验证器"的正确支持,输出数据的长度是 96 位。然而,大家会注意到这两个 MAC 会产生长度不同的摘要。其中,HMAC-MD5 产生一个 128 位的摘要,而 HMAC-SHA 产生一个 160 位的摘要。这样做并没有什么不妥,因为只有摘要的高 96 位才被用作 ESP 的验证数据。之所以决定使用 96 位,是由于它能与 IPv6 很好地协调。

至于将 MAC 的输出截去一部分是否安全,目前仍然颇有争议。但大多数人都认为,这种做法并不存在先天性的安全问题。而且事实上,它或许还能增大一定的安全系数。但无论对两个必需的验证器(验证算法)具体如何处理,以后新问世的验证器也许能为任意长度,而且通过填充数据来确保与规范的符合(所谓要保持整数倍数等)。

ESP 规范规定了 ESP 头的格式、采用传送模式或通道模式时头的位置、输出数据处理、输入数据处理以及另外一些信息(比如分段和重新装配等)。ESP 规范对随 ESP 使用的转码方案提出了具体要求,但却没有指出那些转码方案到底是什么。这方面的资料要由单独的转码规范来给出。目前,有一份文件描述了如何将 DES-CBC 作为 ESP 的加密算法使用;另外两份文件则描述了如何利用对 HMAC-MD5 和 HMAC-SHA 输出的截取,来实现对 ESP 的验证。其他加密算法文档包括 Blowfish-CBC、CAST-CBC 以及 3DES-CBC(均可选为最终的实施方案)。

7.3.4 验证头(AH)

与 ESP 类似,AH 也提供了数据完整性、数据源验证以及抗重播攻击的能力。但注意不能用它来保证数据的机密性(未被他人窥视)。正是由于这个原因,AH 头比 ESP 简单得多。AH 只有一个头,而非头尾皆有。除此以外,AH 头内的所有字段都是一目了然的。

RFC2402 定义了最新版本的 AH,而 RFC1826 定义的是 AH 的一个老版本,现已明确不再推荐对它提供支持。在那份 RFC 文件中指定的 AH 的重要特性仍在新文件中得到了保留——亦即保证数据的完整性以及对数据源的验证。此外，自 RFC1826 问世以来，还出现了一些新的特性和概念上的澄清，它们都已加入新文件。例如，抗重播保护现已成为规范不可分割的一部分，同时增加了在通道模式中使用 AH 的定义。和 RFC1827 一样，RFC1826 也存在着几种具体的实施方案。随着新的 IPSecRFC 的出台，这些不再赞成使用的转码方案也被新方案所取代。

和 ESP 头相似，AH 头也包含一个 SPI，为要处理的包定位 SA；一个序列号，提供对重播攻击的抵抗；另外还有一个验证数据字段，包含着用于保留数据包的加密 MAC 的摘要。和 ESP 相同，摘要字段的长度由采用的具体转码方案决定。但不太一样的是，AH 默认的、强制实施的加密 MAC 是 HMAC-MD5 和 HMAC-SHA，两者均被截短为刚好 96 位。定义了如何将 MAC 应用于 ESP 的同样两份文件——定义 HMAC-MD5-96 的 RFC2403 以及定义 HMAC-SHA-96 的 RFC2404——也定义了如何将它们应用于 AH。

由于 AH 并不通过 CBC 模式下的一个对称加密算法来提供对数据机密性的支持，所以没有必要对其强行填充数据，以满足长度要求。有些 MAC 可能需要填充（如 DES-CBC-MAC），但至于具体的填充技术资料，则留待对 MAC 本身进行描述的文件加以定义。

AH 的验证范围与 ESP 有区别。AH 验证的是 IPSec 包的外层 IP 头。因此，AH 文件对 IPv4 及 IPv6 那些不定的字段进行了说明——比如，在包从源传递到目的地的过程中，可能会由路由器进行修改。在对验证数据进行计算之前，这些字段首先必须置零。

AH 文件定义了 AH 头的格式、采用传送模式或通道模式时头的位置、对输出数据如何处理、对输入数据如何处理以及另一些相关信息，比如对分段及重新装配的控制等。

7.3.5 Internet 密钥交换

随 IPSec 一道，我们使用了“安全联盟”的概念，用它定义如何对一个特定的 IP 包进行处理。对一个外出的数据包而言，它会“命中”SPD，而且 SPD 条目指向一个或多个 SA（多个 SA 构成一个 SA 捆绑）。假如没有 SA 可对来自 SPD 的策略进行例示，便有必要自行创建一个。此时便需 Internet 密钥交换（IKE）发挥作用了。IKE 唯一的用途就是在 IPSec 通信双方之间，建立起共享安全参数及验证过的密钥（亦即建立“安全联盟”关系）。

IKE 协议是 Oakley 和 SKEME 协议的一种混合，并在由 ISAKMP 规定的一个框架内运作。ISAKMP 是“Internet 安全联盟和密钥管理协议”的简称，即 Internet Security Association and Key Management Protocol。ISAKMP 定义了包格式、重发计数器以及消息构建要求。事实上，它定义了整套加密通信语言。Oakley 和 SKEME 定义了通信双方建立一个共享的验证密钥所必须采取的步骤。IKE 利用 ISAKMP 语言对这些步骤以及其他信息交换措施进行表述。

IKE 实际上是一种常规用途的安全交换协议，可用于策略的磋商，以及验证加密材料的建立，适用于多方面的需求，如 SNMPv3、OSPFv2 等。IKE 采用的规范是在“解释域（Domain of Interpretation，DOI）”中制订的。针对 IPSec 存在着一个名为 RFC2407 的解释域，它定义了 IKE 具体如何与 IPSecSA 进行协商。如果其他协议要用到 IKE，每种协议都要定义各自的 DOI。

IKE 采用了“安全联盟”的概念，但 IKE SA 的物理构建方式却与 IPSec SA 不同。IKE SA 定义了双方的通信形式。举例来说，用哪种算法来加密 IKE 通信，怎样对远程通信方的身份进行验证，等等。随后，便可用 IKESA 在通信双方之间提供任何数量的 IPSec SA。因此，假如一个 SPD 条目含有一个 NULL SADB 指针，那么 IPSec 方案采取的行动就是将来自 SPD 的安全要求传达给 IKE，并指示它建立 IPSec SA。

由 IKE 建立的 IPSec SA 有时也会为密钥带来“完美向前保密(FPS)”特性，而且如果愿意，亦可使通信对方的身份具有同样的特性。通过一次 IKE 密钥交换，可创建多对 IPSec SA，而且单独一个 IKE SA 可进行任意数量这种交换。正是由于提供了丰富的选择，才使得 IKE 除了包容面广外，还具有高度的复杂性。

IKE 协议由打算执行 IPSec 的每一方执行；IKE 通信的另一方也是 IPSec 通信的另一方。换言之，假如想随远程通信实体一道创建 IPSec SA，那么必须将 IKE 传达给那个实体，而非传达给一个不同的 IKE 实体。协议本身具有“请求响应”特性，要求同时存在一个“发起者(Initiator)”和一个“响应者(Responder)”。其中，发起者要从 IPSec 那里接收指令，以便建立一些 SA。这是由于某个外出的数据包同一个 SPD 条目相符所产生的结果。它负责为响应者对协议进行初始化。

IPSec 的 SPD 会向 IKE 指出要建立的是什么，但却不会指示 IKE 怎样做。至于 IKE 以什么方式来建立 IPSec SA，要由它自己的策略设定所决定。IKE 以“保护组(Protections-uite)”的形式来定义策略。每个保护组都至少需要定义采用的加密算法、散列算法、Diffie-Hellman 组以及验证方法。IKE 的策略数据库则列出了所有保护组(按各个参数的顺序)。由于通信双方决定了一个特定的策略组后，它们以后的通信便必须根据它进行，所以这种形式的协商是两个 IKE 通信实体第一步所需要做的。

双方建立一个共享的秘密时，尽管事实上有多种方式都可以做到，但 IKE 无论如何都只使用一个 Diffie-Hellman 交换。进行 Diffie-Hellman 交换这一事实是铁定的，是不可协商改变的。但是，对其中采用的具体参数而言，却是可以商量的。IKE 从 Oakley 文档中借用了五个组：其中三个是传统交换，对一个大质数进行乘幂模数运算；另外两个则是椭圆曲线组。Diffie-Hellman 交换以及一个共享秘密的建立是 IKE 协议的第二步。

Diffie-Hellman 交换完成后，通信双方已建立了一个共享的秘密，只是尚未验证通过。它们可利用该秘密(在 IKE 的情况下，则使用自它衍生的一个秘密)来保护自家的通信。但在这种情况下，却不能保证远程通信方事实上真是自己所信任的。因此，IKE 交换的下一个步骤便是对 Diffie-Hellman 共享秘密进行验证，同时理所当然地，还要对 IKESA 本身进行验证。IKE 定义了五种验证方法：预共享密钥、数字签名(使用数字签名标准，DSS)、数字签名(使用 RSA 公共密钥算法)、用 RSA 进行加密的 nonce 交换，以及用加密 nonce 进行的一种“校订”验证方法，它与其他加密的 nonce 方法稍有区别(所谓“nonce”，其实就是一种随机数字。IKE 交换牵涉的每一方都会对交换的状态产生影响)。

我们将 IKE SA 的创建称为“阶段一”。阶段一完成后，阶段二便开始了。在这个阶段中，要创建 IPSec SA。针对阶段一，可选择执行两种交换：一种叫作主模式(Main Mode)交换，另一种叫作野蛮模式(Aggressive Mode)交换。其中，野蛮模式的速度较快，但主模式更显灵活。而阶段二仅能选择一种交换模式，即 Quick Mode(快速模式)。这种交换会在特定的 IKE SA 的保护之下，协商拟定 IPSec SA(IKE SA 是由阶段一的某种交换所创建的)。

在默认情况下，IPSec SA 使用的密钥是自 IKE 秘密状态衍生的。伪随机 nonce 会在快速模式下进行交换，并与秘密状态进行散列处理，以生成密钥，并确保所有 SA 都拥有独一无二的密钥。所有这样的密钥均不具备“完美向前保密(PFS)”的特性,因为它们都是从同一个“根”密钥衍生出来的(IKE共享秘密)。为了提供PFS,Diffie-Hellman公共值以及衍生出它们的那个组都要和nonce一道进行交换,同时还要交换具体的IPSec SA协商参数。最后,用得到的秘密来生成IPSec SA,以确保实现所谓的“完美向前保密”。

为正确地构建IPSec SA,协议的发起者必须向IKE指出:在自己的SPD数据库中,哪些选择与通信的类别相符。这方面的信息将采用身份载荷,在快速模式下进行交换。它对哪些通信可由这些SA保护进行了限制。到本书完稿时为止,IPSec结构文档提供的选择符组已大大多于IKE协议本身所允许的。IKE协议既不能表达端口范围,也不能表达“all except(除……外所有的)”构建方式。例如,“除6000外大于1024的所有TCP端口”。我们希望在快速模式交换下,选择符的表达规范能够得以扩充,以支持更全面的选择符表达方式。

完成了快速模式下的工作之后,IKE SA会恢复为一种静止状态,等候由IPSec传来进一步的指令,或来自通信对方的进一步通信。对IKE SA来说,除非它的存活时间(TTL)到期,或者由于某种外部原因造成了SA的删除(比如执行一个命令,对IKE SA的数据库进行清空处理),否则它会一直保持活动状态。

“阶段一”交换(主模式或野蛮模式)中的头两条消息也会交换“小甜饼(Cookie)”。它们类似于伪随机数,但实际上只是临时的,而且要受到通信对方的IP地址的约束。Cookie是对一个独特的秘密、对方的身份以及一个基于时间的计数器进行综合散列运算而创建起来的。如果只是不经意地看到,便会发现这种散列运算的结果颇为类似于一个随机数。然而,Cookie的接收者却能很快地判断它是否生成了Cookie——方法是对散列进行重新构建。这样便将Cookie与对方绑定到了一起,并能针对“服务否认”攻击提供有限的抵抗能力,因为若非经历了一次完整的循环,而且完成了Cookie的交换,否则工作是不会实际执行的。

大家可以理解,只要一个人有心,便能很轻松地写出一个例程,用它构建出伪造的IKE消息,并用伪造的源地址,将其发到一个目的地。假定响应者(Responder)为了确定自己是在同一个真实的IKE通信方打交道,而不是在和一个正在伪造数据库的攻击者打交道,所以事先进行了大量的调查取证工作,那么毋庸置疑,频繁发来的伪造数据包会把它压得抬不起头来(亦即所谓的“服务否认”攻击)。因此,在主模式中,响应者不可进行任何实质性的Diffie-Hellman工作,除非它自发起者那里收到了第二条消息,并验证那条消息内确实包含了一个专为那个发起者生成的“小甜饼”。

野蛮模式并未针对服务否认攻击,来提供这样的保护措施。参与通信的双方在三条消息内完成交换(相反,主模式要用六条),并在每条消息里传送多得多的信息。收到第一条野蛮模式消息后,响应者必须进行一次Diffie-Hellman乘幂运算,这要在它有机会检查下一条消息(实际是最后一条消息)包含的Cookie之前进行。

这些Cookie用来标识IKE SA。在阶段一的交换期间,完成了对收到消息的处理,以及完成了响应的发送以后,IKE SA便会从一种状态过渡为另一种。状态的转变是一蹴而就的。而阶段二的交换却与此不同。阶段二的交换对其本身来说是独一无二的。尽管它受到阶段一的IKE SA的保护,但却拥有自己的状态。所以,在通信双方之间,完全可能有两个或更多的阶段二交换同时进行协商,而且均处在同一个IKE SA的保护之下。所以对阶段二的每个交换来说,都必须创建一个临时状态机,以便追踪协议的转变。交换完成后,状态就会扔到一边。由于每一个这样的临时状态机都受到同一个IKE SA的保护,所以交换消息全都有相同的“小甜饼”对。对每个阶段二交换来说具有唯一性的一个标识符用来将这些交换复合到单独一个管道内，如图 7.5 所示。该标识符称为“消息 ID”。

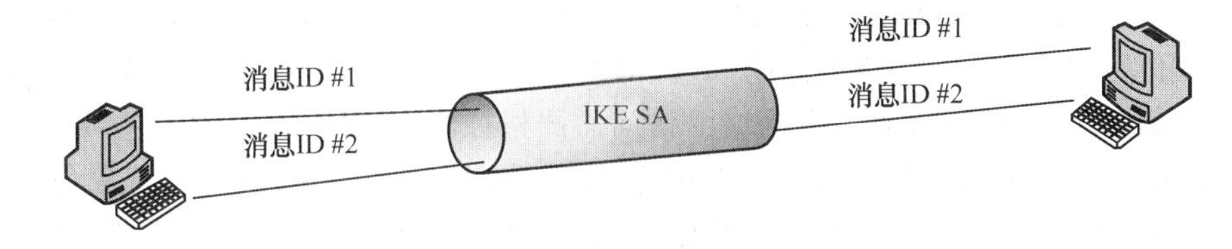

图 7.5 阶段一的 IKE SA 保护阶段二的多个交换

对一个 IKE 进程来说，有必要向位于任何交换之外的通信对方发送一条消息。这可以是一个通知，告知对方共享的某些 IPSec SA 即将删除；也可以是一个报告，指出遇到的错误。通知消息或删除消息通过另一个独特的交换进行传送，名为“信息交换(Informational Exchange)”。这是一种单向发送的消息，不必专为这种消息的发送设置重发计时器，也不指望从对方收到回音。这种“信息交换”与阶段二的某种交换的共通之处在于，它们都要受到一个 IKE SA 的保护，但都具有独特的性质，并拥有自己的状态机(实际上是一种非常简单的状态)。所以，每个信息交换都有其独一无二的消息 ID，以便能通过单独一个 IKE SA，随快速模式交换以及其他信息交换一起复合传送。

为正确实施 IKE，需遵守三份文件(文档)的规定，它们分别是：(1) 基本 ISAKMP 规范(RFC 2408)；(2) IPSec 解释域(RFC 2407)；(3) IKE 规范本身(RFC 2409)。

7.3.6 端到端安全

IPSec 存在于一个主机或终端系统时而不是本来就在堆栈中，就是作为堆栈中的块实施方案存在：IP 包的安全保护可从数据源一直到数据被接收。获得端到端安全保护后，每个离开或进入一个主机的数据包都可得到安全保护。除此以外，在一个主机上配置 IPSec 也是可能的，这样不受 IPSec 保护的数据包将被丢弃。其结果是一个“盒子”，它在网络中是不可见的：任何一个常见的端口扫描网络管理应用都不会报告网络上会存在这样一个设备，但是倘若利用它来共享 SA，则会认可主机或服务器可提供的全套安全服务。

依靠策略选择符，一对独立的 SA 可保护两个端点之间的通信安全——Telnet、SMTP、Web 等——或者说，一对独有的 SA 可分别保护各数据流的安全。无论哪一种情况，通信都不会以无安全保护的状态出现在线上。

一般说来，由于通信的端点同时也是 IPSec 端点，所以端到端安全是在传送模式下，利用 IPSec 来完成的。但是通道模式可利用额外 IP 头的新增头来提供端到端安全保护。两种模式都完全合法。

端到端安全保护可能存在这样一个缺点：在应用端到端机密性时，对这种应用来说，它们要求“侦查”或修改传输过程中的数据包，可能会失败。各种各样的“服务质量(QoS)”解决方案、通信整形、防火墙保护和通信监视均不能决定准备传输哪一种数据包，尽管它只是一个 ESP 包而已，而且还会因此而无法判断下一个动作。除此以外，“网址解析(NAT)”也会失败，因为它试图对一个实行安全保护的数据包进行修改。事实上，可把 NAT 想作是设计 IPSec 时想防止的一种“攻击”。由于 NAT 非常普遍，IETF 一直在研究它，以便两者可同时使用。对大多数网络主管来说，重新着手于整个网络或启用安全保护不是他们想进行的选择。

7.3.7 虚拟专用网络

IPSec 用于路由器时就可建立虚拟专用网络 VPN。VPN 可在节省大量成本的基础上，为公司带来所需要的安全保护。

通过在路由器(它们为一个受保护的网络提供物理性网络连接)上配置 IPSec 这一方式,就可构建一个 VPN。在路由器的一端,即"红色"端(因为"红色"代表危险、警告和注意)是一个受安全保护的网络(对这个网络的访问需严格控制)。另一端,即"黑色"端(是因为我们看不见数据包在里面的发送情况)是不安全,不受安全保护的网络——通常是大写的 I,即 Internet。两个这样的路由器建立起通道,通信就通过这种通道从一个本地的保护子网发送到一个远程的保护子网,我们把它称之为 VPN。

在 VPN 中,每个具有 IPSec 的路由器都是一个网络聚合点,试图对 VPN 进行通信分析将会失败。目的地是 VPN 的所有通信都经过路由器上的 SA,抵达看起来和 VPN 一样的网络中的调查者——它只是从一个路由器发到另一个路由器的、加密的数据包而已。根据表示哪些通信属于 VPN 的那些选择符判断,可能还存在定义 VPN 的多对 SA 或一对 SA。任何一种情况下,调查者可获得的唯一信息就是 SPI 正在使用的信息,但由于他无法将 SPI 和通信同等对待——毕竟,这部分 IKE 已加密——因此,这一信息是没有用的。

由于 VPN 保护传输中的通信——这些通信源于或目的地是一个保护网络上的主机——它们必须在通道模式中使用 IPSec。对准备使用的传送模式 IPSec 来说,唯一的条件是传输中的通信经由其他某种协议通过通道传输。L2TP 就是一个这样的例子。

7.3.8 Road Warrior

在端到端安全中,数据包由产生和/或接收通信的那个主机进行加密和解密。在 VPN 中,网络中的一个路由器对一个受安全保护的网络中的一个主机(或多个)这方面的数据包进行加密和解密。这两个的组合一般称作"Road Warrior"配置。

Road Warrior 一般是独立的,他要求访问受安全保护的网络,但不停留在某个固定的地方。Road Warrior 不能属于一个 VPN,除非他的关系隶属于联网的其中一个网络。最常见的情形是巡回人员,他必须通过旅店或机场拨号,或任何一个可进行 Internet POP 的地方,安全地访问公司资源。

在 Road Warrior 方案中(如图 7.6 所示),Road Warrior 的计算机支持 IPSec,要么自带,要么通过一个"堆栈上的块"楔子获得。它能够在外出数据包抵达线之前对它们进行安全保护;能够在对进入包进行 IP 处理之前,验证它们的安全保护。Road Warrior 的 IPSec 同级是一个路由器,保护 Road Warrior 想访问的那个网络。这个路由器可同时支持一个 VPN,允许对其他的 Road Warrior 进行安全的远程访问。

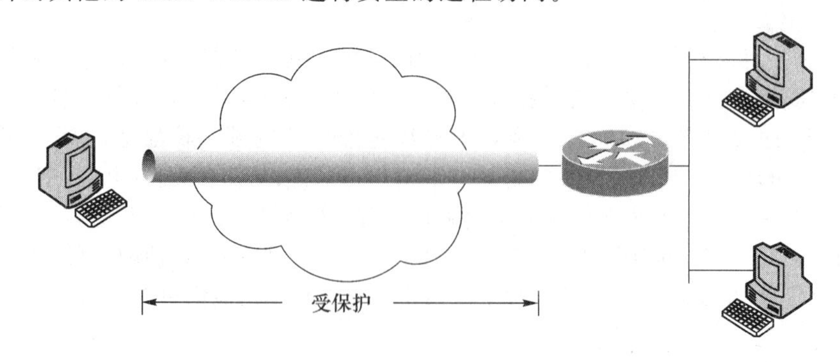

图 7.6 Road Warrior 方案

这种连接的一方将既是通信方，又是 IPSec 端点，而另一方将 IPSec 当作一项服务提供给另一个网络实体。因此，Road Warrior 方案类似于 VPN，不是通道模式中的 IPSec，就是传输中的通信，从 Road Warrior 的移动计算机到保护网络——必须由某些其他协议进行通道传输。

7.3.9　嵌套式通道

有时，需要支持多级网络安全保护。比如，这里有一个典型的例子：一家公司有一个安全网关，以防止其网络为竞争者和黑客侵犯，而该公司网络内部另有一个安全网关，防止某些内部员工进入敏感的子网。比如说，一个大公司的人力资源部或综合研发部这些部门。由它们管理的信息不能让公司员工人人都知，正如其主网中的专用信息不能人人皆知一样。

在这种情况下，如果某个人希望对一个保护网络内部的子网进行访问，就有必要使用嵌套式通道，如图 7.7 所示。

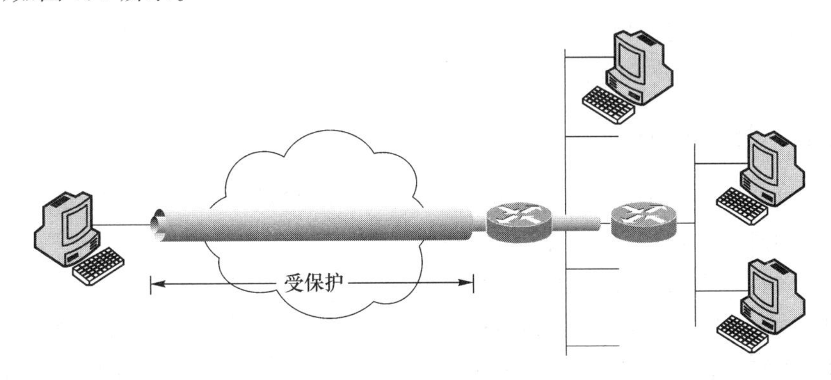

图 7.7　嵌套式通道

例如，Alice 在 NetWidget Corporation 的综合研发部门，花了一天时间来评估一个替代目标。她希望和她的合作者一起共享搜集到的信息，但她处于另一个镇，本地又没有办事处。利用 IPSec，爱丽丝可建立一个加密的、通过身份验证的通道，直达 NetWidget Corporation 的安全网关，而且在网络内部（通过一个 IPSec 保护的通道到安全网关），曾利用综合研发部的安全网关建立了另一个加密的、通过身份验证的通道。从她的便携机传到公司子网内部的一个服务器的数据包，被 IPSec 包封装，这些 IPSec 包的地址是综合研发部的安全网关。然后，IPSec 包得到 IPSec 的进一步处理，地址是 NetWidget Corporation。这些层像洋葱皮一样，被一层层地剥开，数据包一步步地抵达其最终目的地，如图 7.8 所示。

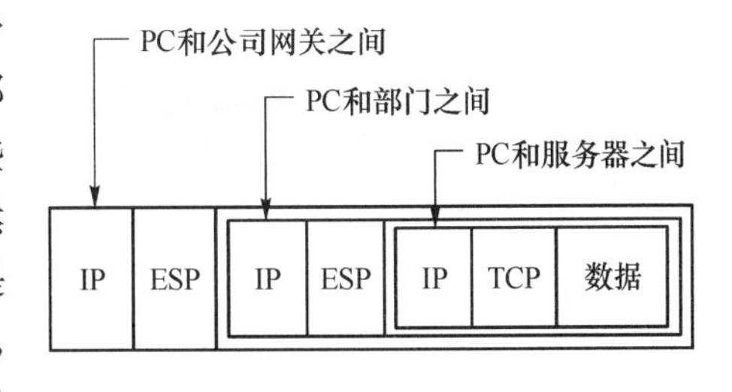

图 7.8　数据包被不断封装

从爱丽丝的部门服务器返回到她的便携机的数据包将直接构建，因为各个封装是最基本单元。但爱丽丝发给部门服务器的数据包非常难以构建。她的原始数据包（目的地是部门服务器）将在本地策略数据库内碰上一个 SPD 匹配。这样，将触发一个 IPSec 封装（它将被重新插入另一个策略校验的包输出路径）。这个 IPSec 包，目的地是她那个部门的安全网关，将碰上另一个 SPD 匹配，其结果是另一个 IPSec 封装和重新插入包输出路径。这个最后的头，从爱丽丝的便携机到公司网关的 IPSec 包将被发送到线上。虽然复杂，但整件事情总算完成了。爱丽丝的 SPD 中必须有一个策略，指定抵达部门服务器的通信必须由 ESP(AH)利用部门安全网关的 IPSec 同级来保护。此外，她必须有一个策略，称直达部门安全网关的所有通信，包括 ESP(AH)和 IKE 通信都必须由 ESP(AH)利用该通信在公司网关的信 IPSec 同级提供保护(注意到这一点是非常重要的：IKE 应该包括在这条规则内，因为任何配置恰当的安全网关都会允许 IKE 或 IPSec 通信到达一个实体，甚至是其保护的子网上的另一个安全网关)。爱丽丝想发送到两个网关后面的网络中的服务器的第一个包将对部门安全网关触发一次 IKE 交换。这个 IKE 包将触发另一次 IKE 交换，这一次是对公司安全网关。一旦针对 NetWidget 的公司网关的第二次 IKE 交换完成，SA 就会存在于爱丽丝的便携机和公司网关之间，第一个 IKE 交换可通过这个网关和部门网关得以安全地通到传输。只有在 IKE 交换完成，有两对 SA 存在时——对爱丽丝而言，两者都是进入 SA，但对不同的安全网关而言，两者都是外出 SA——只能发送原始的那个数据包。

嵌套式通道的策略难以设置，但一经建立，它就会留在适当的位置上。一旦自己便携机上的安全策略已定义，爱丽丝没有必要再去修改它。

7.3.10 链式通道

一种常见的网络安全配置是 Hub-and-Spoke。网络设计者一般在设计网络时，想到了链接加密，还有比如多对多加密等。

在这样一种设计中，通常有一个终止多通道的路由器。从一个网络横过 Hub-and-Spoke 网络，到达另一个网络的数据包都由一个安全网关加密，由集线器解密，再加密(极可能用不同的密钥)，并由保护远程网络的另一个安全网关解密。有时有好几个集线器，解密和重加密就要进行若干次。路径中的各个通道都链在一起，如图 7.9 所示。

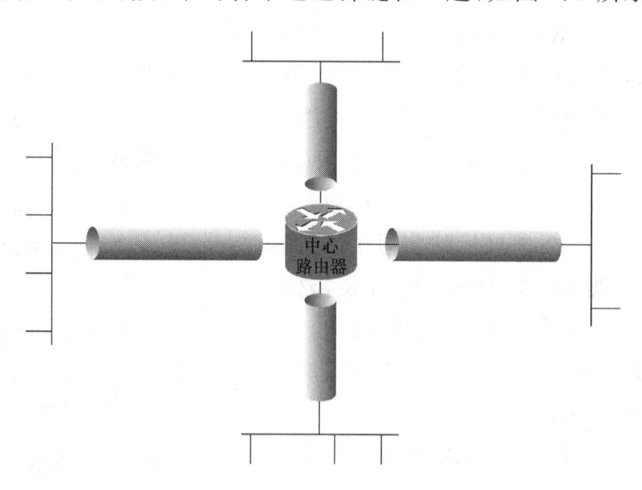

图 7.9　Hub-and-Spoke 网络中的链式通道

显而易见，该设计的性能不如传统上的 VPN 优良，因为同一个数据包将进行多次加密。同时，第一个数据包的设置潜力非常有限，因为在建立这个链中的下一个通道期间，每次停顿都会导致这个包的延迟。撇开这些缺点来说，它仍然是一个非常常用的配置方案，其主要原因是管理。在一个由几百个，甚至上千个 stub 网络组成的网络中，准备利用每隔一个安全网关,就配置一个 peerwise 同级关系,则保护一个 stub 网络将是一个巨大的挑战。新增一个 stub 网络就需要承担访问和配置每个独立 stub 网关的任务。

不幸的是,解决这一问题尚未有更容易的方案。IPSec 是一个点到点协议,一个点必须知道另一个点。每个 stub 网关都必须知道对各个可能的同级进行识别,知道自己保护的网络。这种方式下,网关在得到已知其目的地的这个数据包时,必须将它封装起来。

7.3.11 IPSec VPN 配置实例

该实例使用 Cisco 路由器实现。需要配置的环境为:一边服务器的网络子网为 192.168.1.0/24,路由器为 100.10.15.1;另一边的服务器为 192.168.10.0/24,路由器为 200.20.25.1。

执行步骤:

(1) 确定一个预先共享的密钥(保密密码)(以下例子保密密码假设为 noIP4u)。

(2) 为 SA 协商过程配置 IKE。

```
Shelby(config) # crypto isakmp policy 1
```

policy 1 表示策略 1,假如想多配几个 VPN,可以写成 policy 2、policy 3…

```
Shelby(config - isakmp) # group 1
```

除非购买高端路由器,或是 VPN 通信比较少,否则最好使用 group 1 长度的密钥,group 命令有两个参数值:1 和 2。参数值 1 表示密钥使用 768 位密钥,参数值 2 表示密钥使用 1 024 位密钥,显然后一种密钥安全性高,但消耗更多的 CPU 时间。

```
Shelby(config - isakmp) # authentication pre - share
```

告诉路由器要使用预先共享的密码。

```
Shelby(config - isakmp) # lifetime 3600
```

对生成新 SA 的周期进行调整。这个值以秒为单位,默认值为 86400,也就是一天。值得注意的是两端的路由器都要设置相同的 SA 周期,否则 VPN 在正常初始化之后,将会在较短的一个 SA 周期到达中断。

```
Shelby(config) # crypto isakmp key noIP4u address 200.20.25.1
```

返回到全局设置模式确定要使用的预先共享密钥和指归 VPN 另一端路由器 IP 地址,即目的路由器 IP 地址。相应地在另一端路由器配置也和以上命令类似,只不过把 IP 地址改成 100.10.15.1。

(3) 配置 IPSec。

```
Shelby(config) # access - list 130 permit ip 192.168.1.0 0.0.0.255 192.168.10.0 0.0.0.255
```

在这里使用的访问列表号不能与任何过滤访问列表相同,应该使用不同的访问列表号来标识 VPN 规则。

```
Shelby(config) # crypto ipsec transform - set vpn1 ah - md5 - hmac esp - des esp - md5 - hmac
```

这里在两端路由器唯一不同的参数是 vpn1,这是为这种选项组合所定义的名称。在两端的路由器上,这个名称可以相同,也可以不同。以上命令是定义所使用的 IPSec 参数。为了加强安全性,要启动验证报头。由于两个网络都使用私有地址空间,需要通过隧道传输数据,因此还要使用安全封装协议。最后,还要定义 DES 作为保密密码钥加密算法。

```
Shelby(config) # crypto map shortsec 60 ipsec - isakmp
```

以上命令为定义生成新保密密钥的周期。如果攻击者破解了保密密钥,他就能够解使用同一个密钥的所有通信。基于这个原因，我们要设置一个较短的密钥更新周期。比如，每分钟生成一个新密钥。这个命令在 VPN 两端的路由器上必须匹配。参数 shortsec 是我们给这个配置定义的名称，稍后可以将它与路由器的外部接口建立关联。

```
Shelby(config-crypto-map)#set peer 200.20.25.1
```

这是标识对方路由器的合法 IP 地址。在远程路由器上也要输入类似命令，只是对方路由器地址应该是 100.10.15.1。

```
Shelby(config-crypto-map)#set transform-set vpn1
Shelby(config-crypto-map)#match address 130
```

这两个命令分别标识用于这个连接的传输设置和访问列表。

```
Shelby(config)#interface s0
Shelby(config-if)#crypto map shortsec
```

将刚才定义的密码图应用到路由器的外部接口。

现在剩下的部分是测试这个 VPN 的连接，并且确保通信是按照预期规划进行的。最后一步是不要忘记保存运行配置。

7.4 防 火 墙

通过数据加密的方法，可以实现数据安全。通过对信道加密的方法，可以实现通信的安全。但是这些方法都没有解决对需要保护的数据主机的安全问题，因此，在内部网络和外部网络之间需要提供一定的安全机制，来实现内部和外部网络的隔离，这就是防火墙(Firewall)。

7.4.1 防火墙的概念和作用

防火墙(Firewall)在计算机界是指一种逻辑装置，用来保护内部的网络不受来自外界的侵害，是近年来日趋成熟的保护计算机网络安全的重要措施。防火墙是一种隔离控制技术，它的作用是在某个机构的网络和不安全的网络(如 Internet)之间设置屏障，阻止对信息资源的非法访问，防火墙也可以被用来阻止保密信息从企业的网络上被非法传出。

防火墙是在两个网络通信时执行的一种访问控制尺度，它能允许网络管理人员“同意”的人和数据进入他的网络，同时将网络管理人员“不同意”的人和数据拒之门外，阻止网络中的黑客来访问企业的网络，防止他们更改、复制、毁坏企业的重要信息。

防火墙主要用于实现网络路由的安全性。网络路由的安全性包括两个方面：1)限制外部网对内部网的访问，从而保护内部网特定资源免受非法侵犯；2)限制内部网对外部网的访问，主要是针对一些不健康信息及敏感信息的访问。

防火墙在内部网与外部网之间的界面上构造了一个保护层，并强制所有的连接都必须经过此保护层，在此进行检查和连接。只有被授权的通信才能通过此保护层，从而保护内部网及外部网的访问。防火墙技术已成为实现网络安全策略的最有效的工具之一，并被广泛地应用到网络安全管理上。

防火墙的主要作用如下：

(1) 可以对网络安全进行集中控制和管理。防火墙系统在企业内部与外部网络之间构筑的屏障，将承担风险的范围从整个内部网络缩小到组成防火墙系统的一台或几台主机上，在结构上形成一个控制中心；并在这里将来自外部网络的非法攻击或未授权的用户挡在被保护的内部网络之外，加强了网络安全，并简化了网络管理。

(2) 控制对特殊站点的访问。防火墙能控制对特殊站点的访问，如有些主机能被外部网络访问，而有些则要被保护起来，防止不必要的访问。

(3) 防火墙可作为企业向外部用户发布信息的中心联系点。防火墙系统可作为 Internet 信息服务器(如 WWW、FTP 等服务器)的安装地点，对外发布信息。防火墙可以配置允许外部用户访问这些服务器，而又禁止外部未授权的用户对内部网络上的其他系统资源进行访问。

(4) 可以节省网络管理费用。使用防火墙就可以将安全软件都放在防火墙上进行集中管理；而不必将安全软件分散到各个主机上去管理。

(5) 对网络访问进行记录和统计。如果所有对 Internet 的访问都经过防火墙，那么，防火墙就能记录下这些访问，并能提供网络使用情况的统计数据。当发生可疑动作时，防火墙能够报警并提供网络是否受到监测和攻击的详细信息。

(6) 审计和记录 Internet 使用量。网络管理员可以在此向管理部门提供 Internet 连接的费用情况，查出潜在的带宽瓶颈的位置，并能够根据机构的核算模式提供部门级的计费。

7.4.2 防火墙的安全控制模型和类型

为网络建立防火墙，首先需决定此防火墙将采取何种安全控制模型。通常有两种模型可供选择：(1)没有被列为允许访问的服务都是被禁止的；(2)没有被列为禁止访问的服务都是被允许的。

如果防火墙采取第 1 种安全控制模型，那么需要确定所有可以被提供的服务以及它们的安全特性，然后开放这些服务，并将所有其他未被列入的服务排除在外，禁止访问。如果防火墙采取第 2 种模型，则正好相反，需要确定哪些被认为是不安全的服务，禁止其访问；而其他服务则被认为是安全的，允许访问。

总之，从安全性角度考虑，第一种模型更可取一些。因为我们一般很难找出网络所有的漏洞，从而也就很难排除所有的非法服务。而从灵活性和使用方便性的角度考虑则第二种模型更合适。

根据防火墙的分类标准不同，可以分为以下几种类型的防火墙。

1. 网络级防火墙

一般是基于源地址和目的地址、应用或协议以及每个 IP 包的端口做出通过与否的判断。一个路由器就是一个“传统”的网络级防火墙，大多数的路由器都能通过检查这些信息来决定是否将收到的包转发，但它不能判断出一个 IP 包来自何方，去向何处。

先进的网络级防火墙可以判断这一点，它可以提供内部信息以说明所通过的连接状态和一些数据流的内容，将判断的信息同规则表进行比较，由在规则表中定义的各种规则来判别是同意或拒绝包的通过。包过滤防火墙检查每一条规则，直至发现包中的信息与某规则相符。如果没有一条规则相符，防火墙就会使用默认规则。一般情况下，默认规则就是要求防火墙丢弃该包。其次，通过定义基于 TCP 或 UDP 数据包的端口号，防火墙能够判断是否允许建立特定的连接，如 Telnet 和 FTP 连接。

网络级防火墙简洁、速度快、费用低，并且对用户透明，但是对网络的保护很有限，因为它只检查地址和端口，而对网络更高协议层的信息则无理解能力。

2. 应用级网关

应用级网关就是“代理服务器”,它能够检查进出的数据包,通过网关复制传递数据,防止在受信任服务器和客户机与不受信任的主机间直接建立联系。应用级网关能够理解应用层上的协议,能够做更复杂一些的访问控制。但每一种协议需要相应的代理软件,使用时工作量大,效率比网络级防火墙低。

常用的应用级防火墙已有了相应的代理服务器,例如,HTTP、NNTP、FTP、Telnet、rlogin 和 X-Windows 等。

应用级网关有较好的访问控制,是目前最安全的防火墙技术,但它实现困难,而且有的应用级网关缺乏“透明度”。在实际使用中,用户在受信任的网络上通过防火墙访问 Internet 时,经常会发现存在延迟并且必须进行多次登录才能访问。

3. 电路级网关

电路级网关用来监控受信任的客户或服务器与不受信任的主机间的 TCP 握手信息,这样可以决定该会话(session)是否合法。电路级网关在 OSI 模型中的会话层上过滤数据包。

电路级网关并不作为一个独立的产品存在,它与其他的应用级网关结合在一起使用。另外,电路级网关还提供一个重要的安全功能:在代理服务器上运行“地址转移”进程,将所有内部的 IP 地址映射到一个“安全”的 IP 地址,这个地址由防火墙使用。电路级网关也存在着一些缺陷,因为该网关工作在会话层,无法检查应用层级的数据包。

4. 规则检查防火墙

该防火墙结合了网络级防火墙、电路级网关和应用级网关的特点,但在分析应用层的数据时并不打破客户机/服务器模式。它允许受信任的客户机和不受信任的主机直接建立连接,不依靠与应用层有关的代理,而是使用某种算法识别进出的应用层数据,这些算法通过已知合法数据包的模式比较进出数据包,这样从理论上就比应用级代理在过滤数据包上更有效。

目前在市场上流行的防火墙大多属于规则检查防火墙,因为该防火墙对用户透明,在 OSI 最高层上加密数据,不需要修改客户端的程序,也不用对每个需要在防火墙上运行的服务额外增加一个代理。

未来的防火墙将位于网络级防火墙和应用级防火墙之间。网络级防火墙将能更好地识别通过的信息,而应用级防火墙在目前的功能上则向“透明”“低级”方向发展。最终防火墙将成为一个快速注册稽查系统,可保护数据以加密方式通过,使所有组织可以放心地在节点间传送数据。

7.4.3 防火墙的基本技术

第一代防火墙是一种简单的包过滤路由器形式。当今有许多防火墙技术供网络安全管理者选择,它的基本实现技术包括包过滤(packet filter)技术和代理服务技术。

1. 包过滤技术

包过滤技术是防火墙的一种最基本的实现技术,其中的数据包目前绝大部分均基于 TCP/IP 协议平台,包括网络层的 IP 数据包、传输层的 TCP 和 UDP 数据包以及应用层的 FTP、Telnet 和 HTTP 等应用协议数据包。

包过滤技术主要是针对特定 IP 地址的主机提供的服务,其基本原理是在网络传输的 IP 层截获往来的 IP 包,查找出 IP 包的源地址和目的地址、源端口号和目的端口号,以及 IP

包头中其他一些信息，并根据一定的过滤规则确定是否对此 IP 包进行转发。简单的包过滤在路由器上即可实现，通常放置在路由器的后面，同时在过滤的基础上可以加上其他安全技术，如加密、认证等，从而实现较高的安全性。

包过滤技术通过将每一个输入或输出包中发现的信息同访问控制规则的比较决定阻塞或允许通过该数据包。通过对 IP 地址和源、目的端口的比较，若地址和端口信息是允许的，包继续通过防火墙直接到达它的目的地，如果包在这一测试中失败，将在防火墙处丢弃。包过滤技术一般不能识别数据包中的文件信息和用户信息，并且包过滤规则的设计原则是有利于内部网络联向外部网络的，所以包过滤规则在防火墙两侧是不对称的。

包过滤技术对数据包实施有选择地通过，在防火墙内设置访问控制表，通过检查数据流中的每个数据包，根据其源地址、目的地址、所用的 TCP 与 UDP 端口号、TCP 链路状态等因素或它们的组合来确定是否允许数据包通过。

网络管理员配置包过滤的访问控制表通行规则时，要先列出一个接受或禁止哪些网络服务的清单，针对以下所列的 IP 包的各个域写好访问控制表：

- 禁止一切源路由寻径(sourcerouting)的 IP 包通过。
- 到达的 IP 包所来自的接口和所要转发的接口。
- IP 包的源地址和目的地址。
- IP 包中 TCP 与 UDP 的源端口和目的端口。
- 运行的协议及已建立的连接。
- IP 包的选择项。

包过滤防火墙是最快的防火墙，因为它的操作处于网络层，并且只是粗略检查特定连接的正确性。

包过滤技术的防火墙是一种比较简单的设备，并具有良好的网络安全保障功能。这种防火墙技术对用户是透明的，不需要用户客户站上的软件支持，也不要求客户做特别的设置。包过滤的产品目前在市场上种类繁多，比较容易选用和获得，有些具有包过滤功能的软件还能从 Internet 上免费下载。

虽然包过滤技术简单、实用，但它也有如下缺点：(1) 由于包过滤技术过滤的规则中无法包括用户名，要过滤用户名就不能使用包过滤技术，并且对于包中所包含的文件内容无法过滤；(2) 由于包过滤往往遵循"未经禁止的就允许通过"的规则，因此一些未禁止的包进出网络会对网络安全产生威胁；(3) 只有经过一定培训的专业人员才能对包过滤规则进行配置和设置。

2. 代理服务技术

代理服务技术是防火墙技术中使用得较多的技术，也是一种安全性能较高的技术。代理服务软件运行在一台主机上构成代理服务器，代理服务器在内部网络和外部网络之间充当"中间人"的角色。内部网络上的客户机访问外部网络时，为了内部网自身的安全，它首先访问作为防火墙的代理服务器，然后通过代理服务器运行的代理服务程序，再去访问外部网络中的资源。代理服务技术在应用层实现，不允许客户程序与服务器程序直接交互，必须通过代理程序双方才能实现信息的交互。同时还可以在代理程序中实现其他的安全性控制措施，如用户认证和报文加密等，从而达到更高的安全性能。代理根据所代理的对象及所放的位置，又可分为客户端代理和服务器端代理。客户端代理主要是保护浏览器一方主机的安全,服务器端代理主要是保护服务器的安全。

代理服务器既作为内部网客户机访问的服务器主机,又作为外部网络资源的客户机,对内部网上的用户来说,感觉似乎仍是直接访问外部网络一样。代理服务器软件可以在一台计算机上独立运行,或者与诸如包过滤器的其他软件一起运行。

代理服务技术的防火墙通常由两部分构成:服务器端程序和客户端程序。客户端程序与中间节点(proxy server)连接,中间节点再与要访问的外部服务器实际连接,同时提供日志(log)及审计(audit)服务。

与包过滤型技术防火墙不同的是,使用代理服务技术的防火墙其内部网络与外部网络不能直接通信。内部网络的计算机用户与代理网关通过内部网络协议(NetBIOS、TCP/IP等)进行通信,网关与外部网络之间采取的是标准TCP/IP网络通信协议。这样使得网络数据包不能直接在内外网络之间通过。内部计算机必须通过代理网关访问外部网络,这样容易在代理服务器上对内部网络的计算机访问外界计算机进行限制。另外,由于代理服务器两端采用不同协议标准,也可以直接阻止外界的非法入侵。还有,代理服务的网关可以有对数据封包进行验证和对密码进行确认等的安全管制,能较好地控制和管理两端的用户。

代理服务技术在网络应用层提供授权检查及代理服务。当外部某台主机试图访问受保护网络时,必须先在防火墙上通过身份认证,然后防火墙运行一个专门为该网络设计的程序,将外部主机与内部主机连接。在这个过程中,防火墙可以限制外部用户访问的主机、访问时间及访问的方式。同样,受保护网络内部用户访问外部网时也需先登录到防火墙上,通过验证后才可访问。

代理服务技术的优点是既可以隐藏内部IP地址,也可以给单个用户授权,即使攻击者盗用了一个合法的IP地址,也无法通过严格的身份认证,因此代理服务技术比包过滤技术具有更高的安全性。但是这种认证使得应用网关不透明,用户每次连接都要进行身份认证,这给用户带来许多不便,而且这种代理服务技术需要为每个应用写专门的程序。另外,采用代理服务技术的防火墙是通过代理服务器来起到防火墙作用的,所以在联机用户多时,效率必然受到影响,代理服务器负担很重,并且一部分需要访问外部网络的客户软件在内部网络计算机中可能无法正常访问外部网络。

3. 监测技术

监测型防火墙是新一代的产品,这一技术实际已经超越了最初的防火墙定义。监测型防火墙能够对各层的数据进行主动的、实时的监测,在对这些数据加以分析的基础上,监测型防火墙能够有效地判断出各层中的非法侵入。这种检测型防火墙产品一般还带有分布式探测器,这些探测器安置在各种应用服务器和其他网络的节点之中,不仅能够检测来自网络外部的攻击,同时对来自内部的恶意破坏也有极强的防范作用。据权威机构统计,在针对网络系统的攻击中,有相当比例的攻击来自网络内部。因此,监测型防火墙不仅超越了传统防火墙的定义,而且在安全性上也超越了前两代产品。

7.4.4 防火墙的系统结构

一个防火墙主要由四个基本部件构成:防火墙策略(包括网络策略、服务访问策略和防火墙设计策略)高级鉴别机制、包过滤、代理服务器。

防火墙有四种基本配置方式:包过滤防火墙、双端主机防火墙、屏蔽主机防火墙和屏蔽子网防火墙。

1. 包过滤防火墙

包过滤防火墙如图 7.10 所示，这是在小型网络中最常用和最简单的防火墙。包过滤型防火墙通常安装在路由器上，并且大多数商用路由器都提供了包过滤的功能。另外，PC 上同样可以安装包过滤软件。包过滤规则以 IP 包信息为基础，对 IP 源地址、IP 目的地址、封装协议(TCP/UDP/ICMP/IP tunnel)和端口号等进行筛选。

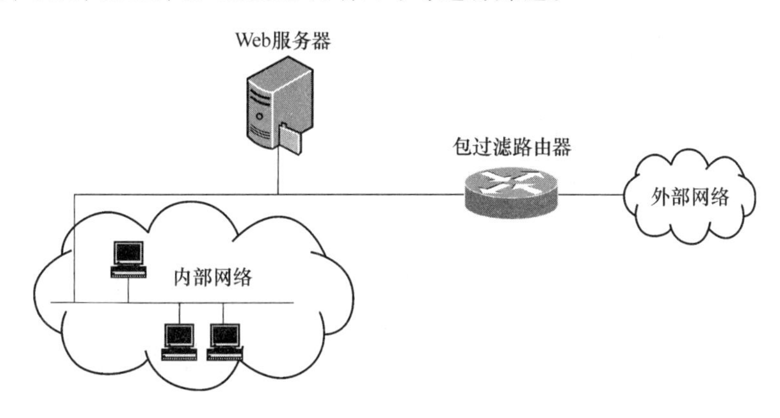

图 7.10　包过滤防火墙

2. 双端主机防火墙

将包过滤和代理服务两种方法结合起来，可以形成新的防火墙，所用主机称为堡垒主机(bastion host)，负责提供代理服务。双端主机防火墙(dual-homed host firewall)以堡垒主机充当网关，并在其上运行防火墙软件。内部网与外部网之间不能直接进行通信，必须经过堡垒主机。双端主机防火墙如图 7.11 所示。

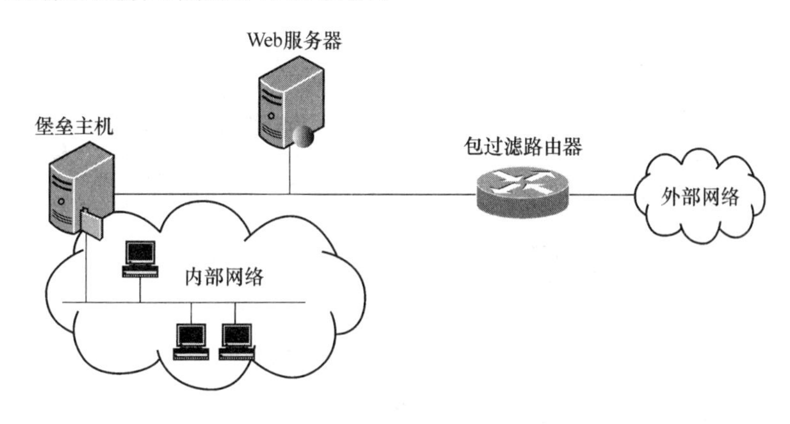

图 7.11　双端主机防火墙

3. 屏蔽主机防火墙

屏蔽主机防火墙比双端主机防火墙更灵活，如图 7.12 所示。屏蔽主机防火墙(screened host firewall)通过一个包过滤路由器与外部网相连，同时将一个堡垒主机安装在内部网上，使堡垒主机成为外部网所能到达的唯一节点，确保内部网不受外部非授权用户的攻击。这时代理服务器主机只需一个网络接口，路由器屏蔽掉所有不安全的协议，它按照下述规则接受或拒绝有关协议：(1)从外部网络到代理服务器主机的通信予以转发；(2)所有到其他主机的通信予以拒绝；

(3)转发从代理服务器来的通信。

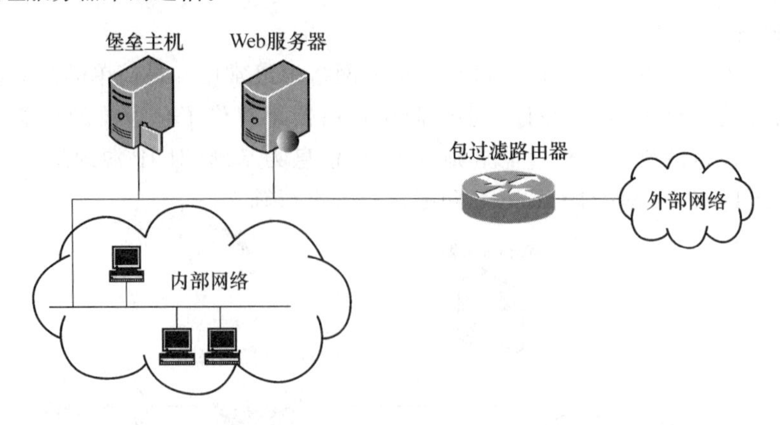

图 7.12　屏蔽主机防火墙

这种方案和双端主机防火墙的不同之处在于:由于代理服务器主机只有一个网络接口,所以内部网络只需一个子网,而不像双端主机防火墙那样需要在代理服务器主机和路由之间有一个专用子网。这样,整个防火墙的设置就更加灵活,但是相对而言安全性不如双端主机防火墙。

4. 屏蔽子网防火墙

屏蔽子网防火墙是双端主机防火墙和屏蔽主机防火墙的结合,其基本结构和双端主机防火墙相似,但它把防火墙的部件分散在多个主机系统中,以提高整个系统的吞吐量。它更加灵活,代价是费用高,而且配置和管理都比较复杂。屏蔽子网防火墙如图 7.13 所示。

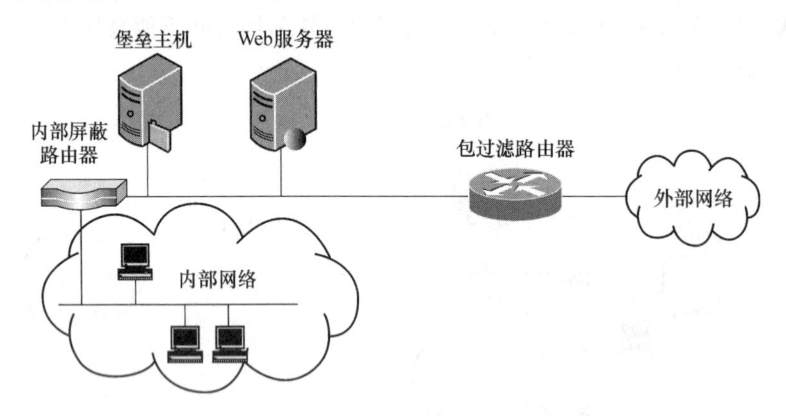

图 7.13　屏蔽子网防火墙

7.4.5　防火墙的局限性

虽然防火墙在网络安全方面有许多优点,但它也同样具有明显的局限性:

(1) 防火墙把外部网络当成不可信网络,主要是用来预防来自外部网络的攻击。它把内部网络当成可信任网络。然而事实证明,50%以上的黑客入侵都来自于内部网络,但是对此防火墙却无能为力。为此可以把内部网分成多个子网,用内部路由器安装防火墙的方法以保护一些内部关键区域。这种方法维护成本和设备成本都会很高,同时也容易产生一些安全盲点,但毕竟比不对内部进行安全防范要好。

(2) 常常需要有特殊的较为封闭的网络拓扑结构来支持,对网络安全功能的加强往往以网络服务的灵活性、多样性和开放性为代价。

(3) 防火墙系统防范的对象是来自网络外部的攻击,而不能防范不经由防火墙的攻击。比如通过 SLIP 或 PPP 的拨号攻击,绕过了防火墙系统而直接拨号进入内部网络,防火墙系统对这样的攻击很难防范。

(4) 防火墙只允许来自外部网络的一些规则允许的服务通过,这样反而会抑制一些正常的信息通信,从某种意义上说大大削弱了 Internet 应有的功能,特别是对电子商务发展较快的今天,防火墙的使用很容易错失商机。

7.5 网络安全扫描与监测

使用了以上技术并不能保障现有的网络是安全的,为此,需要使用一些工具对网络的安全进行评估。

7.5.1 网络安全扫描技术

网络安全扫描技术是一种自动检测本地或远程主机安全脆弱点的技术。通过使用扫描器可以不留痕迹地发现本地或者远程服务器的各种 TCP 和 UDP 端口的分配以及它们所提供的服务和软件版本、判定目标操作系统的类型,然后根据所收集到的信息进一步测试系统是否存在安全漏洞。它并不是一个直接攻击系统漏洞的程序,而仅能帮助我们发现目标主机存在的安全漏洞。网络安全扫描技术主要包括端口扫描技术、弱口令扫描技术、操作系统探测以及漏洞扫描技术等。

1. *端口扫描技术*

一个开放的端口就是一个潜在的通信通道,也就是一个入侵的通道。对目标计算机进行端口扫描,可以得到许多有用的信息,如开放端口及所提供的服务等。端口扫描是向目标主机的 TCP 或 UDP 端口发送探测数据包,记录目标主机的响应,然后通过分析响应数据包来判断端口是否开放以及所提供的服务或信息,帮助我们发现主机存在的某些安全隐患。它为系统用户管理网络提供了一种手段,同时也为网络攻击提供了必要的信息。

目前,端口扫描的方式主要有:

(1) TCP 全连接扫描。TCP 全连接扫描的过程是先向目标主机端口发送 SYN 报文,然后等待目标端口发送 SYN/ACK 报文,收到后再向目标端口发送 ACK 报文,即著名的"三次握手"过程。在许多系统中只需调用一个 Connect 函数即可完成。该方法的方便之处在于它不需超级用户权限,任何希望管理端口服务的人都可以使用,但它通常会在目标主机上留下扫描记录,易被管理员发现。

(2) TCP 半连接扫描。TCP 半连接扫描通常被称为"半开放"式扫描。扫描程序向目标主机端口发送一个 SYN 数据包,一个 SYN/ACK 的返回信息表示端口处于侦听状态,而一个 RST 的返回信息,则表示端口处于关闭状态。由于它建立的是不完全连接,所以通常不会在目标主机上留下记录,但构造 SYN 数据包必须要有超级用户权限。

除此之外,还有 TCP FIN 扫描、UDP 扫描、ICMP Echo 扫描、ACK 扫描以及窗口扫描等,这里不再赘述。

2. *弱口令扫描技术*

(1) 所谓口令,也就是密码,它为用户的数据安全提供了必要的安全保障。如果一个用户的口令被非法用户获得,则非法用户就获得了该用户的权限,尤其是最高权限用户的口令泄露以后,主机和网络也就失去了安全性。通过口令进行身份认证是目前实现计算机安全的主要手段之一。弱口令即为弱势口令,指易于猜测、破解或长期不变更的口令,比如"123"和"sa"等比较简单的口令。有些口令虽然不简单,但容易被人猜到,如自己的姓名、生日等,也属于弱口令。弱口令的存在是非常危险的,这样很容易被非法用户破解。

(2) 口令检测是网络安全扫描工具的一部分,它要做的就是判断用户口令是否为弱口令。如果存在弱口令,则提醒管理员或用户及时修改。所谓的暴力破解就是暴力口令猜测,是攻击者试图登录目标主机,不断输入口令,直到登录成功为止的攻击方法。它只需要能连接到目标主机的可登录端口,然后通过人工或自动执行工具软件一次次的猜测来进行判断,速度较慢。这种看似笨拙的方法却是黑客们最常用的方法,也往往是最有效的方法之一。它针对的是弱口令,而用户弱口令是普遍存在的。黑客的暴力破解是对用户口令强度的考验,那么,在接受黑客考验之前,用黑客的方法先对密码强度进行检测,确保其可靠性,就会大大降低暴力破解的成功率。因此,弱口令扫描是网络安全扫描必不可少的环节。

3. 操作系统探测技术

操作系统类型是进行入侵或安全检测需要收集的重要信息之一。绝大部分系统安全漏洞都与操作系统有关,因此,探测出目标主机操作系统的类型甚至版本信息对于攻击者和网络防御者来说都具有重要的意义。目前流行的操作系统探测技术主要有应用层探测技术和TCP/IP协议栈指纹探测技术。

(1) 应用层探测技术。通过向目标主机发送应用服务连接或访问目标主机开放的有关记录就有可能探测出目标主机的操作系统信息,如通过向服务器请求 Telnet 连接,可以知道运行的操作系统类型和版本信息。其他的如 Web 服务器、DNS 主机记录、SNMP 等也可以提供相关的信息。

(2) TCP/IP 协议栈指纹探测技术。TCP/IP 协议栈指纹技术是利用各种操作系统在实现TCP/IP 协议栈时存在的一些细微差别,通过探测这些细微的差异,来确定目标主机的操作系统类型。主动协议栈指纹技术和被动协议栈指纹技术是目前探测主机操作系统类型的主要方式。主动协议栈指纹技术主要是主动有目的地向目标系统发送探测数据包,通过提取和分析响应数据包的特征信息,来判断目标主机的操作系统信息。主要有 Fin 探测分组、假标志位探测、ISN 采样探测、TCP 初始化窗口、ICMP 信息引用、服务类型以及 TCP 选项等。

被动协议栈指纹技术主要是通过被动地捕获远程主机发送的数据包来分析远程主机的操作系统类型及版本信息,它比主动方式更隐秘,一般可以从四个方面着手:TTL、WS、DF 和 TOS。在捕捉到一个数据包后,通过综合分析上述四个因素,就能基本确定一个操作系统的类型。

4. 漏洞扫描技术

漏洞是硬件、软件或者安全策略上的错误而引起的缺陷,从而使别人能够利用这个缺陷在未经授权的情况下访问系统或者破坏系统的正常使用。漏洞的种类很多,主要有网络协议漏洞、配置不当导致的系统漏洞和应用系统的安全漏洞等。

漏洞扫描技术是自动检测远端或本地主机安全脆弱点的技术,目前漏洞扫描主要通过以下两种方法来检查主机是否存在漏洞:

(1) 在端口扫描后得知目标主机开启的端口及提供的服务,将这些相关信息与网络漏洞扫描系统提供的漏洞数据库进行匹配,查看是否存在漏洞。

(2) 通过模拟黑客的攻击手法,对目标主机进行攻击性的安全漏洞扫描。若模拟攻击成功,则表明目标主机存在安全漏洞。

根据安全漏洞检测的方法,可以将漏洞扫描技术分为以下四种类型。

(1) 基于主机的检测技术:主要检查一个主机系统是否存在安全漏洞。这种检查将涉及操作系统的内核、文件属性、操作系统补丁和不合适的设置等问题。

(2) 基于网络的检测技术:主要检查一个网络系统是否存在安全漏洞以及抗攻击能力。它运行于单个或多个主机,可以采用常规漏洞扫描的方法来检查网络系统是否存在安全漏洞,也可以采用仿真攻击的方法来测试目标系统的抗攻击能力。

(3) 基于审计的检测技术:主要通过审计一个系统的完整性来检查系统内是否存在被故意安放的后门程序。这种安全审计将周期性地使用单向散列算法对系统的特征信息如文件的属性等进行计算,并将计算结果与初始计算结果相比较,一旦发现改变就通知管理员。

(4) 基于应用的检测技术:主要利用软件测试的结果检查一个应用软件是否存在安全漏洞,如应用软件的设置是否合理、有无缓冲区溢出问题等。

5. 安全扫描的步骤

一次完整的网络安全扫描分为三个阶段:

(1) 发现目标主机或网络。

(2) 发现目标后进一步搜集目标信息,包括操作系统类型、运行的服务以及服务软件的版本等。如果目标是一个网络,还可以进一步发现该网络的拓扑结构、路由设备以及各主机的信息。

(3) 根据搜集到的信息判断或者进一步测试系统是否存在安全漏洞。

7.5.2 网络扫描器的使用

能进行网络安全扫描的软件有很多,比较著名的有 X-scan、SuperScan、流光等,其中很多版本还能够提供图形界面的操作方式。以下的例子使用著名的 Nmap(Network exploration tool and security/port scanner)来进行说明。

1. Nmap 简介

Nmap 是一个免费的开源实用程序,它可以对网络进行探查和安全审核;还可以利用它对网络设备调查、管理服务升级、监视主机或服务的正常运行时间进行监视。Nmap 使用 IP 数据包来决定有哪些主机在网络中是可用的,这些主机正提供的服务有哪些,它们运行的操作系统是什么,使用了哪些类型的过滤器或防火墙,当然还有许多其他的特性。其设计目的是能够快速地扫描大型网络,对于一些独立的主机而言更是游刃有余。Nmap 可以运行在大多数主流的计算机操作系统上,并且支持控制台和图形两种版本。

Nmap 是在免费软件基金会的 GNU General Public License (GPL)下发布的,可从 www.insecure.org/nmap 站点上免费下载,下载格式可以是 tgz 格式的源码或 RPM 格式。

Nmap 可以提供:(1) Ping 扫描(Ping Sweeping)、端口扫描(Port Scanning)、隐蔽扫描(Stealth Scanning)、UDP 扫描(UDP Scanning)、操作系统识别(OS Fingerprinting)、Ident 扫描(Ident Scanning)等功能。

2. Ping 扫描(Ping Sweeping)

通过使用“-sP”命令,进行 ping 扫描,入侵者就可以扫描整个网络寻找目标。默认情况下,Nmap 给每个扫描到的主机发送一个 ICMP echo 和一个 TCP ACK, 主机对任何一种的响应都会被 Nmap 得到。比如扫描 192.168.7.0 网络：

```
#nmap -sP 192.168.7.0/24
Starting nmap V. 2.12 by Fyodor (fyodor@dhp.com, www.insecure.org/nmap/)
Host (192.168.7.11) appears to be up.
Host (192.168.7.12) appears to be up.
Host (192.168.7.76) appears to be up.
Nmap run completed -- 256 IP addresses (3 hosts up) scanned in 1 second.
```

如果不发送 ICMP echo 请求，但要检查系统的可用性，这种扫描可能得不到一些站点的响应。在这种情况下，一个 TCP"ping"就可用于扫描目标网络。一个 TCP"ping"将发送一个 ACK 到目标网络上的每个主机，网络上的主机如果在线，则会返回一个 TCP RST 响应。使用带有 ping 扫描的 TCP ping 选项，也就是"PT"选项可以对网络上指定端口进行扫描(本例中指的默认端口是 80(http)号端口)，扫描可能通过目标边界路由器甚至是防火墙。需要注意的是，被探测的主机上的目标端口无须打开，关键取决于其是否在网络上。

```
#nmap -sP -PT80 192.168.7.0/24
TCP probe port is 80
Starting nmap V. 2.12 by Fyodor (fyodor@dhp.com, www.insecure.org/nmap/)
Host (192.168.7.11) appears to be up.
Host (192.168.7.12) appears to be up.
Host (192.168.7.76) appears to be up.
Nmap run completed -- 256 IP addresses (3 hosts up) scanned in 1 second.
```

当潜在入侵者发现了在目标网络上运行的主机，下一步是进行端口扫描。Nmap 支持不同类别的端口扫描，包括 TCP 连接、TCP SYN、Stealth FIN、Xmas Tree、Null 和 UDP 扫描。

3. 端口扫描(Port Scanning)

一个攻击者使用 TCP 连接扫描很容易被发现，因为 Nmap 将使用 connect()系统调用打开目标机上相关端口的连接，并完成三次 TCP 握手。黑客登录到主机将显示开放的端口。一个 TCP 连接扫描使用"-sT"命令如下：

```
#nmap -sT 192.168.7.12
Starting nmap V. 2.12 by Fyodor (fyodor@dhp.com, www.insecure.org/nmap/)
Interesting ports on (192.168.7.12):
Port State Protocol Service
7 open tcp echo
9 open tcp discard
13 open tcp daytime
19 open tcp chargen
21 open tcp ftp
...
Nmap run completed -- 1 IP address (1 host up) scanned in 3 seconds
```

4. 隐蔽扫描(Stealth Scanning)

如果一个攻击者不愿在扫描时使其信息被记录在目标系统日志上，TCP SYN 扫描可做到这一点，它很少会在目标机上留下记录，三次握手的过程从来都不会完全实现。通过发送一个 SYN 包(是 TCP 协议中的第一个包)开始一次 SYN 的扫描，任何开放的端口都将有一个 SYN/ACK 响应。这时，攻击者发送一个 RST 替代 ACK，连接就会中止，三次握手得不到实现，也就很少有站点能记录这样的探测。如果是关闭的端口，对最初的 SYN 信号的响应也会是 RST，让 Nmap 知道该端口不在监听。"-sS"命令将发送一个 SYN 扫描探测主机或网络：

```
#nmap -sS 192.168.7.7
```

```
Starting nmap V. 2.12 by Fyodor (fyodor@dhp.com, www.insecure.org/nmap/)
Interesting ports on saturnlink.nac.net (192.168.7.7):
Port State Protocol Service
21 open tcp ftp
25 open tcp smtp
53 open tcp domain
80 open tcp http
…
Nmap run completed -- 1 IP address (1 host up) scanned in 1 second
```

虽然SYN扫描可能不被注意，但仍会被一些入侵检测系统捕捉。Stealth FIN、Xmas树和Null scans可用于躲避包过滤和可检测进入受限制端口的SYN包。这三个扫描器对关闭的端口返回RST，对开放的端口将吸收包。一个FIN“-sF”扫描将发送一个FIN包到每个端口。

由于Xmas扫描“-sX”打开FIN、URG和PUSH的标志位，Null scans“-sN”将关闭所有的标志位，而这不是微软支持的TCP标准，所以FIN、Xmas Tree和Null scans在非微软公司的操作系统下才有效。

5. UDP扫描(UDP Scanning)

如果一个攻击者寻找一个流行的UDP漏洞，比如rpcbind漏洞或cDc Back Orifice。为了查出哪些端口在监听，则进行UDP扫描，即可知哪些端口对UDP是开放的。Nmap将发送一个0字节的UDP包到每个端口，如果主机返回端口不可达，则表示端口是关闭的。但这种方法受到时间的限制，因为大多数的UNIX主机限制ICMP错误速率。幸运的是，Nmap本身检测这种速率并自身减速，也就不会产生溢出主机的情况。如：

```
# nmap - sU 192.168.7.7
WARNING: - sU is now UDP scan -- for TCP FIN scan use-sF
Starting nmap V. 2.12 by Fyodor (fyodor@dhp.com, www.insecure.org/nmap/)
Interesting ports on saturnlink.nac.net (192.168.7.7):
Port State Protocol Service
53 open udp domain
111 open udp sunrpc
123 open udp ntp
137 open udp netbios - ns
138 open udp netbios - dgm
177 open udp xdmcp
1024 open udp unknown
Nmap run completed -- 1 IP address (1 host up) scanned in 2 seconds
```

6. 操作系统识别(OS Fingerprinting)

通常一个入侵者可能对某个操作系统的漏洞很熟悉，能很轻易地进入此操作系统的机器。一个常见的选项是“-O”，可以探测出远程操作系统的类型。这可以和端口扫描结合使用，但不能和ping扫描结合使用。Nmap通过向主机发送不同类型的探测信号，缩小查找的操作系统系统的范围。Nmap对操作系统的检测是很准确也是很有效的，如：

```
# nmap - sS - O 192.168.7.12
Starting nmap V. 2.12 by Fyodor (fyodor@dhp.com, www.insecure.org/nmap/)
Interesting ports on comet (192.168.7.12):
Port State Protocol Service
7 open tcp echo
9 open tcp discard
13 open tcp daytime
```

```
19 open tcp chargen
21 open tcp ftp
...
TCP Sequence Prediction: Class = random positive increments
Difficulty = 17818 (Worthy challenge)
Remote operating system guess: Solaris 2.6 - 2.7
Nmap run completed -- 1 IP address (1 host up) scanned in 5 seconds
```

查找出远程主机使用系统 Solaris 2.7。

7. Ident 扫描(Ident Scanning)

攻击者常常寻找一台对于某些进程存在漏洞的计算机。如一个以 root 运行的 Web 服务器。如果目标机运行了 identd，攻击者就可以使用 Nmap 的“-I”选项建立的 TCP 连接，发现哪个用户拥有 http 守护进程。以下是扫描一个 Linux Web 服务器的例子：

```
# nmap - sT - p 80 - I - O www.yourserver.com
Starting nmap V. 2.12 by Fyodor (fyodor@dhp.com, www.insecure.org/nmap/)
Interesting ports on www.yourserver.com (xxx.xxx.xxx.xxx):
Port State Protocol Service Owner
80 open tcp http root
TCP Sequence Prediction: Class = random positive increments
Difficulty = 1140492 (Good luck!)
Remote operating system guess: Linux 2.1.122 - 2.1.132; 2.2.0 - pre1 - 2.2.2
Nmap run completed -- 1 IP address (1 host up) scanned in 1 second
```

如果这里 Web 服务器是错误的配置并以 root 来运行，是不安全的。这时需要通过把 /etc/indeed.conf 中的 auth 服务注销来阻止 ident 请求，并重新启动 ident。另外也可用使用 iptables 或其他常用的防火墙，在网络边界上执行防火墙规则来终止 ident 请求，这可以阻止来路不明的人探测的网站用户拥有哪些进程。

除了这些，Nmap 也提供了其他选项。

8. 图形界面的 Nmap

Nmap 还提供了图形界面，这在 Linux 下需要 X-Window 支持。Windows 下的操作与 Linux 下基本没有区别：

Nmap 运行后如图 7.14 所示。Nmap 容许多种扫描选项，它对网络中被检测到的主机，按照选择的扫描选项和显示节点进行探查。我们可以建立一个需要扫描的范围，因此就不需要再键入大量的 IP 地址和主机名了。首先查看一下本主机所在的 IP 地址，确定扫描范围。然后点“Scan”，开始扫描，扫描结果如图 7.15 所示。

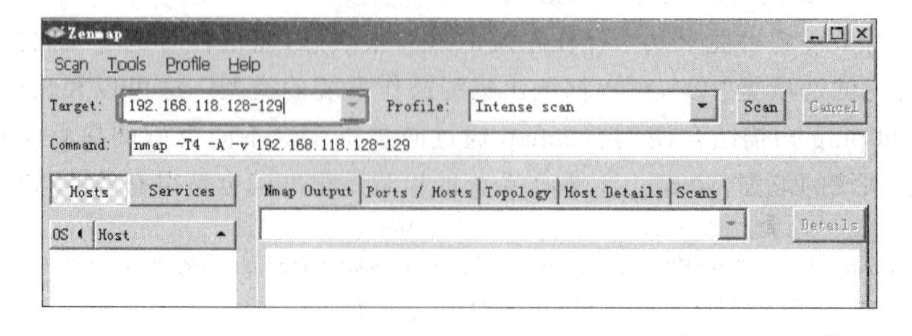

图 7.14 Nmap 的主界面及目标选择

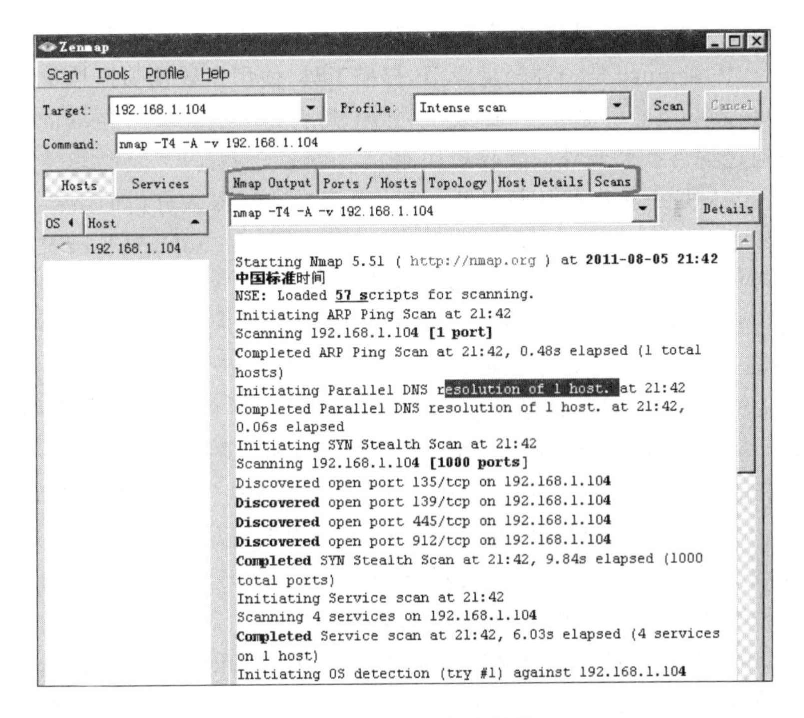

图 7.15 Nmap 扫描结果

7.5.3 网络分析

网络分析是对网络中所有传输的数据进行检测、分析、诊断，帮助用户排除网络事故，规避安全风险，提高网络性能，增大网络可用性价值。网络分析是网络管理的关键部分，也是最重要的技术。

1. 主流网络分析工具

进行网络分析的工具有很多，比较著名的有：

- Capsa Free 可用于监控、故障排除和分析。来自 Colasoft 的 Capsa Free 提供了识别和监控超过 300 种不同协议的能力。用户可以记录网络配置文件，创建定制报告和设置自定义报警触发条件。此外，Capsa 提供邮件监控，自动保存邮件内容以及易于使用的 TCP 时序图。
- Zenoss Core 是一个集成的网络和系统管理平台，Zenoss Core 具备可用性，性能，事件，系统和网络设备配置的监控能力。随着数据流通过 SNMP、SSH、WMI、JMX 和 Syslog，该平台提供了灵活的监控日志和事件管理。此外，该工具针对虚拟和云基础架构，包括 VMware ESX，提供专门的监控功能。
- 软件安全公司 Netresec 的 NetworkMiner 是一种基于 Windows 的网络取证分析工具，设计用来收集有关网络中的主机和数据，而非流量。它能够抓包甚至解析 PCAP 文件，以帮助用户监测网络中主机的 OS、主机名，以及开放端口。此工具方便文件、证书的重组传输，而无须耗费额外的流量。
- The Dude 可在指定子网内自动扫描设备。The Dude 能够绘制网络地图，监控运行设备的服务器并在服务器有问题时自动告警。能够运行在 Windows、Linux Wine、

Darwine 和 MacOS,并支持设备的 SNMP、ICMP、DNS 和 TCP 监控。

- Angry IP Scanner 是一种轻量级 IP 扫描工具,使用多线程扫描技术快速扫描,结果能够保存到 CSV、TXT、XML 或 IP-Port 列表文件中。基于 Java 的灵活框架,并且能够通过插件扩展额外信息收集功能。
- WireShark 是一种网络协议分析工具,使用户能够深入分析网络活动,涵盖上百种协议以及各主要平台,包括 Windows、Linux、OS X、Solaris、FreeBSD 和 NetBSD。数十种抓包文件格式的读/写功能,通过 GUI 或 TTY-mode 浏览数据。
- 日志搜索和分析工具 Splunk 的企业版价格比较昂贵。不愿支付这笔资金的企业可用 Fluentd 作为替代来实现基本功能。Fluentd 作为一种开源日志收集工具,可与 ElasticSearch 和 Kibana 结合使用。这是一对开源工具,提供搜索引擎和 Web UI 功能,与 Fluentd 结合使用可实现数据收集、分析并图形化。
- TC Concole 极大推进了网络可视化,这是由非营利性安全研究公司 Team Cymru 提供,TC Concole 提供网络恶意行为的历史视图,以及网络通信数据,交叉比对该组织收集的全球关于恶意行为的统计数据。该工具免费,但只有愿意与 Team Cymru 数据库分享网络信息的组织才能获得。
- Zenmap 是最好用的免费网络安全工具之一,通过 GUI 使所有 Nmap 功能更易于实现。这是一种为初学者设计,同时可为 Nmap 高手提供高级功能的工具。Zenmap 将保存常用的扫描配置文件作为模板,从而方便扫描设置。扫描结果可以通过一个可搜索的数据库保存,以便跨时间对比分析。
- 方便网络专业人士排查网络故障,告知谁在网络上,谁在占用带宽,故障发生在何处。JDSU 网络分析软件标准版可分析潜在性能问题,并同时提供实时分析和更深入的离线数据分析。

2. WireShark 的使用

Wireshark 是世界上最流行的网络分析工具。这个强大的工具可以捕捉网络中的数据,并为用户提供关于网络和上层协议的各种信息。Wireshark 的原名是 Ethereal,新名字是 2006 年起用的。当时 Ethereal 的主要开发者决定离开他原来供职的公司,并继续开发这个软件。但由于 Ethereal 这个名称的使用权已经被原来那个公司注册,Wireshark 这个新名字也就应运而生了。Wireshark 与很多其他网络工具一样,也使用 pcap network library 来进行封包捕捉。

Wireshark 的使用过程如下:

(1) 安装 Wireshark 需要有 pcap 支持,在 Windows 下会直接提示安装,如果在其他的操作系统下可能会需要 X11 支持。

(2) 在 MacOS 下启动 Wireshark 首先需要开启网络适配器的权限,在 X11 的终端下键入命令:sudo chomd 0777 /dev/bpf *,再键入管理员密码后,点击 Wireshark. app 启动软件,如图

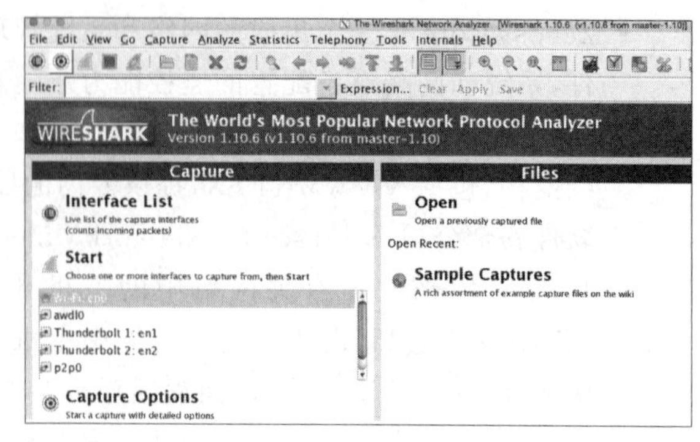

图 7.16 Wireshark 的启动界面

7.16 所示。首先选择监听的网卡为无线网络卡 en0，然后点击绿色的 start 按钮开始捕获数据包。

(3) 几分钟后就捕获到许多的数据包了，主界面如图 7.17 所示。

```
Capturing from Wi-Fi: en0   [Wireshark 1.10.6 (v1.10.6 from master-1.10)]
File Edit View Go Capture Analyze Statistics Telephony Tools Internals Help
Filter:                    Expression... Clear Apply Save
No.  Time             Source             Destination        Protocol Length Info
205 116.292339000 192.168.1.1        192.168.1.2        DNS   129 Standard query response 0xc30c  CNAME p22-btmmdns.icloud.com.akadns.net
206 116.720612000 17.172.232.148     192.168.1.2        TCP   119 hpvirtgrp > 61405 [PSH, ACK] Seq=3084 Ack=1237 Win=18432 Len=53 TSval=1587093729 T
207 116.720701000 192.168.1.2        17.172.232.148     TCP    66 61405 > hpvirtgrp [ACK] Seq=1237 Ack=3137 Win=131008 Len=0 TSval=102755549 TSecr=1
208 116.722467000 192.168.1.2        17.172.232.148     TCP   188 61405 > hpvirtgrp [PSH, ACK] Seq=1237 Ack=3137 Win=131072 Len=122 TSval=102755550
209 117.232476000 17.172.232.148     192.168.1.2        TCP   103 hpvirtgrp > 61405 [PSH, ACK] Seq=3137 Ack=1359 Win=18432 Len=37 TSval=1587094061 T
210 117.232552000 192.168.1.2        17.172.232.148     TCP   432 61405 > hpvirtgrp [PSH, ACK] Seq=1359 Ack=3174 Win=131008 Len=366 TSval=102756059
211 117.386653000 192.168.1.2        192.168.1.1        DNS    82 Standard query 0xc30c  AAAA p22-btmmdns.icloud.com
212 117.389317000 192.168.1.1        192.168.1.2        DNS   129 Standard query response 0xc30c  CNAME p22-btmmdns.icloud.com.akadns.net
213 118.472919000 192.168.1.2        192.168.1.1        DNS    82 Standard query 0x0f6e  AAAA p22-btmmdns.icloud.com
214 118.477437000 192.168.1.1        192.168.1.2        DNS   129 Standard query response 0x0f6e  CNAME p22-btmmdns.icloud.com.akadns.net
215 118.973643000 HuaweiTe_33:6e:a7  Apple_e1:03:d5     ARP    42 Who has 192.168.1.2?  Tell 192.168.1.1
216 118.973701000 Apple_e1:03:d5     HuaweiTe_33:6e:a7  ARP    42 192.168.1.2 is at 14:10:9f:e1:03:d5
217 119.570455000 192.168.1.2        192.168.1.1        DNS    82 Standard query 0x0f6e  AAAA p22-btmmdns.icloud.com
218 119.574918000 192.168.1.1        192.168.1.2        DNS   129 Standard query response 0x0f6e  CNAME p22-btmmdns.icloud.com.akadns.net
219 120.509970000 17.172.232.148     192.168.1.2        TCP   119 hpvirtgrp > 61405 [PSH, ACK] Seq=3174 Ack=1725 Win=19712 Len=53 TSval=1587097486 T
220 120.510056000 192.168.1.2        17.172.232.148     TCP    66 61405 > hpvirtgrp [ACK] Seq=1725 Ack=3227 Win=131008 Len=0 TSval=102759336 TSecr=1
221 120.511100000 192.168.1.2        17.172.232.148     TCP  1020 61405 > hpvirtgrp [PSH, ACK] Seq=1725 Ack=3227 Win=131072 Len=954 TSval=102759337
222 120.533477000 192.168.1.2        17.172.233.98      TCP   198 [TCP Retransmission] 61335 > hpvirtgrp [FIN, PSH, ACK] Seq=1 Ack=1 Win=4096 Len=12
223 120.664241000 192.168.1.2        192.168.1.1        DNS    82 Standard query 0x1fa6  AAAA p22-btmmdns.icloud.com
224 120.666184000 192.168.1.1        192.168.1.2        DNS   129 Standard query response 0x1fa6  CNAME p22-btmmdns.icloud.com.akadns.net
225 120.821782000 17.172.232.148     192.168.1.2        TCP   135 hpvirtgrp > 61405 [PSH, ACK] Seq=3227 Ack=1725 Win=19712 Len=69 TSval=1587097846 T
226 120.821922000 192.168.1.2        17.172.232.148     TCP   188 61405 > hpvirtgrp [PSH, ACK] Seq=2679 Ack=3296 Win=130976 Len=122 TSval=102759646
227 120.864979000 17.172.232.148     192.168.1.2        TCP    66 hpvirtgrp > 61405 [ACK] Seq=3296 Ack=2679 Win=21632 Len=0 TSval=1587097890 TSecr=1
228 121.226393000 17.172.232.148     192.168.1.2        TCP   135 hpvirtgrp > 61405 [PSH, ACK] Seq=3296 Ack=2801 Win=21632 Len=69 TSval=1587098160 T
229 121.226479000 192.168.1.2        17.172.232.148     TCP    66 61405 > hpvirtgrp [ACK] Seq=2801 Ack=3365 Win=130976 Len=0 TSval=102760050 TSecr=1
▷ Frame 1: 82 bytes on wire (656 bits), 82 bytes captured (656 bits) on interface 0
▷ Ethernet II, Src: Apple_e1:03:d5 (14:10:9f:e1:03:d5), Dst: HuaweiTe_33:6e:a7 (60:de:44:33:6e:a7)
▷ Internet Protocol Version 4, Src: 192.168.1.2 (192.168.1.2), Dst: 192.168.1.1 (192.168.1.1)
▷ User Datagram Protocol, Src Port: 57118 (57118), Dst Port: domain (53)
▷ Domain Name System (query)
0000  60 de 44 33 6e a7 14 10  9f e1 03 d5 08 00 45 00   `.D3n... ......E.
0010  00 44 ff 8d 00 00 40 11  f7 c7 c0 a8 01 02 c0 a8   .D....@. ........
0020  01 01 df 1e 00 35 00 30  55 72 7d 4e 01 00 00 01   .....5.0 Ur}N....
0030  00 00 00 00 00 00 0b 70  32 32 2d 62 74 6d 6d 64   .......p 22-btmmd
0040  6e 73 06 69 63 6c 6f 75  64 03 63 6f 6d 00 00 1c   ns.iclou d.com...
Wi-Fi: en0: <live capture in prc  Packets: 229 · Displayed: 229 (100.0%)   Profile: Default
```

图 7.17　Wireshark 的主界面

在图 7.17 中，可看到很多捕获的数据：其中第一列是捕获数据的编号；第二列是捕获数据的相对时间，从开始捕获算为 0.000 秒；第三列是源地址；第四列是目的地址；第五列是数据包的信息。

选中第一个数据帧，然后从整体上看看 Wireshark 的窗口，主要被分成三部分。上面部分是所有数据帧的列表；中间部分是数据帧的描述信息；下面部分是帧里面的数据。

(4) 分析数据。在图 7.18 中 Filter 后面的编辑框中输入：arp(注意是小写)，然后回车或者点击“Apply”按钮，就选择出所有 ARP 协议的包，其他的协议数据包都被过滤掉了。这时注意到中间部分的三行前面都有一个“▷”，点击它，这一行就会被展开，如图 7.19 和图 7.20 所示。

```
Capturing from Wi-Fi: en0   [Wireshark 1.10.6 (v1.10.6 from master-1.10)]
File Edit View Go Capture Analyze Statistics Telephony Tools Internals Help
Filter: arp                Expression... Clear Apply Save
No.  Time             Source             Destination        Protocol Length Info
   4 0.802553000   Apple_e1:03:d5     HuaweiTe_33:6e:a7  ARP   42 192.168.1.2 is at 14:10:9f:e1:03:d5
 103 49.134448000  Apple_e1:03:d5     Broadcast          ARP   42 Who has 192.168.1.1?  Tell 192.168.1.2
 104 49.140636000  HuaweiTe_33:6e:a7  Apple_e1:03:d5     ARP   42 192.168.1.1 is at 60:de:44:33:6e:a7
 139 62.960110000  HuaweiTe_33:6e:a7  Apple_e1:03:d5     ARP   42 Who has 192.168.1.2?  Tell 192.168.1.1
 140 62.960169000  Apple_e1:03:d5     HuaweiTe_33:6e:a7  ARP   42 192.168.1.2 is at 14:10:9f:e1:03:d5
 215 118.973643000 HuaweiTe_33:6e:a7  Apple_e1:03:d5     ARP   42 Who has 192.168.1.2?  Tell 192.168.1.1
 216 118.973701000 Apple_e1:03:d5     HuaweiTe_33:6e:a7  ARP   42 192.168.1.2 is at 14:10:9f:e1:03:d5
 824 152.922083000 HuaweiTe_33:6e:a7  Apple_e1:03:d5     ARP   42 Who has 192.168.1.2?  Tell 192.168.1.1
 825 152.922141000 Apple_e1:03:d5     HuaweiTe_33:6e:a7  ARP   42 192.168.1.2 is at 14:10:9f:e1:03:d5
1022 191.096844000 HuaweiTe_33:6e:a7  Apple_e1:03:d5     ARP   42 Who has 192.168.1.2?  Tell 192.168.1.1
1023 191.096909000 Apple_e1:03:d5     HuaweiTe_33:6e:a7  ARP   42 192.168.1.2 is at 14:10:9f:e1:03:d5
```

图 7.18　数据过滤

```
▷ Frame 1043: 42 bytes on wire (336 bits), 42 bytes captured (336 bits) on interface 0
▷ Ethernet II, Src: HuaweiTe_33:6e:a7 (60:de:44:33:6e:a7), Dst: Apple_e1:03:d5 (14:10:9f:e1:03:d5)
▷ Address Resolution Protocol (reply)
0000  14 10 9f e1 03 d5 60 de  44 33 6e a7 08 06 00 01   ......`. D3n.....
0010  08 00 06 04 00 02 60 de  44 33 6e a7 c0 a8 01 01   ......`. D3n.....
0020  14 10 9f e1 03 d5 c0 a8  01 02                     ........ ..
```

图 7.19　点中一行后的展开

```
▽ Frame 1043: 42 bytes on wire (336 bits), 42 bytes captured (336 bits) on interface 0
    Interface id: 0
    Encapsulation type: Ethernet (1)
    Arrival Time: Jan 15, 2015 19:16:47.728865000 CST
    [Time shift for this packet: 0.000000000 seconds]
    Epoch Time: 1421320607.728865000 seconds
    [Time delta from previous captured frame: 0.004614000 seconds]
    [Time delta from previous displayed frame: 0.004614000 seconds]
    [Time since reference or first frame: 238.781676000 seconds]
    Frame Number: 1043
    Frame Length: 42 bytes (336 bits)
    Capture Length: 42 bytes (336 bits)
    [Frame is marked: False]
    [Frame is ignored: False]
    [Protocols in frame: eth:arp]
    [Coloring Rule Name: ARP]
    [Coloring Rule String: arp]
▷ Ethernet II, Src: HuaweiTe_33:6e:a7 (60:de:44:33:6e:a7), Dst: Apple_e1:03:d5 (14:10:9f:e1:03:d5)
▷ Address Resolution Protocol (reply)

0000  14 10 9f e1 03 d5 60 de  44 33 6e a7 08 06 00 01   ......`. D3n.....
0010  08 00 06 04 00 02 60 de  44 33 6e a7 c0 a8 01 01   ......`. D3n.....
0020  14 10 9f e1 03 d5 c0 a8  01 02                     ........ ..
```

图 7.20　展开第一行的信息

在图 7.20 中可以看到这个帧的一些基本信息:①帧的编号:1043(捕获时的编号);②帧的大小:42 字节(如果是有线网络,帧大小最低为 60 字节),再加上四个字节的 CRC 计算在里面,就刚好满足最小 64 字节的要求;③帧被捕获的日期和时间:Jan 15,2015……;④帧距离前一个帧的捕获时间差:0.004 614 000……;⑤帧距离第一个帧的捕获时间差:238.781 676 000……;⑥帧装载的协议:ARP。

如果展开第二行可以看到如图 7.21 所示。

```
▷ Frame 1043: 42 bytes on wire (336 bits), 42 bytes captured (336 bits) on interface 0
▽ Ethernet II, Src: HuaweiTe_33:6e:a7 (60:de:44:33:6e:a7), Dst: Apple_e1:03:d5 (14:10:9f:e1:03:d5)
  ▽ Destination: Apple_e1:03:d5 (14:10:9f:e1:03:d5)
      Address: Apple_e1:03:d5 (14:10:9f:e1:03:d5)
      .... ..0. .... .... .... .... = LG bit: Globally unique address (factory default)
      .... ...0 .... .... .... .... = IG bit: Individual address (unicast)
  ▽ Source: HuaweiTe_33:6e:a7 (60:de:44:33:6e:a7)
      Address: HuaweiTe_33:6e:a7 (60:de:44:33:6e:a7)
      .... ..0. .... .... .... .... = LG bit: Globally unique address (factory default)
      .... ...0 .... .... .... .... = IG bit: Individual address (unicast)
    Type: ARP (0x0806)
▷ Address Resolution Protocol (reply)

0000  14 10 9f e1 03 d5 60 de  44 33 6e a7 08 06 00 01   ......`. D3n.....
0010  08 00 06 04 00 02 60 de  44 33 6e a7 c0 a8 01 01   ......`. D3n.....
0020  14 10 9f e1 03 d5 c0 a8  01 02                     ........ ..

Wi-Fi: en0: <live capture in ...   Packets: 3545 · Displayed: 93 (2.6%)
```

图 7.21　展开第二行的信息

从图 7.21 中可以看到:①目的地址(Destination)是:Apple_el:03:d5(14:10:9f:e1:03:d5) 这是个 MAC 地址。②源地址(Source)为:Elitegro_2d:e7:db (00:0d:87:2d:e7:db);③帧中封装的协议类型:0X0806,这个是 ARP 协议的类型编号;④Trailer:协议中填充的数据,为了保证帧最少有 64 字节。

如果展开第三行,则可看到如图 7.22 所示。

```
▷ Frame 1043: 42 bytes on wire (336 bits), 42 bytes captured (336 bits) on interface 0
▷ Ethernet II, Src: HuaweiTe_33:6e:a7 (60:de:44:33:6e:a7), Dst: Apple_e1:03:d5 (14:10:9f:e1:03:d5)
▽ Address Resolution Protocol (reply)
    Hardware type: Ethernet (1)
    Protocol type: IP (0x0800)
    Hardware size: 6
    Protocol size: 4
    Opcode: reply (2)
    Sender MAC address: HuaweiTe_33:6e:a7 (60:de:44:33:6e:a7)
    Sender IP address: 192.168.1.1 (192.168.1.1)
    Target MAC address: Apple_e1:03:d5 (14:10:9f:e1:03:d5)
    Target IP address: 192.168.1.2 (192.168.1.2)

0000  14 10 9f e1 03 d5 60 de  44 33 6e a7 08 06 00 01   ......`. D3n.....
0010  08 00 06 04 00 02 60 de  44 33 6e a7 c0 a8 01 01   ......`. D3n.....
0020  14 10 9f e1 03 d5 c0 a8  01 02                     ........ ..
```

图 7.22　展开第三行的信息

第三行是对地址解析协议的说明:①硬件类型:以太网;②协议类型:IP;③硬件大小:6;④协议大小:4;⑤发送方 MAC 地址;⑥发送方 IP 地址;⑦目的 MAC 地址;⑧目的 IP 地址。

项目小结

由于科协的网络是一个实验性的网络,所以邮件服务器的管理员不会保障信息的安全性。为了数据的安全起见,很多同学都使用加密软件对自己的数据进行加密。当加密使用在传输信道上的时候,就对各种应用、网络传输形成了安全信道。但仅仅是加密也不保险,还需要通过设置防火墙甚至入侵检测的机制将内部网络保护起来。当然,对于内部服务器也需要进行进一步的安全配置。

习 题

1. 用技术手段能实现计算机网络安全吗?为什么?

2. 尝试使用加密软件加密本次作业的文件。

3. 简述 CA 在安全的数据通信中的作用。为什么公开了密钥也不会发生数据泄密?

4. 使用抓包软件监控一次 http 访问以及一次页面游戏的网络交互。说明页面游戏交互过程是否被加密了。

5. 说明 VPN 是否一定要使用 IPSec,为什么?

6. 图 6.9 中的网络是否需要 VPN?如果没有,校园网的安全性怎样?

7. 为科协的网络设计防火墙,并说明部署方式。

8. 在 Linux 下使用 IPtables 工具实现包过滤防火墙。

9. 使用 Nmap 软件对校园网的公开服务器进行扫描,并给出安全建议。

10. 使用 Wireshark 对本地主机使用校园网的 Telnet 服务进行协议分析。

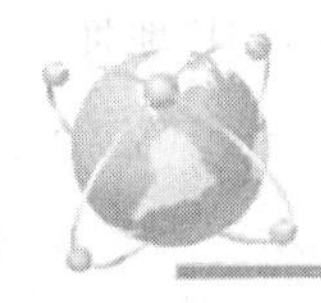

第8章 网络管理

问题的提出

校科协使用一批老旧的计算机构建了一个网络，并开设了很多实用的服务。但是随着这些建设的进行，网络也越来越复杂，渐渐地花在网络的管理和维护上的时间和精力越来越多。那么，有没有一种工具或者方法能够进行简单而有效的网络管理呢？

8.1 网络管理

随着计算机网络的发展和普及，网络规模不断扩大，复杂性不断增加，异构性越来越高。一个网络往往由若干大大小小的子网组成，集成了多种平台，包括不同厂家、公司的网络设备和通信设备，同时，网络中还有许多网络软件提供各种服务。这种复杂性使得网络管理和控制难以用传统的人工方式完成。随着用户对网络性能越来越高的要求，如果没有一个高效的网络管理系统对网络系统进行管理，就很难保证为用户提供令人满意的网络服务。网络管理是网络发展中一个很重要的关键技术，对网络的发展有着很大的影响，并已成为现代通信网络中重要的问题之一。

8.1.1 网络管理的概念

网络管理实际上就是控制一个复杂的计算机网络并使其达到最高效率的过程。一般来说，网络管理是以提高整个网络系统的工作效率、管理水平和维护水平为目标的，是一个对网络系统的活动及资源进行监测、分析、控制和规划的系统。

网络管理系统由一组监测和控制网络的软件组成，它可以帮助网络管理者维护和监视网络的运行。另外还可以产生网络信息日志，用来分析和研究网络。

网络管理系统通常可分为管理系统和被管系统。管理系统包含管理程序、管理代理、管理信息库和信息传输协议等，它不仅提供了管理员与被管对象的界面，而且还通过管理进程完成各项管理任务；被管系统由被管对象和管理代理组成，被管对象指网络上的软设施，管理代理通过代理进程完成程序下达的管理任务。在管理程序中和被管系统中都有管理信息库(MIB)，它们用于存储管理中用到的信息和数据。网络管理协议是为管理信息而定义的网络传输协议。

网络管理系统一般由以下两部分组成：

(1) 一个单独的操作员界面。它具有对用户非常友好的指令系统，功能强大，可以完成主要的网络管理任务。

(2) 少量的单独设备。网络管理要求的硬件和软件资源绝大部分已被集成在现存的网络设备上。

一个网络管理系统在逻辑上由管理对象、管理进程和管理协议三个部分组成：

(1) 管理对象是经过抽象的网络元素,对应于网络中具体可以操作的数据,如记录设备或设施工作状态的状态变量、设备内部的工作参数和设备内部用来表示性能的统计参数等。有的管理对象是外部可以对其进行控制的,另有一些管理对象则只是可读但不可修改的。

(2) 管理进程是负责对网络中的设备和设施进行全面的管理和控制(通过对管理对象的操作)的软件,它根据网络中各个管理对象的变化决定对不同的管理对象采取不同的操作。

(3) 管理协议负责在管理系统与管理对象之间传递操作命令,并负责解释管理操作命令。实际上,管理协议就是保证管理信息库 MIB(管理进程的一个部分,用于记录网络中管理对象的信息,如状态类对象的状态代码、参数类管理对象的参数值等)中的数据与具体设备中的实际状态、工作参数保持一致。

8.1.2 网络管理的功能

通常将网络管理功能按其作用分为三部分:操作(包括运行状态显示、操作控制、告警、统计、计费数据的收集与存储和安全控制等)、管理(包括网络配置、软件管理、计费和账单生成、服务分配、数据收集、网络数据报告、性能分析、支持工具和人员、资产和规划管理等)和维护(包括网络测试、故障告警、统计报告、故障定位、服务恢复和网络测试工具等)。因此,网管系统也可称为网络的操作管理和维护系统。

作为一个网络管理系统应尽可能开放,不要因一个产品而限制了整个网络系统的发展。它除了能将用户今天的网络环境很好地管理外,还要能配合其环境的成长,也就是在能很好地利用现有环境的功能外,还能够满足用户系统在节点增长、增加设备、对新功能加入等方面不断发展的需求,即对投资的保护。

从技术角度看,网管系统的发展趋势包括如下几个方面:

(1) 高灵活性。由于网络的环境越来越大,网管系统必须具备很高的灵活性。

(2) 高可用性。如对系统中的一些关键任务,网管系统应能注意到并反映出来。

(3) 高使用性。对复杂的环境应以简单的方式完成。

(4) 高安全性。这是网络运行越来越重要的要求。

一个功能完善的网络管理系统,对网络的使用有着极为重要的意义。它通常具有以下五个方面的功能。

1. 配置管理

配置管理是指网络中每个设备的功能、相互间的连接关系和工作参数,它反映了网络的状态。网络是经常需要变化的,需要调整网络配置的原因很多,主要有以下几点:

(1) 为向用户提供满意的服务,网络必须根据用户需求的变化,增加新的资源与设备,调整网络的规模,以增强网络的服务能力。

(2) 网络管理系统在检测到某个设备或线路发生故障,以及在故障排除过程中将会影响到部分网络的结构。

(3) 通信子网中某个节点的故障会造成网络上节点的减少与路由的改变。

对网络配置的改变可能是临时性的,也可能是永久性的。网络管理系统必须有足够的手段来支持这些改变,无论这些改变是长期的还是短期的。有时甚至要求在短期内自动修改网络配置,以适应突发性的需要。

配置管理就是用来识别、定义、初始化、控制与监测通信网中的管理对象。配置管理是网络管理中对管理对象的变化进行动态管理的核心。当配置管理软件接到网络管理员或其他管理功能设施的配置变更请求时，配置管理服务首先确定管理对象的当前状态并给出变更合法性的确认，然后对管理对象进行变更操作，最后要验证变更确实已经完成。

2. 故障管理

故障管理是用来维持网络的正常运行的。网络故障管理包括及时发现网络中发生的故障，找出网络故障产生的原因，必要时启动控制功能来排除故障。控制功能包括诊断测试、故障修复或恢复、启动备用设备等。

故障管理是网络管理功能中与检测设备故障、差错设备的诊断、故障设备的恢复或故障排除有关的网络管理功能，其目的是保证网络能够提供连续、可靠的服务。

常用的故障管理工具有网络管理系统、协议分析器、电缆测试仪、冗余系统、数据档案和备份设备等。

3. 性能管理

网络性能管理活动是持续地评测网络运行中的主要性能指标，以检验网络服务是否达到了预定的水平，找出已经发生或潜在的瓶颈，报告网络性能的变化趋势，为网络管理决策提供依据。性能管理指标通常包括网络响应时间、吞吐量、费用和网络负载。

对于性能管理，通过使用网络性能监视器(硬件和软件)，能够给出一定性能指示的直方图。利用这一信息，预测将来对硬件和软件的需求，验明潜在的需要改善的区域以及潜在的网络故障。

4. 记账管理

记账管理主要对用户使用网络资源的情况进行记录并核算费用。在企业内部网中，内部用户使用网络资源并不需要交费，但是记账功能可以用来记录用户对网络的使用时间、统计网络的利用率与资源使用等内容。通过记账管理，可以了解网络的真实用途，定义它的能力和制定政策，使网络更有效。

5. 安全管理

安全管理功能是用来保护网络资源的安全。安全管理活动能够利用各种层次的安全防卫机制，使非法入侵事件尽可能少发生；能够快速检测未授权的资源使用，并查出侵入点，对非法活动进行审查与追踪，能够使网络管理人员恢复部分受破坏的文件。在安全管理中可以通过使用网络监视设备，记录使用情况，报告越权或提供对高危险行为的警报。作为一个网络管理员，应该意识到潜在的危险，并用一定方法减少这些危险及其后果。

8.2 简单网络管理协议 SNMP

SNMP 是 TCP/IP 协议族的一个应用层协议，它是随着 TCP/IP 的发展而发展起来的。由于它满足了人们长久以来对通用网络管理标准的需求，而且本身简单明了，实现起来比较容易，占用的系统资源少，所以得到了众多网络产品厂家的支持，成为实际上的工业标准，基于该协议的网络管理产品在市场上占有统治地位。

在 TCP/IP 发展的前期，由于规模和范围有限，网络管理的问题并未得到重视。直到 20 世纪 70 年代仍然没有正式的网络管理协议，当时常用的一个管理工具就是现在仍在广泛使用的 Internet 控制报文协议(ICMP，Internet Control Message Protocol)。ICMP 通过在网络实体间交换 echo 和 echo-reply 的报文对，测试网络设备的可达性和通信线路的性能。ping 就是一个我们熟知的 ICMP 工具。

随着 Internet 的发展，连接到 Internet 上的组织和实体也越来越多。这些各自独立的实体在主观和客观上都要求能够独立地履行各自的子网管理职责，因此要求有一种更加强大的标准化的网络管理协议实现对 Internet 的网络管理。

20 世纪 80 年代末，Internet 体系结构委员会采纳 SNMP 作为一个短期的网络管理解决方案；1992 年推出了它的更新版本 SNMP Version2(SNMPv2)，增强了 SNMPv1 的安全性和功能。现在 SNMP 已经有了 SNMPv3。

8.2.1 SNMP 的管理模型

SNMP 的管理模型如图 8.1 所示，它最大的特点就是简单性。它的设计原则是尽量减少网络管理对系统资源的需求，尽量减少代理(agent)的复杂性。它的整个管理策略和体系结构的设计都体现了这一原则。

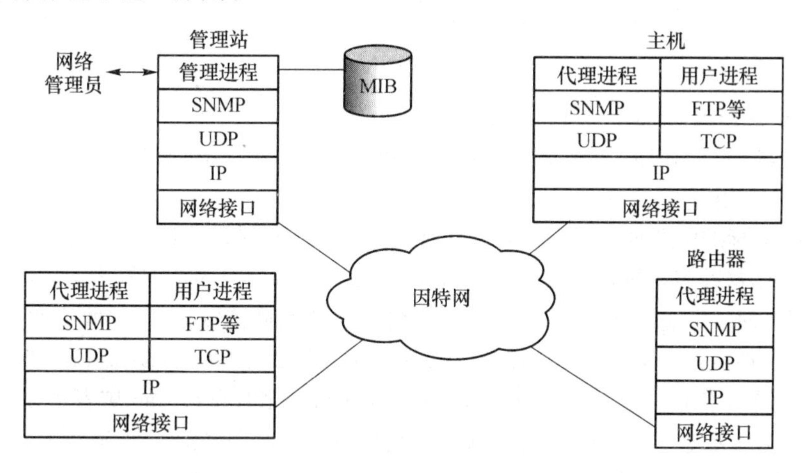

图 8.1 SNMP 管理模型

8.2.2 SNMP 通信报文

SNMP 标准主要由三部分组成：SNMP、管理信息结构 SMI(Structure of Management Information)和 MIB。SNMP 主要涉及通信报文的操作处理，协议规定了 manager 与 agent 通信的方法，定义了它们之间交换报文的格式和含义以及每种报文的处理方法。

SNMP 中规定的网络管理操作有五种：Get-Request、Get-Next-Request、Set-Request、Get-Response 和 Trap。其中：

- Get-Request 被 manager 用来从 agent 取回某些变量的值。
- Get-Next-Request 被 manager 用来从 agent 取回某变量的下一个变量的值。
- Set-Request 被 manager 用来设置(或改变)agent 上某变量的取值。
- Get-Response 是 agent 向 manager 发送的应答。
- Trap 被 agent 用来向 manager 报告某一异常事件的发生。

Get-Request、Get-Next-Request 和 Set-Request 这三种操作都具有原子(atomic)特性，即如果一个 SNMP 报文中包括了对多个变量的操作，agent 不是执行所有操作，就是都不执行(例如一旦对其中某个变量的操作失败，其他的操作都不再执行，已执行过的操作也要恢复)。

SNMP 的报文格式如图 8.2 所示。

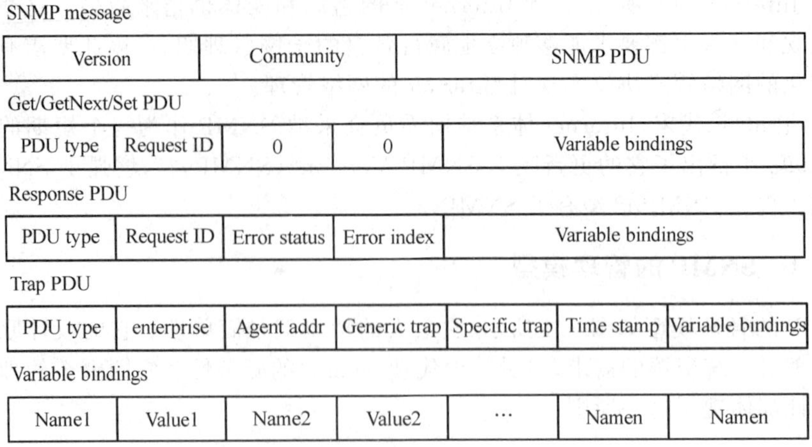

SNMP message

Version	Community	SNMP PDU

Get/GetNext/Set PDU

PDU type	Request ID	0	0	Variable bindings

Response PDU

PDU type	Request ID	Error status	Error index	Variable bindings

Trap PDU

PDU type	enterprise	Agent addr	Generic trap	Specific trap	Time stamp	Variable bindings

Variable bindings

Name1	Value1	Name2	Value2	…	Namen	Namen

图 8.2　SNMP 报文格式

version 域表示 SNMP 协议的版本，它在 SNMP 中是 version-1(0)。data 域存放实际传送的报文，报文有五种，分别对应上述五种操作。community 域是为增加系统的安全性而引入的，它的作用相当于口令(password)。

在 SNMP 标准中还规定了报文的传输格式。引入传输格式的目的，是为了定义一种标准的数据表示格式，这种表示格式与数据的内部处理格式无关，为内部处理格式不同的系统之间交换数据带来了方便。发送方在发出报文之前，先将报文转换成传输格式，接收方收到之后，再转换成它的内部处理格式。SNMP 的传输格式必须遵照 ASN.1 的 BER(Basic Encoding Rules)规范。BER 规定，每个要传输的数据都由三个域构成：tag、length 和 value。tag 域表示数据的 ASN.1 类型；length 域表示数据的长度(字节数)；value 域表示数据的实际编码。如整数 12，它的 ASN.1 类型是 02，长度是一个字节，值为 01，BER 编码就是 020112。复杂的数据类型(如结构)由简单的数据类型复合而成，其编码格式为：tag length tag length value…tag length value。

8.2.3　SNMP 的安全机制

SNMP 网络管理有几个特征，它包含一个管理站和一组代理之间的一对多的关系：管理站能够取得和设置代理中的对象，并从代理接收 trap。因此，从操作或控制的角度看，管理站"管理"多个代理，也可能有多个管理站，其中的每一个管理站管理全部代理或这些代理的一个子集，这些子集可能重叠。

我们也可以将 SNMP 网络管理看作是一个在一个代理和多个管理站之间的一对多的关系。每个代理控制它自己的本地的 MIB，而且必须能够控制多个管理站对该 MIB 的使用。该控制有三个方面：认证服务，代理可以把对 MIB 的访问限制在授权的管理站；访问策略，代理可以赋予不同的管理站不同的访问特权；转换代理服务，一个代理可以作为其他被管理站的转换代理，为其他被管理系统实现认证服务和访问策略。

8.2.4　管理信息标准

管理信息结构(SMI)和管理信息库(MIB)两个协议是关于管理信息的标准，它们规定了被管理的网络对象的定义格式，MIB 库中包含的对象，以及访问这些对象的方法。SMI 协议规定了一组定义和标识 MIB 变量的原则。它规定所有的 MIB 变量必须用 ASN.1(即抽象语法表示法(1))定义。

每个 MIB 变量都有一个用来标识的名称。在 SMI 中,这个名称以对象标识符(object identifier)表示。对象标识符相互关联,共同构成一个分层结构。在这个分层结构里,一个对象的标识符是由从根出发到对象所在节点的途中所经过的一个数字标号序列组成。

在 Internet 节点下的 mgmt 节点,专门为管理信息库分配了一个子树,命名为 mib2(1)。所有的 MIB 变量都在 mib 节点下,因此它们的名称(对象标识符)都以 iso. org. dod. internet. mgmt. mib 开头,数字表示为 1. 3. 6. 1. 2. 1。

MIB 协议规定管理信息库中应保存的网络对象,以及允许对每个对象的操作。设计 MIB 的目标之一,就是建立一个通用的数据存储格式,使被管理对象与管理协议无关。SNMP 问世以后,各网络产品的厂商纷纷采用 SNMP,不断推出了能够支持各种网络产品的 MIB 协议。一些厂商也根据自己产品的特点,将标准的 MIB 加以扩充,增加自己特有的内容,这就使得 SNMP 能管理的对象越来越多。1991 年推出了 MIB 的第二个版本 MIB-II,其中将管理对象分为 11 个类,每一类在 mib 节点下都对应一棵子树。

8.2.5 SNMPv2

在大型的、多厂商产品构成的复杂网络中,管理协议的明晰是至关重要的。SNMP 标准取得成功的主要原因就是它的简单性,但同时 SNMP 标准的简单性又是 SNMP 的缺陷所在。为了使协议简单易行,SNMP 简化了不少功能,如没有提供成批存取机制,对大块数据进行存取效率很低;没有提供足够的安全机制,安全性很差;只在 TCP/IP 协议上运行,不支持其他网络协议;没有提供 manager 与 manager 之间通信的机制,只适合集中式管理,不利于进行分布式管理;只适于监测网络设备,不适于监测网络本身。

针对上述问题,对 SNMP 的改进工作一直在进行。如 1991 年 11 月推出了 RMON 的 MIB,加强了 SNMP 对网络本身的管理能力。它使得 SNMP 不仅能管理网络设备,还能收集局域网和互联网上的数据流量等信息。1992 年 7 月,针对 SNMP 缺乏安全性的弱点,又公布了 S-SNMP(secure SNMP)草案。

到 1993 年年初,又推出了 SNMP Version2 即 SNMPv2(推出了 SNMPv2 以后,原 SNMP 就被称为 SNMPv1)。SNMPv2 包容了以前对 SNMP 所做的各项改进工作,并在保持了 SNMP 清晰性和易于实现的优点的基础上,功能更强,安全性更好。

SNMPv2 既支持高度集中的网络管理策略,又支持分布式管理策略。在后一种情况下,一些站点可以既充当 manager 又充当 agent,同时扮演两个角色。作为 agent,它们接收更高一级管理站的请求命令,这些请求命令中一部分与 agent 本地的数据有关,这时直接应答即可;另一部分则与远地 agent 上的数据有关,这时 agent 就以 manager 的身份向远地 agent 请求数据,再将应答传给更高一级的管理站。在后一种情况下,它们起的是代理的作用。

SNMPv2 对 SNMP 提供的关键增强包括管理信息结构(SMI)、协议操作、管理者—管理者能力和安全性。

SNMPv2 相对 SNMPv1 着重在管理信息结构、管理者之间的通信能力和协议操作方面进行了改进,但该版本仍然存在安全缺陷,对管理系统安全的威胁主要有以下几个方面。

(1) 信息篡改(modification):SNMPv2 标准允许管理站(manager)修改 agent 上的一些被管理对象的值。破坏者可能会将传输中的报文加以改变,改成非法值,从而进行破坏。因此,协议应该能够验证收到的报文是否在传输过程中被修改过。

(2) 冒充(masquerade):SNMPv2 标准中虽然有访问控制能力,但这主要是从报文的发送者来判断的。那些没有访问权的用户可能会冒充其他合法用户进行破坏活动。因此,协议应该能够验证报文发送者的真实性,判断是否有人冒充。

(3) 报文流的改变(message stream modification):由于 SNMPv2 标准是基于无连接传输服务的,报文的延迟、重发以及报文流顺序的改变都有可能发生。某些破坏者可能会故意将报文延迟、重发或改变报文流的顺序,以达到破坏的目的。因此,协议应该能够防止报文的传输时间过长,以免给破坏者留下机会。

(4) 报文内容的窃取(disclosure):破坏者可能会截获传输中的报文,窃取它的内容。特别在创建新的 SNMPv2 party 时,必须保证它的内容不被窃取,因为以后关于这个 party 的所有操作都依赖于它。因此,协议应该能够对报文的内容进行加密,保证它不会被窃听者获取。

针对上述安全性问题,SNMPv2 中增加了验证(authentication)机制、加密(privacy)机制,以及时间同步机制来保证通信的安全。

SNMPv2 标准中增加了一种叫作 party 的实体。party 是具有网络管理功能的最小实体,它的功能是一个 SNMPv2 entity(管理实体)所能完成的全部功能的一个子集。每个 manager 和 agent 上都分别有多个 party,每个站点上的各个 party 彼此是平等的关系,各自完成自己的功能。实际的信息交换都发生在 party 与 party 之间(在每个发送的报文里,都要指定发送方和接收方的 party)。每个 party 都有一个唯一的标识符(party identity)、一个验证算法和参数以及一个加密算法和参数。party 的引入增加了系统的灵活性和安全性,可以赋予不同的人员以不同的管理权限。SNMPv2 中的三种安全性机制:验证(authentication)机制、加密(privacy)机制和访问控制(access control)机制,都工作在 party 一级,而不是 manager/agent 一级。

SNMPv2 标准的核心就是通信协议,它是一个请求/应答式的协议。这个协议提供了在 manager 与 agent、manager 与 manager 之间交换管理信息的直观、基本的方法。

每条 SNMPv2 的报文都由 digest 域、authInfo 域、privDst 域等域构成。如果发送方、接收方的两个 party 都采用了验证(authentication)机制,它就包含与验证有关的信息,否则它就为空(取 NULL)。验证的过程如下:发送方和接收方的 party 都分别有一个验证用的密钥(secret key)和一个验证用的算法。报文发送前,发送方先将密钥值填入 digest 域,作为报文的前缀,然后根据验证算法对报文中 digest 域以后(包括 digest 域)的报文数据进行计算,计算出一个摘要值(digest),再用摘要值取代密钥,填入报文中的 digest 域。接收方收到报文后,先将报文中的摘要值取出来,暂存在一个位置,然后用发送方的密钥放入报文中的 digest。将这两个摘要值进行比较,如果相同,就证明发送方确实是 srcParty 域中所指明的那个 party,报文是合法的;如果不同,接收方判断发送方非法,验证机制就可以防止非法用户"冒充"某个合法 party 进行破坏。

authInfo 域中还包含两个时间戳(time stamps),用于发送方与接收方之间的同步,以防止报文被截获和重发。

SNMPv2 的另一大改进是可以对通信报文进行加密,以防止监听者窃取报文内容。除了 privDst 域外,报文的其余部分都可以进行加密。发送方与接收方采用同样的加密算法(如 DES)。

通信报文还可以不加任何安全保护,或只进行验证,也可以二者兼顾。

8.2.6 SNMP 版本比较

SNMPv3 采用了新的 SNMP 扩展框架,在此架构下,安全性和管理上有很大的提高。

SNMPv3需要进行用户名与密码验证，等待验证正确后可以启用其管理机制。但SNMPv3在实际应用中并不能得到很好的应用，实际上SNMPv3的部署十分麻烦。

就三个版本的区别来看，主要有以下几点：

SNMP v1基本上没有什么安全性可言，在安全方面SNMP v1存在以下主要的安全问题：SNMP数据包的修改：指一个未经验证的用户捕获到SNMP数据包后，修改其信息，又把数据包发送到目的站。而接收设备不能得知数据的改变，于是就响应包里的信息，导致安全问题。

SNMP v2在原有的Get、GetNext、Set、Trap等操作外增加了GetBulk和Inform两个新的协议操作。其中GetBulk操作快速获取大块数据。Inform操作允许一个NMS向另一个NMS发送Trap信息，并接收一个响应消息。

SNMP v2安全标准对数据修改、假冒和数据包顺序改变等安全问题提出了比较满意的解决方案，进一步为安全标准提出了一系列的目标，提出了分级的安全机制以及验证机制和使用DES标准加密算法。

SNMP v3并不是一个自成体系，用以取代SNMP v1和SNMP v2的协议。SNMP v3定义了安全方面的扩展能力，用来和SNMP v1及SNMP v2c相连接。在SNMP v3工作组定义的五个RFC中，2271描述了现行的SNMP使用的体系结构，2275描述了一种接入控制的方法，它同SNMP v3的核心功能是独立开的，只有2272～2274三个RFC才是真正有关安全方面的建议。

8.3 网络故障排除

网络中可能出现的故障多种多样，如不能访问网上邻居，不能登录服务器，不能收发电子邮件，不能使用网络打印机，某个网段或某个VLAN工作失常或整个网络都不能正常工作等。总括起来，从设备看，就是网络中的某个、某些主机或整个网络都不能正常工作；从功能看，就是网络的部分或全部功能丧失。由于网络故障的多样性和复杂性，对网络故障进行分类有助于快速判断故障性质，找出原因并迅速解决问题，使网络恢复正常运行。

8.3.1 网络故障的分类

根据网络故障的性质把故障分为连通性故障、协议故障与配置故障。

1. 连通性故障

连通性故障是网络中最常见的故障之一，体现为计算机与网络上的其他计算机不能连通，即所谓的“ping不通”。

连通性故障表现为：(1) 计算机在网上邻居中看不到自己；(2) 计算机在网上邻居中只能看到自己，而看不到同一网段的其他计算机；(3) 计算机无法登录服务器；(4) 计算机无法通过局域网连入Internet；(5) 网络中的部分计算机运行速度十分缓慢；(6) 整个网络瘫痪。

导致连通性故障的原因主要是：(1) 网卡硬件故障；(2) 网卡驱动程序未安装正确；(3) 网络协议未安装或未正确设置；(4) 网线、跳线或信息插座故障；(5) 集线器硬件故障；(6) 交换机硬件故障；(7) 交换机设置有误，如VLAN设置不正确；(8) 路由器硬件故障或配置有误；(9) 网络供电系统故障。

由上可见，发生连通性故障的位置可能是主机、网卡、网线、信息插座、集线器、交换机、路由器，而且硬件本身或者软件设置的错误都可能导致网络不能连通。为了分析方便起见，这里把连通性故障限定为硬件的连通性问题。协议或配置问题导致的连通性故障归在协议故障和配置故障里面。

2. 协议故障

协议故障也是一种配置故障，只是由于协议在网络中的地位十分重要，故专门将这类故障独立出来讨论。

协议故障的表现为：(1) 计算机无法登录服务器；(2) 计算机在网上邻居中看不到自己，也看不到或查找不到其他计算机；(3) 计算机在网上邻居中既看不到自己，也无法在局域网中浏览 Web，收发 E-mail；(4) 计算机在网上邻居中能看到自己和其他成员，但无法在局域网中浏览 Web，收发 E-mail；(5) 计算机无法通过局域网连入 Internet。

导致协议故障的原因有：(1) 协议未安装。仅实现局域网通信，需安装 NetBEUI 或 IPX/SPX 或 TCP/IP 协议，实现 Internet 通信，需安装 TCP/IP 协议；(2) 协议配置不正确，TCP/IP 协议涉及的基本配置参数有 4 个，即 IP 地址、子网掩码、DNS 和默认网关，任何一个设置错误，都可能导致故障发生；(3) 在同一网络或 VLAN 中有两个或两个以上的计算机使用同一计算机名称或 IP 地址。

3. 配置故障

配置错误引起的故障也在网络故障中占有一定的比重。网络管理员对服务器、交换机、路由器的不当设置，网络使用者对计算机设置的不当修改，都会导致网络故障。

配置故障表现为：(1) 计算机无法访问任何其他设备；(2) 计算机只能与某些计算机而不是全部计算机进行通信；(3) 计算机无法登录至服务器；(4) 计算机无法通过代理服务或路由器接入 Internet；(5) 计算机无法在 Intranet 的 E-mail 服务器里收发电子邮件；(6) 计算机能使用 Intranet 的 Web 和 E-mail 服务器，但无法接入 Internet；(7) 整个局域网均无法访问 Internet。

导致配置故障的原因有：(1) 服务器配置错误。例如，域控制器未设置用户或已到期的用户将无法登录，服务器配置错误导致 Web、E-mail 或 FTP 服务停止；(2) 代理服务器或路由器的访问列表设置不当，阻止有权用户或全部用户接入 Internet；(3) 第三层交换机的路由设置不当，用户将无法访问另一 VLAN 的计算机；(4) 当交换机配置安全端口后，非授权用户对该端口的访问，会使得端口锁死，从而导致该端口所连接的计算机无法继续访问网络；(5) 用户配置错误。例如，浏览器的“连接”设置不当，用户将无法通过代理服务器接入 Internet；邮件客户端的邮件服务器设置不当，用户将无法收发 E-mail。

由上可见，配置故障较多地表现在不能实现网络所提供的某些服务上，如不能接入 Internet，不能访问某个服务器或不能访问某个数据库等，但能够使用网络所提供的另一些服务。与硬件连通性故障在表现上有较大差别，硬件连通性故障通常表现为所有的网络服务都不能使用。这是判定为硬件连通性故障还是配置故障的重要依据。

8.3.2 网络故障的检测

在分析故障现象，初步推测故障原因之后，就要着手对故障进行具体的检测，以准确判断故障原因并排除故障，使网络运行恢复正常。

1. 硬件工具

总的来说，网络测试的硬件工具可分为两大类：一类用做测试传输介质（网线），一类用做测试网络协议、数据流量。

典型的测试传输介质的工具是网络线缆测试仪，这种测试仪的使用方法非常简单明了，在此不做详细介绍。

测试网络协议和数据流量的典型工具是多功能网络测试仪，这是一种比较常见的网络检测工具，可以说是网络检测的多面手，多功能网络测试仪通常被定义为一种网络维护工具，当然这也不妨碍它在工程中的实用性。顾名思义，由于该类产品都是多功能集成型，所以产品档次没有明显的差别，大致都包括以下一些功能。

(1) 电缆诊断。该功能与网络线缆测试仪是一致的，主要是对网络线缆的连通性进行测试，以判断连接网络两端的线缆是否良好。

(2) POE测试。随着网络技术的发展，许多网络设备厂商都推出了基于以太网供电(Power Over Ethernet，POE)的交换机技术，以解决一些电源布线比较困难的网络环境中需要部署低功率终端设备的问题。POE可以在现有的以太网Cat.5布线基础架构不作任何改动的情况下，为一些基于IP的终端(如IP电话机、无线局域网接入点AP、网络摄像机等)传输数据信号的同时，还能为此类设备提供直流供电，用以在确保结构化布线安全的同时保证现有网络的正常运作，最大限度地降低成本。网络测试仪能够自动模拟不同功率级别的PD设备，获取PSE设备的供电电压波形，根据不同的设备环境进行检测并在屏幕上绘出PSE供电输出的电压波形。网络测试仪可以智能的模拟不同功率级别的以太网受电PD (Power Device)设备来检测以太网供电PSE(Power Sourcing Equipment)的可用性和性能指标，包括设备的供电类型、可用输出功率水平、支持的供电标准以及供电电压。

(3) 识别端口。在一些使用时间较长的网络环境中，经常会出现配线架端的标识磨损或丢失，技术人员在排查故障时，很难确定发生故障的IP终端连接在交换机的哪一个端口。往往需要反复排查才能加以区分。网络测试仪针对这种情况提供了端口闪烁功能，通过设置自身的端口状态，使相连的交换机端口LED指示灯按照一定的频率关闭和点亮，让管理人员一目了然地确定远端端口所对应的交换机端口。

(4) 扫描线序。网络测试仪通常提供双绞线电缆线序扫描功能，图形化显示双绞线电缆端到端连接线序。核对双绞线末端到末端连接符合EIA/TIA 568绞线标准，该功能可替代测线器进行双绞线线序验证。

(5) 定位线缆。网络测试仪通常可以搭配音频探测器进行线缆查找，以便发现线缆位置和故障点。

(6) 链路识别。链路识别功能主要应用于判断以太网的链路速率，十兆、百兆或是千兆，而且该类设备通常可以判断网络的工作状态：半双工或是全双工。

(7) Ping。网络测试仪本身即是一个IP终端，可以对网络(IP)层进行连通性能测试，使网络管理和维护人员在大多数情况下，都无须携带笔记本计算机即可对故障点进行测试以排除故障。可扩展的Ping ICMP连通性测试，根据用户定义信息，重复对指定IP地址进行连通性和可靠性测试。

(8) 数据管理。数据管理通常是一个附加功能，用来查看管理工作记录和情况。

多功能网络测试仪的典型产品有Fluke Link Runner Pro和NTOOLER nLink-Ex网络测试仪。

2. 软件工具

Windows自带了一些常用的网络测试命令，可以用于网络的连通性测试、配置参数测试和协议配置、路由跟踪测试等。常用的命令有ping、ipconfig、tracert、pathping、netstat等几种。这几个命令的使用比较简单,如果需要查看帮助信息可以直接在窗口输入“命令符”或“命令符 /?”。

商业化的测试软件基本上都自带了网络管理系统,典型的有 Cisco works for windows 和 Fluke Network Inspector。

8.3.3 网络故障的排除

按照网络故障的性质,可以将网络故障划分成连通性故障、协议故障和配置故障。那么在网络故障检测和排除过程中,对这种分类方法的三种故障类型也有相应的故障诊断技术。

1. 连通性故障排除步骤

(1) 确认连通性故障

当出现一种网络应用故障时,如无法浏览 Internet 的 Web 页面,首先尝试使用其他网络应用,如收发 E-mail、查找 Internet 上的其他站点或使用局域网络中的 Web 浏览等。如果其他一些网络应用可正常使用,如能够在网上邻居中发现其他计算机,或可“ping”其他计算机,那么可以排除内部网连通性有故障。查看网卡的指示灯是否正常。正常情况下,在不传送数据时,网卡的指示灯闪烁较慢,传送数据时,闪烁较快。无论指示灯是不亮还是不闪,都表明有故障存在。如果网卡不正常,则需更换网卡。“ping”本地的 IP 地址,检查网卡和 IP 网络协议是否安装完好。如果“ping”得通,说明该计算机的网卡和网络协议设置都没有问题。问题出在计算机与网络的连接上。这时应当检查网线的连通性和交换机及交换机端口的状态。如果“ping”不通,说明 TCP/IP 协议有问题。在控制面板的“系统”中查看网卡是否已经安装或是否出错。如果在系统中的硬件列表中没有发现网络适配器,或网络适配器前方有一个黄色的“!”,说明网卡未安装正确,需将未知设备或带有黄色的“!”网络适配器删除,刷新安装网卡。并为该网卡正确安装和配置网络协议,然后进行应用测试。如果网卡无法正确安装,说明网卡可能损坏,必须换一块网卡重试。使用“ipconfig/all”命令查看本地计算机是否安装 TCP/IP 协议,是否设置好 IP 地址、子网掩码和默认网关及 DNS 域名解析服务。如果尚未安装协议,或协议尚未设置好,则安装并设置好协议后,重新启动计算机执行基本检查的操作。如已经安装协议,认真查看网络协议的各项设置是否正确。如果协议设置有错误,修改后重新启动计算机,然后再进行应用测试。如果协议设置正确,则可确定是网络连接问题。

(2) 故障定位

到连接至同一台交换机的其他计算机上进行网络应用测试。如果仍不正常,在确认网卡和网络协议都正确安装的前提下,可初步认定是交换机发生了故障。为了进一步确认,可再换一台计算机继续测试,进而确定交换机故障。如果在其他计算机上测试结果完全正常,则说明交换机没有问题,故障发生在原计算机与网络的连通性上;否则说明交换机有故障。

(3) 故障排除

如果确定交换机发生故障,应首先检查交换面板上的各指示灯闪烁是否正常。如果所有指示灯都在非常频繁地闪烁或一直亮着,可能是由于网卡损坏而发生广播风暴,关闭再重新打开电源后试试看能否恢复正常。如果恢复正常,找到红灯闪烁的端口,将网线从该端口中拔出。然后找该端口所连接的计算机,测试并更换损坏的网卡。如果面板指示灯一个也不亮,则先检查一下 UPS 是否工作正常,交换机电源是否已经打开,或电源插头是否接触不良。如果电源没有问题,则说明交换机硬件出了故障,更换交换机。如果确定故障发生在某一个连接上，则首先应测试、确认并更换有问题的网卡。若网卡正常，则用线缆测试仪对该连接中涉及的所有网线和跳线进行测试，确认网线的连通性。重新制作网线接头或更换网线。如果网线正常，则检查交换机相应端口的指示灯是否正常，更换一个端口再试。

(4) 对 ping 命令在连通性故障检测与排除中的应用总结

ping 本机的 IP 地址、主机名或域名。环回测试成功，可以确认本机的网卡安装驱动正常，TCP/IP 设置正常。如果是 ping 本机域名返回成功响应，除表明网卡、TCP/IP 配置正常外，还表明 DNS 服务器对本机的域名解析正常。ping 同一子网内或同一 VLAN 中其他计算机的 IP 地址。ping 同一 VLAN 中其他计算机的地址，如果测试不成功，则应确认 IP 地址、子网掩码的设置是否正确。如果设置有误，重新设置后再试；如果设置正确，或再试仍不成功，则应确认交换机的 VLAN 设置是否正确。如果设置有误，重新设置后再试；如果设置正确，或再试仍不成功，则应确认网络连接是否正常。应对网络设备和通信介质逐段进行测试，检查并排除故障。ping 广域网或 Internet 中远程主机的 IP 地址。ping 远程主机的地址，如果不成功，应确认远程主机网卡的设置是否正确；如果测试不成功，则应在控制面板的“网络与拨号连接”的“本地连接”属性中查看默认网关设置是否正确。如果设置不正确，重新设置后再试，默认网关应设为路由器的局域网或广域网端口的 IP 地址；如果设置正确或重试仍不成功，则应确认路由器的配置是否正确。如果该计算机被加入到禁止出站访问的 IP 控制列表中，那么该机将无法访问 Internet，自然也就“ping”不通远程主机了。如果路由器配置正确，该机也有访问权限，则应确认远端设备和线路是否正常。从其他计算机“ping”远程主机，如果从任意一台计算机“ping”任意一台远程主机的连接都超时，或丢包率都非常高，则应当与电信服务商或 ISP 共同检查广域网或 Internet 连接，包括线路、Modem，本地和远程路由器的设置等。

ping 远程主机的域名。如果 ping IP 地址响应正常而 ping 域名不成功，则应确认使用 DNS 服务器设置是否正确。在本机控制面板的“网络与拨号连接”的“本地连接”属性中查看域名服务器设置是否正确。如首选或备用的 DNS 服务器的 IP 地址设置是否正常等。如果设置不正确，重新设置后再试；如果设置正确或再试仍不成功，则分以下两种情况处理。

如果 Intranet 自有 DNS 服务器，则查看 DNS 服务器的配置，确认 Intranet 的 DNS 服务器配置是否正确。如果是使用 ISP 的 DNS 服务器，则可“ping”其 IP 地址，看能否“ping”通；与 ISP 联系，确认 ISP 的 DNS 服务器工作是否正常。

2. 协议故障排除步骤

当计算机出现协议故障现象时，应当按照以下步骤进行故障的定位。

检查计算机是否安装有 TCP/IP 协议或相关协议，如欲访问 Novell 网络，则还应添加 IPX/SPX 等。

检查计算机的 TCP/IP 属性参数配置是否正确。如果设置有问题，将无法浏览 Web 和收发 E-mail，也无法享受网络提供的其他 Intranet 或 Internet 服务。

使用 ping 命令，测试与其他计算机和服务器的连接状况。

在控制面板的“网络”属性中，单击“文件及打印共享”按钮，在弹出的“文件及打印共享”对话框中检查一下是否已选择“允许其他用户使用我的文件”和“允许其他计算机使用我的打印机”复选框。如果没有，全部选中或选中一个。否则，将无法使用共享文件夹或共享网络打印机。

若某台计算机屏幕提示“名字”或“IP 地址重复”，则在“网络”属性的“标识”中重新为该计算机命名或分配 IP 地址，使其在网络中具备唯一性。

至于广域网协议的配置，可参见路由器配置的内容。

3. 配置故障排除步骤

首先检查发生故障计算机的相关配置。如果发现错误，修改后，再测试相应的网络服务能否实现。如果没有发现错误，或相应的网络服务不能实现，则执行下一步骤。

测试同一网络内的其他计算机是否有类似的故障，如果有，说明问题肯定出在服务器或网络设备上；如果没有，也不能排除服务器和网络设备存在配置错误的可能性，都应对服务器或网络设备的各种设置，配置文件进行认真仔细的检查。

8.3.4 网络设备的诊断技术

其实前面所介绍的各种故障诊断技术，有一个共同点，就是首先要确定故障的位置，然后再对产生故障的设备进行故障分析和排除。如果将每种设备可能的故障、故障产生的原因和故障的解决办法归纳出来，无疑可以大大提高故障排除的效率。这种按故障位置（设备类型）划分的网络故障诊断技术，是与实际的故障解决过程相一致的。解决网络故障的时候，我们同样先定位产生故障的设备，然后再参照相应设备的故障诊断技术来具体分析解决。

1. 主机故障

- 协议没有安装。
- 网络服务没有配置好。
- 病毒。
- 安全漏洞，比如主机没有控制其上的 finger、rpc、rlogin 等多余服务或不当共享本机硬盘等。

2. 网卡故障

- 网卡物理硬件损坏，可用替换法。
- 网卡驱动没有正确安装。
- 系统的网卡记忆功能。

3. 网线和信息模块故障

- 网线接头接触不良。
- 网线物理损坏造成连接中断。
- 网线接头制作没有按照标准。
- 信息模块制作没有按照标准。

这些故障可以用测线仪很容易检测出来。

4. 集线器故障

- 集线器与其他设备连接的端口工作方式不同。
- 集线器级联故障。
- 集线器电源故障。

可以用更换端口或者更换集线器的方法来检测集线器故障。

5. 交换机故障

- 交换机 VLAN 配置不正确。
- 交换机死机。可通过重启交换机的方法来判断故障原因。

也可以用替换法检测交换机故障。

6. 路由器故障

(1) 串口故障排除

串口出现连通性问题时，为了排除串口故障，一般是从 show interface serial 命令开始，分析它的屏幕输出报告内容，找出问题所在。串口报告的开始提供了该接口状态和线路协议状态。接口和线路协议的可能组合有以下几种。

串口运行、线路协议运行，这是完全的工作条件。该串口和线路协议已经初始化，并正在交换协议的存活信息。

串口运行、线路协议关闭，这个显示说明路由器与提供载波检测信号的设备连接，表明载波信号出现在本地和远程的 Modem 之间，但没有正确交换连接两端的协议存活信息。可能的故障发生在路由器配置问题、Modem 操作问题、租用线路干扰或远程路由器故障、数字式 Modem 的时钟问题、通过链路连接的两个串口不在同一子网上，都会出现这个报告。

串口和线路协议都关闭，可能是电信部门的线路故障、电缆故障或者是 Modem 故障。

串口管理性关闭和线路协议关闭，这种情况是在接口配置中输入了 shutdown 命令。通过输入 no shutdown 命令，打开管理性关闭。接口和线路协议都运行的状况下，虽然串口链路的基本通信建立起来了，但仍然可能由于信息包丢失和信息包错误时会出现许多潜在的故障问题。正常通信时接口输入或输出信息包不应该丢失，或者丢失的量非常小，而且不会增加。如果信息包丢失有规律性增加，表明通过该接口传输的通信量超过接口所能处理的通信量。解决的办法是增加线路容量。查找其他原因发生的信息包丢失，查看 show interface serial 命令的输出报告中的输入输出保持队列的状态。当发现保持队列中信息包数量达到了信息的最大允许值，可以增加保持队列设置的大小。

(2) 以太接口故障排除

以太接口的典型故障问题是：带宽的过分利用；碰撞冲突次数频繁；使用不兼容的类型。使用 show interface Ethernet 命令可以查看该接口的吞吐量、碰撞冲突、信息包丢失和幂类型的有关内容等。

通过查看接口的吞吐量可以检测网络的利用。如果网络广播信息包的百分比很高，网络性能开始下降。光纤网转换到以太网段的信息包可能会淹没以太口。互联网发生这种情况可以采用优化接口的措施，即在以太接口使用 no ip route-cache 命令，禁用快速转换，并且调整缓冲区和保持队列。

两个接口试图同时传输信息包到以太电缆上时，将发生碰撞。以太网要求冲突次数很少，不同的网络要求是不同的，一般情况发现冲突每秒有 3、5 次就应该查找冲突的原因了。碰撞冲突产生拥塞，碰撞冲突的原因通常是由于敷设的电缆过长、过分利用或者“聋”节点。以太网络在物理设计和敷设电缆系统管理方面应有所考虑，超规范敷设电缆可能引起更多的冲突发生。

如果接口和线路协议报告运行状态，并且节点的物理连接都完好，可是不能通信。引起问题的原因也可能是两个节点使用了不兼容的帧类型。解决问题的办法是重新配置使用相同帧类型。

如果要求使用不同帧类型的同一网络的两个设备互相通信，可以在路由器接口使用子接口，并为每个子接口指定不同的封装类型。

(3) 异步通信口故障排除。

互联网络的运行中,异步通信口的任务是为用户提供可靠服务,但又是故障多发部位。主要的问题是,在通过异步链路传输基于 LAN 通信量时,将丢失的信息包的量降至最少。

异步通信口故障一般的外部因素是:拨号链路性能低劣、电话网交换机的连接质量问题、调制解调器的设置。

检查链路两端使用的 Modem:连接到远程计算机端口 Modem 的问题不太多,因为每次生成新的拨号时通常都初始化 Modem,利用大多数通信程序都能在发出拨号命令之前发送适当的设置字符串;连接路由器端口的问题较多,这个 Modem 通常等待来自远程 Modem 的连接,连接之前,并不接收设置字符串。如果 Modem 丢失了它的设置,应采用一种方法来初始化远程 Modem。

简单的办法是使用可通过前面板配置的 Modem。

另一种方法是将 Modem 接到路由器的异步接口,建立反向 TELNET,发送设置命令配置 Modem。

show interface async 命令、show line 命令是诊断异步通信口故障使用最多的工具。

show interface async 命令输出报告中,接口状态报告关闭的唯一情况是接口没有设置封装类型。线路协议状态显示与串口线路协议显示相同。

show line 命令显示接口接收和传输速度设置以及 EIA 状态显示。show line 命令可以认为是接口命令(show interface async)的扩展。show line 命令输出的 EIA 信号及网络状态:"no CTS no DSR DTR RTS"表示。Modem 未与异步接口连接;"CTS no DSR DTR RTS"表示 Modem 与异步接口连接正常,但未连接远程 Modem;"CTS DSR DTR RTS"表示远程 Modem 拨号进入并建立连接。

确定异步通信口故障一般可用下列步骤:检查电缆线路质量;检查 Modem 的参数设置;检查 Modem 的连接速度;检查 rxspeed 和 txspeed 是否与 Modem 的配置匹配;通过 show interface async 命令和 show line 命令查看端口的通信状况;从 show line 命令的报告检查 EIA 状态显示;检查接口封装;检查信息包丢失及缓冲区丢失情况。

7. ADSL 故障

(1) ADSL 故障原因

ADSL 常见的硬件故障大多数是接头松动、网线断开、集线器损坏和计算机系统故障等方面的问题。一般都可以通过观察指示灯来帮助定位。

此外,电压不正常、温度过高、雷击等也容易造成故障。电压不稳定的地方最好为 Modem 配小功率 UPS,Modem 应保持干燥通风、避免水淋、保持清洁。遇雷雨天气时,务必将 Modem 电源和所有连线拔下。Modem 如果指示灯不亮,或只有一个灯亮,或更换网线、网卡之后 10Base-T 灯仍不亮,则表明 Modem 已损坏。

线路距离过长、线路质量差、连线不合理,也是造成 ADSL 不能正常使用的原因。其表现是经常丢失同步、同步困难或一贯性速度很慢。解决的方法是:将需要并接的设备如电话分机、传真、普通 Modem 等放到分线器的 Phone 口以后;检查所有接头接触是否良好,对质量不好的户线应改造或更换。

(2) 定位 ADSL 故障的基本方法

ADSL 的故障定位需要一定的经验,一般原则是:留心指示灯和报错信息,先硬件后软件,先内部后外部,先本地后外网,先试主机后查客户,充分检查后再确定。

检查 ADSL Modem 电源指示灯，持续点亮为正常，如电源指示灯不亮，表明电源有问题。

检查 ADSL Modem 数据指示灯，持续点亮为正常，说明用户端至 DSLAM 局端线路无故障；如该指示灯不亮，说明线路有问题。

每个用户的计算机均有其固定 IP 地址，如用户改动其地址，则电信部门可提供其计算机的 IP 地址，把 IP 地址重新改回来即可。

用户的计算机网卡经网线连接 Modem 后，其指示灯会闪亮，如该指示灯不能正常闪亮，说明用户网卡或网线有故障。

可以通过 ADSL Modem 上的指示灯来判断故障。

- Power：电源指示灯。如果 Power 灯不亮，则可能是 ADSL Modem 或电源适配器问题。
- Test(Diag)：设备自检灯。这个指示灯一般只有在打开 ADSL 时才会闪烁，一旦设备自检完成，指示灯就会熄灭。如指示灯长亮，即表示设备未能通过自检，可以尝试重开 ADSL Modem 或对设备进行复位来解决问题。
- CD(Link)：同步灯。这个指示灯表示线路连接情况。CD 灯在开机后会很快长亮，如果 CD 灯一直闪烁，表示线路信号不好或线路有问题。
- LAN：局域网指示灯。这个指示灯表示设备与计算机的连接是否正常。如果 LAN 灯不亮，计算机是无法与 ADSL Modem 通信的，这时就要检查网卡是否正常、网线是否有损。

项目小结

应该说对于网络的管理是一个比较细致琐碎的工作。现在的网络管理可以通过操作系统自带的工具实现，并且需要辅以一定的故障检测和排查手段。

网络管理的软件实现可以通过 SNMP 协议实现。

市场上商业化的网络管理软件不仅可以实现以上介绍的功能，还可能实现视图化管理、分布式层级管理等功能。

习　题

1. 说明 SNMP 的安全机制。
2. 网络管理的目标是什么？
3. 说明网络管理系统的基本工作原理。
4. 尝试在图 6.9 的网络中配置 SNMPv3。
5. 使用 tracert 跟踪到 sports.sina.com.cn 的路由，并逐条说明 echo 回来的信息是什么意思。

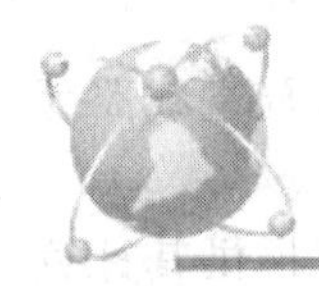

附录　网络术语和缩写词

网络术语

网络术语特别会使初学者混淆,因为它们既无逻辑性又不具一致性。有三个理由:一是尚无单一的理论解释所有的网络,术语也不可能从一种理论体系中导出;二是许多组织在开发和使网络技术标准化的过程中,使用了各种不同的术语;三是开发者已经构造了一些非正式的术语和缩写字代替了正式的技术术语。

本附录中的术语汇编包含实际中使用的以及文献中找到的技术术语。定义很简洁,既没有术语的详细解释,又没有实例,只是给出了每个术语的基本概念以加深读者对术语定义的了解。

缩写字和术语以字母次序排列(为便于查找、排序时忽略大小写),缩写字的原文在括号内给出。例如缩写字 MTU 原文为(Maximum Transmission Unit)。

以字母次序排列的网络术语和缩写字

10Base-T　双绞线以太网的技术名。

2-3 swap(2-3 交换)　指对一端用来发送,与之连接的另一端用来接收的电缆,或反之。数字 2 和 3 指的是 DB-25 接线器的发送和接收插脚。

2B+D service　ISDN 服务,因其包含两个标准电话连接加上一个数据连接。

3-way handshake(三次握手)　TCP 和其他传输协议中使用的一种技术,用来可靠地开始或友好地结束通信。

7-layer reference model (七层参考模型)　由国际标准化组织颁布的早期概念模型,给出了与提供的通信服务协同工作的一系列协议。七层协议不包含互联网协议层。

802.2　　IEEE 逻辑链接控制标准,见 LLC 和 SNAP。

802.3　　IEEE 以太网标准。

802.5　　IEEE 令牌环标准。

A

access delay(访问延迟)　网络接口在它能访问共享网络前的等待时间。

acknowledgement(确认)　一个简短的返回消息,它通知发送者:数据已经到达它所希望的目的地。

adaptive retransmission(可调重发)　传输协议的为适应各种不同的互联网延迟而不断地改变重发计时器的一种能力。TCP 是最著名的使用可调重发的协议。

address mask(地址屏蔽码) 一个32位二进制值,说明一个IP地址的哪些位对应网络和子网络。未被屏蔽的地址位对应主机部分。它也称为子网屏蔽码。

address resolution(地址解析) 从一个地址到另一个地址的映射,通常是从高层地址(如IP地址)到低层地址(如以太网地址)的映射。

ADSL(Asymmetric Digital Subscriber Line,不对称数字用户线路) 在与电话线相同的双绞线上高速传输数字信息的一种技术。因为大多数用户接收比发送的信息量大,所以其下行位速率高于上行位速率。

anonymous FTP(匿名(FTP)文件传输协议) 使用登录名为anonymous,口令为guest访问FTP。不是所有的FTP服务器都允许匿名FTP。

API(Application Program Interface,应用程序接口) 计算机程序能够调用的过程集,用来访问指定的服务。程序用来访问网络协议的过程集统称为网络API。

applet 构成活动WWW文档的计算机程序,applet是用诸如Java程序设计语言编写的。

AppleTalk 由Apple计算机公司开发和销售的一组网络协议。

ARP(Address Resolution Protocol,地址解析协议) 计算机用以映射IP地址到硬件地址的协议。计算机调用ARP广播一个请求,目标计算机对该请求应答。

ASCII(American Standard Codefor Information Interchange,美国标准信息交换码) 赋以128个字符唯一值的标准,包括大、小写的字母,数字,标点符号。

ASN.1(Abstract Syntax Notation.1,抽象语法表示1) 表示数据的标准。SNMP协议使用ASN.1表示对象名。

asynchronous(异步) 通信系统的一种特性,即发送者可在无提示下发送数据,接收者必须在任意时刻准备接收数据。参阅synchronous。

ATM(Asynchronous Transfer Mode,异步传输模式) 由ITU和ATM论坛定义的一种面向连接技术。在最低层,ATM发送的所有数据都用包含48个字节数据的固定信元来传输。

AUI(Attachment Unit Interface,连接单元接口) 一种用于与细缆以太网连接的连接器类型。AUI连接在计算机与以太网收发机之间。

B

B channel(Bearer channel,B信道) 电话公司使用的术语,表示一个为处理语音电话线路所配置的信道。ISDN包含了B信道服务。参阅D channel。

bandwidth(带宽) 对一个传输系统容量的衡量。带宽以赫兹为衡量单位。

Base header(基本头部) 在IPv6数据报起始部分所需要的头部。

Baseband technology(基带技术) 一种使用一小部分的电磁频谱,在底层介质上一次只传输一个信令的网络技术。大多数局域网(如以太网和FDDI)使用基带信令机制。参阅broadband technology。

baud(波特) 每秒钟信号改变的次数。每次改变能编码信息的一位或多位。

best-effort(尽力而为) 网络系统的一种尽最大努力传输数据但不保证送达的特点。

许多网络采用尽力方式。

bidding(联编) 用于动态地址配置的技术协议。计算机随机选择一地址并广播一个信息确认该地址是否在使用,以交互方式使用服务器管理地址。参阅 DHCP。

Binary exponential backoff(二进制幂重发) 以太网遇到冲突时计算机采用的方案,即每台计算机在每次冲突后加倍它的等待时间。

Bits per second(每秒二进位数) 数据在网络上传输的传输率。每秒二进位数可能与数据波特率不同,因为单个波特的编码可以多于一位。

BNC connector(BNC 连接器) 细缆以太网使用的连接器类型。

BOOTP(Bootstrap Protocol,自举协议) 计算机第一次启动时获取配置协议软件所需信息的协议。BOOTP 利用 IP 和 UDP 广播请求,且在 IP 完全配置之前收到应答。

BRI(Basic Rate Interface,基本速率接口) ISDN 服务提供的二个 B 信道和一个数据信道。BRI 适用于小规模商务。参阅 PRI。

bridge(网桥) 连接二个局域网段,并从一个网段复制帧到另一个网段的硬件设备。许多网桥硬件利用物理地址来获知哪个计算机与哪个段接触,这样,网桥只在必要情况下才复制帧。

broadband technology(宽带技术) 一种用于描述网络技术的术语。该技术使用大部分的电磁频谱来获得更高的吞吐量,通常在单一底层介质上使用频分多路复用来实现多路、独立的通信。参阅 basebandtechnology。

broadcast(广播) 把一个包发送到网上的每一台计算机的一种发送形式。参阅 cluster,multicast 和 unicast。

broadcast address(广播地址) 一个专门的地址,使得底层系统将一个包发送到网上的每一台计算机。

browser(浏览器) 一个存取和显示 WWW 信息的计算机程序。浏览器包含多个应用程序,并利用对象名确定用哪个应用来访问该对象。参阅 URL。

bus topology(总线拓扑) 一种网络结构,其中所有计算机与一共享介质联结,常用的是单根电缆。这种总线结构主要用于局域网。

byte stuffing(字节充填) 一种通过插入附加的字节来区分数据值和包控制域的协议技术。

C

cable modem(电缆调制解调器) 在有线电视所用的同轴电缆上传输数字信息的调制解调器。

carrier(载波) 网络中传输的基本信号。载波通过调制(即被改变),可以对数据进行编码。

category 5 cable(5 类电缆) 双绞线以太网所需的一种导线类型。5 类线的电气特性使它比低类线少受电气干扰。

CATV(Community Antenna Tele Vision,社区天线电视) 用于有线电视系统的名词。CATV 技术使用频分多路复用,在单一电缆上同时广播多个电视频道。参阅 cable modem。

CCITT(Consultative Committee on International Telephone and Telegraph,国际电话电报协会)　ITU的正式名称。

CDDI(Copper Distributed Data Interconnection,铜线分布数据互连)　通过铜线传输的FDDI技术。

cell(信元)　一种小尺寸的固定的包(如ATM网发送48个字节的信元)。

CGI(Common Gateway Interface,公共网关接口)　一种用来建立动态WWW文档的技术。CGI程序运行在服务器上。

checksum(校验和)　一个用来验证数据传输时未出错的值。发送者利用叠加数据的二进制计算校验和,并随该数据的包一起发送,接收者计算接收到的数据的校验和并与包内的校验和作比较。参阅CRC。

client(客户)　两个程序通过网络通信时,客户是启动通信的一方,而等待响应的程序是服务器方。一个程序能在一种服务中作为服务器,而在另一种服务中作为客户。

client-server paradigm(客户/服务器模式)　各应用程序通过网络通信时使用的交互方式。即服务器在一已知地址等待,由客户启动该服务。

cluster(簇)　用于IPv6的一种编址方式,即给一组计算机赋予一个地址,发送至该地址的数据包可输送给该组计算机中的任一个。参阅broadcast,multicast和unicast。

coaxial cable(同轴电缆)　一种用于计算机网络以及有线电视的电缆类型。该名称来源于金属屏蔽网环绕中心线的结构,屏蔽网保护中心线上的信号免受电气干扰。

collision(冲突)　在CSMA/CD网络中当两个站点同时发送时产生的情况。即信号相互干扰,迫使两个站点退出并重发。

colon hexadecimal notation(冒分十六进制表示法)　用来表示一个IPv6地址的语法记法。

congestion(拥塞)　每个通过网络发送的包由于网络中充塞着包而经历极长延迟的情况。除非协议软件能检测拥塞和减少包的发送率,否则网络就会因拥塞而瘫痪。

connection-oriented(面向连接)　网络系统需要在两台计算机之间发送数据之前先建立连接的一种特性。面向连接网络类似于电话系统,在开始通信前必须先进行一次呼叫和应答。参阅connectionless。

connectionless(无连接)　网络系统允许一台计算机在任何时刻发送数据给任何一台其他的计算机的一种特性。无连接网络类似于邮电系统,每封信件附有收信人地址,信件可在任何时刻发出。参阅connection-oriented。

CRC(Cyclic Redundancy Check,循环冗余校验)　用来检验数据在传输过程中没有遭破坏的一个值。发送方计算机发送一个带有CRC值的数据包,接收方计算机接收到数据后计算它们的CRC值,再与包中的CRC值比较。计算CRC值比计算校验和更复杂,但能检验出更多的传输差错。

CSMA(Carrier Sense Multiple Access,多路存取载波侦听)　总线结构网络采用的一种技术。与公共总线连接的计算机在发送包之前要检查是否存在载波。

CSMA/CD(Carrier Sense Multiple Access With Collision Detection,载波侦听多路存取/冲突检测)　当多个站点同时发送信息时,CSMA网络具有检测出差错的能力。参阅collision。

D

D Channel(D 信道) 电话公司使用的术语,指一种处理数据配置的信道。ISDN 包含 D 信道。参阅 B Channel。

DB-25(25 针的连接器) 常用于串行线路的 25 脚插件。

default route(缺省路由) 路由表中的通配项。如表中并未显式给出到目的地的路径,则路由软件按缺省路径处理。

delay-bandwidth product(延迟-带宽积) 网络中发送者和接收者之间可容纳的数据量的一种衡量。

demodulator(解调器) 收被调制的载波,并抽取信息的设备。参阅 modem。

demultiplex(逆多路复用) 一个通用概念,指分解从单个公共通信信道上接收到的信息,恢复成原先的多个部分。逆多路复用既可用硬件实现(即能被逆多路复用的电气信号);也可用软件实现(即协议软件能逆多路复用收到的信息,并把它们传输至正确的应用程序)。参阅 multiplex。

destination address(目的地址) 包中的一个地址,指明了该包发送的最终的目的地。在硬件结构中,目的地址必须是一个硬件地址。在 IP 数据报中,目的地址必须是一个 IP 地址。

DHCP(Dynamic Host Configuration Protocol,动态主机配置协议) 计算机用来获得配置信息的协议。DHCP 允许给某一计算机赋以 IP 地址而不需要管理者在服务器数据中配置有关该计算机信息。

dialup modem(拨号调制解调器) 使用拨号电话网络进行通信的调制解调器。拨号调制解调器必须能拨入或应答一次电话呼叫,以及使用一个声调作为载波。

digital signature(数字签名) 接收者能验证发送者身份的一种数据加密方法。

Dijkstra's algorithm(Dijkstra 算法) 一种在图中计算最短路径的算法。路由协议使用该算法计算最佳路径。

directed broadcast(直接广播) 在远程网上对所有计算机广播时,采用发送一个包的单一备份到远程网,并当它到达时广播该包的方法。TCP/IP 支持直接广播。

distance-vector(距离矢量) 路由器用来计算到达每个目的地的最优路径的一种算法。每个路由器周期地从相邻路由器接收路径信息。如果存在一条更低代价的路径,路由器就用此路径代替当前路径。参阅 link-state 和 SPF。

distributed spanning tree(分布生成树) 网桥自举中检测和截断环路时使用的一种算法。

DIX Ethernet(Digital Intel Xerox Ethernet,DIX 以太网) 早期以太网使用的术语,因为标准是三家公司协作开发的。

DNS(Domain Name System,域名系统) 能自动地将计算机名字翻译成等效的 IP 地址的系统。DNS 服务器通过查找名字并返回地址来响应一个查询。参阅 domain.

domain(域) 因特网中使用的计算机命名层次的一部分。例如,商业组织有在域名 . com 下注册的名字。

dotted decimal notation(点分十进制记法) 用来表示一个 32 位 IPv4 地址的语法记法,每个八位写成十进制,中间用点号分隔。

DS-1,DS-3 电话公司用来表示流行的点到点数字线路速度的一种定义方法。DS-1 表示 1.544Mbps,DS-3 表示 44.736Mbps。参阅 T1,T3。

DSU/CSU(Data Service Unit/Channel Service Unit,数据服务单元/信道服务单元) 用于将租用的数字数据线路和计算机设备连接起来的电子设备。DSU/CSU 在电话公司和计算机公司使用的数字格式之间相互转换。参阅 modem。

E

E-mail(electronic mail,电子邮件) 用户发送一个备忘录给某个或某些接收者的一种流行应用程序。

echo reply(回应应答) 一个用于测试和调试的消息。ICMP 回应应答是返回一个对 ICMP 回应请求消息的回答。ping 程序接收回应应答,参阅 echo request。

echo request(回应请求) 一个用于测试和调试的报文。ping 程序发送 ICMP 回应请求报文去引出回应应答。参阅 echo reply。

encapsulation(封装) 将发送消息内置于包或帧的数据区的技术。一种协议的包能封装到另一协议(如 ICMP 能封装到 IP)。

encryption key(密钥) 一个短的值用来加密数据以保证安全性。在某些加密方法中,接收者必须用同样的密钥解密该数据。另一些方法使用一对密钥,一个用于加密,另一个用于解密。

end-to-end(端对端) 协议或函数的一种特性,说明在初始源地和最终目的地上的操作,而不是在中间计算机上(例如不在路由上)。

end point address(端点地址) 对于任何赋予计算机的、能用作目的地址的地址通称。例如,IP 地址是一种端点地址。

Ethernet(以太网) 一种常用的局域网技术,使用共享总线协议和 CSMA/CD 访问。基本以太网工作在 10Mbit/s。快速以太网工作在 100Mbit/s,千兆以太网的工作在 1000Mbit/s(即 1Gbit/s)。

even parity(偶效验) 加到单元数据(通常是一个字符)上的一个校验位,使得 1 的个数是偶数。接收方检查该效验以确定数据在传输中是否被破坏。参阅 odd parity。

extension header(扩展头部) 用于 IPv6 协议中的可选头部。

exterior switch(外部交换) 包交换网络与它连接的主机之间的交换。参阅 interior switch。

F

Fast Ethernet(快速以太网) 工作在 100Mbps 上的一种以太网技术版本。

FDDI(Fiber Distributed Data Interconnect,光纤分布数据互连) 一种局域网技术,应用光纤互连站点的环网技术。

Feeder circuit(接入线) 与有线电视一起使用的一个术语,用来指单个用户和相邻节点之间的线路。一个接入线小于 2 英里长。参阅 trunk circuit。

Fiber(光纤) optical fiber 的简写字。

Fiber Modem(光纤调制解调器) 利用调制光波实施数字通信的调制解调器。光纤调制解调器使用光发射二极管或激光传输光。参阅 optical fiber。

Flow Control(流控制) 允许接收方控制发送方发送数据的速率的一种协议机制。流控制能使在低速计算机上运行的接收方从高速计算机上获取数据而不会超载。

Forward(转发) 参阅 store 和 forward。

Fragment(段) 由分解产生的一个小的 IP 数据报。

Fragmentation(分段) IP 用来将大的数据报分割成较小数据报的技术。其最终目的是汇集这些片断。参阅 reassembly。

Frame(帧) 硬件接收和发送的包的形式。

Frame Relay(帧中继) 提供面向连接服务的广域网技术。

Frequency Division Multiplexing(频分多路复用) 一种常用的多路复用技术,容许多个发送方通过公共介质发送。由于每个发送方使用不同的频率,多个发送方能同时发送而不会冲突。

FTP(File Transfer Protocol,文件传输协议) 用于从一台计算机到另一台传输完整文件的协议。

FTTC(Fiber To The Curb,光纤到街道) 一种建议代替现存有线电视基础结构的技术。该技术使用光纤主干和同轴电缆与双绞线的组合连接到每个用户。

Full-Duplex Transmission(全双工传输) 两台计算机间的通信,在这种通信中,数据能够同时进行双向传输。全双工传输需要两个独立的信道,每方向数据各一个。参阅 half-duplex transmission。

G

Gbit/s(Gigabits per second,每秒千兆) 数据传输单位,等于 1 024 Mbit/s。

Gigabit Ethernet(千兆以太网) 以太网技术的一个版本,速度为 1 000 Mbit/s(即 1 Gbit/s)。

H

half-duplex transmission(半双工传输) 二台计算机之间的通信,其中数据在一个时刻只能流向一个方向。半双工传输比全双工传输需要较少的硬件,因为单一共享物理介质能用于所有通信。参阅 full-duplex transmission。

hardware address(硬件地址) 赋给与网络连接的计算机的地址。帧从一台计算机发送到另一台计算机必须包含有接收方的硬件地址。硬件地址也称为物理地址或 MAC 地址。

HDSL(High-rate Digital Subscriber Line,高速数字用户线路) 一种电话公司开发的在

本地环路上提供高速数字服务的技术。参阅 ADSL。

Hertz(赫兹) 测量每秒振荡次数的单位。硬件带宽是用 Hertz 衡量的。

HFC(Hybrid Fiber Coax,混合光纤电缆) 现存有线电视基础结构的代替技术。该技术使用光纤主干与同轴电缆连接到用户,提供除电视信号之外的的双向数字信息传输。参阅 cable modem。

hierarchical addressing(层次地址) 地址的一部分给出有关位置信息的一种编址方法。例如,电话号码是分层的,前面是区号,后跟交换机号。

homepage(主页) 存储在 WWW 服务器上的一种文档。它是得到有关个人、公司、组织或论题信息的起始点。主页可包括有关附加的页或其他论题主页的链接。

hop count(站计数) 在包头部的一个数,说明包访问过多少个中间机器。类似 IP 的协议需要发送方说明最大的 hop count,这样做可防止包沿着路由无穷循环。

hop limit(站限制) hop count 的同义词,用于 IPv6。

host(主机) 连接到网上的终端用户计算机。在互联网中,每个计算机属于一个主机或路由器。

HTML(Hyper Text Markup Language,超文本标记语言) 用于 WWW 上的文档的源程序格式。HTML 嵌入命令来确定文本显示的格式(即移至一新行或缩进排列文本)。

HTTP(Hyper Text Transport Protocol,超文本传输协议) 用于从一台计算机到另一台计算机传输 WWW 页的协议。

Hub(集线器) 组成网络的一种电子设备。计算机连接到一个与网络接通的集线器就可以进行通信。

hypermedia(超媒体) 文档的集合,其中给出的文档可包含文本、图形、视频和音频,也可嵌入对其他文档的访问。WWW 页是超媒体文档。

hypertext(超文本) 文档的集合,其中给出的文档可包含文本以及嵌入对其他文档的访问。参阅 hypermedia。

I

IANA(Internet Assigned Number Authority,因特网编号授权委员会) 负责赋予 TCP/IP 协议所使用的编号的组织。例如 IANA 赋给协议头部的域中使用的数值。

IBM Token Ring(IBM 令牌环) IBM 公司开发的使用环状拓扑的局域网技术。

ICMP(Internet Control Message protocol,互联网控制报文协议) IP 用来报告差错和例外的协议。ICMP 也包含类似于 ping 程序使用的信息的报文。

Interior Switch(内部交换机) 包交换网络中只与其他的包交换机连接而不与主机连接的交换机。参阅 exteriorswitch。

Internet(互联网) 通过路由器连接的一组网络。与组中的网络连接的任何计算机之间都可进行通信。大部分互联网使用 TCP/IP 协议。

Internet(因特网) 使用 TCP/IP 协议的全球互联网。

Internet address(互联网地址) 参阅 IP address。

Internet Firewall(因特网防火墙) 置于一个组织内部网络与组织外部网络连接处的

安全机构。防火墙限制对组织内的计算机和服务的访问。

Internet reference model(互联网参考模型) 描述TCP/IP协议组中协议概念的五层模型。

IP(Internet Protocol,互联网协议) 定义TCP/IP互联网上包的格式和引导包到它的目的地机制的协议。

IP address(IP地址) 赋给使用TCP/IP协议的计算机的32位地址。发送方在发送包之前必须知道目的地计算机的IP地址。

IP datagram(IP数据报) 经过TCP/IP互联网发送的包的格式。每个数据报有一头部,用来标识发送方和接收方,后跟数据。

IPng(Internet Protocol-the Next Generation,下一代IP协议) 早期用来讨论IPv4之后的新协议的通称。研究者为IPng提出了几种可行的协议。参阅IPv6。

IPv4(Internet Protocol Version 4,互联网协议第四版) 当前因特网使用的IP版本。IPv4使用32位地址。

IPv6(Internet Protocol Version 6,互联网协议第六版) 由IETF推荐的作为IPv4后继的专门协议。IPv6使用128位地址。

IPX(Internet Packet Exchange,互联网包交换) Novell公司定义的协议族,与IP无关。

ISDN(Integrated Services Digital Network,综合业务数字网) 电话公司定义的数字通信服务。许多专家认为低吞吐率使ISDN无吸引力。

ISO(International Organization for Standardization,国际标准化组织) 因在数据网络历史上最早提出七层参考模型建议而广为人知的标准化组织。

ISP(Internet Service Provider,因特网服务供应商) 为用户提供访问因特网服务的商业机构。

ITU(International Telecommunications Union,国际电信联盟) 管理电话系统标准的组织。ITU也对少量网络技术(如ATM)进行标准化。

J

Java Sun微系统公司定义的程序设计语言,用于活动WWW文档。Java程序被编译成字节码表示。在浏览器装入Java程序后,该程序在本地运行以控制显示。

JavaScript 用于活动WWW文档的解释性语言。由于保持源代码形式,JavaScript程序能与文本一起集成在WWW页面中。

jitter(抖动) 指网络中不同延迟种类的术语。零抖动网络中传输每个包的时间应该相同,而有较高抖动的网络发送包应比其他的花费较长时间。抖动在发送音频或视频时更重要,因为这些信号必须在合理时间间隔内到达。

K

kbit/s(每秒千位) 数据传输单位,等于每秒1 024位。

L

LAN(Local Area Network,局域网) 为覆盖较小地理区域而设计的网络技术。例如,以太网是用于单个大楼的局域网技术。局域网比广域网的传输延迟要小。参阅 WAN。

Layering Model(分层模型) 用来解释一系列协议之间相互关系的概念框架。分层对协议设计者是有用的,且一旦实现,协议能够使用而不需要了解分层情况。

Link-State(链路状态) 路由器计算到达每个目的地最佳路径的算法。路由器接收有关网络连接状态的信息,并由它来计算最短路径。参阅 Dijkstra's algorithm、SPF 和 distance vector。

LLC(Logical Link Control,逻辑链路控制) IEEE LLC/SNAP 头部的一部分,用于标识包的类型。整个头部是 8 个字节,LLC 部分占用前面 3 个。参阅 SNAP。

Local Loop(本地环路) 电话公司用来指从话局到用户(例如,公司或住宅区)之间线路的术语,现有本地环路上已开发了提供高速数字服务的多种技术。参阅 ADSL。

Long-haul Network(广域网) 广域网的另一种名称。

Loopback Address(回送地址) 用于测试或调试的专门地址。发送到回送地址的包不在网上传输,但由协议系统象经网络到达那样返回。

M

mail exploder(邮件分发器) 用于发送 E-mail 信息的程序。邮件分发器指导数据库如何处理每个消息。使用该名字是因为邮件分发器可发送多份副本消息到多个接收方,如果数据给出该地址的许多接收方的话。

mesh network(网状网络) 计算机之间有直接连接的一种网络结构。网状网络由于费用高和难以变动故并不常用。参阅 bus topology 和 ring topology。

Mbit/s(每秒兆位) 数据传输单位,等于 1 024 kbit/s。

MIB(Management Information Base,管理信息库) SNMP 代理所了解的一组命名术语。为了控制远程计算机,管理员必须对 MIB 变量进行值的存、取。

MIME(Multipurpose Internet Mail Extensions,多用途互联网邮件扩充) 允许将非文本数据作为标准互联网电子邮件信息发送的机制。MIME 发送方使用可打印字符将数据编码,MIME 读入方将这些信息解码。

Modem(MOdulator/DEModulator,调制解调器) 在铜线或电话拨号连接的传输中使用载波编码数字信号的设备。一对 Modem 可以双向通信,因为每个 Modem 包含输出数据编码和输入数据解码的电路。参阅 DSU/CSU。

modulation(调制) 将载波(通常是正弦波)改变为编码信息的过程。载波的频率和解调技术决定了数据发送的速率。

MTU(Maximum Transmission Unit,最大传输单元) 经网络发送的单个包可容纳的最大数据量。每种网络技术都定义一个 MTU(如以太网的 MTU 是 1 500 个字节)。

multicast(组播) 一组计算机被赋予一个地址的编址方式。对任何发送给该地址的数据包，它的副本都被发送给组中的每一台计算机。该种方式经常用于电话或电视会议。参阅 broadcast、cluster 和 unicast。

multihomed(多穴) 与多个网络连接的主机。在大部分协议系统中，多穴计算机有一个以上的地址。

multiplex(多路复用) 关于多个独立的信息源能混合并通过单一通信信道传输的基本概念。多路复用既可用硬件(即电气信号的多路复用)，也可用软件(协议软件能接收从多个应用程序往单一网络发送到不同目的地的消息)实现。参阅 demultiplex。

N

Netware 由 Novell 公司开发和销售的网络系统的名称。

network adapter(网络适配器) 同 NIC。

network analyzer(网络分析器) 一种以混合形式侦听网络的设备，通常在局域网内并报告拥塞情况，也称网络监视器。

network management(网络管理) 有关网络的管理、监督和控制方面的工作。类似 SNMP 的协议可提供某些自动监控的工作。

network monitor(网络监控器) 同 network analyzer。

next header(下一头部) IPv6 头部中的一个域，指明下一项的类型。

next-hop forwarding(下一站转发) 使用类似 IP 协议发送一个包到最终目的地的技术。虽然某个给定路由器并不包含有数据包经过路径的全部信息，但一定知道该数据包应发送的下一个路由器。

NFS(Network File System，网络文件系统) 最初由 SUN 微系统公司定义的应用于 UNIX 操作系统下的远程文件访问机制。NFS 允许在某台计算机上的应用访问远程计算机上的文件。

NIC(Network Interface Card，网络接口卡) 插入计算机并使计算机与网络连接的硬件设备，又称网络适配器，俗称网卡。

node(站点) 一个路由器或一台与网络连接的计算机所使用的非正式术语，该术语来自于图论。

Nyquist sampling theorem(奈奎斯特采样定理) 信息论中的一个重要结论，为实现先数字化然后再重构波所必须采样的数目。采样理论应用于在网络中发送声波。参见 Shannon's Theorem。

O

OC(Optical Carrier，光纤载波) 光纤上高速传输数字信息的载波所常用的一组标准。OC-1 的工作带宽为 51.840Mbit/s，OC-n 的工作带宽是 OC-1 的 n 倍。参阅 STS。

OC-3(Optical Carrier 3) 在主要电话公司的电子电路中使用的光纤编码标准。OC-3 的工作带宽为 122.520Mbit/s。参阅 OC。

odd parity(奇校验) 加到单元数据(通常是每一个字符)上的一个校验位，使得 1 的数目为奇数。接收方检测该校验位确定数据在传输中是否被破坏。参阅 even parity。

optical fiber(光纤) 用于计算机网络中的玻璃纤维。光纤与铜线相比的主要优点是能支持更高的带宽。参阅 fiber modem。

optical modem(光纤调制解调器) 同 fiber modem。

OUI(Organizationally Unique Identifier,组织唯一标识) LLC 头部中的一个域,指明哪个组织赋予用于类型信息的号码。

P

packet(包) 通过计算机网络发送的小的自包含的数据单元。每个包包含一个头部,标识发送方和接收方以及提交的数据。

packet switching network(包交换网络) 接收和发送单个包的各种通信网络。现代网络都是包交换网络。

PAR(Positive Acknowledgement with Retransmission,确定应答与重发) 用于获得可靠发送的基本技术协议。接收协议在包到达后返回一个应答。包传输后,发送方启动一计时器,如果在计时器超时后应答尚未到达,发送方重发该包。

parity bit(奇偶位) 数据单元(通常是字符)上的一附加位,用来验证数据在传输过程中没有被破坏。接收方每收到一个数据单元检测奇偶位。参阅 even parity 和 odd parity。

path MTU(路径 MTU) 能沿着路径从源地发送到目的地的一个数据包中的最大数据量。从技术上看,路径的 MTU 是任何网络沿着该路径的最小 MTU。

payload(有效负荷) 通常数据是装在包中传输的。一个帧的有效负荷是帧中的数据。数据报的有效负荷是包中的数据项。

PCM(Pulse Code Modulation,脉冲码调制) 在电话网络传输中用来对音频采样和编码的技术。PCM 采用每秒 8 000 次采样,每次采样编码成 8 个二进制位。

phase shift(相位移动) 调制解调器使用的调制载波的技术,该技术通过载波的相位位移来编码数据。

physical address(物理地址) 同 hardwareaddress。

ping(packet inter-net groper,互联网包探索器) 用于测试网络连接的程序。ping 发送一个 ICMP 回应请求报文给目的地,并报告是否收到所希望的 ICMP 回应应答。

plug-and-play networking(即插即用网络) 网络系统的一种特性,允许一台新的计算机开始通信而不需要网络管理员配置。DHCP 提供了即插即用的互联网连接。

point-to-point network(点对点网络) 使用非共享技术连接多对计算机的网络技术。点对点技术在广域网比局域网应用更广泛。

PRI(Primary Rate Interface,初始速率接口) 一种 ISDN 的服务,它对较大的商务应用有足够的带宽。参阅 BRI。

propagation delay(传播延迟) 通过网络发送一个信号所需要的时间。该术语来自电子工程,说明一个电气信号沿着导线的传播所需的时间。

promiscuous mode(混杂模式) 与共享网络连接的计算机捕捉所有包,包括其他的计算机指定的包的模式。混杂模式对网络监控是有用的,但会给网络客户带来安全方面的危险,许多标准接口容许混杂模式。

protocol(协议) 说明计算机之间如何交互的细节,包括信息交换的格式和差错处理等。参阅 protocol suite。

protocol address(协议地址) 赋给计算机的一个号码,用作发送给该计算机的包中的目的地址。每个 IP 地址是 32 位长。其他协议系列使用不同长度的协议地址。

protocol configuration(协议配置) 在协议软件使用之前,计算机系统必须给参数赋值的一个步骤。通常,协议配置要有一个系统来获取协议地址。

protocol port number(协议端口号) 一个用来标识远程计算机上特定应用的小整数。像 TCP 之类的传输协议赋予每个服务一个端口号(如:电子邮件服务端口号 25)。

protocol suite(协议簇) 一组协同工作提供无缝通信系统的协议。每个协议处理所有可能细节的一个子集。因特网使用 TCP/IP 协议系列。参阅 stack。

PVC(Permanent Virtual Circuit,永久虚电路) 两台计算机通过面向连接网络的连接。PVC 能经受计算机的重新自举或电源的波动,从这个意义上说它是永久的。PVC 是虚拟的,因为它是将路径放在路由表中,而不是建立物理连接。参阅 SVC。

Q

queuing delay(排队延迟) 在包交换网络中漫游的包必须在包交换机中等待的总的时间。排队延迟与网络中的拥塞程度有关,当没有其他的包发送时,排队延迟为零。

R

RARP(Reverse Address Resolution Protocol,反向地址解析协议) 计算机系统在自举过程中用以获得 IP 地址的协议。

reassembly(重组) 接收方用于从收到的片中重新建立原始数据包的副本的过程。参阅 fragmentation。

redirect(重定向) 从路由器发送到主机的 ICMP 差错报文。该报文表明该主机有一个不正确的路由应被改变,同时给出目的地以及到达该目的地的正确的下一站。

replay(回放) 一个旧包的到达会引起通信混乱的情形,例如:一个需终止通信的包可能延迟到一次新的通信开始之后才到达,该包可能错误地引起新的通信的终止。协议必须设计成能防止引起上述问题的回放。

retransmission(重发) 重发原先已经发送通过的包。传输协议通信使用重发实现可靠性。参阅 PAR。

RF(Radio Frequency,射频) 用于在大气中发送无线电信号(如商业无线电台)的频率范围。无线网络技术使用 RF。

RF modem(射频调制解调器) 能够发送和接收用无线电频率调制载波的调制解调器。RF 调制解调器用于无线电网络技术。

ring topology(环状拓扑) 计算机连接成环形的一种网络结构,第一个连接到第二个,第二个连接到第三个,以此类推至最后一个又连接到第一个。环状拓扑经常用于局域网。

RJ-45 用于双绞线以太网的连接器类型。

root server(根服务器) 知道如.com 和.edu 顶级域名位置的域名服务器,参阅 DNS 和 domain。

router(路由器) 互联网的基本构件。路由器是与两个或两个以上的网络连接的计算机,该计算机能按照在它的路由表中找到的信息转发包。因特网中的路由器运行 IP 协议。参阅 host。

routing table(路由表) 路由软件用来确定包的下一站点的表格。该表保存在路由器的内存中。

RS-232-C 用于串行数据连接标准的技术名称,例如键盘和计算机连接。此标准定义非常详细,比如用来表示 1 和 0 的电压大小等。

S

segment 组成总线网络的一段电缆。多个段能用网桥或路由器连接。集线器模拟一个单独的段。

self healing network(自恢复网络) 有自动检测硬件故障和沿着替换路径路由能力的网络系统。自恢复需要冗余路径。FDDI 是众所周知的自恢复网络技术。

serial line(串行线) 两点之间连接的物理导线,其中每次发送一位数据。RS-232-C 经常与串行线一起被使用。

server(服务器) 两个程序经由网络通信,客户端启动通信,等待与其接触的程序是服务器。一给定程序可以在一种服务中作为服务器,而在另一种服务中作为客户。

Shannon's Theorem(香农定理) 指明在有噪声的传输信道中所能达到的最大数据传输率的定理。参阅 Nyquist's Theorem。

shielded twisted pair(屏蔽双绞线) 一种由重金属屏蔽的双绞线电缆,类似于同轴电缆中屏蔽单条导线。屏蔽保护内部导线免受电器干扰。

signal loss(信号损耗) 波通过介质(如铜线)时所消耗的电子能量。网络连接的长度不能是任意的,因为信号损耗会使波太弱以致无法检测出来。

sliding window(滑动窗口) 用来改善吞吐量的一种技术协议,即允许发送方在接收任何应答之前传输另外的包。接收方告诉发送方在某一时刻能送多少包(称窗口尺寸)。

SMTP(Simple Mail Transfer Protocol,简单邮件传输服务) 用于因特网上从一台计算机传输电子邮件到另一台计算机的协议。SMTP 是 TCP/IP 协议系列的一部分。

SNAP(Sub Network Attachment Point,子网连接点) IEEE LLC/SNAP 头部的一部分,用于标识包的类型。整个头部含 8 个字节,SNAP 部分占据后面 5 个。参阅 LLC。

sniffer 网络监控器的别名。

SNMP(Simple Network Management Protocol,简单网络管理协议) 说明网络管理站如何与远程设备(如路由器)上的代理软件进行通信的协议。SNMP 定义消息的格式和含义。参阅 MIB。

socket API(套接字 API) 应用程序用于网络通信的一组过程。用该名称是因为组内包含有建立通信必须调用的 Socket 过程。参阅 API。

source address(源地址) 包内的一个用于指明发送该包的计算机的地址。硬件帧中源地址必须是硬件地址,IP 数据报中源地址必须是 IP 地址。

SPF(Shortest Path First,最短路径优先) 路由器中能用来计算路径的通用连接状态算法。参阅连 link-state 和 distance-vector。

spread spectrum(分布频谱) 用于避免干扰和达到较高吞吐率的传输技术。取代单一的载波频率,发送方和接收方协调使用一组频率,既可同时使用也可从一者改变到另一者。该技术对无线网特别重要。

stack(栈) 一个协议系列的实现的非正规名称。此名称的由来是协议层次图像似一个垂直的栈。

star topology(星形拓扑) 由所有计算机连接到一个中央集线器组成的网络结构。星形拓扑常用于局域网(为双绞线以太网)。参阅 Hub 和 Switch。

store and forward(存储转发) 网络中使用包交换技术来发送包的特性。该名称是由沿着路径到目的地的每次交换都是接收包并暂时存储到存储器而得来的。这期间,交换机不断地从存储器队列中选择一包,为该包选择路由,然后传输到下一个合适节点。

STS(Synchronous Transport Signal,同步传输信号) 公用线路运营商为高速数字线路而采用的一组标准。STS-1 的工作带宽为 51.840Mbps,STS-n 的工作带宽是 OC-1 的 n 倍。参阅 OC。

subnet mask 同 address mask。

suite 参阅 protocol suite。

SVC(Switched Virtual Circuit,交换虚拟电路) 面向连接的网络中,从一台计算机到另一台计算机的连接。SVC 是虚拟的,因为路径是从路由表中得到的,而不是建立物理线路。SVC 是交换的,因为它能按需要建立,类似于一次电话呼叫。参阅 PVC。

switch(交换机) 构成星形拓扑网络中心的电子设备。交换机利用帧中的目的地址来确定哪一台计算机应接收该帧。

switching(交换) 用于描述交换机的操作的通用术语。由于涉及到硬件,交换通常比路由速度高。交换不同于路由,因为交换使用帧中的硬件地址。

synchronous(同步) 任何通信系统中要求发送方在发送数据前必须与接收方协调(即同步)的特性。同步通常是通过在无数据提供时发送硬件传输的一个标准脉冲来处理,接收方利用该脉冲来决定起始结束位。参阅 asynchronous。

T

T1,T3 电话公司对流行的点对点数字线路的表示。T1 电路的工作带宽为 1.544 Mbit/s,T3 的工作带宽是 44.736 Mbit/s。参阅 DS-1,DS3。

TCP(Transmission Control Protocol,传输控制协议) TCP/IP 协议为应用程序提供访问面向连接通信的服务。TCP 提供可靠的、可控制流量的发送。更重要的是 TCP 采用重发机制,在因特网中可适应变化的条件。参阅 UDP。

TCP/IP 因特网中使用的协议系列。该系列中包含许多协议,TCP/IP 是其中两个最重要的协议。

terminator(终止器)　与导线或传输电缆的端连接，以防止电气信号反射的设备。总线网络(如以太网)要求电缆的每一端接有终止器。

TFTP(Trivial File Transfer Protocol，小型文件传输协议)　从一台计算机到另一台传输文件的协议。TFTP 比 FTP 简单，也不具有同样的能力。

thick wire Ethernet(粗缆以太网)　早期 DIX 以太网使用的非正规名称。

Thicknet　同 thick wire Ethernet。

thin wire Ethernet(细缆以太网)　使用较细的同轴电缆的以太网所使用的非正规名称。

Thinnet　同 thin wire Ethernet。

time division multiplexing(时分多路复用)　一种通用的多路复用技术，该技术容许多个发送方通过公共介质发送，各发送方轮流使用介质。

token passing(令牌传递)　环形拓扑网络中用来控制传输的技术。令牌是沿着环发送的专用消息。当某站有包发送时，该站要等待令牌到达，取得令牌后先发送包，再发送令牌。

token ring(令牌环)　利用令牌传递来控制访问的环型拓扑网络。该名称也应用于 IBM 公司定义的专门的令牌传递环型拓扑。

topology(拓扑)　用来描述网络一般形状的术语，包括总线型、环形、星形和点对点型。

TP Ethernet(Twisted Pair Ethernet，双绞线以太网)　参阅 10Base-T。

transceiver(收发器)　连接计算机中的网卡与物理介质的电子设备，用于粗线以太网。

transmission error(传输差错)　数据沿网络传递过程中产生的任何变化。传输差错可能由电气干扰或硬件故障引起。

trunk circuit(干线)　该技术有不止一种含义。电话公司使用这个术语指构成电话网骨干(如城市间)的高容量线路。有线电视公司使用这个术语指连接该公司到相邻节点(可长达 15 英里)的高容量同轴电缆。参阅 feeder circuit。

twisted pair(双绞线)　一种导线类型，其中两跟导线从头至尾分绕在一起。双绞线能减少磁化率和电气干扰。

U

UDP(User Datagram Protocol，用户数据报协议)　能为应用程序提供无连接通信服务的 TCP/IP 协议。参阅 TCP。

unicast(单播)　一种包的发送形式。每台计算机被赋于唯一地址，当一个包发送给单点传播地址时，只有一份包发送给对应于该地址的计算机。单点传播发送是最一般的形式。参阅 broadcast、cluster 和 multicast。

URL(Uniform Resource Locator，统一资源定位)　WWW 上用来标识一个信息页的语法形式。

V

VC(virtual circuit，虚电路)　一台计算机通过面向连接网络与另一台计算机连接的形式。虚拟的意思是路由往往放置在路由表中而不是建立物理线路，也称为虚拟信道。

vector-distance(矢量距离) 距离矢量(distance-vector)以前的名称。

virtual channel(虚拟信道) 同 VirtualCircuit,虚拟信道用于 ATM 技术。参阅 VC。

W

WAN(Wide Area Network,广域网) 为覆盖大地理区域的网络而设计的技术。例如卫星网络是广域网,因为卫星的中继通信能覆盖整个大陆。广域网比局域网传输延迟更大。参阅 LAN。

Web(万维网) 同 World Wide Web。

Window(窗口) 接收方在任何时刻希望接受的数据量。窗口尺寸可用包或字节来测量。参阅 sliding window。

WWW(World Wide Web) 用于因特网的超媒体系统,其中信息页可包括文本、图像、声音或视频以及对其他页的引用。参阅 URL 和 browser。

X

X.25 一种面向连接的、支持永久虚电路和交换虚电路的功用分组交换网络。

xDSL(-DigitalSubscriberLine,数字用户线路) 用于指如 ADSL、HDSL 等本地环路技术的一般缩写字。

Z

zero compression(零紧缩) IPv6 中用一串零和一对冒号来替代十六进制冒分表示的简写技术。